# Geothermie

# Springer Geology

Für weitere Bände:
http://www.springer.com/series/10172

Ingrid Stober · Kurt Bucher

# Geothermie

Ingrid Stober
Universität Freiburg
Institut für Geowissenschaften
Albertstr. 23b
79104 Freiburg
Deutschland
ingrid.stober@minpet.uni-freiburg.de

Prof. Dr. Kurt Bucher
Universität Freiburg
Institut für Geowissenschaften
Albertstr. 23b
79104 Freiburg
Deutschland
bucher@minpet.uni-freiburg.de

ISBN 978-3-642-24330-1     e-ISBN 978-3-642-24331-8
DOI 10.1007/978-3-642-24331-8
Springer Heidelberg Dordrecht London New York

Die Deutsche Nationalbibliothek verzeichnet diese Publikation in der Deutschen Nationalbibliografie; detaillierte bibliografische Daten sind im Internet über http://dnb.d-nb.de abrufbar.

© Springer-Verlag Berlin Heidelberg 2012
Dieses Werk ist urheberrechtlich geschützt. Die dadurch begründeten Rechte, insbesondere die der Übersetzung, des Nachdrucks, des Vortrags, der Entnahme von Abbildungen und Tabellen, der Funksendung, der Mikroverfilmung oder der Vervielfältigung auf anderen Wegen und der Speicherung in Datenverarbeitungsanlagen, bleiben, auch bei nur auszugsweiser Verwertung, vorbehalten. Eine Vervielfältigung dieses Werkes oder von Teilen dieses Werkes ist auch im Einzelfall nur in den Grenzen der gesetzlichen Bestimmungen des Urheberrechtsgesetzes der Bundesrepublik Deutschland vom 9. September 1965 in der jeweils geltenden Fassung zulässig. Sie ist grundsätzlich vergütungspflichtig. Zuwiderhandlungen unterliegen den Strafbestimmungen des Urheberrechtsgesetzes.
Die Wiedergabe von Gebrauchsnamen, Handelsnamen, Warenbezeichnungen usw. in diesem Werk berechtigt auch ohne besondere Kennzeichnung nicht zu der Annahme, dass solche Namen im Sinne der Warenzeichen- und Markenschutz-Gesetzgebung als frei zu betrachten wären und daher von jedermann benutzt werden dürften.

Gedruckt auf säurefreiem Papier

Springer ist Teil der Fachverlagsgruppe Springer Science+Business Media (www.springer.com)

# Einleitung

Die Geothermie bietet eine nahezu unerschöpfliche Quelle zur Wärmebereitstellung und zur Erzeugung von Strom. Geothermie ist klimaschonend und grundlastfähig. Sie ist unabhängig vom Wetter rund um die Uhr verfügbar. Geothermie trägt zur regionalen Wertschöpfung bei und macht unabhängig von fossilen Brennstoffen, bzw. hilft diese zu schonen. Da die tiefe Geothermie die gleichzeitige Produktion von Wärme und Strom erlaubt, trägt sie zu einer zukunftssicheren, effizienten Wärme- und Stromversorgung bei. Die entnommen Tiefenwässer werden wieder in das Reservoir zurückgeführt, so dass das natürliche Gleichgewicht erhalten bleibt und ein nachhaltiger reservoirschonender Umgang gewährleistet ist. Geothermie-Anlagen zeichnen sich durch einen geringen Flächenverbrauch aus; die optische Beeinträchtigung in der Landschaft ist dadurch minimal.

Strom aus geothermischen Energiequellen kann zukünftig einen wichtigen Beitrag zur Deckung der Grundlast liefern und damit fossil betriebene Großkraftwerke ersetzen. In den vergangenen Jahren wurde die Technologie zur Energieerzeugung im Niedertemperaturbereich weiterentwickelt und zahlreiche technische Fortschritte auch auf diesem Sektor erreicht. Die Tiefengeothermie kann zur energetischen Grundversorgung einen großen Beitrag liefern. Dazu sind EGS (Enhanced Geothermal Systems) notwendig, denn nur sie sind nahezu überall machbar. EGS muss daher weiterentwickelt werden. Demonstrationsprojekte sind erforderlich.

Insbesondere die Grundlastfähigkeit macht die Geothermie zum festen Bestandteil und Partner auch anderer langfristig angelegter Energieszenarien. Durch geschickte Kombination mit anderen Formen der erneuerbaren Energien können sich bedeutende Synergieeffekte ergeben. Erste Projekte im Wohnungsbereich, bei denen Erdwärmesonden mit Solarthermie kombiniert sind, zeigen eine sehr hohe energetische Effizienz. Aber auch Projekte aus der tiefen Geothermie wie beispielsweise die Kombination von hydrothermaler Dublette mit Biogas zur thermischen Anhebung oder die Benutzung des tiefen Reservoirs als „aufladbare Batterie" zeigen neue Wege für die Städte-Planung auch im Objektbereich auf.

Mit diesem Buch wollen wir einen Einblick in dieses spannende Thema der Geothermie geben. Wir sind auf die Weiterentwicklung, auf neue Projekte und neue Synergieeffekte in den nächsten Jahren gespannt und wünschen uns allen eine sichere, umweltschonende Wärme- und Energieversorgung. Wir hoffen mit dem vorliegenden Buch dazu einen kleinen Beitrag leisten zu können.

# Inhaltsverzeichnis

**1 Thermisches Regime der Erde** ............................ 1
   1.1    Erneuerbare Energien, Globaler Status ............ 2
   1.2    Aufbau der Erde .................................... 2
   1.3    Energiedargebot der Erde ......................... 8
   1.4    Wärmetransport und thermische Parameter ........... 10
   1.5    Kurzer Abriss von Methoden zur Bestimmung thermischer Parameter ............................. 14

**2 Geschichte geothermischer Energienutzung** ............ 17
   2.1    Frühe geothermische Nutzungen .................... 18
   2.2    Geothermische Nutzungen in der späteren Neuzeit ... 23

**3 Geothermische Energie-Ressourcen** .................... 27
   3.1    Energie ............................................ 28
   3.2    Bedeutung der Erneuerbaren Energien .............. 29
   3.3    Status der Nutzung der geothermischen Energie .... 31
   3.4    Geothermische Energiequellen ..................... 32

**4 Geothermische Nutzungsmöglichkeiten** ................. 35
   4.1    Oberflächennahe geothermische Energienutzung ..... 36
   4.2    Tiefe geothermische Energienutzung ............... 42
   4.3    Wirkungsgrad ...................................... 51
   4.4    Bedeutende Geothermie-Felder, Hochenthalpie-Felder ... 54

**5 Potentiale und Perspektiven geothermischer Energienutzung** ........................................ 61

**6 Erdwärmesonden** ..................................... 65
   6.1    Planungsgrundsätze ................................ 66
   6.2    Bau von Erdwärmesonden ........................... 66
   6.3    Auslegung von Erdwärmesonden ..................... 72
        6.3.1    Wärmepumpen .............................. 73
        6.3.2    Thermische Parameter und Programme für die Auslegung von Erdwärmesonden ......... 77

|       |       |                                                              |     |
|-------|-------|--------------------------------------------------------------|-----|
| 6.4   |       | Bohrverfahren für Erdwärmesonden . . . . . . . . . . . . . . | 85  |
|       | 6.4.1 | Direktspülverfahren . . . . . . . . . . . . . . . . .        | 87  |
|       | 6.4.2 | Imlochhammerbohrverfahren . . . . . . . . . . .              | 91  |
|       | 6.4.3 | Abschließende Hinweise, Bohrrisiken . . . . . . .            | 92  |
| 6.5   |       | Hinterfüllung/Verpressung von Erdwärmesonden . . . . . . .   | 96  |
| 6.6   |       | Bau von Erdwärmesonden mit Überlänge . . . . . . . . . . .   | 100 |
| 6.7   |       | Potentielle Risiken, Fehler und Schäden bei Erdwärmesonden. . . . . . . . . . . . . . . . . . . . . | 101 |
| 6.8   |       | Spezielle Nutzungssysteme und Weiterentwicklungen . . . .    | 103 |
|       | 6.8.1 | Erdwärmesonden-Felder . . . . . . . . . . . . .              | 104 |
|       | 6.8.2 | Erdsonden und Kühlung . . . . . . . . . . . . .              | 105 |
|       | 6.8.3 | Kombination Solarthermie/Erdwärmesonden . . . .              | 106 |
|       | 6.8.4 | Vermessung von Erdwärmesonden . . . . . . . . .              | 107 |
|       | 6.8.5 | Erdwärmesonden mit Phasenwechsel . . . . . . . .             | 112 |

## 7 Geothermische Brunnenanlagen . . . . . . . . . . . . . . . . . . . . 117
| 7.1 | Bau von Grundwasserbrunnen . . . . . . . . . . . . . . . . .   | 118 |
| 7.2 | Wasserqualität . . . . . . . . . . . . . . . . . . . . . . . . | 121 |
| 7.3 | Thermischer Einflussbereich, Modellrechnungen . . . . . . .    | 122 |

## 8 Hydrothermale Nutzung, Geothermische Dublette . . . . . . . . . . 127
| 8.1 | Geologischer und tektonischer Bau . . . . . . . . . . . . . .  | 128 |
| 8.2 | Thermische und hydraulische Eigenschaften des Nutzhorizontes. . . . . . . . . . . . . . . . . . . . . . . | 131 |
| 8.3 | Hydraulische und thermische Reichweite geothermischer Dubletten . . . . . . . . . . . . . . . . . . . | 138 |
| 8.4 | Hydrochemie heißer Wässer aus großer Tiefe . . . . . . . . .   | 142 |
| 8.5 | Ertüchtigungsmaßnahmen, Stimulation . . . . . . . . . . . .    | 146 |
| 8.6 | Fündigkeit, Risiko, Wirtschaftlichkeit . . . . . . . . . . . . | 147 |
| 8.7 | Beispiele hydrothermaler Anlagen . . . . . . . . . . . . . .   | 154 |
| 8.8 | Projektierung hydrothermaler Anlagen . . . . . . . . . . . .   | 159 |

## 9 Enhanced-Geothermal-Systems (EGS), Hot-Dry-Rock Systeme (HDR), Deep-Heat-Mining (DHM) . . . . . . . . . . . . . 163
| 9.1 | Verfahren, Vorgehen, Ziele . . . . . . . . . . . . . . . . . . | 165 |
| 9.2 | Geschichte, erste HDR-Verfahren . . . . . . . . . . . . . . .  | 166 |
| 9.3 | Vorgehen bei der Stimulation . . . . . . . . . . . . . . . .   | 167 |
| 9.4 | Erfahrungen und Umgang mit der Seismizität . . . . . . . . .   | 172 |
| 9.5 | Empfehlungen, Hinweise . . . . . . . . . . . . . . . . . . .   | 173 |

## 10 Potentielle Umweltauswirkungen bei der Tiefen Geothermie . . . 177
|        |        | Seismizität und Tiefe Geothermie . . . . . . . . . . . . . . . | 179 |
| 10.1   |        |                                                                |     |
|        | 10.1.1 | Induzierte Erdbeben . . . . . . . . . . . . . . . .            | 181 |
|        | 10.1.2 | Erdbebenskalen . . . . . . . . . . . . . . . . . .             | 183 |
|        | 10.1.3 | Die Ereignisse von Basel . . . . . . . . . . . . . .           | 184 |

|       |        | 10.1.4  | Seismische Beobachtungen bei EGS-Projekten . . . | 187 |
|-------|--------|---------|--|--|
|       |        | 10.1.5  | Folgerungen und Empfehlungen für hydrothermale und petrothermale Nutzungen (EGS) | 190 |
|       | 10.2   | Auswirkungen durch und auf den Untergrund | | 193 |
|       | 10.3   | Übertägige Auswirkungen | | 195 |
| **11** | **Bohrtechnik für Tiefbohrungen** | | | 199 |
| **12** | **Geophysikalische Untersuchungen** | | | 217 |
|       | 12.1   | Geophysikalische Vorerkundung, Seismik | | 218 |
|       | 12.2   | Geophysikalische Bohrlochmessungen und Interpretation | | 224 |
| **13** | **Hydraulische Untersuchungen, Tests** | | | 229 |
|       | 13.1   | Grundlagen | | 230 |
|       | 13.2   | Testarten, Planung und Durchführung, Auswerteverfahren | | 239 |
|       | 13.3   | Tracerversuche | | 245 |
|       | 13.4   | Temperaturauswerteverfahren | | 247 |
| **14** | **Hydrochemische Untersuchungen** | | | 251 |
|       | 14.1   | Probennahme und Analytik | | 252 |
|       | 14.2   | Wichtigste Untersuchungsergebnisse und Interpretationen | | 254 |
|       | 14.3   | Ausfällungen, Korrosion | | 262 |
| **Literatur** | | | | 269 |
| **Sachverzeichnis** | | | | 283 |

# Kapitel 1
# Thermisches Regime der Erde

Vulkano bei Sizilien

## 1.1 Erneuerbare Energien, Globaler Status

In einer Presseerklärung (IGA News No. 76, 2009, www.geothermal-energy.org) des "Renewable Energy Policy Network for the 21st Century" steht, dass die Erneuerbaren Energien weltweit im Jahr 2008 gegenüber 2007 um 16% auf 280.000 MW angestiegen sind. In Europa und den USA stieg erstmalig der Anteil an Erneuerbaren Energien stärker an als derjenige konventioneller Energien. In weit über 60 Ländern werden mittlerweile die Erneuerbaren Energien politisch und finanziell unterstützt.

Den größten Anteil an der Stromerzeugung aus Erneuerbaren Energien hatte im Jahre 2008 die Große Wasserkraft mit 860 $GW_{el}$ inne, gefolgt von der Windkraft mit 121 $GW_{el}$, der Kleinen Wasserkraft mit 85 $GW_{el}$ und der Biomasse mit 52 $GW_{el}$. Mit größerem Abstand folgen Photovoltaik (13 $GW_{el}$) und die Geothermie mit 10 $GW_{el}$. Bei der Erzeugung von thermischer Energie ist die Biomasse mit 250 $GW_{th}$ führend, dann folgen die Solarthermie für Warmwasseraufbereitung oder Heizen mit 145 $GW_{th}$ und die Geothermie mit etwa 50 $GW_{th}$ (Bertani 2005, 2010).

Unter den erneuerbarer Energiequellen könnte der Geothermie eine besondere Rolle zukommen, denn sie ist praktisch überall vorhanden und regeneriert sich kontinuierlich. Ihr Potenzial ist nahezu unbegrenzt. Die Wärme- und Stromgewinnung ist kontinuierlich abrufbar und damit grundlastfähig. Die Nutzung geothermischer Energie ist umweltfreundlich und der übertägige Platzbedarf ist gering. Inwieweit sich diese positiven Erwartungen auch in Regionen mit ausschließlich Niedrigenthalpie-Vorkommen umsetzen lassen, werden die kommenden Jahre zeigen.

## 1.2 Aufbau der Erde

Geothermie ist die in der Erde gespeicherte Wärmeenergie; Geothermie ist Erdwärme. 99% der Erde sind heißer als 1000°C; 0,1% der Erde sind kälter als 100°C. Die mittlere Temperatur an der Erdoberfläche beträgt 14°C. Auf der Sonne sind es etwa 5800°C, was in etwa der Temperatur im Erdkern entspricht (Abb. 1.1).

Unsere Erde ist schalenförmig aufgebaut (Abb. 1.1). Unter der sehr dünnen Erdkruste folgt der Erdmantel und im Zentrum unserer Erde befindet sich der Erdkern, der außen flüssig, innen aber fest ist. Das war nicht immer so. Ganz zu Beginn der Geschichte unseres Planeten bestand die Erde vermutlich durchgehend etwa aus demselben homogenen Material. Erst einige hundert Millionen Jahre später erfolgte während der weiteren Entstehungsgeschichte eine Reorganisation und Differentiation zu einem geschichteten, in einzelne radiale Zonen aufgebauten Körper.

Im Erdkern, dem Zentrum unseres Planeten, liegt das dichteste und damit schwerste Material; die Erdkruste besteht aus dem leichtesten Material, d. h. Materialien mit den geringsten Dichten. Der Erdmantel dazwischen besitzt eine mittlere

## 1.2 Aufbau der Erde

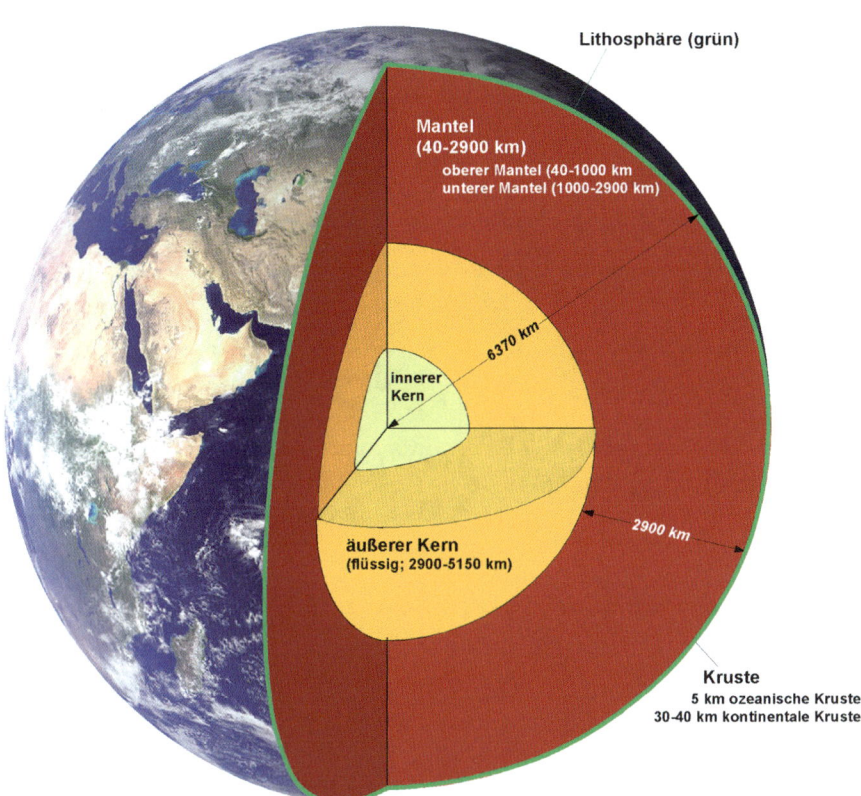

**Abb. 1.1** Aufbau der Erde

Dichte. In Abb. 1.1 ist die jeweilige Dicke der einzelnen Schichten, die Schichtmächtigkeit, eingetragen. Die Abbildung zeigt, dass der Erdkern, mit etwa 2250 km außen und 1220 km innen, etwas mächtiger ist als der Erdmantel (2860 km) und sich über mehr als die Hälfte des Erdradius erstreckt. Am Gesamtvolumen der Erde macht der Erdkern jedoch nur etwa 16 % aus. Aufgrund der hohen Dichte verfügt er allerdings über fast 32 % der Erdmasse.

Im Inneren Erdkern in über 6000 km Tiefe rechnet man mit Temperaturen um 5000 °C und Drucken von bis zu 4 Millionen Bar. Der Innere Erdkern besteht aus einer festen Eisen-Nickel-Legierung, was uns an Eisen-Meteorite erinnern mag. Abbildung 1.2 zeigt einen aufgesägten Eisenmeteoriten. Auf der polierten, angeätzten Schlifffläche sind die sog. Widmanstätten Figuren erkennbar, die durch unterschiedliche Nickelgehalte hervorgerufen werden.

Der Äußere Erdkern ist bei Temperaturen um 2900 °C und entsprechend niedrigeren Drucken im Prinzip eine flüssige Eisenschmelze und daher im Zusammenwirken

**Abb. 1.2** Widmanstätter Figuren in einem Eisenmeteoriten. Die Figuren werden von den beiden Mineralen Karnacit und Taenit hervorgerufen, die unterschiedliche Nickelgehalte besitzen

mit der Erdrotation und seiner elektrischen Leitfähigkeit Ursache für das Magnetfeld der Erde. Die physische Bewegung von Ladungsträgern ist nichts anderes als ein elektrischer Strom, der wiederum das Magnetfeld unseres Planeten verursacht.

Der Übergang zwischen Erdkern und Erdmantel ist durch eine sprunghafte Dichteabnahme gekennzeichnet, die durch den Wechsel von Eisen zu verschiedenen leichteren Mineralen verursacht wird.

Der Obere Erdmantel beginnt unterhalb der Erdkruste und reicht bis in ca. 1000 km Tiefe. Innerhalb des Oberen Erdmantels befindet sich eine Schicht, die aus partiell aufgeschmolzenem Gesteinsmaterial besteht und daher eine erhöhte Fliessfähigkeit besitzt. Dadurch sind die darüber liegenden starren und spröden Platten der Erdkruste und des obersten Teils des Oberen Erdmantels beweglich. Im darunter liegenden Erdmantel gibt es riesige walzenförmige Fliessbewegungen, die bis zum Erdkern reichen, diesen aber nicht einbeziehen, denn der Erdkern ist die „Heizplatte", er ist der eigentliche „Motor" für die Konvektionsströme. Der sich langsam abkühlende Erdkern liefert genügend Kristallisationswärme, also Energie aufgrund der Änderung des Aggregatzustandes, um den darüber liegenden Erdmantel aufzuheizen. Der innere Motor der Erde, die Konvektionsbewegungen im Erdmantel, wird durch die Wärmequelle im Erdinneren seit der Entstehung der Erde angetrieben.

Durch die thermischen Konvektionsströme bewegen sich die Platten quasi schwimmend aufeinander zu oder voneinander weg, je nachdem, ob sie sich über absinkenden Strömungen oder über aufwärts gerichteten Strömungen befinden (Abb. 1.3). Im aufsteigenden Bereich von Mantelmaterial sind die Temperaturen im

1.2 Aufbau der Erde

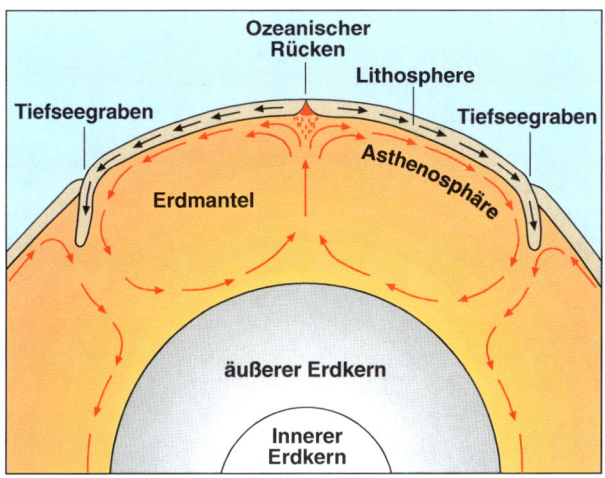

**Abb. 1.3** Thermische Konvektionsströme für die Plattentektonik

Oberen Erdmantel höher als im absteigenden Ast einer Konvektionszelle. Beim Aufeinanderzubewegen verschiedener Platten können durch Kollision riesige Gebirge, wie die Alpen oder der Himalaya, entstehen oder Tiefseegräben, wenn eine Platte bei der Kollision unter eine andere abtaucht. Auseinander driftende Platten dehnen die Erdkruste bzw. den obersten Teil des Oberen Mantels, erzeugen Gräben, wie den Oberrheingraben, bis hin zu groß angelegten Grabenstrukturen in Ozeanböden, wie den Mittelozeanischen Rücken mit aufsteigendem heißen Erdmantelgestein, Magma (Grotzinger et al. 2008, WM 2008).

Alle Plattengrenzen sind in unterschiedlichem Ausmaß durch Vulkanismus und Erdbeben geprägt. Da die Größe der Erdoberfläche weder zu- noch abnimmt, ist mit jedem Abtauchen einer Platten eine Neubildung an anderer Stelle, an einem ozeanischen Rücken, verbunden. An etlichen Stellen der Erde kommt die Natur auf diese Weise dem Menschen, der die Erdwärme nutzen möchte, weit entgegen. Das älteste und berühmteste Beispiel sind die Thermalquellen bei Larderello in der Toskana (Kap. 2).

Im Nordatlantik hebt sich der Mittelozeanische Rücken an einem sog. Hot Spot über den Meeresspiegel. Er verläuft mitten durch Island. Hot Spot besagt, dass der Erdmantel an dieser Stelle besonders heiß ist, wahrscheinlich als Folge davon, dass dort Mantelmaterial aus größerer Tiefe nahe der Grenze zum Erdkern aufsteigt. Island ist also eine Insel vulkanischen Ursprungs und noch heute finden Vulkanausbrüche in schöner Regelmäßigkeit statt, wie auch jüngste Ereignisse durch den Ausbruch des Eyjafjallajokull im Frühjahr 2010 mit den Folgen der Stagnation des gesamten nordeuropäischen Flugraumes über mehrere Wochen hinweg eindrücklich belegte.

Die vulkanische Tätigkeit im Yellowstone Park basiert ebenfalls auf einen riesigen Hot Spot, der relativ betrachtet den Nordamerikanischen Kontinent quert. Zahlreiche heiße Quellen, kochende Schlamm-Poole, Kohlensäure-Exhalationen und Geysire sind im Park verteilt (Abb. 1.4). Etwa alle 600.000 Jahre wird dort ein sehr großer Ausbruch erwartet, dessen zerstörerische Reichweite bisher jeweils viele Kontinente erfasste und das Leben auf ihnen weitestgehend auslöschte. Zeitlich gesehen steht dort unmittelbar wieder ein Ausbruch bevor.

**Abb. 1.4** Beginn, Höhepunkt und Abklingen einer Eruption des Echinus Geysir im Norris Geyser Basin, Yellowstone Nationalpark, Wyoming, USA

1.2 Aufbau der Erde

**Abb. 1.4** (Fortsetzung)

Zur Entstehung der Kanarischen Inseln gibt es verschiedene Hypothesen, die von der Theorie eines relativ zur Lage der Inseln von Osten nach Westen wandernden Hot Spot bis zur Theorie einer Vielzahl von „Mantel Plumes" reichen. Alle diese Hypothesen zur Kanaren-Entstehung sind jedoch wenig gesichert und z.T. widersprüchlich. Abbildung 1.5 zeigt die vulkanische Landschaft Lanzarotes; einige

**Abb. 1.5** Die vulkanische Landschaft Lanzarotes, Kanarische Inseln

hundert Krater prägen noch heute das Gesicht der Landschaft. Eine Vielfalt verschiedener Farben zeigen die Vulkanhügel dem Betrachter: von rot über orange, gelb, blau und Grautönen bis hin zu schwarz. An vielen Stellen auf der Insel ist das Gestein bereits direkt unter der Erdoberfläche noch so heiß, dass einsickerndes Oberflächenwasser spontan verdampft. Die letzten großen vulkanischen Ausbrüche wurden von der Besatzung der Santa Maria, dem Schiff von Christoph Columbus, als schlechtes Ohmen für die Fahrt nach Westen, der Entdeckung Amerikas, gedeutet.

Der Teide auf Teneriffa (Kanarische Inseln) ist mit über 3718 m der höchste Berg Spaniens und der dritthöchste Inselvulkan der Erde. Er erhebt sich aus einer riesigen eingebrochenen Magmakammer eines älteren Vulkans (Caldera), die einen Durchmesser von etwa 17 km hatte. Die Flanken des Teide sind mit Lawaströmen verschiedener Farbnuancen, einem Anzeichen für ihr jeweiliges Alter, bedeckt.

## 1.3 Energiedargebot der Erde

Die mittlere Temperatur der Erde an der Erdoberfläche liegt bei 14°C, im Erdinneren bei 5000°C. Da die Erde im Inneren sehr heiß außen jedoch relativ kühl ist, strömt aus der Erde ein kontinuierlicher Strom von Wärme in Richtung Erdoberfläche. Der terrestrische Wärmestrom, also die von der Erde pro Quadratmeter abgegebene Leistung (**Wärmestromdichte**), beträgt durchschnittlich etwa 0,065 W/m$^2$ (65 mW/m$^2$). Die Erde verliert dadurch Wärme. Aber sie gewinnt auch wieder Wärme durch die Strahlung der Sonne. Sonnenlicht ist elektromagnetische Strahlung, die im Sonneninnern durch Kernfusion entsteht und in den Weltraum abgestrahlt wird. Im Jahr trifft in Mitteleuropa eine Energiemenge von ca. 1000 kWh/m$^2$ auf die Erdoberfläche.

Die zur Erde kommende Sonnenenergie wird durch Wolken, Luft und Boden zu 30% wieder in den Weltraum reflektiert. Die restlichen 70% werden absorbiert: rund 20% von der Atmosphäre und 50% vom Erdboden. Letztere werden durch Wärmestrahlung und Konvektion wieder an die Lufthülle abgegeben. Die **globale Sonneneinstrahlung** liegt bei $174 \cdot 10^{15}$ W. Davon werden etwa $89 \cdot 10^{15}$ W von den Landmassen und Ozeanen absorbiert. Ein kleiner Bruchteil davon wird dazu benutzt, um die Erdoberfläche zu erwärmen, mit einer Eindringtiefe von einigen Dezimetern im Tagesgang und einigen 10er Metern im Jahreszyklus. Daher hat die solare Energie auf das thermische Regime der Erde nur einen kleinen Einfluss (Clauser 2006).

In der Erdkruste nimmt die Temperatur im Mittel um etwa 3°C pro 100 m Tiefe zu. Der Wärmestrom aus der Erde, der an der Erdoberfläche gemessen wird, stammt nur zu einem kleinen Teil aus dem Erdmantel oder dem Erdkern (Abb. 1.1). Über 70% werden in der relativ dünnen Erdkruste „gebildet" und nur knapp 30% dieses Wärmestromes kommen aus dem Erdkern und dem Erdmantel. Der über die gesamte Erdoberfläche integrierte Erdwärmestrom ergibt die eindrückliche thermische Leistung von 40 Millionen Megawatt. Der Erdwärmestrom wird durch die inneren

Wärmequellen der Erde gespeist: ein grosser Beitrag stammt aus dem radioaktiven Zerfall der natürlichen Radioisotope Uran ($^{238}$U, $^{235}$U), Thorium ($^{232}$Th) und Kalium ($^{40}$K) in der Erdkruste, nämlich ~900 EJ/a. Bei diesem Zerfall entsteht Wärme. Diese Wärme wird in der Erdkruste kontinuierlich neu gebildet. Der kleinere Beitrag stammt aus dem Erdkern: ~300 EJ/a. Zusammen sind das ~1200 EJ/a, die der Erde pro Jahr entströmen. Der größte Teil dieser Wärme wird in der Erdkruste kontinuierlich neu gebildet.

Die **Wärmeproduktion** wird in Energie pro Zeit und Volumen (J/sm$^3$) angegeben. Die Erdkruste ist unterschiedlich dick und stofflich sehr unterschiedlich zusammengesetzt. Sie ist unter den Kontinenten deutlich dicker als unter den Ozeanen. Unter den Kontinenten besteht sie aus sauren Gesteinen, unter den Ozeanen aus basischem Material. In sauren Gesteinen (z.B. Granit) ist die Wärmeproduktion deutlich höher als in basischen Gesteinen (z.B. Gabbro). Die Wärmeproduktion von Granit kann beispielsweise um ein Vielfaches so groß sein wie die von einem Gabbro (Tabelle 1.2). Die produzierte Wärmeenergie kann somit innerhalb der Erdkruste sehr stark differieren. Die ständige, globale Wärmeproduktion der Erde durch radioaktiven Zerfall ist in Ahrens (1995) mit $27{,}5 \cdot 10^{12}$ W angegeben.

Der Wärmestrom wird an der Erdoberfläche als **Wärmestromdichte** (q [J/sm$^2$]) gemessen. Die Wärmestromdichte setzt sich somit aus einem quasi konstanten Strom aus dem Erdkern und Erdmantel sowie einem nicht konstanten Wärmestrom aus der Erdkruste zusammen. Die Wärmestromdichte kann sehr unterschiedlich sein; man spricht auch hier von Anomalien. Große Anomalien treten sowohl auf den Kontinenten als auch in den Ozeanen auf, insbesondere dort, wo die Wärme nicht nur thermisch durch das Gestein geleitet wird, sondern zusätzlich durch aufsteigende Fluide transportiert wird. Besonders große Anomalien hat es daher beispielsweise entlang des Mittelozeanischen Rückens oder in Vulkangebieten. Die mittlere Wärmestromdichte aus den Kontinenten und Ozeanen beträgt jeweils 65 mW/m$^2$ und 101 mW/m$^2$. Das gewichtete Mittel berechnet sich daraus zu 87 mW/m$^2$ und entspricht einem globalen **Wärmeverlust der Erde** von $44{,}2 \cdot 10^{12}$ W (Pollack et al. 1993). Demgegenüber steht die ständige Wärmeproduktion der Erde durch radioaktiven Zerfall, durch Reibungswärme u.a. Netto verliert die Erde Wärme in einer Größenordnung von etwa $1{,}4 \cdot 10^{12}$ W (Clauser 2006). Der Abkühlungsprozess der Erde ist jedoch sehr langsam, denn Berechnungen ergaben, dass die Temperatur im Erdmantel in den letzten drei Billionen Jahren sich nicht mehr als um 300–350°C abgekühlt hat.

Verglichen mit der Größe der solaren Einstrahlung oder dem von den Landmassen und Ozeanen absorbierten Anteil der solaren Einstrahlung ist der Wärmeverlust der Erde durch die Wärmestromdichte mit $44{,}2 \cdot 10^{12}$ W sehr gering. Die solare Einstrahlung ist etwa um den Faktor 4000 größer und der Anteil der Adsorption etwa um den Faktor 2000.

Der gesamte Wärmeinhalt der Erde beträgt nach Armstead (1983) ca. $12{,}6 \cdot 10^{24}$ MJ. Die geothermische Ressourcenbasis der Erde ist demnach riesig und omnipräsent. Sie wird jedoch kaum genutzt. Geothermische Energie ist fast überall verfügbar und gewinnbar. Die Nutzung von Geothermie ist umweltfreundlich, und geothermische Energie ist grundlastfähig.

## 1.4 Wärmetransport und thermische Parameter

Informationen zu den physikalischen Eigenschaften der Gesteine bilden eine wichtige Grundlage für die Konzeption von Anlagen zur geothermischen Energiegewinnung. Dies gilt sowohl für die Planung oberflächennaher Installationen als auch für die Erschließung tiefer Reservoire zur Wärme- und Stromerzeugung. Von besonderem Interesse sind hier Gesteinseigenschaften, die den Transport und die Speicherung von Wärme und Fluiden im Untergrund bestimmen. Hierzu gehören die thermischen Eigenschaften wie Wärmeleitfähigkeit, Wärmekapazität und Wärmeproduktion und die hydraulischen Eigenschaften wie Porosität und Permeabilität. Zu den wichtigsten physikalischen Eigenschaften der Tiefenwässer gehören die Dichte, die Viskosität sowie die Kompressibilität (Abschn. 8.2).

Erdwärme kann auf zweierlei Weise transportiert werden: einmal **konvektiv**, sozusagen mit dem fließenden Grundwasser, bzw. allgemein mit Flüssigkeiten (oder Gasen) oder **konduktiv** durch das Gestein. Der konduktive Transport von Erdwärme aus der Tiefe an die Erdoberfläche wird durch die Fähigkeit der Gesteine, Wärme zu transportieren, d. h. zu leiten, ermöglicht. Die **Wärmeleitfähigkeit** der Gesteine ($\lambda$ [J s$^{-1}$ m$^{-1}$ K$^{-1}$]) ist nicht konstant sondern unterschiedlich. So können Kristalline Gesteine, wie Granite oder Gneise, die Wärme um den Faktor 2-3 besser leiten als Lockergesteine (Kiese, Sande). Dennoch schwanken die Angaben für die einzelnen Gesteine oftmals in weiten Grenzen (Tabelle 1.1), was vielfach auf einer Varianz in der mineralogischen Zusammensetzung oder einem unterschiedlichen Kompaktions- oder Alterationsgrad beruht, oder aber auf eine Schichtung des Gesteins, d. h. auf Anisotropie, zurückgeführt werden kann.

**Tabelle 1.1** Wärmeleitfähigkeit und spezifische Wärmekapazität unter Normalbedingungen (VDI 4640, Schön 2004, Kappelmeyer & Haenel 1974, Landolt-Börnstein 1992)

| Gestein / Fluide | Wärmeleitfähigkeit $\lambda$ (J s$^{-1}$ m$^{-1}$ K$^{-1}$) | spez. Wärmeskapazität (kJ kg$^{-1}$ K$^{-1}$) |
|---|---|---|
| Kies, Sand, trocken | 0,3–0,8 | 0,50–0,59 |
| Kies, Sand, nass | 1,7–5,0 | 0,85–1,90 |
| Ton, Lehm, feucht | 0,9–2,3 | 0,80–2,30 |
| Kalkstein | 2,5–4,0 | 0,80–1,00 |
| Dolomit | 1,6–5,5 | 0,92–1,06 |
| Marmor | 1,6–4,0 | 0,86–0,92 |
| Sandstein | 1,3–5,1 | 0,82–1,00 |
| Tonstein | 0,6–4,0 | 0,82–1,18 |
| Granit | 2,1–4,1 | 0,75–1,22 |
| Gneis | 1,9–4,0 | 0,75–0,90 |
| Basalt | 1,3–2,3 | 0,72–1,00 |
| Quarzit | 3,6–6,6 | 0,78–0,92 |
| Steinsalz | 5,4 | 0,84 |
| Luft | 0,02 | 1,0054 |
| Wasser | 0,59 | 4,12 |

## 1.4 Wärmetransport und thermische Parameter

Bei manchen Gesteinen ist die Fähigkeit, Wärme zu leiten, nicht in alle Richtungen gleichgroß entwickelt, sie ist richtungsabhängig, anisotrop. In Tonen kann bspw. die Wärmeleitfähigkeit senkrecht zur Schichtung teilweise nur ein Drittel oder sogar weniger betragen als parallel dazu. Mächtige Tonabfolgen können daher den vertikal nach oben gerichteten Wärmeabfluss aus dem Erdinneren an die Erdoberfläche stark hemmen und haben damit bis zu einem gewissen Grad quasi eine isolierende Wirkung. Die positive Wärmeanomalie Bad Urach – Bad Boll in Südwestdeutschland wird ursächlich auf in dieser Region besonders mächtige Tonsteinserien zurückgeführt (Schädel & Stober 1984a). Auf den Wärmeentzug von einzelnen Erdwärmesonden hat dieser Anisotropieeffekt bei horizontaler Schichtlagerung jedoch kaum Auswirkungen.

Alle Gesteine verfügen über einen gewissen Hohlraumgehalt, eine Porosität oder Klüftigkeit. Für den Wärmetransport ist es entscheidend, ob diese Hohlräume mit Wasser oder Luft ausgefüllt sind, also ob der Grundwasserstand hoch oder sehr niedrig ist. Luft ist nahezu ein Isolator. Die Wärmeleitfähigkeit von Luft ist etwa um den Faktor 100 geringer als die von Gesteinen, während der Unterschied von Gestein zu Wasser nur bei einem Faktor von 2–5 liegt (Tabelle 1.1). Die Wärmeleitfähigkeit trockener Kiese oder Sande liegt daher bei $\lambda = 0,4 \, J \, s^{-1} \, m^{-1} \, K^{-1}$; sind die Kiese nass kann die Wärmeleitfähigkeit auf etwa $\lambda = 2,1 \, J \, s^{-1} \, m^{-1} \, K^{-1}$ ansteigen (Tabelle 1.1). Für die Ermittlung der Wärmeentzugsleistung einer Erdwärmesonde ist daher insbesondere bei starker Verkarstung des Untergrundes mit großen Hohlräumen die Tiefenlage des Grundwasserspiegels von entscheidender Bedeutung (Abschn. 6.3.2).

Während also die Wärmeleitfähigkeit den Nachschub an Wärme, d. h. an thermischer Energie reguliert, bestimmt die **Wärmekapazität (C)** wie viel Wärme im Untergrund gespeichert werden kann. Sie gibt an, wie viel thermische Energie $\Delta Q$ (J) ein Körper pro Temperaturänderung $\Delta T$ (K) speichern kann:

$$C = \Delta Q / \Delta T \quad (J \, K^{-1}) \qquad (1.1a)$$

Die **spezifische Wärmekapazität (c)** oder kurz **spezifische Wärme** eines Stoffes ist die Wärmekapazität bezogen auf eine bestimmte Masse dieses Stoffes. Sie bezeichnet die Wärmemenge ($\Delta Q$), die benötigt wird, um die Temperatur pro Masse (m) eines Körpers um $\Delta T$ anzuheben (Gl. 1.1b).

$$c = \Delta Q / (m . \Delta T) \quad (J \, kg^{-1} \, K^{-1}) \qquad (1.1b)$$

Wird die Wärmekapazität auf das Volumen eines Stoffes bezogen, so wird sie **Wärmespeicherzahl (s)** genannt (Gl. 1.1c).

$$s = \Delta Q / (V . \Delta T) \quad (J \, m^{-3} \, K^{-1}) \qquad (1.1c)$$

Beide Parameter, spezifische Wärmekapazität und Wärmespeicherzahl, stehen über die Dichte ($\rho$) miteinander in Beziehung ($c = s/\rho$). Sowohl Wärmeleitfähigkeit als auch Wärmekapazität der Gesteine sind von Druck und Temperatur abhängig.

Beide Parameter nehmen mit zunehmender Tiefe in der Erdkruste ab. Bei gleichen Untergrundverhältnissen nimmt dadurch die Temperatur mit der Tiefe immer weniger stark zu.

In Tabelle 1.1 sind die spezifischen Wärmekapazitäten der wichtigsten Gesteine zusammengestellt. Für Festgesteine liegen sie meist zwischen $c = 0,75$ und $c = 1,00$ kJ kg$^{-1}$ K$^{-1}$. Wasser hat mit $c = 4,19$ kJ kg$^{-1}$ K$^{-1}$ im Vergleich zu Festgesteinen eine um den Faktor 4–6 höhere spezifische Wärmekapazität. Wasser kann also um ein vielfaches mehr Wärme speichern. Bezogen auf das Volumen, d. h. auf die Wärmespeicherzahl, kann Wasser jedoch nur etwa doppelt so viel Wärme speichern wie Festgesteine. Das bedeutet aber auch, dass gut durchlässige Aquifere mit einem großen Hohlraumanteil relativ mehr Wärme gespeichert haben als gering durchlässige Grundwasserleiter mit einer niedrigen Porosität.

**Wärmestromdichte** (q) und Wärmeleitfähigkeit ($\lambda$) geben Auskunft über die Temperaturverteilung mit zunehmender Tiefe, d. h. über die Temperaturzunahme pro Tiefenabschnitt, den sog. Temperaturgradienten (gradT [K/m]):

$$q = \lambda \, \text{gradT} \quad (\text{J s}^{-1} \text{ m}^{-2}) \tag{1.2}$$

Der **Temperaturgradient**, also der Temperaturunterschied zwischen zwei Punkten, ist der eigentliche Antrieb für den Wärmestrom aus der Tiefe an die Erdoberfläche. Die Temperatur nimmt beispielsweise in Mitteleuropa im Mittel um etwa gradT $= 2,8 - 3,0°$C/100 m mit der Tiefe zu, so dass aus der kontinentalen Erdkruste, verursacht durch die „mittleren Wärmeleitfähigkeiten" der Gesteine, eine Wärmestromdichte von durchschnittlich etwa $65 \cdot 10^{-3}$ J/sm$^2$ registriert wird.

Die Temperaturverteilung im Untergrund ist jedoch nicht einheitlich. So können sowohl Temperaturgradient als auch Wärmestromdichte in gewissen Gebieten höher sein und in anderen Gebieten niedriger als der Mittelwert. Man spricht in derartigen Fällen von positiven und negativen **Temperatur- bzw. Wärmeanomalien**. Die Ursachen für positive Anomalien sind vielfältig. Positive Anomalien infolge Vulkanismus sind beispielsweise aus Island oder Norditalien bekannt. Positive Anomalien können jedoch auch aufgrund aufsteigender Tiefenwässer entstehen. Aufsteigende, heiße Tiefenwässer (hydrothermale Systeme) sind an tiefreichende, durchlässige Strukturen oder an tektonische Graben- und Beckenstrukturen (z. B. Oberrheingraben, Molassebecken, Pannonisches Becken) gebunden. Die Ursachen positiver Anomalien können jedoch auch auf Gesteinsschichten mit erhöhter Wärmeleitfähigkeit (z. B. Salzdiapire), die dadurch quasi einen „Kamineffekt" bewirken, aber auch auf Staueffekten infolge verminderter Wärmeleitfähigkeit von Gesteinsverbänden (z. B. mächtige Tonsteinabfolgen mit hoher Anisotropie) oder auf erhöhter geo-, oder biochemischer Wärmeproduktion beruhen. Für die geothermische Nutzung sind besonders Gebiete mit deutlich höheren Temperaturen, also Anomalien, interessant, da geringere Bohrtiefen erforderlich sind (Kap. 5).

In allen Gesteinen ist eine mehr oder weniger hohe Konzentration an radioaktiven Elementen feststellbar. Die beim Kernzerfall entstehende Strahlungsenergie wird durch Absorption in Wärme umgesetzt. Als Wärmeproduzenten sind im Prinzip nur die Beträge der $^{238}$U-, $^{235}$U- und $^{232}$Th-Zerfallsreihen sowie des Isotops $^{40}$K

## 1.4 Wärmetransport und thermische Parameter

**Tabelle 1.2** Typische radiogene Wärmeproduktion ausgewählter Gesteine (nach Kappelmeyer & Haenel 1974, Rybach 1976)

| Gestein | Wärmeproduktion A ($\mu$J s$^{-1}$ m$^{-3}$) |
|---|---|
| Granit | 3,0 |
| Gabbro | 0,46 |
| Diorit | 1,1 |
| Gneis | 2,4 |
| Sandstein | 0,34–1,0 |
| Tonschiefer | 1,8 |

im natürlich vorkommenden Kalium signifikant. Die radioaktive **Wärmeproduktion** eines Gesteins errechnet sich nach den Konzentrationen von Uran $c_U$ (ppm), Thorium $c_{Th}$ (ppm) und Kalium $c_K$ (%) zu (Landolt-Börnstein 1992):

$$A = 10^{-5} \rho (9,52\, c_U + 2,56\, c_{Th} + 3,48\, c_K) \; (\mu J\, s^{-1}\, m^{-3}) \tag{1.3}$$

mit $\rho$ Dichte des Gesteins. Tabelle 1.2 zeigt typische Wärmeproduktionen ausgewählter Gesteine.

Grundsätzlich fällt auf, dass der Gehalt an Uran, Thorium und Kalium mit zusätzlichem Kieselsäuregehalt der Gesteine zunimmt und damit die radiogene Wärmeproduktion (Abschn. 1.3). Diese drei radioaktiven Elemente sind in Gesteinen unterschiedlich gebunden. Der lösliche Anteil der radioaktiven Elemente nimmt in der Regel mit ihrem Gesamtgehalt zu und wird mobil, sobald Wasser durch das Gestein migriert (Abschn. 10.2).

Die **Wärmetransportgleichung** beschreibt den Transport von Wärme im Gestein (Carslaw & Jaeger 1959). Sie beschreibt den zeitlichen und räumlichen Temperaturverlauf in einem Medium. Die Differentialgleichung der dreidimensionalen temperaturabhängigen Wärmetransportgleichung lautet:

$$\delta(\rho c T)/\delta t = \nabla(\lambda \nabla T) + A - v \nabla T + \alpha g T/c \tag{1.4}$$

Der erste Term auf der rechten Seite der Gleichung 1.4 beschreibt die Wärmeleitung, der zweite Term die Wärmeproduktion, der dritte Term den Wärmetransport durch Massentransport und der vierte Term die Druckabhängigkeit. In Gleichung 1.4 ist $\rho$ die Dichte (kg m$^{-3}$), A die radiogene Wärmeproduktion (tiefen- und materialabhängig) (J s$^{-1}$ m$^{-3}$), v die Geschwindigkeit (m s$^{-1}$), g die Erdbeschleunigung (m s$^{-2}$) und $\alpha$(K$^{-1}$) der volumetrische, lineare **thermische Ausdehnungskoeffizient** ($\alpha = \delta V \delta T/V$). Für Gesteine liegt der Ausdehnungskoeffizient bei $\alpha = 5 - 25\, \mu K^{-1}$.

Die eindimensionale analytische Lösung der Differentialgleichung für den Wärmetransport (Gl. 1.4) bei konstanter Wärmeleitfähigkeit ($\lambda$) und konstanter radiogener Wärmeproduktion (A) für eine homogene, isotrope Schicht ohne Wärmetransport durch Massentransport und ohne Druckabhängigkeit lautet:

$$T = T_0 + 1/\lambda\, q_0\, x - A/(2\lambda)\, x^2 \tag{1.5a}$$

In Gleichung 1.5a ist $T_0$ die Temperatur an der Schichtobergrenze, $q_0$ der Beitrag der Wärmeflussdichte durch diese obere Grenzfläche und x die Schichtdicke. Sind die Wärmeleitfähigkeit und die radiogene Wärmeproduktion tiefenabhängige Größen, so berechnet sich die Temperatur in Abhängigkeit von der Tiefe zu:

$$T(z) = T_0 + \int_0^H \cdot \lambda(z)^{-1} \cdot \left[ q_0 - \int_0^H \cdot A(z) \cdot dz \right] \cdot dz \quad (1.5b)$$

Mit Gleichung 1.5b kann die rein konduktiv bedingte Temperaturzunahme in der Erdkruste von Schicht zu Schicht, d. h. differentiell, konstruiert werden (Schädel & Stober 1984b).

## 1.5 Kurzer Abriss von Methoden zur Bestimmung thermischer Parameter

Die Wärmeleitfähigkeit eines Gesteins wird im Labor an Bohrproben gemessen. Sie kann dort mit einem sogenannten „Optischen Thermoscanner" ermittelt werden (Popov et al. 1999). Die Messung basiert auf dem „Scannen" einer Probenoberfläche mit einer fokussierten Wärmequelle und der kontaktlosen Temperaturmessung mittels Infrarot-Thermosensoren. Hierfür wird die Strahler- und Messeinheit an der Probe entlang bewegt. Die emittierte Licht- und Wärmestrahlung wird auf die Oberfläche der Probe fokussiert, wodurch die Probe aufgeheizt wird. In einem festen Abstand zum Strahler befinden sich Infrarot-Temperatursensoren, welche die Temperatur der Probe vor und nach dem Erhitzen messen. Für die Größe der Wärmeleitfähigkeit ist entscheidend, ob die Messungen an trockenen oder feuchten Bohrkernen durchgeführt wurden. Bei anisotrop ausgebildeten Gesteinen muss die Messung natürlich in verschiedenen Raumrichtungen durchgeführt werden (Popov et al. 1999, PK Tiefe Geothermie 2008).

Die Wärmekapazität eines Stoffes wird mit Hilfe von Kalorimetern bestimmt. Man unterscheidet Kalorimeter nach Betriebsarten (adiabatisch, isotherm) sowie nach dem Messprinzip. Bei einer kalorimetrischen Messung wird in den meisten Fällen dem Kalorimeter Wärme zugeführt oder entzogen und dabei die Temperaturänderung beobachtet. Der Wärmeaustausch kann beispielsweise mit einer Flüssigkeit oder mit einem Metall erfolgen. Bei anderen Kalorimetern wird die Wärmemenge von bestimmten Substanzen abgenommen, die dabei eine Phasenänderung erleiden, d. h. die Temperaturen bleiben dann bei diesem Messprinzip konstant.

Die Bestimmung der Dichte an Kernstücken erfolgt nach dem „Archimedischen Prinzip". Das Kernstück wird zweimal gewogen; zuerst erfolgt die Trockenwägung. Nach Bestimmung der Trockenmasse wird mit Hilfe einer Wasserwanne das Tauchgewicht bestimmt. Aus dem Tauchgewicht und der Dichte des Wassers lässt sich das Volumen des Kernstückes $V$ bestimmen, was dann mit der Masse $m$ zur Berechnung der Gesteinsdichte $\rho$ dient. Die Dichtebestimmung an Bohrklein erfolgt mit Pyknometern, einem Messgerät zur Bestimmung der Dichte von Festkörpern oder Flüssigkeiten. Das Volumen des Bohrkleins muss genau bekannt sein. Das Pyknometer wird einmal mit der trockenen Bohrkleinprobe und einmal mit einem Gemisch aus der Bohrkleinprobe und Wasser gewogen. Aus den gemessenen Massen und der Dichte des Wassers lässt sich die Dichte des Bohrkleins bestimmen. Zur Vermeidung von Luftbläschen im Pyknometer, die das Volumen verfälschen können, wird das mit Wasser gefüllte Pyknometer jeweils mit einer Wasserstrahlpumpe evakuiert.

# Kapitel 2
# Geschichte geothermischer Energienutzung

Huaqin Hot Springs bei Xi'an, China

Geothermische Energie, Wärme aus dem „Schoß der Mutter Erde", ist eine dem Menschen schon seit vielen 1000 Jahren bekannte Energiequelle. Die Thermalwässer und heißen Quellen wurden nicht nur für praktische Zwecke, wie zum Baden, für Trinkkuren, zur Gewinnung von Gasen oder Mineralsalzen durch Eindampfen, um Essen zuzubereiten oder für Heizzwecke genutzt, sondern sie hatten weltweit zuerst insbesondere eine religiöse oder mythische Bedeutung. Sie waren Sitz von Göttern, verkörperten Götter oder hatten göttliche Kräfte.

Quellen, Stellen an denen Wasser aus dem Untergrund hervorbricht, waren schon immer in fast allen Religionen und Zivilisationen Symbole des Lebens und der Macht. Wenn aber statt normalen Wassers ein Wasser, das heiß ist, das hoch mineralisiert ist oder aus dem viele Minerale ausfallen, also ein völlig anders beschaffenes Wasser an die Erdoberfläche tritt, steigt die Bedeutung dieser Quelle ins Unermessliche. Die Thermalquellen hatten daher bereits sehr früh eine religiöse und soziale Funktion. Ihnen wurden göttliche Heilkräfte zugesprochen, der Gott war in ihnen verkörpert. Die Thermalquellen wurden zu Zentren menschlicher Aktivitäten. Bäder im Römischen Reich, im Mittleren Königreich der Chinesen und die türkischen Bäder der Ottomanen gehörten zu den frühen balneologischen Anwendungen, bei denen sich körperliche Gesundheit, Hygiene und Gespräch zur gesellschaftlichen Gewohnheit jener Zeit verbanden.

Heiße Quellen künden von den in der Erde verborgenen enormen Energiemengen.

## 2.1 Frühe geothermische Nutzungen

Es gibt archäologische Beweise dafür, dass bereits vor vielen 1000en Jahren Indianer geothermische Quellen nutzten. Die heißen Quellen, „Hot Springs", in Süd Dakota/USA waren von den Sioux- und Cheyenne-Indianern heiß umkämpfte Orte. Den Quellen wurde Heilkraft aus den Tiefen der Erde zugesprochen. Eine in Stein gehauene indianische Wanne ist noch heute Zeugnis, dass die Quellen bereits von den Indianern zum Baden genutzt wurden. Das heiße Quellwasser wurde auch getrunken, um allerlei Magen- und Darm-Beschwerden zu lindern. Viele Jahre später wurden die heißen Quellen, die Hot Springs, von den weißen Siedlern balneologisch kommerziell genutzt; heute wird das heiße Quellwasser mittels Wärmepumpe für Heiz- und Kühlzwecke verwendet. Ähnlich die "Indian Hot Springs" am Rio Grande in Texas/USA und in Mexiko. Auch sie wurden bereits in prähistorischer Zeit von den Einheimischen Nord-Amerikas für therapeutische Zwecke, zum Baden in Steinbecken und für innere Anwendungen genutzt. In den USA sind mehrere 1000 Thermalquellen bekannt.

Der Fishing Cone am Rand des Yellowstone Lake, im Wasser gelegen, ist bekannt dafür, dass er als Fischkochstelle von Anglern benutzt wurde. Früher schaute der kleine Krater aus dem See heraus; die Angler hielten ihre noch an den Angeln zappelnden Fische zum Garen in die Dampf-Eruption des kleinen Kraters, teilweise vom Boot aus, teilweise am Rand des Trichters stehend. Heute ist der Fishing Cone

2.1 Frühe geothermische Nutzungen

**Abb. 2.1** Fishing Cone im Yellowstone National Park, Yellowstone Lake, WYO

völlig vom Wasser des Yellowstone Sees bedeckt, die Eruptionen haben aufgehört (Abb. 2.1).

Vorkommen und Nutzung heißer Quellen ist schon durch die Römer, Japaner, Türken, Isländer aber auch von den Maoris in Neuseeland, die das heiße Wasser zum Kochen, Baden und für Heizzwecke nutzten, schriftlich dokumentiert. Bereits vor etwa 2000 Jahren wurden Bade- und Behandlungszentren bei den heißen Quellen von Huaquingchi und Ziaotangshan bei Peking in China gebaut.

Im ersten Jahrtausend vor Christus glaubten die Griechen an Götter, die mit Thermal- und Mineralwässern assoziiert waren und an damit verbundene Heilung und Genesung. Im 3. und 1. Jahrhundert vor Christus verehrten die Kelten heilkräftige Quellen in Kultmessen, wie z. B. die Thermalquellen von Teplitz in Nord-Böhmen. Bath in Südengland wird assoziiert mit der Heilung von Bladud, dem Vater von König Lear, der im Jahre 863 vor Christus an Lepra erkrankte. Bath sind die Wässer des Sul, des Gottes der Weisheit.

Die ersten, die sich in Mitteleuropa neben den Kelten die Thermalquellen nachweislich zu Nutze machten, waren die Römer. Bereits vor über 2000 Jahren heizten sie ihre Bäder mit geothermischer Energie. Belegt ist, dass die Römer ab dem 2. Jahrhundert vor Christus gerne in der Nähe von Thermalquellen siedelten, wie beispielsweise in Aix-en-provence (Aquae Sextiae), in Bagnière de Luchon in den Phyräneen, in Wiesbaden (Aquae Mattiacorum), Baden-Baden (Aquae Aureliae), Badenweiler (Abb. 2.2) und vielen anderen Orten. Keine Epoche hat das Baden so genussvoll zelebriert, wie die römische Antike. Sanus per aquam, war der Leitspruch der Römer: Gesund durch Wasser. Baden war das wichtigste Freizeitvergnügen der Römer. Wellness war für sie, also vor über 2000 Jahren, bereits selbstverständlich, Baden war ein Fest der Sinne. Es war sozialer Treffpunkt, ein Ort, um Geschäfte abzuschließen, Sport zu treiben.

**Abb. 2.2** Römische Baderuinen der Thermen von Badenweiler, Süddeutschland

Mit der Einrichtung von Kur- und Heilbädern ging in römischer Zeit ein geregelter Badebetrieb einher, der grundsätzlich eng mit dem Glauben an die für die Gesundheit zuständigen Götter verbunden war. Für den Erfolg einer Kur bürgten weniger die gut ausgebildeten Badeärzte, sondern in erster Linie die Gottheiten der Quellen oder Heilgötter, wie der keltisch-römische Gott Apollo-Grannus. In den römischen Bädern wurden zum Dank an die Genesung Weihetafeln für die göttliche Leistung errichtet.

Nachdem bereits die Kelten die warmen Quellen Badenweilers am Fuße des Südschwarzwaldes nutzten, wie durch Münzfunde belegt, entstand schon kurz nach der römischen Eroberung des rechtsrheinischen Landes am Ende des 1. Jahrhundert n. Chr. um die Quellen eine zivile römische Siedlung mit einem Badegebäude (Abb. 2.2). Die Thermen müssen zu Römerzeiten deutlich wärmer gewesen sein als heute (26,4°C), weil die Römer die großen Baderäume ohne Heizanlagen errichteten (Filgris 2001). Der Gesamtlösungsinhalt der Thermalwässer dürfte ebenfalls, nach Leseeindrücken im Badenfahrtbüchlein von Georgius Pictorius, zumindest noch im Jahre 1560 höher gewesen sein. Nach dem Abzug der Römer gerieten die thermalen Badeeinrichtungen bald in Vergessenheit. Sie wurden erst im Jahre 1784 wieder entdeckt.

Die römische Siedlung Baden-Baden am Fuß des Nord-Schwarzwaldes, Aquae Aureliae genannt, kann bis in das 1. Jahrhundert nach Christus zurückverfolgt werden. Im 2. und 3. Jahrhundert entwickelte sich die Stadt zu einem großen Verwaltungszentrum. Aquae Aureliae, das antike Baden-Baden, gehörte zu den blühendsten Siedlungen im rechtsrheinischen Gebiet der römischen Provinz Germania superior. Die römische Stadt entwickelte sich im Umkreis der heilkräftigen

2.1 Frühe geothermische Nutzungen     21

Thermalquellen, die dem Gemeinwesen wirtschaftliche Blüte und besonderes Ansehen verliehen. Unterhalb des heutigen Marktplatzes von Baden-Baden liegen die im Auftrag des römischen Kaisers Caracalla in luxuriöser Weise ausgebauten Kaiserthermen. Sie wurden etwa im Jahre 260 nach Christus zerstört. In einiger Entfernung zu den Kaiserbädern befinden sich die deutlich einfacher ausgestatteten Sodatenbäder. Die römischen Bäder waren aus technischer und kultureller Sicht hoch entwickelte, äußerst komfortable Einrichtungen. Sie besaßen ein sogenanntes Hypokaustensystem für die **Unterboden- und Wandheizung**, also ein geothermisches Heizungssystem (Abb. 2.3). In den Bädern trugen die Römer Badesandalen aus Holz, die Schutz vor den heißen Böden boten.

Nach dem Rückzug der Römer aus weiten Teilen Europas wurden viele Bäder aufgegeben. Die frühen Christen errichteten ihre ersten Kirchen gerne neben den seit alters genutzten, heilbringenden Quellen. Im Mittelalter hatten im zentralen Mitteleuropa Thermalquellen zum Teil eine herausragende Bedeutung, dass beispielsweise Karl der Große das Königsgut Aachen im Jahre 794 zu einer Pfalz ausbauen ließ und es zu seiner ständigen Residenz erklärte. Die Thermalquellen von Aachen wurden zwar bereits von den Kelten und Römern genutzt, waren jedoch seit hunderten von Jahren in Vergessenheit geraten. Die Legende erzählt, dass

**Abb. 2.3** Thermalbad Baden-Baden, römisches Soldatenbad, Fußbodenheizung, erstes geothermisches Heizsystem

Karl der Große sich einst auf der Jagd in der Aachener Umgebung befand, inmitten überwucherter antiker Überreste aus römischer Zeit. Das Pferd des Herrschers blieb plötzlich im Morast stecken. Karl bemerkte, dass das moorige Wasser heiß war und das Erdreich gluckerte und dampfte, begleitet von einem strengen, schwefeligern Geruch. Karl war auf die heißen Aachener Quellen gestoßen.

Im mittelalterlichen Transylvanien waren die warmen Bäder südöstlich von Oradea an den heißen Quellen des Peta-Flusses errichtet. Die Wässer des Peta wurden später auch als „**Frostschutzmittel**" benutzt, d. h. sie wurden in den Burggraben, der um die Befestigungsanlage der Stadt Oradea führte, geleitet, um dort das Wasser am Gefrieren zu hindern, damit die schützende Funktion des Wassergrabens erhalten blieb.

In Chaudes-Aigues im Zentrum Frankreichs wurde das heute noch existierende erste **Fernwärmenetz** im 14. Jahrhundert begonnen (Lund 2000).

Die meisten der alten römischen Badeorte wurden im 13. und 14. Jahrhundert wiederentdeckt. Der große Ansturm auf die Thermalbäder in Europa erfolgte jedoch erst im 18. Jahrhundert, als die Badeorte zu Treffpunkten des Adels und des aufstrebenden Bürgertums wurden. Die ersten wissenschaftlichen Abhandlungen zur Benutzung von Thermalbädern und über die chemische Zusammensetzung der Wässer stammen von dem Mönch Savonarola und von dem Anatomist Fallopio aus dem 15. und 16. Jahrhundert.

Aus China sind erste Berichte über Thermalquellen mit medizinischen Anleitungen aber auch Anweisungen für den Ackerbau bereits aus dem 4. bis 6. Jahrhundert bekannt. So wird beispielsweise berichtet, dass durch Umleitung von Thermalwasser auf Reisfelder die Ernte bereits im März erfolgen und somit also dreimal im Jahr geerntet werden kann. Die erste wissenschaftliche Zusammenstellung der Mineral-Thermal- Wässer in China erfolgte durch den Pharmakologen Li Shizhen im 16. Jahrhundert. In seinem Buch „Compendium of Materia Medica" klassifizierte er die Wässer anhand verschiedener chemischer und genetischer Kriterien.

Das „Badenfahrtbüchlein" von Georgius Pictorius aus dem Jahre 1560 gibt einen ganz kurzen Bericht über deutsche Mineralbäder und wie man darin baden soll, stellt also eine erste balneologische Abhandlung dar. Georgius Pictorius wurde an der Universität Freiburg zum Arzt ausgebildet und war damals durch seine medizinischen Schriften weithin bekannt. Er hatte alle einschlägigen Werke von Badefachleuten der Antike und des Mittelalters gelesen. In seinem Badenfahrtbüchlein sind alle noch heute in Südwestdeutschland bekannten klassischen Bäder einzeln beschrieben.

Frühe geothermische Erfahrungen und Berichte liegen auch aus dem Bergbau vor. Bereits im Jahre 1530 stellte Agricola (1556) in Erzgruben fest, dass die Temperatur mit der Tiefe zunimmt. Die ersten Temperaturmessungen mit einem Thermometer erfolgten wahrscheinlich im Jahre 1740 durch De Gensanne in einer Mine in der Nähe von Belford, Frankreich. Alexander von Humbold ermittelte im Freiberger Bergbau-Revier im Jahre 1791 erstmals eine Temperaturzunahme mit der Tiefe um 3,8°C pro 100 m. Der **geothermische Gradient** war entdeckt! Bestätigungen in Mittel- und Südamerika folgten. In den Jahren 1831 bis etwa 1863 wurden in Deutschland erstmals Temperaturmessungen in Tiefbohrungen von bis zu 1000 m Tiefe durchgeführt. Wenige Jahre später lagen die ersten Ergebnisse bis 1700 m Tiefe vor. Eine durchschnittliche Temperaturzunahme von 3°C pro 100 m, der **normale Temperaturgradient**, wurde beobachtet. Die erste Bestimmung der **Wärmestromdichte** wurde im Jahre 1939 von Benfield durchgeführt.

1839 wurde an der Basis der 342 m tiefen Bohrung Neuffen (Südwestdeutschland) die überraschend hohe Temperatur von 38,7°C gemessen. Das entspricht einem geothermischen Gradienten von 9°C pro 100 m. Die erste große **Temperaturanomalie** war entdeckt (WM 2008).

## 2.2 Geothermische Nutzungen in der späteren Neuzeit

Eine energetische Nutzung von Thermalwasser setzte erst in der 2. Hälfte des 19. Jahrhunderts mit der schnellen Entwicklung der Thermodynamik ein: die Kunst aus heißem Wasserdampf Energie effizient durch Umwandlung zuerst in mechanische und dann in elektrische Energie mit Hilfe von Turbinen und Generatoren zu gewinnen

Die Geschichte geothermischer **Energiegewinnung** ist in Mitteleuropa eng an Larderello/Toskana in Norditalien gebunden. Bis ins 19. Jahrhundert dienten die Thermalquellen bei Larderello lediglich der Gewinnung von Bor und anderer im Thermalwasser gelöster Substanzen. 1827 entstand durch Francesco Larderel, dem Gründer der Borindustrie, die erste Anlage zur energetischen Nutzung von Erdwärme: Einer der heißen Tümpel wurde mit einer Kuppel übermauert; der erste natürlich beheizte Niederdruckdampfkessel war geschaffen. Er lieferte die Hitze für die Verdampfung des Borwassers zur Gewinnung von Bor und trieb zusätzlich Pumpen und andere Maschinen an. Damit konnte Feuerholz eingespart werden und dem Abholzen ganzer Wälder Einhalt geboten werden. Im Jahr 1904 wurde zum ersten Mal durch Koppelung einer Dampfmaschine mit einem Generator aus einer geothermischen Quelle Strom erzeugt und erste elektrische Lampen betrieben (Abb. 2.4).

Als 1913 das erste Kraftwerk in Lardarelle in Betrieb ging, hatte es bereits eine elektrische Leistung von 250 kW. 1915 verfügte das damals noch mit „Nassdampf" betriebene Kraftwerk über eine Leistung von mehr als 15 MW. Lange Zeit hatte Italien Alleinstellung in dieser Technologie. Durch tiefere Bohrungen gelang es ab dem Jahre 1931 „Heißdampf" mit 200°C für die Stromerzeugung zu gewinnen. Im Gegensatz zu Nassdampf enthielt der Heißdampf keine Inhaltsstoffe, die zu Ablagerungen und Korrosionen führten. Damit konnte auf Wärmetauscher verzichtet werden. 1939 betrug die Gesamtleistung der Kraftwerke 66 MW. Bei Kriegsende wurden die italienischen Geothermiefelder zerstört, danach jedoch wieder aufgebaut. Heute verfügen die dortigen Anlagen über insgesamt 545 MW elektrische Leistung, das sind 1,6% der gesamten elektrischen Produktion in Italien.

Unter der Toskana treffen die nordafrikanische und die eurasische Kontinentalplatte aufeinander, was dazu führt, dass sich Magma relativ dicht unter der

**Abb. 2.4** Laderello: Mit dieser Maschinerie erzeugte der Fürst Ginori-Conti (links) im Jahr 1904 den ersten Strom aus Erdwärme. Er reichte gerade für fünf Lampen (Foto: ENEL)

Erdoberfläche befindet. Dieses heiße Magma erhöht hier die Temperatur des darüber liegenden Erdreiches dramatisch.

Frühe größere systematische Wärmenutzungen sind aus Boise, Idaho/USA, bekannt. Dort wurde bereits im Jahre 1890 ein geothermisches **Fernwärmenetz** errichtet und kurz darauf im Jahre 1900 in Klamath Falls, Oregon/USA, kopiert. In Klamath Falls wurde zudem 1926 eine erste Geothermiebohrung abgeteuft und zur Beheizung von Gewächshäusern genutzt. Ab dem Jahre 1930 wurden in Klamath Falls auch die ersten Häuser mit individuellen Bohrungen geothermisch beheizt.

Die Nutzung von Thermalwasser zur **Heizung** von Wohnungen und Gewächshäusern begann auf Island in großem Stil in den 1920er Jahren im Gebiet um Reykjavik. Reykjavik hat seinen Namen von den Wikingern: Dampfende Bucht, nach den dort sichtbaren qualmenden Thermalquellen. Die ersten Bohraktivitäten nach heißem Wasser zum Heizen von Gebäuden erfolgten bereits Mitte des 18ten Jahrhunderts. Diese Bohrtätigkeiten setzten sich bis ins letzte Jahrhundert hinein fort. Erste öffentliche Gebäude und ganze Stadtteile wurden geothermisch geheizt.

Heutzutage steht Island bezüglich der Nutzung von Erdwärme an der Weltspitze. 79.700 TJ oder 53% der Primärenergie kommen aus der Erdwärme. Mit Erdwärme und Wasserkraft deckt Island 99,9% seines Strombedarfs. In der Nähe von Reykjavik gibt es Niedertemperatur-Felder, aus denen Wässer mit Temperaturen von bis zu 150°C gefördert und direkt für Heizzwecke genutzt werden. Dort lebt über die Hälfte der isländischen Bevölkerung. Die geothermale Wärme liefert Heizung und Warmwasser für ca. 90% aller isländischen Haushalte. Die Hochtemperatur-Felder von Island sind an die aktiven vulkanischen Gebiete gebunden, die die Insel queren. Die Temperaturen betragen hier um 200°C. Diese Wässer sind jedoch hoch mineralisiert und sehr gasreich, so dass sie nur indirekt genutzt werden können. Die einzelnen Kraftwerke produzieren jeweils einige 10er MW elektrische Leistung in Dampfturbinen. Das größte Kraftwerk mit etwa 120 MW elektrischer Leistung ist das Nesjavellir-Kraftwerk im Südwesten der Insel. Dabei wird die vulkanische Hitze des Zentralvulkans Hengill mittels Quellen und Bohrlöchern genutzt. Auf Island werden die Thermalwässer in vielen verschiedenen Industriezweigen genutzt.

Der Entwicklung in Italien und Island folgte 1958 eine Anlage in Wairakei, Neuseeland, 1959 eine Versuchsanlage in Pathe, Mexiko, und 1960 das Projekt The Geysers im nördlichen Californien, USA. The Geysers ist mit 19–21 Kraftwerken und einer netto Kapazität von etwa 750 MW Strom der größte Geothermie-Komplex der Welt. Damit kann eine Stadt der Größe von San Francisco versorgt werden.

Aber es gab auch Rückschläge. Geothermische Nutzungen unterliegen wirtschaftlichen Gesetzmäßigkeiten, wie z. B. einem fallenden Ölpreis, und sie können auch negative Auswirkungen auf die Umwelt hervorrufen, die z.T. zwar vermeidbar sind, aber einen entsprechenden Aufwand und Kosten bedeuten (Kap. 10). So haben beispielsweise Griechenland und Argentinien ihre geothermischen Anlagen aus Gründen von Umweltschutz und Wirtschaftlichkeit abgeschaltet. Auch in Deutschland wurden Mitte der 80er Jahre des letzten Jahrhunderts zunächst bedingt insbesondere durch steigende Öl- und Gaspreise Tiefbohrungen zur geothermischen Strom- und Wärmegewinnung abgeteuft. Die fallenden Preise auf dem Rohstoffmarkt verhinderten jedoch einen weitergehenden Ausbau. Erst als zu Beginn des 21. Jahrhunderts die Rohstoffe knapper und teurer zu werden drohten, erfolgte eine Wiederaufnahme dieser Projekte.

Die erste geothermische Stromproduktion in Deutschland erfolgte im Jahre 2003 in Neustadt-Glewe. 2007 gingen die Bohrungen Landau, gefolgt von Unterhaching in Produktion und 2009 erfolgte die Inbetriebnahme der bereits Mitte der 80er Jahre abgeteuften Geothermiebohrungen Bruchsal.

Die frühesten bislang dokumentierten **Erdwärmesondenbohrungen** in Mitteleuropa wurden im Spätsommer 1974 in Schönaich (Kreis Böblingen, Süddeutschland) ausgeführt. Für die Umrüstung eines bestehenden Gebäudes (Baujahr 1965) zur monovalenten Beheizung mit einer erdgekoppelten Wärmepumpe wurden fünf Erdwärmesonden mit 50–55 m Tiefe installiert, wobei die Abstände zwischen den in einer Linie aufgereihten Bohrungen 4–5 m betrugen. Installiert wurden fünf Koaxialsonden mit dickwandigem, muffenverschraubtem Stahlrohr (60 × 5 mm) und einem zentralen Kunststoffschlauch. Befüllt wurden die Sonden mit einem Wasser-Glykol-Gemisch. Eine heute übliche Verpressung des Ringraumes mit einer Bentonit-Zement-Suspension wurde nicht ausgeführt. Die Vorlauftemperaturen in die Sonden betrugen für die Spitzenlastfälle (mehrwöchige Frostphasen mit Temperaturen von −15 bis −20°C) −3 bis −4°C, die Rücklauftemperaturen betrugen ca. +1°C. Die Anlage wurde über 30 Jahre lang monovalent betrieben. Im Jahre 2005 fiel eine Sonde wahrscheinlich wegen Korrosion aus und wurde daher anschließend mit den verbleibenden vier Erdwärmesonden und einem zusätzlichen Ölkessel bivalent weiter betrieben (Moegle 2009).

Zu dieser Zeit existierte die **Wärmepumpe** schon viele Jahre. Sie wurde von Lord Kelvin 1852 erfunden. Heinrich Zoelly hat im Jahre 1912 die Idee, mit ihr Wärme aus dem Untergrund zu gewinnen, patentieren lassen. Erste erfolgreiche

Umsetzungen aus oberflächennahen Leitungssystemen erfolgten jedoch erst in den 1940er Jahren.

Im Raum Stuttgart, Süddeutschland, sollen im Jahr 1974 zwei weitere Erdwärmeanlagen errichtet wurden sein. Ältere erdgekoppelte Wärmepumpenanlagen aus den vierziger Jahren des letzten Jahrhunderts (Indianapolis, Philadelphia, Toronto) wurden mit oberflächennah verlegten Erdkollektoren, oder im Falle der Versuchsanlage der Union Electric Company in St. Louis mit Spiralrohren in 5–7 m tiefen Bohrlöchern als Wärmetauscher ausgeführt. Weitere frühe Anlagen aus den späten 30er Jahren (Amtshaus Kanton Zürich 1938) und 40er Jahren (Equitable Building, Portland 1948) nutzten Fluss- oder Grundwasser als Wärmequelle. Gemeinsam ist diesen Anlagen, dass hier streng genommen keine geothermische Energie genutzt wird (Moegle 2009, Sanner 1996, 2006).

# Kapitel 3
# Geothermische Energie-Ressourcen

Natürlicher Thermalwasseraustritt Da Qaidam, China

## 3.1 Energie

Physikalisch betrachtet ist **Energie** die Fähigkeit, Arbeit zu verrichten. Es gibt verschiedene Energieformen. Man unterscheidet zwischen mechanischer Energie (kinematische oder potentielle Energie), thermischer, elektrischer und chemischer Energie (BINE Informationsdienst 2003). Als Wärme ist die Energie die ungeordnete Bewegung molekularer Teilchen. Als elektrischer Strom ist sie die gerichtete Bewegung geladener Teilchen. Als Strahlung ist sie elektromagnetische Welle.

Die einzelnen Energieformen können zumindest zum Teil auch ineinander übergeführt bzw. umgewandelt werden. Aus chemischer Energie wird beispielsweise im Verbrennungsmotor Bewegungsenergie. Aus Sonnenlicht wird in der Photovoltaikanlage elektrischer Strom.

Das Bewusstsein der Begrenztheit der natürlichen Rohstoffe, die unsere klassischen fossilen Energieträger darstellen, führte zur Unterscheidung zwischen Nicht-Erneuerbaren und Erneuerbaren Energien.

Zu den **Erneuerbaren Energien** gehört die Sonnenenergie. Solarstrahlung kann in Strom (Photovoltaik) oder Wärme (Solarthermie) umgesetzt werden. Windenergie, Wasserkraft und Biomasse (Holz, Energiepflanzen) sind ebenfalls Sonnenenergie in verwandelter Form, die bei Einhalten der Gesetze der Nachhaltigkeit unbegrenzt zur Verfügung stehen. Nicht solaren Ursprungs sind die Wärme im Erdinnern (Geothermie), die Kernenergie und die Gezeitenenergie.

Energie kann jedoch weder erzeugt noch verbraucht werden; sie kann nur von einer Energieform in eine andere übergeführt werden (**1. Hauptsatz der Thermodynamik**). In der Summe bleibt die Energiemenge gleich, nichts geht verloren. Lediglich der Nutzwert einer Energieform kann durch Umwandlung und Transport abnehmen.

Nicht alle Energieformen sind direkt nutzbar. Sie müssen daher für die praktische Anwendung zunächst in andere Energieformen übergeführt werden. Chemische Energie, Kernenergie und Strahlungsenergie werden daher zuerst in mechanische, thermische oder elektrische Energie umgewandelt.

Energie kann gespeichert und transportiert werden. Energieträger sind Medien, in denen Energie gespeichert werden kann. So sind beispielsweise auf der Erde viele Energieträger, wie z. B. die fossilen Energieträger (Kohle, Erdöl, Erdgas), letztlich nichts anderes als gespeicherte Sonnenenergie. In der Technik hat das Speichern von Energie den Zweck, Energie abrufbar zu halten und sie transportieren zu können. Beispielsweise kann elektrische Energie in Batterien oder Akkus (chemische Energie) gespeichert und später für den Betrieb eines elektrischen Gerätes wieder freigesetzt werden.

Wärme, die beispielsweise in einer Solaranlage anfällt, kann in einem Wärmespeicher aufbewahrt werden, um sie dann zu nutzen, wenn die Sonne gerade nicht scheint. Für das thermische Speichern kommen grundsätzlich Flüssigkeiten (oft Wasser) oder Feststoffe (Gestein) als Medium in Frage. Wegen seiner vergleichsweise hohen Wärmekapazität ist Wasser ein bevorzugtes Speichermedium (Abschn. 1.4). Um das rasche Abkühlen des Speichermediums zu verhindern, ist in jedem Fall eine Wärmedämmung erforderlich. Neben diesen **sensiblen** (fühlbaren) **Wärmespeichern** gibt es auch so genannte **Latentwärmespeicher**, bei denen der Phasenübergang eines Stoffes genutzt wird, um Wärme zu speichern. Das Speichermaterial beginnt beim Erreichen der Temperatur des Phasenübergangs beispielsweise zu schmelzen, erhöht aber seine Eigentemperatur trotz weiterer Einspeicherung von Wärme nicht, bis das komplette Material den Phasenübergang vollzogen hat. Latentwärmespeichern haben den Vorteil, dass in ihnen wesentlich mehr Energie gespeichert werden kann als in sensiblen Wärmespeichern. Man spricht von einer höheren Energiedichte von Latentwärmespeichern.

Um beispielsweise Eis von 0°C zu schmelzen, wird etwa soviel Energie benötigt, wie um Wasser von 0°C auf 80°C zu erhitzen. Um Wasser in Wasserdampf überzuführen, wird etwa die 5,4 – fache Energiemenge benötigt, wie um es von 0°C auf 100°C zu erhitzen.

Um Primärenergie direkt vom Verbraucher nutzen zu können, muss sie zunächst in Endenergie umgewandelt werden. Für die Erzeugung einer Kilowattstunde Strom braucht man heute beispielsweise in Deutschland im Schnitt etwa 3 Kilowattstunden Primärenergie (Kohle, Erdöl, ...). Ein Teil der Verluste bei der Energieumwandlung ist unvermeidlich. Der **Wirkungsgrad** kennzeichnet die Effizienz der Umwandlung. Er beschreibt das Verhältnis von nutzbarer Energie zur aufgewandten Energie (Abschn. 4.2).

Ein „Verlust" von Energie entsteht beispielsweise dadurch, dass chemische Energie technisch nicht vollständig in thermische Energie (Wärme) umgewandelt werden kann, aber auch weil die Wärme im Haus nicht dauerhaft gespeichert werden kann. Ein entscheidender Faktor stellt in diesem Zusammenhang die Wärmedämmung eines Hauses dar. So verheizt beispielsweise ein Haus ohne Wärmeschutz mehr als 20 l Heizöl pro Quadratmeter im Jahr, beim Niedrigenergiehaus liegt der Verbrauch bei unter 7 l und bei einem Passivhaus bei nur noch 1,5 l.

Der **zweite Hauptsatz der Thermodynamik** beschreibt die Erkenntnis, dass die Richtung der Energieumwandlung nicht gleichwertig ist. Mechanische Bewegungsenergie lässt sich beispielsweise vollständig in thermische Energie umwandeln; umgekehrt gelingt die Umwandlung jedoch nicht vollständig. Energetischen Prozessen wird dadurch eine Richtung zugewiesen.

**Geothermische Energie** ist die in Form von Wärme gespeicherte Energie unterhalb der Oberfläche der festen Erde (VDI-Richtlinie 4640, 2001). Häufig wird auch einfach von **Erdwärme** oder **Geothermie** gesprochen. Die unterschiedliche Tiefenlage der Wärmegewinnung und Nutzungsmöglichkeiten der geothermischen Energie bedingt heute eine Unterteilung in oberflächennahe und tiefe geothermische Systeme (Kap. 4).

## 3.2 Bedeutung der Erneuerbaren Energien

Die energiewirtschaftliche Entwicklung hängt von zahlreichen Faktoren ab, die nur am Rande als Energiedeterminanten wahrgenommen werden. Dazu gehören die Bevölkerungsentwicklung, die Anzahl der Haushalte, die konjunkturelle Entwicklung, der Strukturwandel in der Wirtschaft, sowie technologische Entwicklungen. Hinzu kommen institutionelle, rechtliche und politische Rahmenbedingungen, die gewissermaßen als „Leitplanken" die Entwicklung des Energieverbrauchs begrenzen.

Die weltweiten Reserven an konventionellen Energierohstoffen werden von der Bundesanstalt für Geowissenschaften und Rohstoffe (BGR) für das Jahr 2007 auf 34.735 EJ geschätzt, was dem 90-fachen Weltprimärenergieverbrauch des Jahres 2007 an fossilen Energierohstoffen entspricht. Etwa 60% dieser Reserven entfallen auf Stein- und Braunkohle. Dividiert man die Reserven insgesamt durch die aktuelle Förderung, erhält man die statistische Reichweite des Energieträgers. Bezogen auf die Verhältnisse des Jahres 2007 ist konventionelles Erdöl weltweit noch 42 Jahre, Erdgas 61 Jahre, Steinkohle 129 Jahre und Braunkohle 286 Jahre verfügbar. Die statistische Reichweite von Uran beträgt bezogen auf die Reserven von 2005 noch etwa 70 Jahre (BMU 2009).

Diese Kennziffern sind allerdings statistisch, sie stellen eine Momentaufnahme dar und extrapolieren den Verbrauch und die vorhandenen Reserven auf dem gegenwärtigen Niveau in die Zukunft. Dabei bleibt einerseits unberücksichtigt, dass energiesparender technischer Fortschritt sowie Erfolge bei der Substitution den Verbrauch verringern, Neufunde aufgrund verbesserter Explorationstechniken die Reserven erhöhen können, andererseits kann jedoch ein wachsender Verbrauch an Energierohstoffen diese statistische Kennziffern verringern. Wie dem auch sei, die Kennziffern verdeutlichen, dass die nicht-erneuerbaren Energierohstoffe nur noch begrenzt verfügbar sind.

Demgegenüber steht, dass der Weltenergieverbrauch in den letzten 50 Jahren dramatisch angestiegen ist. In dieser Zeit hat die Weltbevölkerung überproportional zugenommen. Für die nächsten 50 Jahre wird ein Anstieg des Energieverbrauchs auf das 3-fache prognostiziert, bei gleichzeitig explosionsartiger Zunahme der Bevölkerung von 6 auf 10 Milliarden. Aus diesem Grund müssen zwangsläufig verstärkt Erneuerbare Energien genutzt werden und mit den vorhandenen Energien muss sparsam und effizient umgegangen werden. Die Steigerung der Energieeffizienz steht gegenwärtig daher ganz oben auf der energie- und umweltpolitischen Agenda. Für eine Verbesserung der Effizienz werden innovative Technologien, d. h. damit auch Zeit und Geld, benötigt.

Neben der Begrenztheit der fossilen Energierohstoffe wird eine globale Klimaveränderung, eine Erwärmung, beobachtet. Die durch die Verbrennung fossiler Energieträger entstehenden $CO_2$-Emissionen sind zu 50% für die Verstärkung des Treibhauseffektes verantwortlich. Bei zunehmender Erwärmung ist beispielsweise mit der Verschiebung von Vegetationszonen, mit dem Auftauen von Permafrostböden, mit dem Schmelzen der Polkappen und demzufolge mit dem Anstieg des Meeresspiegels, dem Schmelzen der Gletscher in Hochgebirgen und ihren Auswirkungen auf die Wasser- und Energieversorgung oder mit einer Zunahme von Wetterextrema zu rechnen.

Der Betrieb von Stromerzeugungsanlagen aus Erneuerbaren Energien, z. B. Photovoltaik, Wasserkraft, Geothermie, ist völlig oder nahezu emissionsfrei. Die Bedeutung der Erneuerbaren Energien liegt somit neben der Schonung der natürlichen fossilen Energiereserven, auch in der Schonung der Umwelt.

Die erklärten politischen Ziele vieler Länder basieren auf einer markanten Steigerung des Anteils der erneuerbaren Energie am Stromverbrauch bzw. am gesamten Energieverbrauch (Strom, Wärme, Mobilität). Gleichzeitig werden die Anstrengungen zur Steigerung der Energieeffizienz und der Modernisierung von Kraftwerken erhöht. Dadurch werden auch Abhängigkeiten von Energieimporten gesenkt, das gesamte Energiesystem flexibler und die Energiesicherheit erhöht.

## 3.3 Status der Nutzung der geothermischen Energie

Bei der geothermischen Stromerzeugung ist die USA weltweit mit 5 $GW_{el}$ führend. In Europa werden geothermisch etwa 1,15 $GW_{el}$ Strom erzeugt, (Antics & Sanner 2007). Die Situation ist jedoch in den einzelnen Ländern sehr unterschiedlich und hängt von den jeweils vorhandenen natürlichen Ressourcen ab sowie von der Technologie, mit der diese genutzt werden können. Die Spannweite bewegt sich daher einerseits zwischen Dampferzeugung aus Hochenthalpie-Lagerstätten, wie beispielsweise in Island oder Italien, bis hin zur direkten Nutzung hydrothermaler Vorkommen in sedimentären Beckenstrukturen. Andererseits ist die oberflächennahe Geothermie fast überall verfügbar und wird meistens mit Erdwärmesonden erschlossen (Kap. 4).

Im Jahre 2008 wurde weltweit in 24 Ländern geothermische Energie zur Stromerzeugung genutzt. Die installierte Kapazität betrug 10.400 $MW_{el}$, basierend auf Daten von 2007 (Bertani 2007, 2010, IEA 2009). Der Großteil davon wird aus Hochenthalpie-Feldern, die bereits in geringer Tiefe hohe Temperaturen aufweisen, durch Trockendampf- oder Flash-Systeme gewonnen. Diese offenen Systeme nutzen das Thermalfluid selbst als Arbeitsmittel, um eine Turbine zur Stromgewinnung anzutreiben. Weniger verbreitet sind geschlossene Systeme, welche Wärme aus Niedrigtemperatur-Lagerstätten zur Stromerzeugung nutzen.

Trockendampf- oder Flash-Systeme gibt es beispielsweise in USA, auf den Philippinen, in Mexiko, Indonesien, Italien, Island, Russland (Kamtschatka, Kurilen), Türkei, Portugal (Azoren) und Frankreich (Guadeloupe).

Eine geothermische Stromerzeugung aus Niedertemperatur-Lagerstätten mittels binärer Systeme wie ORC- oder Kalina-Anlagen findet erst seit wenigen Jahren und an wenigen Standorten statt, obwohl diese zahlreicher zur Verfügung stehen. Gegenwärtig sind jedoch viele Projekte in der Entwicklungsphase. Wenn diese Systeme vermehrt ausgebaut werden, könnte die geothermische Stromerzeugung in Zukunft wesentlich mehr zur Stromerzeugung und Wärmeversorgung beitragen.

Abbildung 3.1 zeigt die Zunahme der Nutzung geothermischer Energie seit dem Jahre 1975. Im Zeitraum 1980–2005 stieg die weltweit installierte Kapazität kontinuierlich um etwa 200 $MW_{el}$/a an. Seit dem Jahre 2005 ist eine deutliche Zunahme um etwa 500 $MW_{el}$/a zu beobachten. Im Jahre 2008 besaß die USA mit 3040 $MW_{el}$ weltweit die höchste installierte Kapazität, gefolgt von den Philippinen (1970 $MW_{el}$), Indonesien (992 $MW_{el}$), Mexiko (958 $MW_{el}$), Italien (811 $MW_{el}$), Neu Seeland (632 $MW_{el}$), Island (575 $MW_{el}$) und Japan (535 $MW_{el}$).

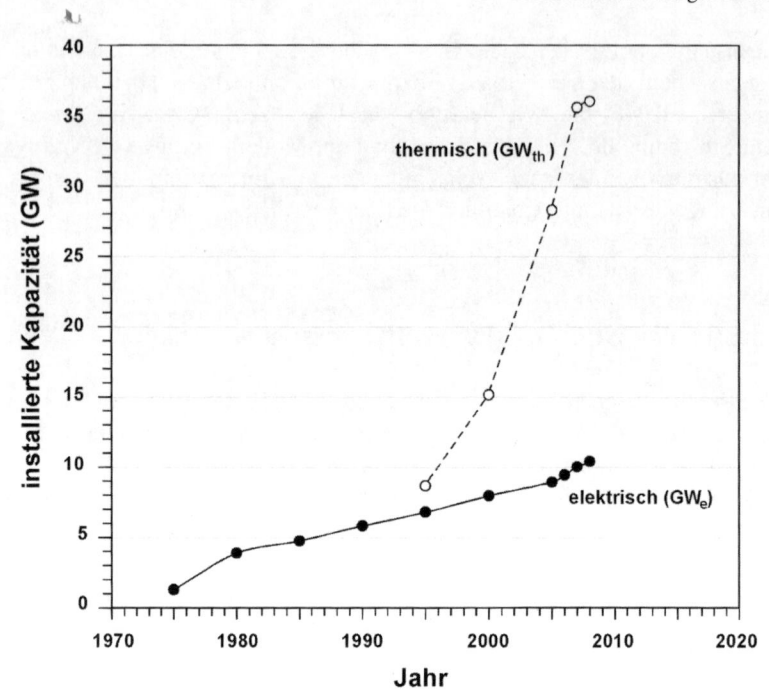

**Abb. 3.1** Weltweit seit 1975 installierte geothermische Energie (nach IEA 2009)

Im Jahre 2005 wurde in 72 Ländern geothermische Energie für Heizwecke genutzt. Die gesamte installierte Kapazität wird Ende 2008 auf etwa 36.023 MW$_{th}$ geschätzt. Weltweit lässt sich etwa alle 5 Jahre eine Verdoppelung (Abb. 3.1) beobachten (IEA 2009).

Diese Zahlen sind in den einzelnen Ländern sehr unterschiedlich und stark von den jeweiligen geologischen Bedingungen abhängig. So steht beispielsweise die Nutzung der Erdwärme in Deutschland im Vergleich zu Island, Neuseeland oder den USA mit wesentlich ungünstigeren natürlichen geologischen Verhältnissen noch weitgehend am Anfang. Dennoch ist beispielsweise auch in Deutschland eine deutliche Zunahme der Nutzung der Erdwärme feststellbar. Die Bundesregierung Deutschland geht davon aus, dass bis 2020 die Geothermie zu 0,5% zur Stromerzeugung und zu 0,9% zur Wärmebereitstellung beiträgt und dass sich diese Anteile bis 2050 auf 3,1% bzw. 7,7% steigern.

## 3.4 Geothermische Energiequellen

In den obersten Metern der Erdkruste wird die Temperatur des Untergrundes in der Hauptsache durch das Klima beeinflusst. Dies zeigt sich in der Tatsache, dass der Boden im Winter bis in etwa ein Meter Tiefe gefroren sein kann, sich im Sommer aber erheblich aufheizt. Der Wärmeeintrag erfolgt neben dem direkten Weg über

## 3.4 Geothermische Energiequellen

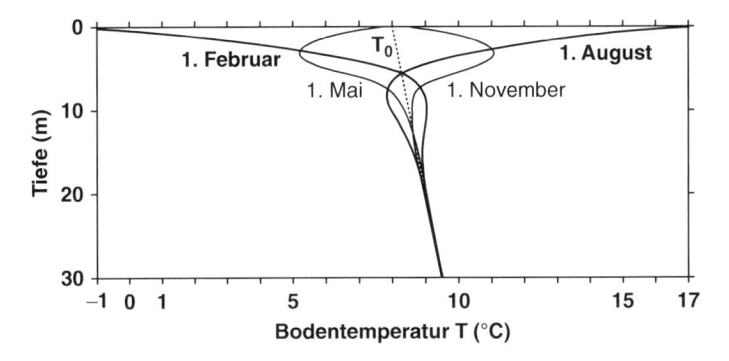

**Abb. 3.2** Schematischer Jahresgang der Temperatur im Untergrund in den gemäßigten Breiten

die Sonneneinstrahlung auch indirekt über den Wärmeaustausch aus der Luft oder durch versickerndes Regenwasser.

Die jahreszeitenabhängige Temperatureinwirkung, auch Jahresgang genannt, geht mit zunehmender Tiefe zurück, und hat in den gemäßigten Breiten bereits ab einer Tiefe von 10–20 m keinen Einfluss mehr. Hier herrschen ganzjährig konstante Temperaturen, welche in etwa dem langjährigen Temperaturmittel an der Oberfläche entsprechen (Abb. 3.2). Langjährige klimatische Auswirkungen, bspw. durch die Eiszeiten, hatten eine wesentlich tiefere Einwirkung von etwa 200 m in den Untergrund. Ihr Einfluss auf die Temperaturentwicklung mit der Tiefe ist noch immer nachweisbar. Mit zunehmender Tiefe nimmt die Temperatur entsprechend dem terrestrischen Wärmestrom und dem hieraus resultierenden geothermischen Gradienten zu. Ein großer Teil der Erdwärme wird dabei in der Erdkruste erzeugt (Abschn. 1.4).

In der Geothermie wird zwischen oberflächennaher und tiefer Geothermie unterschieden (Kap. 4). Die Grenzziehung liegt bei etwa 400 m Tiefe und 20 °C. In der tiefen Geothermie unterscheidet man darüber hinaus zwischen Hochenthalpie- und Niederenthalpielagerstätten. Enthalpie meint vereinfacht den Energiegehalt eines Stoffes. Die Unterscheidung zwischen Niederenthalpie- und Hochenthalpielagerstätten wird über die Temperatur gegeben. Meist erfolgt die Grenzziehung bei 200 °C.

Bei **Hochenthalpielagerstätten** kann elektrische Energie direkt über Dampfturbinen erzeugt werden. Sie haben somit einen hohen Wirkungsgrad. Um mit dem Medium Wasser den hierfür nötigen Dampfdruck zu erhalten, sind hohe Temperaturen >200 °C nötig. Die Verstromung von Wärme aus **Niederenthalpiesystemen** ist nur mit Arbeitsmedien wie sie in ORC-Anlagen (Organic Rankine Cycle, Arbeitsmedium z. B. Pentan) oder Kalina-Kreisläufen (Arbeitsmedium: Ammoniak-Wasser-Gemisch) gegeben sind, möglich (Abschn. 4.2). Der Wirkungsgrad solcher Anlagen liegt je nach Medium und Temperatur bei nur 10–15 %.

In den Hochenthalpieregionen der Erde, die meist in Gebieten entlang von Plattengrenzen (Abschn. 1.2) und/oder in Bereichen erhöhter vulkanischer Aktivität oder in Bereichen liegen, in denen magmatische Intrusionen bis nahe an die

Erdoberfläche reichen, ist der geothermische Gradient im Untergrund sehr groß, so dass Temperaturen in geringer Tiefe erreicht werden, die manchmal sogar über 400°C liegen. In diesen Hochenthalpieregionen ist die Stromproduktion aus geothermischer Energie dank ausgereifter Technologie eine feste Größe. So wird beispielsweise die Stadt San Francisco zu fast 100% mit geothermischem Strom versorgt und Islands Stromproduktion aus heißen Wässern ist so groß, dass zunehmend Industriezweige mit hohem Energiebedarf in Island angesiedelt werden. Auch wird über den Stromexport über ein Unterseekabel nach Europa nachgedacht.

In den Hoch- und Niedrigenthalpieregionen handelt es sich bei dem geothermalen Fluid um Wasser, in flüssiger oder gasförmiger Phase, abhängig von den Temperatur- und Druckverhältnissen. Meist ist das Wasser reich an Inhaltsstoffen und Gasen ($CO_2$, $H_2S$, u.a.) (Giroud 2008). In Gebieten mit erhöhten Temperaturgradienten, insbesondere in Hochenthalphieregionen, unterliegt das Fluid der Konvektion, d. h. im zentralen Teil einer derartigen Region steigt es aufgrund seiner geringeren Dichte auf, in randlichen Bereichen wird das Fluid wieder durch absteigende, kühlere Wässer ersetzt.

Häufig wird zwischen Wasser- bzw. Flüssigkeits-dominierten geothermischen Systemen und Gas-dominierten Systemen unterschieden. In den **Wasserdominierten Systemen** ist das flüssige Wasser die Druck-kontrollierende Fluidphase, obwohl auch hier etwas Gas vorhanden sein kann. Die Temperatur dieser geothermischen Systeme liegt etwa zwischen 125 und 225°C. Diese Systeme kommen am häufigsten vor. In Abhängigkeit von den herrschenden Druck- und Temperaturbedingungen produzieren sie heißes Wasser, eine Mischung aus Wasser und Dampf, nassem Dampf und manchmal sogar trockenem Dampf. In **Gasdominierten Systemen** existieren flüssiges Wasser und Gas normalerweise parallel zueinander, mit Gas als Kontinuum und Druck-kontrollierender Phase. Derartige geothermische Systeme (z. B. Laderello, Geysers) sind nicht so weit verbreitet wie Wasser-dominierte Systeme. Sie gehören zu den Hoch-Temperatur-Systemen und produzieren normalerweise trockenen Heißdampf, d. h. Dampf mit Temperaturen, die deutlich über dem Kondensationspunkt liegen.

In Regionen mit einem normalen oder leicht erhöhten geothermischen Gradienten (Abschn. 1.4) werden aus Niedertemperatur-Lagerstätten in Abhängigkeit von der Bohrtiefe entweder warme bis heiße Wässer zur Wärme- und/oder Stromversorgung genutzt oder die Wärme kann bei Abwesenheit von hoch durchlässigen Grundwasserleitern oder Gebirgs-Zonen direkt aus dem Untergrund mittels tiefer Erdwärmesonden „gefördert" werden (Kap. 4).

# Kapitel 4
# Geothermische Nutzungsmöglichkeiten

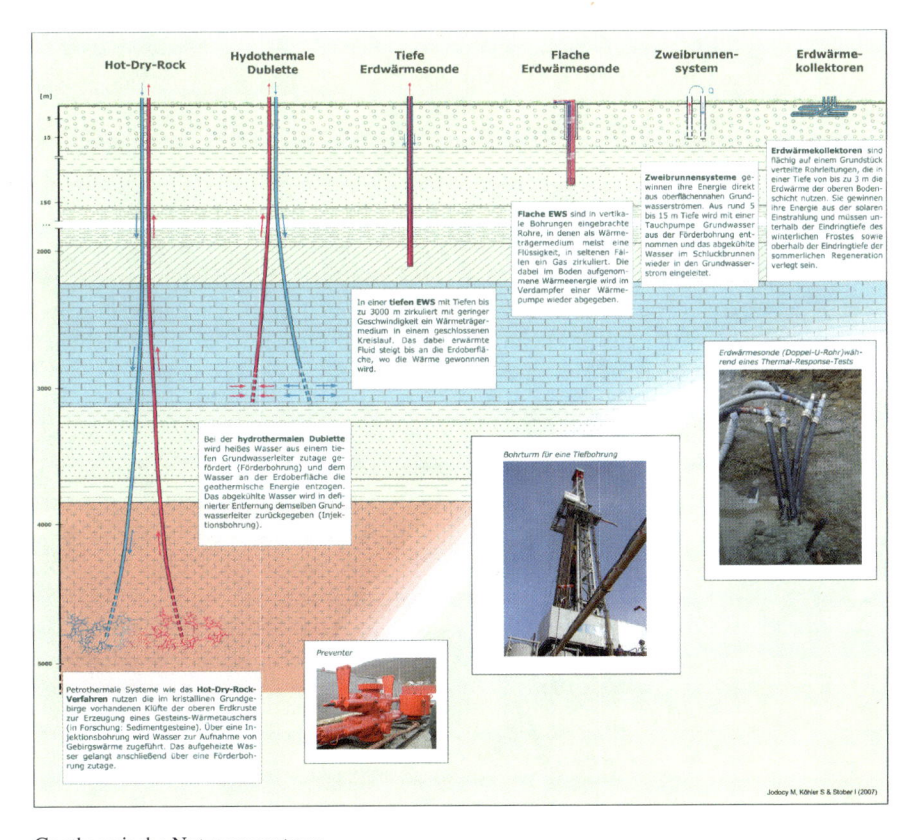

Geothermische Nutzungssysteme

Die unterschiedliche Tiefenlage der Wärmegewinnung und Nutzungsmöglichkeit der geothermischen Energie bedingt heute eine Unterteilung in oberflächennahe und tiefe geothermische Systeme. Der Übergang ist allerdings fließend. Eine Unterscheidung zwischen tiefer und oberflächennaher Geothermie ist jedoch deshalb sinnvoll, weil neben den unterschiedlichen Techniken zur Energiegewinnung unterschiedliche geowissenschaftliche Parameter zur Beschreibung der Nutzungsmöglichkeiten erforderlich sind (WM 2008, BMU 2009).

Die **tiefe Geothermie** umfasst Systeme, bei denen die geothermische Energie über Tiefbohrungen erschlossen wird und deren Energie unmittelbar (d. h. ohne Niveauanhebung) genutzt werden kann.

Die tiefe Geothermie wird von der **oberflächennahen Geothermie** dort abgegrenzt, wo die geothermische Energie dem oberflächennahen Bereich der Erde (meist bis 150 m, max. 400 m) entzogen wird, z. B. mit Erdwärmekollektoren, Erdwärmesonden, Grundwasserbohrungen oder Energiepfählen. Eine energetische Nutzung ist hier meist nur durch Niveauanhebung, z. B. mit Wärmepumpen, möglich. Direktheizungen im Niedrigsttemperaturbereich (z. B. Heizung von Bahn-Weichen) über Heat-Pipes sind in der Entwicklung.

Bei dieser Abgrenzung beginnt die tiefe Geothermie bei einer Tiefe von mehr als 400 m und einer Temperatur von mehr als 20°C. Von tiefer Geothermie im eigentlichen Sinn sollte man aber erst bei Tiefen von über 1000 m und bei Temperaturen über 60°C sprechen. Die Übergänge zwischen den einzelnen Systemen sind jedoch fließend.

## 4.1 Oberflächennahe geothermische Energienutzung

Bei den oberflächennahen geothermischen Nutzungen unterscheidet man zwischen offenen und geschlossenen Systemen in Bezug auf den umgebenden Untergrund. Oberflächennahe geothermische Nutzungen reichen einige Meter bis zu einigen 10er Meter in die Tiefe, selten werden 150 m Tiefe überschritten. Demzufolge werden i.d.R. lediglich Temperaturen bis zu etwa 25°C erreicht.

Zu den oberflächennahen Nutzungssystemen gehören Erdkollektoren, Erdwärmesonden, Energiepfähle und Koaxialbrunnen. Bei entsprechender Temperatur können diesem Sektor auch Abwasser-, Grubenwasser- oder Tunnelwassernutzungen zugerechnet werden (Hellwig 2011, Wieber et al. 2011). In der Schweiz werden derzeit schon viele **Tunnelwässer** für geothermische Heizanlagen genutzt, wie beispielsweise der Eisenbahntunnel Furka im Wallis, der Strassentunnel St. Gotthard im Tessin oder der Eisenbahntunnel Ricken in St. Gallen (Tabelle 4.1).

**Tabelle 4.1** Beispiele für Tunnelwärmenutzungen aus der Schweiz

| Tunnel | Schüttung (l/s) | Temperatur (°C) | Thermische Leistung (kW) |
|---|---|---|---|
| St. Gotthard | 112 | 17 | 1860 |
| Furka | 90 | 16 | 960 |
| Ricken | 11,5 | 12 | 156 |

4.1 Oberflächennahe geothermische Energienutzung

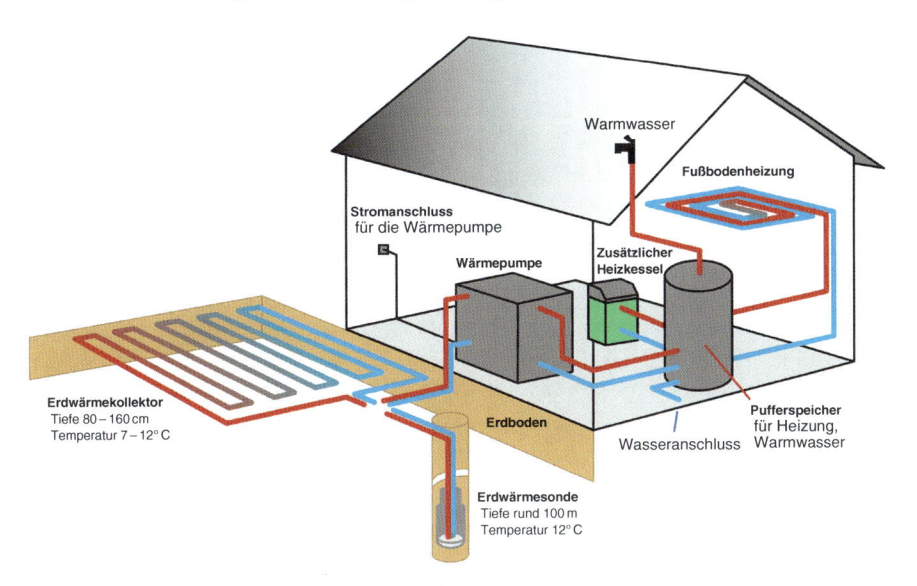

**Abb. 4.1** Beispiel für einen Erdkollektor zur Beheizung eines Gebäudes, eingezeichnet ist auch eine alternative Erdwärmesonde (nach Unterlagen von: www.unendlich-viel-energie.de)

Die Nutzung erfolgt mittels Wärmepumpen (www.geothermie.ch). Die wohl bekannteste **Abwassernutzung** ist diejenige des Olympischen Dorfes in Beijing, China. Abwasserpumpen heizen und kühlen hier eine Wohnfläche von insgesamt 410.000 m$^2$.

**Erdkollektoren** sind horizontal verlegte, mehrere 100 m lange Rohrleitungen in 1–2 m Tiefe (Abb. 4.1). Die Rohrleitungen müssen unterhalb der Eindringtiefe des winterlichen Frostes sowie oberhalb der Eindringtiefe der sommerlichen solaren Regeneration verlegt sein. In den Rohrleitungen zirkuliert eine Flüssigkeit, die dem umgebenden Boden Wärme entnimmt. Mit Erdkollektoren wird streng genommen keine Erdwärme "gefördert" sondern Solarenergie.

Die wesentlichen Einflussgrößen auf die Wärmeentzugsleistung einer derartigen Anlage sind die Wärmeleitfähigkeit und Wärmekapazität des Bodens, sein Wasser- und Luft-Gehalt sowie die Bodentemperatur, die unmittelbar die Größe der Wärmeleitfähigkeit und Wärmekapazität beeinflussen. Hohe Porositäten bzw. Hohlraumgehalte des Bodens verringern i.d.R. seine Wärmeleitfähigkeit.

Sind die Hohlräume mit Luft anstatt mit Wasser gefüllt, wie dies bei niedrigen Grundwasserständen der Fall ist, so ist die Wärmeleitfähigkeit des Gesamtsystems deutlich geringer (Abschn. 1.4). Für die Effizienz von Erdwärmekollektoren sind daher hochdurchlässige Sande und Kiese mit Wasserständen unter 2 m u.Gel. problematisch.

Der Flächenbedarf für eine Erdkollektor–Anlage ist groß. Eine Überbauung ist nicht möglich, da die Anlage den solaren Energieeintrag nutzt. Bei niedrigen Grundwasserständen ist eine oberirdische Berieselung der Fläche, die die Erdkollektoranlage beherbergt, zur Steigerung der Effizienz von Vorteil. Der Aufwand für eine derartige Anlage darf nicht unterschätzt werden insbesondere, wenn eine Berieselung erfolgen muss.

Als Planungsgrundlage für Erdkollektoren werden Bodenkarten benötigt, da diese Informationen zum Aufbau der beiden obersten Meter der Erdkruste liefern. Mit Hilfe der Bodenkarten können grundsätzlich wichtige Eingangsgrößen für darauf aufbauende Verfahren und Programme zur Ermittlung von Wärmeleitfähigkeiten, unter Berücksichtigung von Bodenfeuchte und Lagerungsdichte, zur Berechnung der Auslegung der Anlage ermittelt werden. Der Berechnung stehen verschiedene einfache und aufwändige Rechenverfahren zur Verfügung, jedoch gibt es derzeit noch keine Verfahren für Feldversuche, wie z. B. bei Erdwärmesonden den sog. Thermal Response Test (Dehner 2005). Auch können keine Heterogenitäten von Böden erfasst werden. Ebenso werden die potentiellen tages- und jahreszeitlichen Schwankungen von Bodentemperatur und Wasserstand derzeit bei der Dimensionierung der Anlage nicht berücksichtigt. Grundsätzlich muss darauf geachtet werden, dass der Erdkollektor nicht zu klein bemessen wird und die Rohre nicht zu eng verlegt werden, da sonst die Gefahr einer weiträumigen Vereisung besteht.

Bei Erdkollektoren ist das Einfrieren eine Systemeigenschaft, daher können Erdkollektoren nicht mit reinem Wasser betrieben werden. Die Auslegungskriterien müssen darauf abzielen, dass im Untergrund keine geschlossene Eisplatte entsteht. Durch den Betrieb von Erdkollektoren kühlt der Oberboden aus, mit den möglichen Folgen eines verzögerten Vegetationsbeginns und verfrühten Vegetationsendes. Möglich sind auch Änderungen der Aktivität von Bodenlebewesen (Stoffabbau, Produktion von Huminstoffen u.a.), die wiederum Auswirkungen auf die Beschaffenheit des Sickerwassers und damit auf das Grundwasser haben können.

Ein weiterer Grund dafür, dass Erdwärmekollektoren nicht mit reinem Wasser als Wärmeträgermedium betrieben werden können, ergibt sich aus seiner Lage nahe der Oberfläche. Der Erdwärmekollektor entnimmt dort von einem niedrigen Temperaturniveau heraus im Winter Wärme, so dass die Rücklauftemperaturen in der Regel leicht bis tief in den Gefrierbereich abfallen. Daher müssen Erdkollektoren grundsätzlich mit speziellen Wärmeträgerflüssigkeiten betrieben werden. Aus diesem Grund gibt es insbesondere für Wasserschutzgebiete detaillierte Vorgaben.

Erdkollektoren werden häufig auch in Gräben als aufgerollte Spulen vertikal eingebracht oder sie stehen dem Nutzer in Form von **Körben** zur Verfügung. Je nach Korbgröße liegen die Leistungen zwischen 400 W und 1000 W.

Die Technik dieser Form der oberirdischen Energienutzung ist insbesondere aus Schweden und den USA bekannt, wo die Grundstücke für ein Einfamilienhaus größer sind und daher dem Flächenbedarf für eine Erdkollektoranlage eher entsprechen.

**Energetische Geostrukturen** sind Fundationselemente eines Bauwerkes, die mit dem Untergrund in Kontakt stehen und zum Heizen und Kühlen verwendet werden. Beispiele hierfür sind Pfähle, Wände oder Bodenplatten. Aufgrund seiner Wärmeleitfähigkeit und Speicherkapazität stellt Beton ein ideales Material zur Wärmeabsorption dar.

4.1 Oberflächennahe geothermische Energienutzung

Geostrukturen lassen sich mit Wärmeaustauschern ausrüsten, d. h. sie werden mit Kunststoffleitungen versehen, um die Wärme oder Kälte des Untergrundes mit dem Gebäude auszutauschen. Diese Leitungssysteme werden gebündelt und einer oder mehreren Wärmepumpen zugeführt. Für eine effiziente Anlage ist daher ein hydraulischer Abgleich erforderlich.

Bei **Energiepfählen** wird in den armierten Betonpfählen ein doppel- oder vierfach U-Rohr oder ein Rohrnetz aus Polyethylen eingebracht. Diese Rohre werden komplett mit Beton umgeben (Abb. 4.2). In einem geschlossenen Kreislauf zirkuliert eine Wärmeträgerflüssigkeit zur Wärmepumpe. Je nach Bedarf, ob es sich um kleine oder große Industriebauten handelt, liegen die installierten Leistungen zwischen 10 kW und 800 kW.

Ein weiteres oberflächennahes geothermisches Nutzungssystem sind **Erdwärmesonden** (Abb. 4.3). Es handelt sich hierbei um bis zu maximal 400 m tiefe Vertikalbohrungen. Meistens sind diese Bohrungen jedoch nur 100 m tief. In der Erdwärmesonde zirkuliert Wasser oder ein Wasser-Frostschutzgemisch oder aber ein Gas, das dem umgebenden Gestein Wärme entzieht. Diese Anlagen sind technisch ausgereift. Erdwärmesonden werden heute auch zum sommerlichen Kühlen

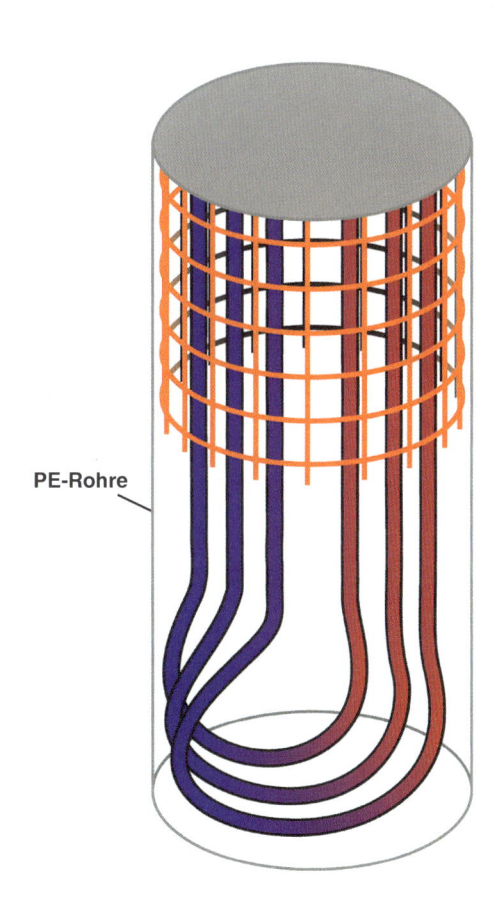

**Abb. 4.2** Schematische Darstellung eines Energiepfahls. Eingezeichnet ist ein PE-Rohrnetz, in dem die Wärmeträgerflüssigkeit zirkuliert (nach Unterlagen aus www.haustechnik.blospot.com)

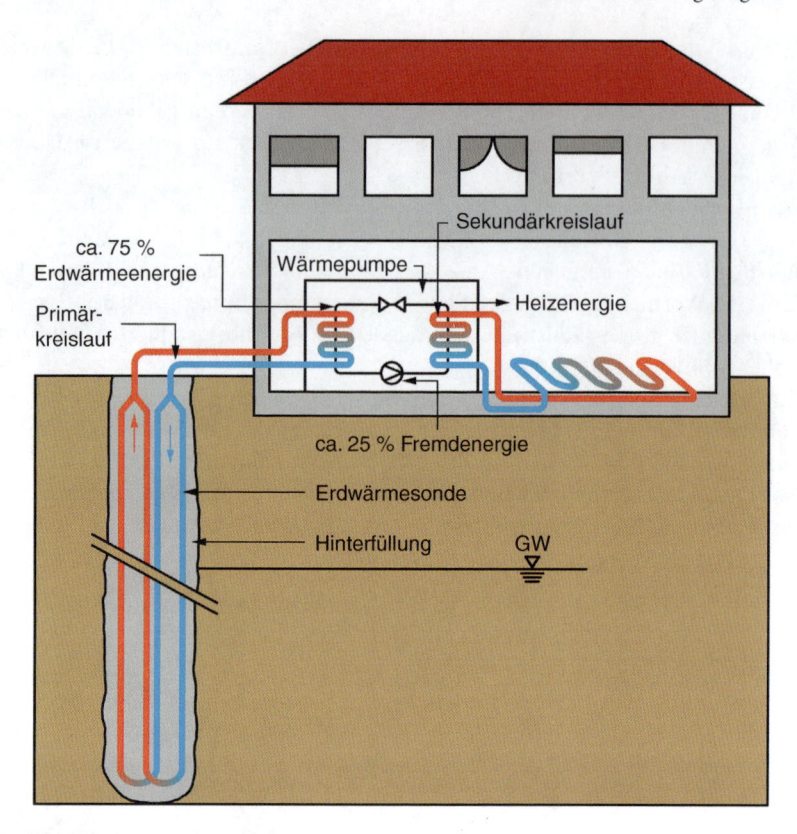

**Abb. 4.3** Beispiel für eine Erdwärmesondenanlage (nach UVM 2005)

eingesetzt. In Verbindung mit einer Solarthermischen Anlage sind diese Systeme besonders effizient. In Kap. 6 werden diese Systeme detailliert beschrieben.

Die Geologie ist vielfältig und mit ihr ihre thermischen Eigenschaften. Bei der Bemessung einer geothermischen Anlage ist es sehr wichtig, sich daran zu orientieren. In [tam] Tabelle 1.1 sind die wichtigsten thermischen Eigenschaften für verschiedene Gesteine zusammengestellt. Insbesondere in hochdurchlässigen Grundwasserleitern und bei hohen Grundwasserfließgeschwindigkeiten, wie sie häufig in Karstgrundwasserleitern auftreten, können durch den Bohr- und Ausbauvorgang Spülungs- und Zementationsverluste, Schadstoffeinträge, Eintrübungen sowie chemische und mikrobiologische Verunreinigungen in das abströmende Grundwasser gelangen. Beim Abteufen einer Erdwärmesondenbohrung können Schichten unterschiedlicher Durchlässigkeit, hydraulischer Verhältnisse und hydrochemischer Beschaffenheit durchfahren werden. Eine dichte Ringraumverfüllung des Bohrlochs um die Sondenrohre zur Erhaltung der Stockwerkstrennung ist daher Voraussetzung für den Bau einer Sondenanlage sowohl im Hinblick auf den Grundwasserschutz als auch wegen der Effizienz und Lebensdauer der Anlage.

Günstige Gebiete zeichnen sich durch eine einheitliche mittlere bis geringe Durchlässigkeit aus. In den Verbreitungsgebieten der hochdurchlässigen Karstgrundwasserleiter, wie z.B. Oberer Muschelkalk oder Oberjura, sowie Kluftgrundwasserleiter sind die Untergrundverhältnisse nur eingeschränkt günstig bis problematisch wegen bohr- und ausbautechnischen Schwierigkeiten. Hier treten beim Bohren gerne Verluste der Bohrspülung ins Gebirge mit den entsprechenden negativen Auswirkungen auf das Grundwasser auf. Außerdem ist es meist schwierig, die notwendige dichte Ringraumverfüllung herzustellen, da die Zementsuspension im hochdurchlässigen Gebirge verloren geht. In derartigen Gebieten ist daher für eine fachgerechte Herstellung der Erdwärmesonde mit höheren Kosten zu rechnen. In manchen Fällen kann es auch zum Abbruch der Bohrung kommen und das Loch muss wieder verfüllt werden.

Zusätzlich zu den regional-geologisch bedingten Einschränkungen können am Standort weitere Probleme vorliegen, beispielsweise, wenn Altlasten auftreten oder im Bereich von Rutschgebieten oder wenn im Untergrund Gase vorkommen. Aber auch beim Anbohren von Grundwasserleitern mit erhöhten Über- oder Unterdrucken oder von leicht wasserlöslichen Gesteinen wie Steinsalz oder Gips und Anhydrit können Gefährdungen entstehen oder bohrtechnische Schwierigkeiten auftreten (Abschn. 6.7).

Oberflächennahe Erdwärme kann jedoch auch durch Förderung von Grundwasser aus einem **Zweibrunnensystem** gewonnen werden. Dem Förderwasser wird hierbei Wärme entzogen; das abgekühlte Wasser wird in einer zweiten Bohrung wieder den Grundwasserleiter zurückgegeben. Zu beachten ist, dass sich die beiden Brunnen gegenseitig nicht beeinflussen. Die Rückeinspeisung des abgekühlten Wassers sollte in keinem Fall oberstrom einer Entnahmebohrung liegen. Weiterhin ist die Kenntnis der chemischen Eigenschaften des Grundwassers wichtig, da manche Wässer zu Ausfällungen neigen. Die detaillierte Beschreibung derartiger Systeme erfolgt in Kap. 7.

Um oberflächennahe geothermische Systeme für Heizzwecke oder zur Wärmegewinnung nutzen zu können bedarf es zur Nutzung der Energie i.d.R. einer Niveauanhebung. Dies erfolgt in der Regel mit Hilfe einer Wärmepumpe. Eine **Wärmepumpe** ist eine Maschine, die unter Zufuhr von technischer Arbeit, meist handelt es sich um Strom, Wärme von einem niedrigeren zu einem höheren Temperaturniveau pumpt. Bei der Wärmepumpe wird die auf dem hohen Temperaturniveau anfallende Verflüssigungswärme zum Beispiel zum Heizen genutzt (Wärmepumpenheizung). Die Effizienz eines Wärmepumpen-Systems wird gekennzeichnet von den erreichbaren Jahres-Arbeitszahlen, abhängig von der Wärmequelle und der erforderlichen Temperatur der Heizwärme. Mindest-Jahresarbeitszahlen (Abschn. 6.3) von 4 sollten auf der Grundlage von langjährigen Betriebsdaten und Erfahrungswerten vorgegeben und damit die Einsatzbedingungen für Wärmepumpen festgelegt werden. Für die wirtschaftliche, energetische und umweltbezogene Bewertung von Wärmepumpen-Systemen sind Investitionskosten und jährliche Betriebskosten, der Bedarf an Primärenergie zum Antrieb und die damit verbundenen $CO_2$-Emissionen die entscheidenden Kriterien. Bei sachgerechter Ausführung bieten sie damit die Möglichkeit zur Umsetzung energie- und umweltpolitischer Zielvorgaben.

Die Rechtsgrundlagen zur Errichtung von Systemen zur Nutzung der oberflächennahen Geothermie basieren meist auf dem Wasserhaushaltsgesetz und/oder dem Wassergesetz bzw. dem Berggesetz. Häufig verfügen die Länder über Leitfäden oder entsprechende Handreichungen, in denen die Vorgaben für die Errichtung dieser Nutzungssysteme detailliert aufgeführt sind. Derartige Handreichungen enthalten auch Einschränkungen zur Errichtung von Erdwärmesonden beispielsweise in Wasserschutzgebieten, im Bereich sensibler Grundwassernutzungen sowie bei Bohr- und Abdichtungsrisiken und sie geben Hilfestellungen zum Vorgehen beim Anfahren von Artesern bzw. Grundwasserleitern mit erhöhten Über- oder Unterdrucken, von Gas führenden Schichten, beim Antreffen größerer Hohlräume, verkarsteter Bereiche und wasserlöslicher oder quellender Gesteine.

Die Nutzung erneuerbarer Energien für Heizzwecke ist mit nicht unerheblichen Investitionen verbunden. Alle Aufwendungen zur Senkung des Wärmebedarfs sollten daher bereits im Vorfeld getätigt werden. Dringend zu empfehlen sind daher Wärmedämmmaßnahmen, wie Fassadendämmung, hochwertige Fenster und dergleichen, die unmittelbar zur Reduzierung des Wärmebedarfs beitragen. Zur **Wirtschaftlichkeit** der Heizanlage trägt ferner eine flächenaktive Heizungsanlage bei, da Fußbodenheizungsanlagen mit Vorlauftemperaturen von etwa 35°C und Betonkerntemperierung sogar mit nur etwa 25°C betrieben werden, während die klassischen Radiatorenheizanlagen durch die Wärmepumpe auf etwa 55°C angehoben werden müssen. In die Wirtschaftlichkeits- und Effizienzbetrachtung fließt auch die Art der Warmwasserbereitstellung ein. Wesentliche Gesichtspunkte für einen ökonomischen aber auch ökologischen Betrieb sind eine fachkundige Planung und Auslegung des Gesamtsystems.

## 4.2 Tiefe geothermische Energienutzung

Zur tiefen Geothermie gehören **Hydrothermale Systeme mit niedriger Enthalpie** (Wärmeinhalt). Überwiegend wird hierbei das im Untergrund in Grundwasserleitern (Aquifer) vorhandene warme oder heiße Wasser genutzt (Abb. 4.4). Die Nutzung erfolgt meist direkt, in der Regel über Wärmetauscher, in Einzelfällen auch mit Wärmepumpen. Das thermale Wasser kann beispielsweise zur Speisung von Nah- oder Fernwärmenetzen genutzt werden oder aber direkt für balneologische Zwecke, in der Industrie für Heizzwecke und in der Landwirtschaft zur Heizung von Gewächshäusern. Prinzipiell ist zwar ab ca. 80°C ist eine Verstromung mittels zusätzlicher Technologien, wie einer ORC-Anlage (Organic Rankine Cycle) oder einer Kalina-Anlage, möglich, jedoch erst ab etwa 120°C mit nennenswertem elektrischem Wirkungsgrad wirtschaftlich (Abb. 4.5a, b).

Die **Organic Rankine Cycle-Anlagen** (ORC) arbeiten mit einem organischen Medium, das bei relativ geringen Temperaturen verdampft. Dieser Dampf treibt über eine Turbine den Stromgenerator an. Eine Alternative zum ORC-Verfahren ist das **Kalina-Verfahren**. Hier werden heutzutage Zweistoffgemische aus Ammoniak und Wasser als Arbeitsfluidgemisch eingesetzt. Bei der Verwendung von Gemischen

## 4.2 Tiefe geothermische Energienutzung

**Abb. 4.4** Schema einer hydrothermalen Nutzung (Dublette)

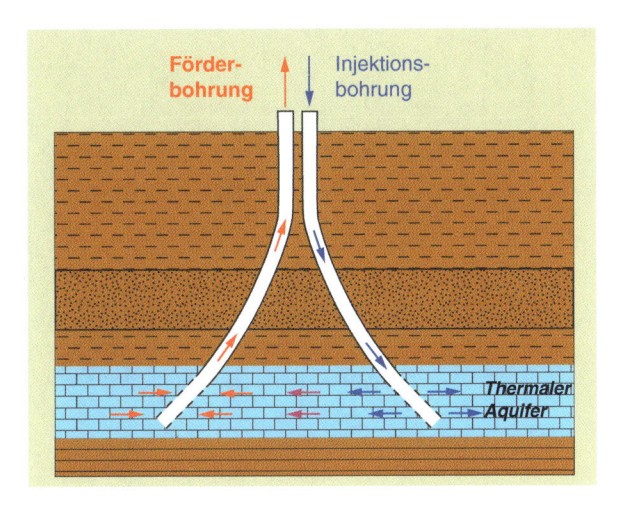

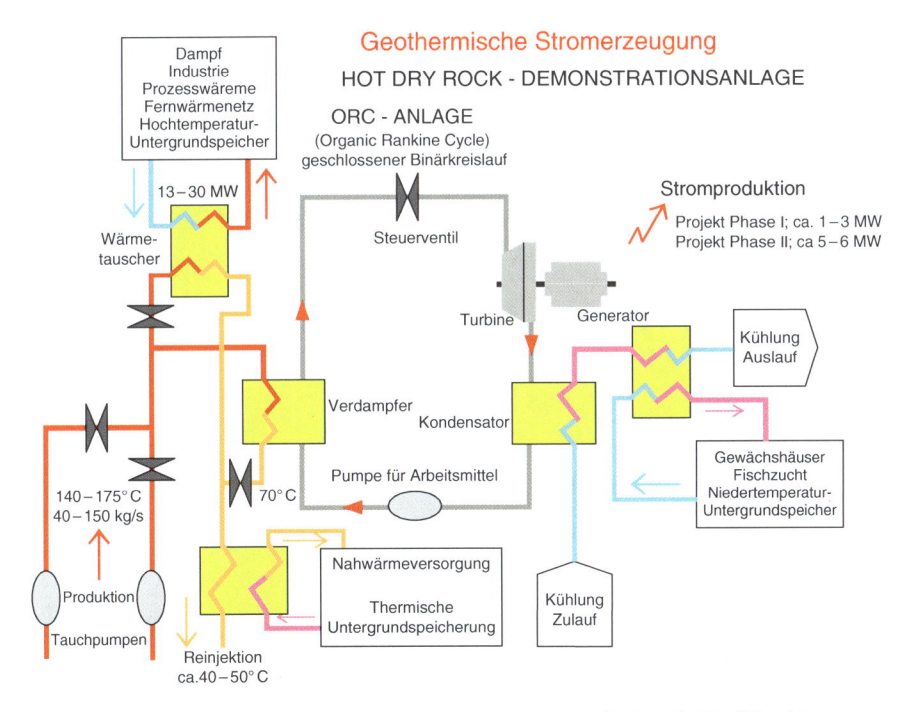

**Abb. 4.5a** Beispiel für eine ORC-Anlage (nach Unterlagen der Stadtwerke Bad Urach)

beeinflusst eine besondere Eigenschaft der Gemische den Prozess, die nichtisotherme Verdampfung. Im Gegensatz zu Reinstoffen kommt es hierbei zu einem Anstieg der Temperatur (Kalina 1984, Ibrahim 1996, Kümmel & Taubitz 1999, Zahoransky 2002).

**Abb. 4.5b** Beispiel für eine ORC-Anlage im Einsatz (Bildmitte), links: Luftkühlung

**Abb. 4.5c** Beispiel für eine Turbine (Mitte), im Hintergrund (links) eine ORC-Anlage

Die gängigste Nutzungsart von hydrothermalen Systemen ist die **hydrothermale Dublette** (Kap. 8). Bei der hydrothermalen Dublette wird heißes Wasser aus der Tiefe, aus einem Grundwasserleiter, gefördert. An der Erdoberfläche wird ihm durch einen Wärmetauscher die Wärme entzogen. Dieser Wärmestrom kann jedoch nicht vollständig genutzt und in elektrische Leistung umgewandelt werden. Zunächst wird nur ein Teil an den Kraftwerksprozess übertragen, i.d.R. kann das Thermalwasser etwa auf Temperaturen zwischen 55°C und 80°C abgekühlt werden. Somit verbleibt ein großer Teil des zur Verfügung stehenden Wärmestroms im Thermalwasser. Falls geeignete Abnehmer gefunden werden und wenn eine entsprechende Infrastruktur vorhanden ist, kann ein Teil dieser Restwärme darüberhinaus genutzt werden (Abschn. 8.6, Abb. 8.12). Dies betrifft EGS-Systeme gleichermaßen (Kap. 9).

Der nicht mehr nutzbare Restwärmestrom, das abgekühlte Wasser, wird in definierter Entfernung demselben Aquifer, dem Grundwasserleiter, wieder zurückgegeben, es wird injiziert (Abb. 4.4). Je nach geologischen Bedingungen kann hierfür eine Pumpe erforderlich sein (Abb. 10.10). Diese Reinjektion hat verschiedene Gründe. Zum einen muss und will man damit zur Erneuerung, zur Wiederauffüllung des Grundwasserleiters, also zum Recharge beitragen. Tiefe Grundwasserleiter haben eine sehr langsame Zirkulation, daher dauert die natürliche Erneuerung äußerst lange. Da bei einer hydrothermalen Nutzung sehr große Wassermengen gefördert werden, ist es zwangsläufig notwendig, für den entsprechenden Nachschub zu sorgen. Zum anderen ergibt sich die Wiedereinleitung des abgekühlten Wassers aus rein praktischen und wirtschaftlichen Gründen, denn Tiefenwässer besitzen häufig eine hohe Mineralisation und haben hohe Gasgehalte. Aus entsorgungstechnischen Gründen ist es daher zweckmäßig, diese Wässer wieder dorthin zurückzuleiten, wo sie herstammen.

Abbildung 4.6 zeigt als Beispiel die hydrothermale Dublette von Riehen bei Basel (Schweiz), die seit ihrer Inbetriebnahme im Jahre 1994 kontinuierlich Wohneinheiten in der Schweiz und in Deutschland mit Heizwärme versorgt. Die beiden 1 km voneinander entfernten Bohrungen erschließen den thermalen Muschelkalk-Aquifer in 1547 m und 1247 m Tiefe.

Bei einer geothermischen Dublette können die Förder- und Injektionsbohrungen auch von einem Bohrplatz (Abb. 4.4 und 4.7) aus als Schrägbohrungen abgeteuft werden. Die spätere übertägige Anlage ist dadurch Platz sparend. Untertage im Bereich des Nutzhorizontes sind die Bohrungen jedoch mehrere hundert Meter voneinander entfernt, bei einer hydrothermalen Dublette üblicherweise 1000–2000 m. Der erforderliche Abstand der Bohrungen voneinander sollte vorab mit Hilfe von Modellrechnungen eruiert werden. Sind die Abstände zu gering, droht ein thermischer Kurzschluss, bzw. das kühle, wieder eingeleitete Wasser erreicht bereits nach kurzer Betriebszeit die Förderbohrung, so dass sich das Förderwasser abkühlt. Der Abstand der Bohrungen voneinander sollte aber auch nicht zu groß sein, da sonst die Förderbohrung keine hydraulische Stützung durch die Injektionsbohrung erfährt, denn bei der Förderung ist man mittelfristig auf die „Wiederauffüllung" im Grundwasserleiter angewiesen.

Das geförderte und nach der Abkühlung wieder injizierte Wasser zirkuliert übertägig in einem geschlossenen Kreislauf, der bei hochkonzentrierten Thermalwässern unter Druck gehalten werden muss. Wenn die hoch mineralisierten Wässer offen an die Erdoberfläche gepumpt werden, sind sie durch die Druckentlastung und/oder Temperaturerniedrigung bezüglich bestimmter Minerale übersättigt und Ausfällungen aus dem hoch mineralisierten und gasreichen Wasser sind zu erwarten. Zu den

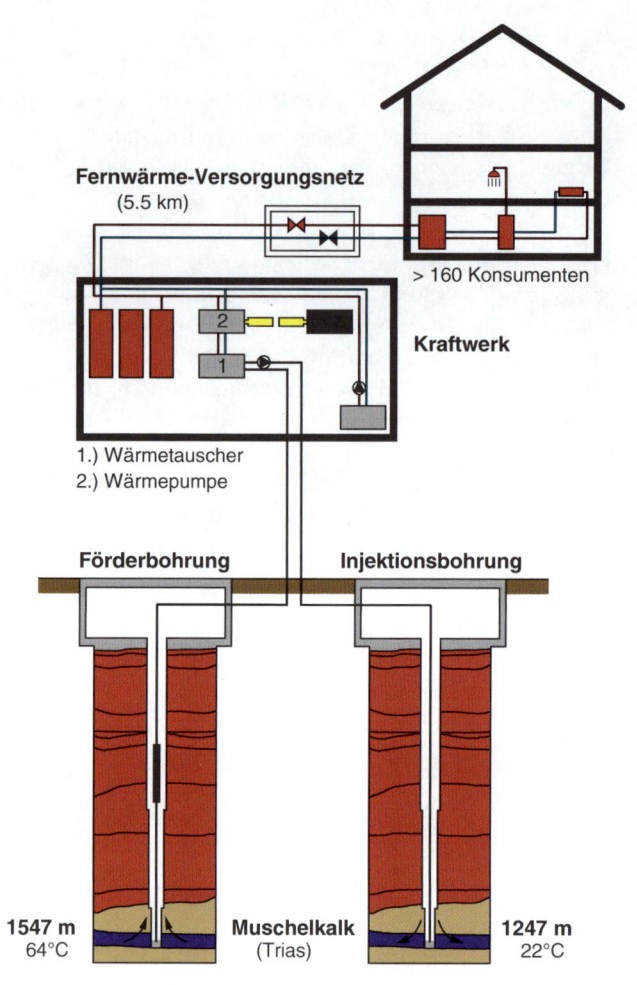

**Abb. 4.6** Beispiel für eine hydrothermale Dublette (Riehen bei Basel), nach Unterlagen der Gruneko AG

häufigsten Ausfällungen gehört Calcit. Um diese Ausfällungen im oberirdischen Rohrsystem zu verhindern, werden die Wässer übertägig unter Druck gehalten. In gewissen Fällen wird zur Vermeidung von Ausfällungen zusätzlich auch die Zugabe von Salzsäure oder anderer Stoffe praktiziert (Abschn. 14.3). Dies gilt entsprechend für die weiter unten beschriebenen EGS-Systeme. Je nach Gesteinsbeschaffenheit kann das ausgekühlte Fluid frei oder durch Aufwendung von Pumparbeit wieder in den Untergrund verbracht werden. Im Falle der Notwendigkeit einer **Reinjektionspumpe** werden häufig mehrstufige, in Gliederbauweise konstruierte Kreiselpumpen installiert.

In der Geothermie kommen zwei verschiedene **Förderpumpen** zum Einsatz, Tauchpumpen und Gestängepumpen (Kap. 11, Abb. 4.8 und 11.9). Förderpumpen

## 4.2 Tiefe geothermische Energienutzung

**Schematische Darstellung eines Bohrplatzes**

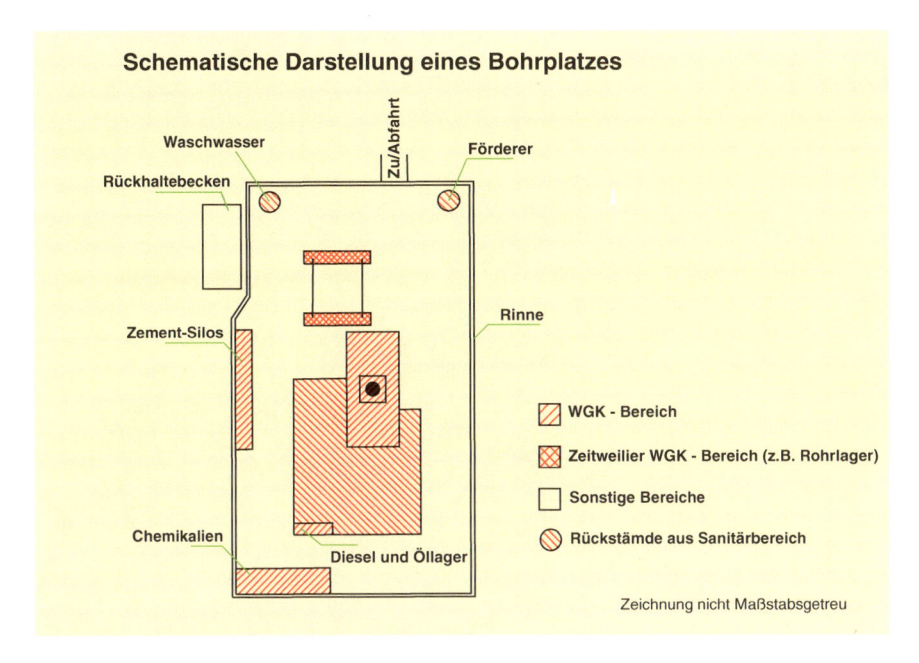

- Waschwasser
- Rückhaltebecken
- Zu/Abfahrt
- Förderer
- Zement-Silos
- Rinne
- Chemikalien
- Diesel und Öllager
- WGK - Bereich
- Zeitweiliger WGK - Bereich (z.B. Rohrlager)
- Sonstige Bereiche
- Rückstände aus Sanitärbereich

Zeichnung nicht Maßstabsgetreu

**Abb. 4.7** Schematische Darstellung Bohrplatz (nach WEG-Leitfaden 2006)

gehören in Geothermieanlagen zu den mechanisch am höchsten beanspruchten Baugruppe, da die Pumpe direkt im Geothermie-Fluid – bei Tauchpumpen auch der Motor -, also in einer korrosiven Umgebung unter erhöhter Temperatur und unter hohem Druck arbeiten (Abschn. 14.4). Mit Hilfe einer Elektro-Tauchkreiselpumpe wird die Flüssigkeit durch die Wirkung der Zentrifugalkraft an die Oberfläche gehoben. Anschließend wird das geförderte Thermalwasser über einen Wärmetauscher geleitet und die gewonnene Wärmeenergie bspw. in ein Wärmenetz eingespeist. Eine Nutzung in Kraft-Wärme-Kopplung ist aus ökologischer und ökonomischer Sicht von Vorteil.

Für eine hydrothermale Nutzung kommen primär Standorte in Frage, bei denen im Untergrund ein tief liegender Grundwasserleiter mit hohen natürlichen Durchlässigkeiten und Temperaturen vorhanden ist. Wird die erwartete, resp. für die technisch erforderliche hohe Entnahmerate benötigte Durchlässigkeit bei der Erschließung des Grundwasserleiters zunächst nicht angetroffen, so sind **Ertüchtigungsmaßnahmen** erforderlich. Zu den Ertüchtigungsmaßnahmen gehören das Schocken der Bohrung (ruckartiges Pumpen), das Säuern bei karbonatischen Gesteinen, das Fracen mit hohen Wasserdrucken sowie das Frac-Säuern, bei dem das Säuern mit hohen Drucken ins Gebirge erfolgt. In Anlehnung an Erfahrungen aus der Erdölindustrie können zur Steigerung der Entnahme auch Ablenkbohrungen oder Sidetracks im Nutzhorizont vorgesehen werden.

Die Technik der Nutzung von Thermalwasser mittels hydrothermalen Dubletten für Heizzwecke ist weitgehend ausgereift. Weltweit existieren hydrothermale Anlagen, die bereits seit mehreren 10er Jahren in Betrieb sind.

**Abb. 4.8** Einbau der Förderpumpe (Tauchpumpe) in eine Tiefbohrung (2500 m tiefe Bohrung Bruchsal)

Ein Sonderfall der hydrothermalen Geothermienutzung ist die **balneologische Nutzung** von Tiefenwässern in Thermalbädern, auf die in diesem Zusammenhang jedoch nicht näher eingegangen wird. Anzumerken ist, dass in den Thermalbädern das heiße Tiefenwasser häufig auch zur Beheizung benachbarter und anschließender Gebäude mit verwendet wird. Eine Reinjektion in den Nutzhorizont ist natürlich ausgeschlossen.

Zu den hydrothermalen Systemen werden neben der Nutzung aus thermalen Grundwasserleitern auch hochdurchlässige Störungszonen gerechnet.

Neben den hydrothermalen Systemen niedriger Enthalpie werden Systeme **hoher Enthalpie**, die Dampf- oder Zweiphasensysteme zur Stromerzeugung aber auch zur Wärmegewinnung nutzen, unterschieden (Abschn. 4.4).

Zur Tiefen Geothermie gehören außerdem die **petrothermalen Systeme** wie **Hot-Dry-Rock (HDR)** Systeme. Synonyme Begriffe sind Deep-Heat-Mining (DHM), Hot-Wet-Rock (HWR), Hot-Fractured-Rock (HFR) oder Stimulated- bzw. **Enhanced-Geothermal-System** (SGS, EGS). In den 1980er und 1990er Jahren war der Begriff „HDR" gängig; in den letzten Jahren hat sich die Bezeichnung

"EGS" durchgesetzt, insbesondere deswegen, weil selbst in supertiefen Bohrungen im Untergrund immer Wasser angetroffen wurde, das Gebirge also nicht „trocken" war. Bei EGS-Systemen wird im Gegensatz zu den hydrothermalen Systemen überwiegend die unmittelbar im Gestein gespeicherte Energie genutzt. Sie sind daher weitgehend unabhängig von Wasser führenden Horizonten. Da die Stromerzeugung im Vordergrund steht, werden Temperaturen um 200°C anvisiert. Das heiße Gestein, meist handelt es sich hierbei um Kristallines Grundgebirge, wird als Wärmetauscher genutzt. Wärmeträger ist Wasser. In Gebieten mit normalen geothermischen Gradienten sind hierfür Tiefen um 5000–7000 m erforderlich (Kap. 9).

Enhanced-Geothermal-Systems (EGS) sind Hochtemperatur-Nutzungen, bei denen der tiefere Untergrund als Wärmequelle zur Stromerzeugung und Wärmegewinnung genutzt wird. Die Gewinnung geothermischer Energie erfolgt meist direkt aus dem kristallinen Grundgebirge, also aus Graniten und Gneisen. Derzeit laufen jedoch auch Forschungsprojekte, bei denen die EGS-Technologie auf kompakte Sedimentgesteine angewandt wird. Nachstehend wird das Vorgehen bei dieser Technologie kurz erläutert, weitere Hinweise sind im Kap. 9 zu finden.

Das kristalline Grundgebirge der oberen Erdkruste ist geklüftet. Die Klüfte sind z.T. geöffnet, in ihnen zirkuliert Wasser wie in einem Aquifer mit geringer Durchlässigkeit. Durch Aufbringen hoher Drucke, die man durch Einpressen von Wasser erreicht, kann dieses natürlich vorhandene Kluftsystem geweitet werden, bzw. vorhandene, teilversinterte Klüfte werden wieder aufgerissen, so dass zusätzliche und bessere Wasserwegsamkeiten geschaffen werden.

Durch den Gesteins-Wärmetauscher („Durchlauferhitzer") schickt man über eine Injektionsbohrung Wasser zur Aufnahme der Gebirgswärme. Auch bei diesem System ist somit Wasser der Wärmeträger. Die Wärmeproduktion erfolgt über einen untertage nahezu geschlossenen Wasserkreislauf. Die geförderte Wärmeenergie kann über Förderbohrungen entweder direkt genutzt werden, z. B. für die Raumheizung, oder es wird Strom generiert.

Da EGS-Verfahren in natürlich gering durchlässigem Gebirge durchgeführt werden, ist man nicht auf Grundwasserleiter mit hohen Ergiebigkeiten angewiesen. Ein derartiges EGS-Projekt ist von daher theoretisch überall machbar, dennoch werden Standorte mit erhöhten Temperaturgradienten und in geeigneter tektonischer Situation bevorzugt. Derzeit existiert weltweit nur eine Anlage in Soultz-sous-Forêts (Frankreich), die im Dauerbetrieb seit 2007 nach dem EGS-Prinzip arbeitet. Langzeiterfahrungen liegen noch nicht vor.

Zu den petrothermalen Systemen gehören auch **Tiefe Erdwärmesonden**. Die Energienutzung erfolgt aus einer beliebigen Gesteinsabfolge mit einem geschlossenen Flüssigkeits-Kreislauf in der Sonde. Tiefe Erdwärmesonden dienen ausschließlich der Wärmeversorgung. Eine Stromproduktion ist wegen des geringen Temperaturniveaus bislang mit der derzeitigen Technologie nicht möglich.

Tiefe Erdwärmesonden sind bezüglich ihrer Technologie mit den flachen Erdwärmesonden vergleichbar. In einer tiefen Erdwärmesonde zirkuliert ein Wärmeträgermedium in einem geschlossenen System bis zu Tiefen von ca. 3000 m (Abb. 4.9). Tiefe Erdwärmesonden sind nicht auf gut durchlässige Grundwasserleiter angewiesen und können daher theoretisch nahezu überall installiert werden. Für das

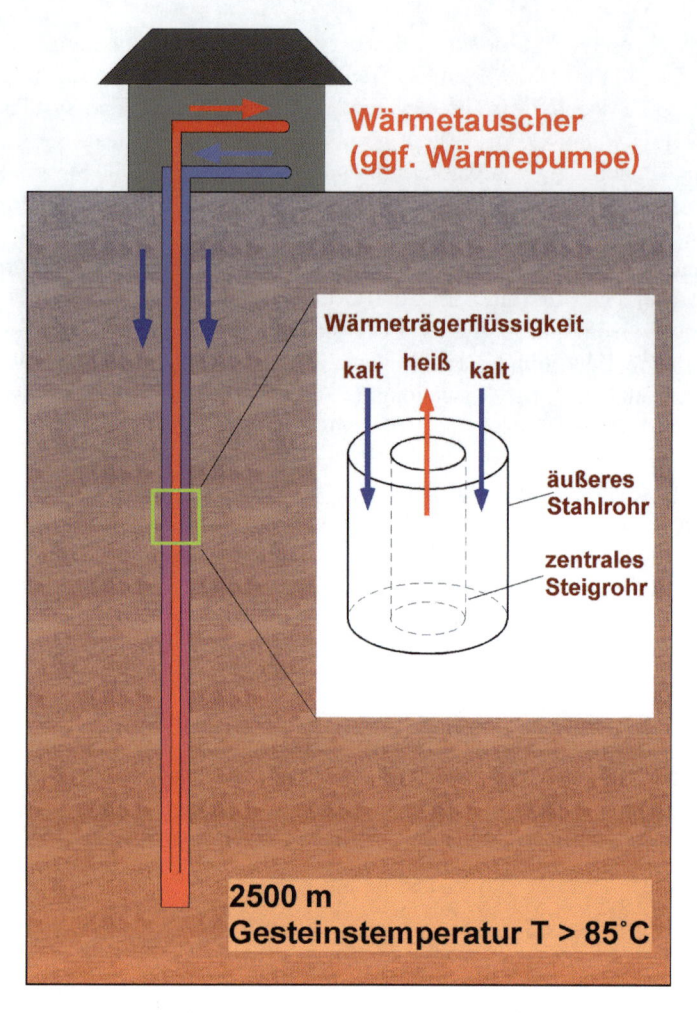

**Abb. 4.9** Schema für eine tiefe Erdwärmesonde

Verfahren bieten sich wegen der hohen Investitionskosten bereits vorhandene alte, aufgelassene Tiefbohrungen an. Da tiefe Erdwärmesonden einen geschlossenen Kreislauf besitzen, erfolgt kein Eingriff in die Stoffgleichgewichte des Gebirges. Die Nutzung tiefer Erdwärmesonden erfolgt in einer Heizzentrale in Kombination mit anderen Wärmeerzeugern. Die Heizleistung einer tiefen Erdwärmesonde kann in Abhängigkeit von den jeweiligen Rahmenbedingungen bis zu ca. 500 kW betragen.

Durch Wärmeleitung aus dem Gestein über die Verrohrung und das Hinterfüllmaterial der Sonde erfolgt die Wärmeübertragung auf die in der Sonde zirkulierende Flüssigkeit. Als Wärmeträger wird häufig Ammoniak eingesetzt. Im Ringraum eines Doppelrohrsystems wird die kalte Flüssigkeit mit geringer Fließgeschwindigkeit nach unten geleitet, so dass es die Temperatur der Umgebung aufnehmen kann. Üblicherweise liegen die Geschwindigkeiten in einer Größenordnung von 5–65 m/min. Das erwärmte Wasser steigt aufgeheizt in einem isoliert ausgeführten Innenrohr nach oben (Abb. 4.9). Oben angelangt, wird die warme Flüssigkeit in der oberirdischen Nutzungsanlage bis auf ca. 15°C ausgekühlt und mit einer Sondenkreispumpe wieder in den Ringraum zurückgeführt. Durch den Wärmeentzug kühlt sich das Umgebungsgestein ab.

Die nutzbare Energiemenge einer tiefen Erdwärmesonde hängt in erster Linie von der Temperatur des Untergrundes ab, besonders lukrativ sind daher positive Temperaturanomalien. Die nutzbare Energiemenge hängt neben den thermischen Eigenschaften des Untergrundes, insbesondere von der Wärmeleitfähigkeit, ab, zusätzlich aber auch von der Betriebsdauer, von der Bauart der Sonde und von den thermischen Eigenschaften der Ausbaumaterialien der Sonde. Lange und großkalibrige Sonden besitzen naturgemäß eine größere Wärmeaustauschfläche.

In der Natur kommen häufig Gesteinsabfolgen vor, die sich nicht als reine hydrothermale oder reine petrothermale Systeme bezeichnen lassen, sondern Systeme aus dem Übergangsbereich.

Ein weiterer Bereich der tiefen Geothermie ist die Nutzung der Geothermischen Energie aus: **Bergwerken, Kavernen** sowie die **Speicherung** von Energie in den oben beschriebenen geologischen Strukturen.

## 4.3 Wirkungsgrad

Mit dem **Wirkungsgrad** kann die Güte der Umwandlung von Wärme in mechanische und anschließend in elektrische Energie beschrieben werden. Der Wirkungsgrad entspricht dem Verhältnis zwischen Nutzem und Aufwand. Der **Carnot-Wirkungsgrad** oder **-Faktor** gibt an, welcher Anteil der zugeführten Wärme maximal in mechanische Arbeit umgewandelt werden kann. Er ist somit der theoretisch maximal erreichbare Prozesswirkungsgrad. Am Carnot-Wirkungsgrad werden alle anderen Prozesse bezüglich ihrer Effizienz und Güte gemessen. Ziel aller Kraftwerksprozesse ist es, eine möglichst gute Annäherung an diesen theoretischen, idealen Prozesswirkungsgrad zu erreichen. Der Carnot-Wirkungsgrad wird berechnet zu (Kather et al. 2008, Zahoransky 2002):

$$\eta = 1 - (T_a/T_z) \qquad (4.1)$$

In Gl. 4.1 ist $T_a$ die Wärmeabfuhr und $T_z$ die Wärmezufuhr, beide in [K]. Der Carnot-Prozess setzt voraus, dass die Wärme bei konstantem, hohem Temperaturniveau zugeführt und bei niedrigem, konstanten abgeführt wird. Abbildung 4.10 veranschaulicht den Carnot-Wirkungsgrad und zeigt, dass rein theoretisch bei einer Wärmezufuhr von $T_z = 100°C$ und einer Wärmeabfuhr von $T_a = 20°C$ der Wirkungsgrad maximal nur 0,21 betragen kann. Aus einem Thermalwasserstrom wird

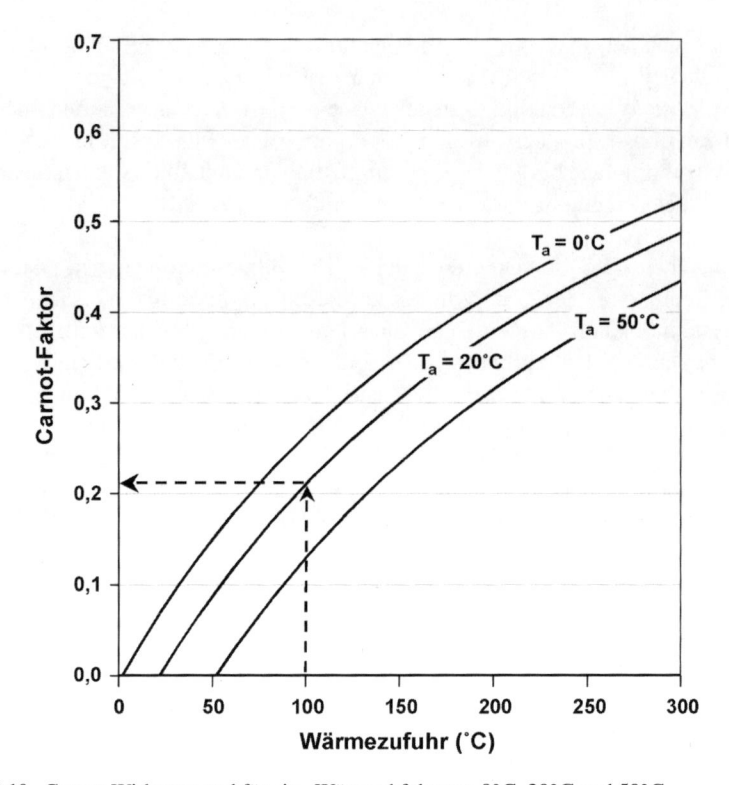

**Abb. 4.10** Carnot-Wirkungsgrad für eine Wärmeabfuhr von 0°C, 20°C und 50°C

ein Wärmestrom von $T_z = 100°C$ übertragen, wenn beispielsweise das Thermalwasser von 150°C (Fördertemperatur) auf 50°C (Injektionstemperatur) abgekühlt wird. Falls die Wärmeabfuhr aus dem Kraftwerksprozess bei $T_a = 20°C$ erfolgen kann, berechnet sich der maximale Wirkungsgrad zu $\eta = 0{,}21$, d. h. zu 21% (Abb. 4.10).

Die physikalische Obergrenze des thermischen Wirkungsgrades für ein mit Thermalwasser (Hydrothermale – oder EGS-Anlage) zwischen 100°C und 200°C angetriebenes Kraftwerk liegt bei 12% bis 22%. In diesem Temperaturbereich kommen derzeit zur Stromerzeugung nur **Kraftwerke mit Sekundärkreislauf** in Frage. Die zwei derzeit verfügbaren Systeme sind der Organic Rankine Cycle (ORC) und der Kalina-Prozess (Kaltschmitt et al. 2003). In den ORC-Prozessen werden organische Arbeitsmittel eingesetzt, die Kalina-Prozesse verwenden mit der Ammoniak-Wasser-Mischung ein zeotropes Arbeitsmittel. Im Vergleich der beiden Prozesse bei Berücksichtigung von Luftkühlung und Frischwasserkühlung zeigen sich die Kalina-Anlagen im unteren Temperaturbereich, insbesondere bei Luftkühlung, überlegen, während mit den ORC-Anlagen im oberen Temperaturbereich höhere Netzanschlussleistungen erzielt werden. Die Kalina-Anlagen entziehen dem Thermalwasser weniger Wärme als die ORC-Anlagen, wandeln diese Wärme aber mit einem höheren Wirkungsgrad in elektrische Energie. Die ORC-Anlagen leiden

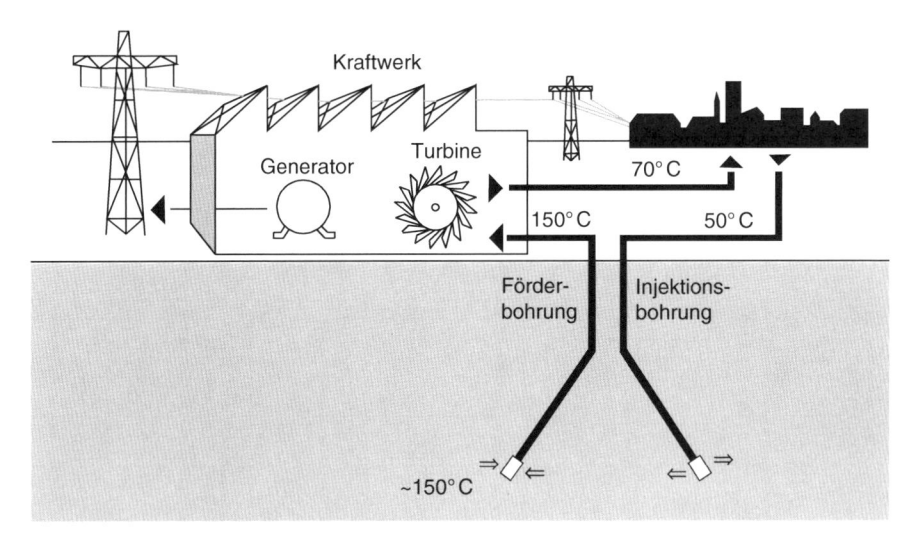

**Abb. 4.11** Schema für ein Geothermie-Kraftwerk

insbesondere im unteren Temperaturbereich unter dem niedrigen thermischen Wirkungsgrad, der ihnen speziell bei Luftkühlung einen hohen Eigenbedarf einbringt (Köhler 2005, Zahoransky 2002, Kaltschmitt et al. 2003, Park & Sonntag 1990).

Jedes geothermische Kraftwerk (Abb. 4.11) erzeugt neben Strom auch Wärme. Je mehr davon nach dem Prinzip der **Kraft-Wärme-Kopplung** (KWK) weiterverwendet werden kann, desto effizienter und wirtschaftlicher kann der Betrieb gefahren werden. Außerdem macht reine Stromproduktion mit Vernichtung der parallel dazu gewonnenen Wärme ökologisch keinen Sinn. Der Wirkungsgrad der elektrischen Stromerzeugung ist relativ niedrig. Berücksichtigt man den Eigenbedarf der Anlagen für die Tiefenwasserpumpe und den Kühlkreislauf ergibt sich ein – optimierungsbedürftiger – Systemwirkungsgrad von 5 bis 7%. Wird zusätzlich zur Stromerzeugung die im Thermalwasserstrom verbliebene Restwärme ausgekoppelt und zur Wärmeversorgung bereitgestellt, bestimmt die eingespeiste Wärmemenge die Umweltbilanz. Auch eine Kombination von Geothermie mit anderen Wärmeträgern, wie z. B. Biogasanlagen, zu Hybridkraftwerken kann zu einer ökologischen Optimierung beitragen.

Bei der Erzeugung von mechanischer oder elektrischer Energie aus thermischen Anlagen fällt stets Abwärme an, die an die Umgebung abgeführt werden muss. Bei der Wärmeübertragung an Fluss- oder Seewasser können zwar sehr niedrige Temperaturen – und damit hohe Wirkungsgrade bei wärmetechnischen Prozessen – erreicht werden. Allerdings sind die Grenzen der ökologischen Belastbarkeit bei vielen Standorten bereits erreicht oder die zur direkten Kühlung erforderlichen Wassermengen sind nicht verfügbar. In diesen Fällen werden **Kühltürme**, wie z. B. Nasskühltürme (Abb. 4.12), Trockenkühler (Abb. 4.5b), Geschlossene Kühltürme, verwendet, um die Abwärme an die Atmosphäre abzugeben (Rohloff & Kalter 2011).

**Abb. 4.12** Beispiel für einen Nasskühlturm

## 4.4 Bedeutende Geothermie-Felder, Hochenthalpie-Felder

Weltweit werden jährlich rund 10,7 $GW_{el}$ Strom durch Geothermie erzeugt, davon 1,13 $GW_{el}$ in europäischen Ländern (Bertani 2010). Der Großteil der geothermischen Stromproduktion wird derzeit weltweit aus **Hochenthalpie-Feldern**, die bereits in geringen Tiefen hohe Temperaturen aufweisen, durch Dry-Steam- oder Flash-Steam-Systeme (trockener – und feuchter Dampf) gewonnen, wie z. B. das Flash-Steam-Kraftwerk im Coso Geothermiefeld in Californien (USA). Diese offenen Systeme nutzen das druckentlastete und dadurch dampfförmige Thermalfluid als Arbeitsmittel, um eine Turbine zur Stromerzeugung anzutreiben (Abb. 4.13a–c). Die Temperatur liegt bei Flash-Steam-Kraftwerken bei mindestens 175°C. In der Turbine wird die geothermische Energie in mechanische Energie umgewandelt. Eine geothermische Stromerzeugung in geschlossenen Systemen aus Niedertemperatur-Lagerstätten mittels binärer Systeme wie ORC- oder Kalina-Anlagen findet erst seit wenigen Jahren und an wenigen Standorten statt, obwohl diese Standorte natürlich wesentlich zahlreicher zur Verfügung stehen (Newsletter BMU 2006). Hier

4.4 Bedeutende Geothermie-Felder, Hochenthalpie-Felder

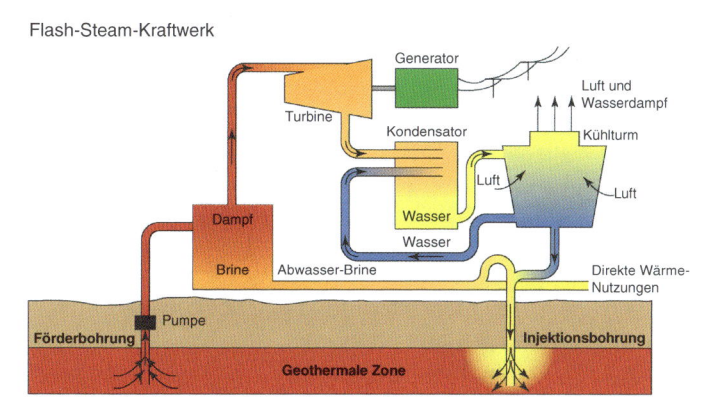

**a** Flash-Steam-Kraftwerk

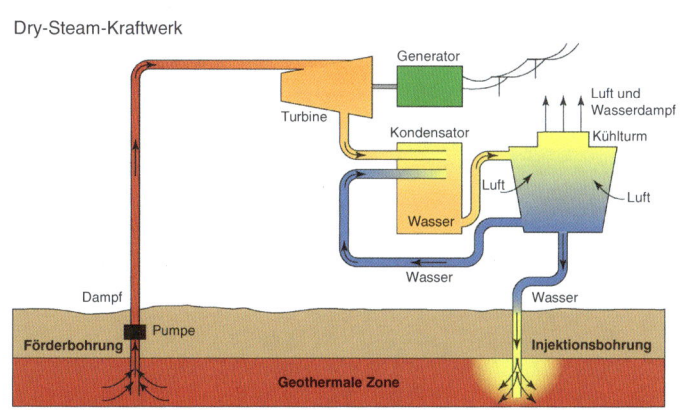

**b** Dry-Steam-Kraftwerk

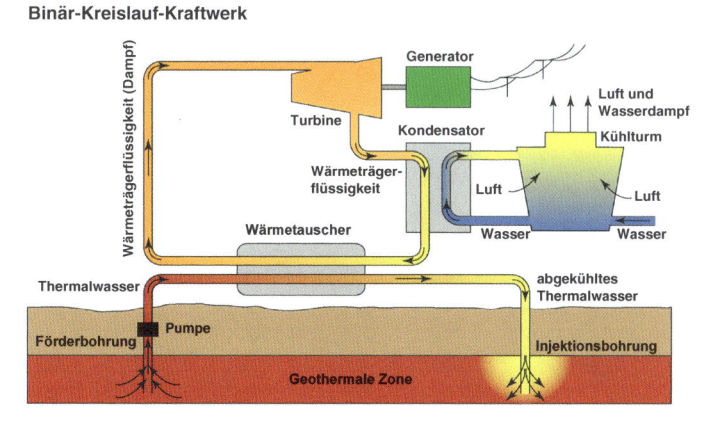

**c** Binär-Kreislauf-Kraftwerk

**Abb. 4.13a–c** Flash-Steam-, Dry-Steam- und Binäre-Kreislauf-Kraftwerke (nach Unterlagen in https://inlportal.inl.gov/portal und hppt://geothermal.nau.edu)

besteht also noch ein erhebliches Ausbaupotential. Viele Projekte sind daher gegenwärtig in der Entwicklungsphase. Der entscheidende Nachteil von Hochenthalphie-Lagerstätten besteht darin, dass sie leider nur beschränkt und an wenigen Lokalitäten zur Verfügung stehen. Zu einem Durchbruch der verstärkten Nutzung geothermischer Energie können daher neben den hydrothermalen eigentlich nur die petrothermalen Nutzungen mit der EGS-Technologie beitragen.

In Europa ist Italien mit einer installierten Kapazität von ca. 790 MW$_{el}$ eindeutig Spitzenreiter. Viele der Lagerstätten sind Hochenthalpie-Felder, die mit Hilfe von Trockendampf-Systemen genutzt werden. Weltweit liegt Italien nach den USA, den Philippinen, Mexiko und Indonesien an fünfter Stelle. Diese Position Italiens ist auf die guten geologischen Bedingungen aber auch auf die frühe Erschließung und die damit gewonnenen Erfahrungen zurückzuführen.

Island verfügt über eine installierte Leistung von 172 MW$_{el}$ neben den Hochenthalpie-Feldern in den vulkanisch aktiven Zonen werden auch einige Niedrigtemperatur-Lagerstätten zur Stromerzeugung mit binären Anlagen genutzt. Die bedeutenden Anlagen Russlands zur Stromerzeugung liegen in Kamtschatka und auf den Kurilen, also ebenfalls in Gebieten mit Hochenthalpie-Lagerstätten. Insgesamt stehen 110 MW$_{el}$ Leistung durch Geothermie bereit. Aber auch die Türkei hat ein hohes geothermisches Potential. Von den mehr als 170 geothermischen Lagerstätten sind 10 Hochenthalpie-Felder, in denen teilweise schon in 800 m Tiefe Temperaturen von 200°C erreicht werden. In der Türkei sind ca 20 MW$_{el}$ Leistung installiert.

Österreich hat keine Hochenthalpie-Felder. Die besten Bedingungen für geothermische Anlagen liegen im Oberösterreichischen Molassebecken. Bekannt sind die Anlagen in Bad Blumau mit 200 kW installierter Leistung und die Anlage Altheim mit 1,2 MW$_{el}$. Auch die Lagerstätten von Deutschland sind Niedrigentalpie-Felder. Die größten Potentiale liegen im Oberrheingraben, im Süddeutschen Molassebecken und im Norddeutschen Becken. Die erste deutsche geothermische Anlage zur Stromproduktion ging 2003 in Neustadt-Glewe in Betrieb; die Leistung liegt bei 210 kW. 2007 ging eine weitere Anlage in Landau, gefolgt von Anlagen in Unterhaching und Bruchsal in 2009 in Betrieb (Newsletter BMU 2006).

Das Hochenthalpie-Feld „**The Geysers**" in Californien / USA besteht aus 22 einzelnen Geothermiekraftanlagen, die auf einer Fläche von 78 km$^2$ zusammen 750 MW$_{el}$ geothermische Energie in Form von heißem trockenem Dampf zur Stromerzeugung bereitstellen. Das Dampfreservoir des gesamten Feldes erstreckt sich über eine Fläche von 104 km$^2$ und hat ein geschätztes Volumen von 155 km$^3$. Mehrere 100 Förderbohrungen und einige 10er Reinjektionsbohrungen sind für den Betrieb installiert. Die tiefste Bohrung misst 3900 m. Die Dampftemperatur beträgt 235°C (bei 12,4 bar) und die mittlere Förderrate pro Bohrung etwa 5 kg/s. Der genutzte Dampf kommt aus einem Sandsteinreservoir (Grauwacke), das von einer tiefer liegenden Magmenkammer die hohen Temperaturen bezieht.

In Zusammenhang mit der Stromproduktion und damit mit der Reduktion des Dampfdruckes stellte sich bereits ab 1975 eine zunehmende seismische Aktivität mit Magnituden von bis zu $M_L = 4$ ein (Abschn. 10.1). Die seismische Aktivität korrelierte mit der Stromproduktion, d. h. mit der Rate des geförderten Dampfes, obwohl Teile des abgekühlten und kondensierten Dampfes wieder reinjiziert wurden. Dennoch nahm der Dampfdruck im Reservoir seit 1966 um etwa 1 bar pro Jahr durch Produktion und Abkühlung ab. Die Seismizität wird auf Reservoirsetzungen wegen reduziertem Porenfluiddruck durch die Entnahme und auf thermische Kontraktion infolge Abkühlung zurückgeführt (Nicholson & Wesson 1990).

Während der gesamten Laufzeit des Geothermiefeldes „The Geysers" wurde die höchste verfügbare Leistung mit 1900 MW im Jahre 1989 erreicht. Danach stellte sich mit fortschreitender Ausbeute eine Alterung ein, der man im letzten Jahrzehnt mit verstärkter Injektion von Wasser entgegenwirkte. Derzeit werden ca. 800 kg/s gereinigtes Siedlungsabwasser von Clear Lake und Santa Rose zur Stützung in das Reservoir eingebracht. Die Leistungsabnahme konnte dadurch gebremst und die Produktion wieder gesteigert werden.

Die Geschichte und Entwicklung des Hochenthalpie-Feldes **Larderello** in der Toskana Italiens sind in Abschn. 2.2 beschrieben. Heute verfügen die Anlagen in Larderello über eine Gesamtleistung von 545 $MW_{el}$, was etwa der Kapazität eines modernen Steinkohle-Kraftwerksblocks entspricht. Die Stromerzeugungskosten sind äußerst günstig wie bei allen Hochenthalpie-Feldern, da keine Brennstoffkosten anfallen. Einzelne Bohrlöcher erreichen eine Dampfförderleistung von bis zu 350 t/h und Temperaturen um 220°C. In den Anlagen von Larderello wird das für den Kühlkreislauf nicht benötigte Wasser zwar wieder in den Untergrund injiziert, dennoch machte sich das Defizit zwischen Entnahme und Reinjektion im Laufe der Jahre durch eine Abnahme des Dampfdruckes mit Auswirkungen auf die Produktion bemerkbar. Zwar ist die Energie weiterhin im Untergrund vorhanden, aber das Trägermedium hat ähnlich wie im nordamerikanischen The Geysers abgenommen.

Die Betreibergesellschaft ENEL (Ente Nazionale per l'Energia eLettrica) hat daher ein Programm zur Revitalisierung des Hochenthalphie-Feldes aufgestellt. Um die unterirdischen Reservoire wieder stärker aufzufüllen, soll aus benachbarten Feldern zusätzlich Wasser herangeführt werden. Ältere flachere Bohrungen werden durch tiefere ersetzt. Durch moderne Technik soll außerdem der Arbeitsdampfdruck von derzeit 4,5–5,0 bar auf bis zu 12 bar angehoben werden und der alte 20 MW-Turbinenpark durch neue 60 MW-Module modernisiert werden.

Die Insel **Island** im Nordatlantik verfügt über eine große Anzahl aktiver Vulkansysteme und steht bezüglich Nutzung von Erdwärme an der Weltspitze (Abschn. 2.2). 53% der Primärenergie in Island kommt aus Erdwärme. Es gibt fünf wichtige Geothermiekraftwerke auf Island, die knapp 25% des Strombedarfs decken und etwa 90% der Haushalte mit Wärme versorgen. Die geothermische Leistung der Kraftwerke Islands liegt bei 625 $MW_{el}$.

Die Warmwasserversorgung der Stadt Reykjavík, inklusive Gehweg- und Straßenbeheizung, erfolgt durch den sogenannten Perlan, einem Warmwasserspeicher, der durch seine erhöhte Lage ohne Pumpen betrieben werden kann. Der Speicher besteht aus 5 Einzeltanks, die jeweils ein Fassungsvermögen von etwa 4000 $m^3$ Warmwasser mit einer Temperatur von 85°C besitzen. Das Warmwasser stammt aus etwa 70 Bohrungen unter der Stadt.

**Ausfällungen** von Kieselsäure sind typisch bei Hochtemperatur-Nutzungen und stellen immer ein Problem dar. Da die Ausfällung jedoch einem Zeitfaktor unterliegt, der von der Temperatur und der Salinität abhängt, lässt sich letztlich zumindest mitbestimmen, an welcher Stelle im System die Ausfällung erfolgt. Eine effiziente druckgesteuerte Abtrennung des Dampfes aus dem geothermalen Fluid (Abb. 4.13a–c) ist entscheidend, damit in den wichtigen Teilen der übertägigen Geothermieanlage, wie beispielsweise in der Turbine oder im Wärmetauscher, keine Ausfällungen erfolgen (Abschn. 14.3). Der entspannte Dampf aus Hochenthalpie-Lagerstätten auf Island hat natürlich mit etwa 4,6 mg/kg einen wesentlich geringeren Gesamtlösungsinhalt (TDS) als das abgetrennte Fluid, dessen TDS etwa 45 g/kg beträgt. Die Hauptinhaltsstoffe im Fluid sind Chlorid, Natrium, Calcium und Kalium (Giroud 2008). Der Wert für Kieselsäure ($H_4SiO_4$) liegt typischerweise bei 800–900 mg/kg. Bor, Fluorid und Quecksilber sind häufig stark angereichert. Zu den Hauptproblemen von Hochenthalpie-Systemen gehört daher sicherlich der hohe Gesamtlösungsinhalt der Fluide mit schwierig zu handhabenden Inhaltsstoffen. Ein weiteres Problem sind die teilweise hohen Gehalte an Gasen, die nicht kondensierbar sind, wie $CO_2$ und $H_2S$. Hohe $CO_2$-Gehalte beschleunigen bei Temperaturen unter 200°C die Calcitausfällung und unterstützen die **Korrosion**. Hohe $H_2S$-Gehalte forcieren metallurgische Probleme wie Korrosion, Material-Ermüdung oder Rissbildung (Abschn. 14.3).

Das IDDP (Iceland Deep Drilling Project), dem verschiedene internationale Partner angehören, beabsichtigt durch die Erschließung und Nutzung von **überkritischem Dampf** die Ressource auszubauen. Das bedeutet Temperaturen von deutlich über 375°C bei einem Druck von etwa 225 bar. Unter diesen Bedingungen entspricht die Dichte des heißen Dampfes etwa der von Wasser. Grundsätzlich hat überkritischer Dampf chemisch gesehen besonders aggressive Eigenschaften. Von der Erschließung und Nutzung überkritischen Dampfes verspricht man sich eine Effizienzsteigerung um das 5–10 fache pro gefördertem Volumen.

Auf Island wurden in Tiefen von nur 2,2 km an gewissen Lokationen bereits Temperaturen von 360°C erreicht, d. h. man ist dem kritischen Punkt von Wasser dort bereits sehr nahe. Allerdings sind diese Fluide in der Regel toxisch und korrosiv. Zu den weiteren Herausforderung gehören Sinterbildungen, die ökologisch problematisch und nur sehr schwierig zu handhaben oder unter Kontrolle zu halten sind.

Eine Erschließung tief liegender Hochenthalpie-Vorkommen für praktische Nutzungen ist aus technischen Gründen derzeit noch kaum machbar, zum einen auch wegen der nur bedingten Hochtemperatur-Beständigkeit von Bohrspülungen oder geophysikalischen Geräten zum anderen aber auch wegen der begrenzten Hakenlast von Bohranlagen von bis zu 500 t.

Hochrechnungen zufolge wird für das Jahr 2050 eine installierte Leistung für die geothermische Stromerzeugung von etwa 140 $GW_{el}$ prognostiziert (Fridleifsson et al. 2008). Zur Erreichung dieses anspruchsvollen Zieles muss sicherlich insbesondere auch die EGS-Technologie weiterentwickelt werden, da sie im Gegensatz zu dem sehr begrenzten Vorkommen von Hochenthalpie-Feldern weitestgehend standortunabhängig ist. Außerdem müssen bestehende Geothermie-Felder schrittweise mit einer stetig zunehmenden Anzahl von Förder- und Injektionsbohrungen weiterentwickelt und bewirtschaftet werden. Reine Produktion ist weder ökologisch noch ökonomisch zielführend. Eine geothermische Lagerstätte muss gestützt werden, d. h. sie muss wieder angereichert, erneuert werden. Unliebsame Setzungserscheinungen werden dadurch ebenfalls verhindert. Durch Reinjektion können zudem die hochmineralisierten Fluide entsorgt werden. Die Entwicklung eines Geothermie-Felderes muss integrativ erfolgen, d. h. verschiedene Nutzer sollten von Anfang an in die Entwicklung eines Geothermie-Feldes eingebunden werden: neben der Stromerzeugung auch die Wärmenutzer, wie Industrie, Fernwärmeversorgungen, Sportanlagen und dgl.

# Kapitel 5
# Potentiale und Perspektiven geothermischer Energienutzung

Bohrwerkzeuge

Geothermie ist eine erneuerbare Energiequelle, dem Auskühlen durch technische Systeme folgt stets ein Nachfließen von Wärme aus tieferen Schichten oder von der Oberfläche. Die Quellen, aus denen sich diese Wärmeströme speisen, der Wärmestrom aus dem Erdinnern, der radioaktive Zerfall in der Erdkruste, die Sonnenstrahlung, sind in menschlichen Zeiträumen unerschöpflich (Abschn. 1.3). Die Frage, ob die Nutzung von Erdwärme nachhaltig ist, ob sie also auch künftigen Generationen zur Verfügung steht, lässt sich dagegen nicht pauschal beantworten, sondern sie stellt sich in jedem Einzelfall neu abhängig vom Systemkonzept und der Dimensionierung der Anlage.

Die Wärmestromdichte ist meist zu gering (Abschn. 1.3) als dass bei der Geothermienutzung aus tieferen Bereichen außerhalb von positiven geothermischen Anomalien zunächst nicht die aus dem Erdinnern nachströmende Energie genutzt wird, sondern die im Untergrund gespeicherte Energie durch Abkühlung über einen bestimmten Zeitraum (TAB 2003).

Da die Leistungsdichte des geothermischen Wärmeflusses allein nicht ausreicht, um etwa Erdwärmesonden zur Gebäudeheizung mit ausreichend Energie zu versorgen, entstand eine Diskussion um die Nachhaltigkeit der Nutzung Oberflächennaher Geothermie. Es gab Befürchtungen, der Entzug von Wärme aus dem untiefen Erdreich mittels Erdwärmesonden stelle eine Zehrung an einem begrenzten Reservoir dar und führe zu einem kontinuierlichen Absinken der Temperaturen. Bei dieser Betrachtung fehlt jedoch ein ganz wesentlicher Beitrag, nämlich derjenige der Sonnenenergie. Der Beitrag der Sonnenenergie an der durch Erdwärmesonden entzogenen Wärme ist meist deutlich größer als der Anteil, der aus dem Erdinnern nachströmt (Huber & Pahud 1999). Jede Erdwärmesonde strebt bei gleich bleibendem Wärmeentzug einen thermischen Gleichgewichtszustand an. Bis dieser Gleichgewichtszustand erreicht ist, nehmen die Temperaturen im Erdreich kontinuierlich ab, allerdings wie bei einem Förderbrunnen in der Grundwasserhydraulik in Raum und Zeit logarithmisch, so dass der größte Teil der Abkühlung bereits wenige Jahre nach Betriebsbeginn erreicht wird (Eugster et al. 1999). In dieser Betrachtung ist der konvektive Wärmestrom durch fließendes Grundwasser noch unberücksichtigt. Durchteuft nämlich die Erdwärmesonde Grundwasser führende Horizonte, so kann ein beträchtlicher Anteil des Wärmestromes durch den Grundwasserfluss direkt nachgeliefert werden. Die Effizienz der Erdwärmesonde kann dadurch dramatisch ansteigen (Abschn. 6.3.2). Bei der geothermischen Nutzung mittels Grundwasserbrunnen macht man sich diesen Effekt der Konvektion direkt zu Nutze (Abschn. 7.3).

Anders gestaltet sich die Situation in tiefen Erdschichten, wo ein Nachfließen von Wärme von der Erdoberfläche nicht möglich ist. Hier stellt die Nutzung der Erdwärme in der Regel tatsächlich das Ausbeuten eines Reservoirs dar, welches durch den geothermischen Wärmestrom nur langsam wieder gefüllt wird (Abschn. 8.3). Eine Injektionsbohrung zur Wiedereinleitung des genutzten, abgekühlten Thermalwassers ist daher für die Nachhaltigkeit der Ressource obligatorisch. Je nach lokalen Gegebenheiten und Höhe der Entnahmeraten können trotz alledem nach einer gewissen Nutzungsdauer bei falscher Auslegung die erzielbaren Temperaturen abnehmen. Wenn also die Förderrate zu groß ist, die Abstände zwischen

Injektions- und Förderbohrungen zu gering sind oder die Injektionstemperatur zu niedrige ist, kann die Wirtschaftlichkeit der geothermischen Anlage beeinträchtigt werden, so dass die Nutzung reduziert, schlimmstenfalls sogar nach einer gewissen Betriebsdauer für einige Zeit eingestellt werden muss, bis sich die Temperaturen im Reservoir wieder erholt haben. Aus diesem Grund sollten geothermische Nutzungssysteme in tiefen Erdschichten bereits in der Planungsphase aber auch später in der Betriebsphase durch numerische Simulationsmodelle und durch Monitoringsysteme begleitet werden (Abschn. 8.8). Die Nutzungsdauer kann bei guter Datengrundlage durch Simulation des Reservoirverhaltens abgeschätzt und ggf. auch prognostiziert werden.

Für die geothermische Nutzung sind besonders Gebiete mit deutlich höheren Temperaturen, also Anomalien, interessant, da geringere Bohrtiefen erforderlich sind (Abschn. 1.4). Besonders starke Anomalien, bei denen bereits in geringer Tiefe mehrere hundert Grad heiße Fluide angetroffen werden, sind in der Regel an Vulkan- oder Hot-Spot-Gebiete geknüpft. In der Geothermie gelten sie als **Hochenthalpie-Lagerstätten** (Abschn. 4.4). Die weltweite geothermische Stromerzeugung aus Geothermie wird derzeit durch die Nutzung von Hochenthalpie-Lagerstätten dominiert (Bertani 2010). Abhängig von den Druck- und Temperaturbedingungen können Hochenthalpie-Lagerstätten mehr dampf- oder mehr wasserdominiert sein. Bei den moderneren Förderungstechniken werden auch hier die genutzten, ausgekühlten Fluide wieder reinjeziert zur hydraulischen Stützung der Lagerstätte und um negative Umweltauswirkungen, wie Geruchsbelästigungen usw., zu vermeiden (Kap. 10). In **Niederenthalpie-Lagerstätten** ist wegen der geringen Temperaturspreizung zwischen Vor- und Rücklauf der maximale Wirkungsgrad systembedingt deutlich niedriger als in Hochenthalpie-Lagerstätten. Zur Stromerzeugung müssen hier andere Kreisprozesse (ORC-, Kalina-Verfahren) eingesetzt werden (Abschn. 4.2). Der Eigenstromverbrauch dieser Anlagen ist derzeit noch relativ hoch und kann bis zu 25% und mehr betragen. Andererseits können Niederenthalpie-Lagerstätten zukünftig stark an Bedeutung gewinnen, da diese Art der geothermischen Nutzung wesentlich weiter verbreitet möglich ist und keine derartig speziellen und relativ selten vorkommenden geothermischen Voraussetzungen (Hochenthalpie-Lagerstätten) erfordert. Unter diesen Gesichtspunkten ist ihr Potential, da ausbaufähiger, wesentlich größer.

Relativ weit verbreitet ist bereits heute die direkte energetische Nutzung von hydrothermaler Geothermie beim Betrieb von Nah- und Fernwärmenetzen. Gerade der Wärmebereitstellung durch die Geothermie dürfte in der Zukunft ein größerer Markt beschieden sein, nehmen doch weltweit unsere fossilen Rohstoffe dramatisch ab und erscheinen unter diesem Aspekt auch viel zu wertvoll, um einfach nur verbrannt zu werden. Inwieweit hier in einzelnen Ländern durch entsprechende Stromeinspeisevergütungen die tatsächlichen Nutzungsmöglichkeiten zu einer Verzerrung des tatsächlichen Potentials der Geothermie führten bzw. führen, resp. dem Potential zur Wärmenutzung zu wenig Aufmerksamkeit gewidmet wird, mag dahin gestellt sein.

In den letzten Jahren hat die Nutzung der Oberflächennahen Geothermie, insbesondere durch Erdwärmesonden aber auch durch Brunnenanlagen, sehr stark zugenommen. Ein besonderes Potential zeichnet sich dabei bei der Kombination von Gebäudeheizung und -Kühlung ab, ebenso bei der Kombination mit solarthermischen Anlagen und sommerlicher Einspeisung von Überschusswärme in den Untergrund. Da diese Anlagen in der Regel Strom-basiert arbeiten, sind Wirkungsgrad, Effizienz und Ökologie hier die entscheidenden Faktoren.

Der unaufhaltsame Rückgang der leichten und günstigen Verfügbarkeit fossiler Rohstoffe einhergehend mit einer immer stärkeren politischen Abhängigkeit von denselben führt zwangsläufig zu einem grundsätzlichen Umdenken in der Wärmeversorgung, denn immerhin wird für die Wärmebereitstellung in den mittleren Breiten der Erde derzeit mindestens ein Drittel des Endenergieverbrauches aufgewendet. Die Wärmeversorgungskonzepte für Städte werden sich ändern. Sommerliche Überschusswärme wird im tieferen und im flacheren Untergrund eingelagert werden müssen, um in den kühleren Jahreszeiten direkt als Heizwärme zur Verfügung zu stehen. Für die Bewirtschaftung sind Nutzungskonzepte für den Untergrund erforderlich. Der Geothermie fällt dabei eine unverzichtbare, zentrale Rolle zu.

# Kapitel 6
# Erdwärmesonden

Bohrgerät für geringere Tiefen

## 6.1 Planungsgrundsätze

Die Nutzung oberflächennaher Geothermie ist insbesondere unter dem Aspekt der niedrigen, zur Verfügung stehenden Temperaturen zu betrachten. Um oberflächennahe Geothermie zur Beheizung von Gebäuden nutzen zu können, ist daher der Einsatz einer Wärmepumpe unerlässlich, denn aus dem Untergrund können nur einige wenige Grad Celsius Temperatur gewonnen, bzw. nur eine geringe Wärmemenge entzogen werden. Die höchsten mit oberflächennahen geothermischen Nutzungen gewinnbaren Temperaturen sind durch Erdwärmesonden möglich und können in Anhängigkeit von der Sondentiefe und den natürlichen Gegebenheiten in der Größenordnung von etwa 10–12°C liegen. Die Temperaturanhebung auf die gewünschten Temperaturen besorgt dann die Wärmepumpe. Die meisten Wärmepumpen werden heutzutage mit Strom betrieben, und Strom ist „kostspielig", wird er doch unter erheblichen Verlusten aus Nicht-Erneuerbaren-Energieträgern hergestellt.

Aus diesem Grund sollten bereits im Vorfeld einer Nutzung oberflächennaher geothermischer Energie für Heizzwecke Anstrengungen zur Senkung des Wärmebedarfs unternommen werden. Dazu gehören Wärmedämmmaßnahmen, wie z. B. Fassadendämmung und hochwertige isolierende Fenster. Ausschlaggebend für die Wirtschaftlichkeit des Betriebs und dafür, ob das Heizsystem auch ökologisch sinnvoll ist, hängt u.a. von der benötigten Heiztemperatur ab. Beispielsweise liegt die Vorlauftemperatur einer Fußbodenheizanlage bei etwa 35°C, bei einer Betonkerntemperierung (flächenaktive Wandheizung) liegt sie bei nur etwa 25°C, während die klassische Radiatorenheizanlage etwa 45–65°C benötigt. Bei einem Neubau können derartige Überlegungen leicht integriert werden, so dass die Nutzung der oberflächennahen Geothermie letztlich ökologisch und ökonomisch sinnvoll betrieben werden kann. Problematischer ist der Altbaubereich.

Im Sinne der Nachhaltigkeit und um den Anlagenbetrieb über längere Zeiträume sicherzustellen, kann pro Heizperiode nur die Wärmemenge dem Bodenkörper über die Erdsonde entzogen werden, die diesem während eines Jahres durch natürliche thermische Regeneration wieder zuströmt.

## 6.2 Bau von Erdwärmesonden

Erdwärmesonden sind in Bohrungen eingebrachte Rohre in denen eine Flüssigkeit zirkuliert. Es gibt verschiedenen **Erdwärmesondentypen**: so genannte Einfach-U-Rohr-Sonden, Doppel-U-Rohr-Sonden und Koaxialrohr-Sonden (Abb. 6.1). Bei den **Einfach-U-Rohr-Sonden** handelt es sich um geschlossene nahtlos gezogene Kunststoffrohre mit einem U-förmigen Fuß. **Doppel-U-Rohr-Sonden** bestehen quasi aus zwei voneinander unabhängigen Einfach-U-Rohrsonden. In jedem der beiden U-Rohre strömt kühles Wasser in die Tiefe und nimmt während des Hinabströmens Wärmeenergie aus dem Untergrund auf. Im jeweils zweiten U-Rohr strömt die erwärmte Flüssigkeit wieder nach oben in Richtung Wärmepumpe. Dort wird die Temperatur soweit erhöht, dass eine Heizanlage betrieben werden kann. Bei

## 6.2 Bau von Erdwärmesonden

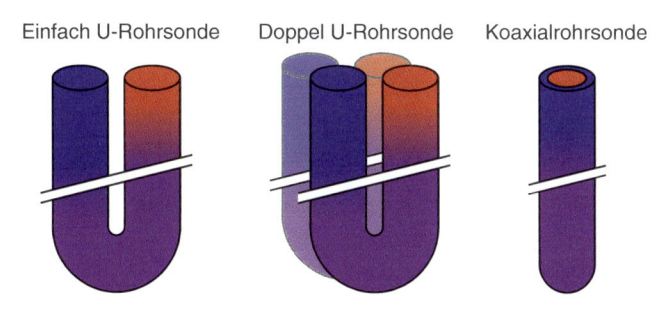

**Abb. 6.1** Verschiedene Typen von Erdwärmesonden: Einfach- und Doppel-U-Rohr-Sonde sowie Koaxialrohrsonde

**Koaxialrohr-Sonden** verläuft das Rücklaufrohr zur Wärmepumpe innerhalb des absteigenden Rohrs der Sonde.

Die gängigsten Erdwärmesonden-Typen sind die Doppel U-Rohr-Sonden. Der entscheidende Vorteil bei diesem System liegt darin, dass wenn ein U-Rohr defekt geworden ist, mit dem zweite U-Rohr die Heizung quasi „auf kleiner Flamme" weiterbetrieben werden kann.

Die Erdwärmesonde entzieht dem Untergrund in ihrer Betriebsphase Wärme und kühlt somit den Bereich um die Sonde ab. Es entsteht quasi ein **thermischer Trichter** (Abb. 6.2), vergleichbar mit einem Absenktrichter in der Hydraulik. Die Erdwärmesonde erhält den „Temperatur-Nachschub" aus ihrer Umgebung in Abhängigkeit von der Güte ihrer Wärmeleitfähigkeit.

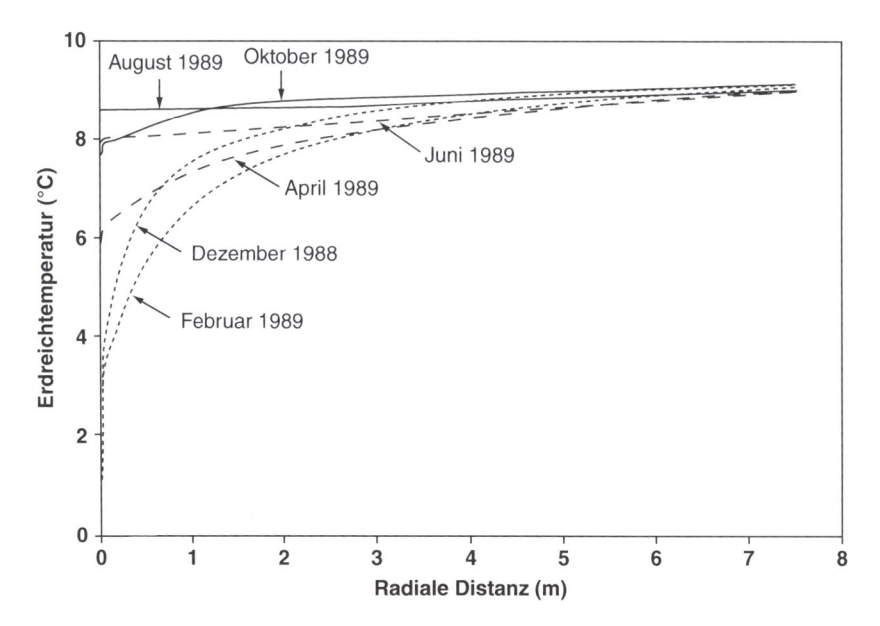

**Abb. 6.2** Beispiel für die dynamischen Temperaturerniedrigungen um eine Erdwärmesonde (nach Messungen und Berechnungen für die Anlage Elgg/Schweiz, Eugster 1998)

Die **Länge** einer Erdsonde ist in erster Linie eine Funktion der Auslegung und hängt stark von den thermischen Eigenschaften des Untergrundes ab. Wesentliche Eigenschaften sind die Wärmeleitfähigkeit der einzelnen Horizonte, die klimatischen Verhältnisse und die Temperaturverteilung im Untergrund. Daneben sind die thermischen Eigenschaften der Sonde, des Hinterfüllmaterials und der Wärmeträgerflüssigkeit bedeutsam.

Spezielle Erdwärmesonden sind Sonden, die mit einem Kältemittel als Wärmeträgermedium arbeiten, das in der Sonde den Phasenwechsel vollzieht. Das Sondenrohr ist im Gegensatz zu den oben aufgeführten Sonden häufig aus Metall gefertigt (Abschn. 6.8.5).

Die Durchmesser der klassischen Erdwärmesonden-U-Rohre betragen meist 32 mm, seltener 40 oder gar 25 mm. Koaxialrohre weisen Außendurchmesser von 63, 50 mm und in seltenen Fällen von 40 mm auf. Die Innenrohre haben dann jeweils entsprechend kleinere Durchmesser von 32, 40 oder 25 mm.

Bei den derzeit eingesetzten Erdwärmesonden handelt es sich meist um Polyethylenrohre. Die Rohre haben i.d.R. die Spezifikation für einen Nenndruck von 16 bar. Das bedeutet, dass für Sonden mit einer Sondenlänge von über 160 m insbesondere bei tiefen Grundwasserständen spezielle Vorkehrungen beim Einbau zu treffen sind (Abschn. 6.6).

Fast alle Erdwärmesondenrohre bestehen aus relativ schlecht wärmeleitendem Polyethylen von etwa 0,4 W/mK. Dadurch ist die Wärmeübertragungsleistung vom Erdreich in die Wärmeträgerflüssigkeit gemindert. Derzeit sind jedoch bereits erste Sonden auf dem Markt mit erhöhter Wärmeleitfähigkeit des Rohrmaterials von 1,0 W/mK.

Die Polyethylenrohre müssen am Sondenfuß werkseitig, d. h nicht auf der Baustelle, verschweißt werden. Bei **vernetzten Polyethylenrohren** wird der Sondenfuß vom Hersteller thermisch gebogen, so dass bei diesem Material keine Schweißung notwendig ist. Vernetztes Polyethylen bietet gegenüber unvernetztem Polyethylen Vorteile hinsichtlich Spannungsriss-, Kerb- und Punktlastbeständigkeit. Erdwärmesonden aus vernetzten Polyethylenrohren sind zusätzlich auch in der Lage dauerhaft höheren Temperaturen bis 95°C standzuhalten. Daher können Sonden aus diesem Material auch zum Einbringen von Wärmeenergie in den Untergrund, beispielsweise in Kombination mit **Solarthermie** benutzt werden. In den Sommermonaten kann damit Überschusswärme in den Untergrund eingebracht werden. Dadurch regeneriert sich der Untergrund thermisch und es kann sogar zusätzliche Wärme gespeichert werden. Die Kombination mit der Solarthermie hat den zusätzlichen Vorteil, dass bei der Auslegung an Sondenlänge eingespart werden kann.

Der Sondenkopf einer Erdwärmesonde ist insbesondere für den Einbringungsvorgang mit mechanischen Schutzeinrichtungen umgeben. Unten an der Sonde hängt ein Gewicht, damit die Sonde leichter nach unten in ein Wasser erfülltes Bohrloch abgelassen werden kann (Abb. 6.3). Wenn im Bohrloch Wasser ansteht, ist es notwendig, die Erdsonden schon beim Einführen mit Wasser zu befüllen, um dem Auftrieb und dem Druck auf die Sondenrohre entgegen zu wirken. Die Erdwärmesonde kommt auf der Baustelle in der notwendigen Länge auf einer Haspel

## 6.2 Bau von Erdwärmesonden

**Abb. 6.3** Erdwärmesondenfuß mit Gewicht

aufgewickelt für den Einbau fertig an (Abb. 6.4). Sie wird von der Haspel gespult und zusammen mit dem Verpressschlauch in das Bohrloch abgelassen.

Erdwärmesonden sind geschlossene Systeme. Innerhalb der Sonden zirkuliert eine **Wärmeträgerflüssigkeit**. Als Wärmeträgermittel werden verschiedene Stoffe eingesetzt. Meist handelt es sich um Gemische bestimmter Fluide mit Wasser, die einen tieferen Gefrierpunkt als reines Wasser haben. Dadurch ist eine höhere Temperaturspreizung als bei einem Betrieb mit reinem Wasser möglich, d. h. die

**Abb. 6.4** Erdwärmesonde auf Haspel

**Tabelle 6.1** Hydraulische und thermische Eigenschaften gebräuchlicher Wärmeträgerflüssigkeiten für isothermische Verhältnisse (nach Zapp & Rosinski 2007)

| Fluid | dynam. Viskosität $\mu$ (kg/m s) od. (Pa s) | Wärmekapazität $c_p$ (J/kg K) | Dichte $\rho$ (kg/m$^3$) | Wärmeleitfähigkeit $\lambda$ (W/m K) |
|---|---|---|---|---|
| Wasser | 0,0018 | 4217 | 1000 | 0,562 |
| Ethylenglycol 25% | 0,0052 | 3795 | 1052 | 0,480 |
| Ethanol 25% | 0,0046 | 4250 | 960 | 0,440 |
| Propylenglycol 30% | 0,0108 | 3735 | 1038 | 0,450 |
| Calciumchlorid 20% | 0,0037 | 3050 | 1195 | 0,530 |
| Methanol 25% | 0,0040 | 4000 | 960 | 0,450 |

Wärmepumpe kann der in der Erdwärmesonde zirkulierenden Wärmeträgerflüssigkeit eine höhere Temperatur entziehen, der thermische Absenkungstrichter um die Sonde wird größer und dadurch auch der Temperaturgradient zur Sonde hin. Allerdings besteht die Gefahr, dass dieser scheinbar positive Effekt auf Kosten der Dauerhaftigkeit des Hinterfüllmaterials und der Abdichtung erkauft wird, und kann zu Lasten von Grundwasserschutz und nachhaltiger Effizienz der Anlage führen (Abschn. 6.5 und 6.7).

Nachstehende Tabelle 6.1 gibt einen Überblick über häufig eingesetzte Wärmeträgerflüssigkeiten in ihren üblichen Verdünnungen mit Wasser. Daneben gibt es jedoch auch zahlreiche andere Stoffe wie Kaliumkarbonat, Kaliumformiat, Betain, Magnesiumchlorid oder Natriumchlorid. Ethylenglycol gehört zu den am häufigsten eingesetzten Wärmeträgerflüssigkeiten. In der Tabelle 6.1 sind die jeweiligen hydraulischen und thermischen Eigenschaften für isotherme Verhältnisse aufgelistet.

Für die Effizienz einer Erdwärmesonde ist eine niedrige dynamische Viskosität und Dichte wegen des dadurch geringeren Pumpenstrombedarfs sowie eine hohe Wärmekapazität und eine hohe Wärmeleitfähigkeit wegen besserer Wärmespeicherung und besserem Wärmetransport entscheidend. Je höher das Produkt aus Dichte und Wärmekapazität ist, umso weniger Flüssigkeit muss gepumpt werden, um die gleiche Energiemenge zu transportieren.

Wasser hat die besten hydraulischen und thermischen Eigenschaften (Tabelle 6.1). Allerdings müssen mit reinem Wasser betriebene Erdwärmesonden exakt ausgelegt sein, um beim Betrieb der Anlage nicht in den Gefrierbereich zu gelangen. Dies hat aber auch sehr große Vorteile, da dadurch keine Frostschäden an der Hinterfüllung und im anschließenden Bodenbereich auftreten können (Abschn. 6.5 und 6.7).

## 6.2 Bau von Erdwärmesonden

Die hydraulischen und thermischen Eigenschaften der verschiedenen Wärmeträgerflüssigkeiten (Tabelle 6.1) sind temperaturabhängig und ändern sich daher während der Zirkulation der Wärmeträgerflüssigkeit in der Sonde. Insbesondere die Viskosität ist stark temperaturabhängig. Bei Ethylenglycol (25%) verdoppelt sie sich beispielsweise bei Abkühlung von +12°C auf –8°C, wodurch wiederum wesentlich mehr Pumpenstrom beim Fahren in den Gefrierbereich benötigt wird, als wenn das Gesamtsystem im positiven Temperaturbereich betrieben würde. Die Erdsondenanlage sollte somit nicht in den Gefrierbereich gefahren werden, da dadurch auch die Gesamteffizienz der Anlage sinkt.

Der **Bohrdurchmesser** für eine Erdwärmesonde muss so groß gewählt werden, dass Sonde und Verpressschlauch in das Bohrloch gleiten können und dass genügend Platz für eine abdichtende Verfüllung bleibt. Die Summe der Querschnittsflächen der Sondenrohre und des Verpressschlauches sollte daher insgesamt < 35% der Fläche des Bohrlochs ($r^2 \pi$) betragen, damit eine satte Hinterfüllung der Sonde mit einem guten Anschluss an das Gebirge möglich ist. Für eine Doppel-U-Rohr-Erdsonde mit 32 mm wird damit ein Mindestrohrdurchmesser von 120 mm benötigt, Erdsonden mit 40 mm Rohrdurchmesser erfordern eine Bohrung mit mindestens 150 mm Durchmesser. Allerdings ist der Bohrdurchmesser zusätzlich vom geplanten Bohrverfahren und den geologischen Rahmenbedingungen abhängig. Die oben abgeleiteten Bohrdurchmesser gelten i.d.R. für Imlochhammerbohrungen; bei drehenden direkten Spülbohrungen im Lockersediment sind größere Durchmesser erforderlich. Abschnitt 6.4 gibt einen Überblick über die gängigen Bohrverfahren für Erdwärmesonden.

Die Erdsonde wird direkt von der Haspel abrollend schonend zusammen mit dem Verpressschlauch in das Bohrloch eingebracht. Bei langen Sonden sollte aus Sicherheitsgründen eine motorbetriebene Haspel, die ein automatisches Abbremsen ermöglicht, benutzt werden. Der Verpressschlauch wird vor dem Einbringen an der Erdsonde befestigt und zusammen mit ihr nach unten geführt. Ein nachträgliches Einbringen dieses Schlauches ist praktisch nicht mehr möglich. Das Hinterfüllmaterial wird durch den Verpressschlauch mit einer Pumpe in das Bohrloch eingebracht und steigt von unten nach oben zwischen den Erdsondenrohren und dem Untergrund auf, bis es an die Erdoberfläche gelangt und dort austritt (**Kontraktorverfahren**). Nur so kann eine optimale Anbindung der Sonde an den Untergrund und eine gute Abdichtung erreicht werden. Vor dem Verpressvorgang mit Hinterfüllmaterial müssen die Erdwärmesondenrohre unter Druck stehen, um eine Beschädigung zu vermeiden.

Vor dem Einbringen der Hinterfüllung und nach deren Abbindung erfolgt jeweils eine vollständige **Druckprüfung** der Erdsonden, um die Dichtigkeit der Sonde festzustellen. Eine **Durchflussprüfung** belegt die Durchgängigkeit der Erdsonde.

Sondenstränge, die miteinander in Berührung stehen, weisen deutlich schlechtere Entzugsleistungen auf, als wenn sie abgetrennt voneinander im Bohrloch verlaufen (Acuña & Palm 2009). Die auf- und absteigenden, unterschiedlich temperierten Sondenäste sollten daher im Bohrloch unter thermischen Aspekten voneinander getrennt verlaufen. Dafür gibt es sogenannte Innen-**Abstandshalter**. Um einen guten thermischen Anschluss an den Untergrund sowie eine gute Abdichtung im Bohrloch zu erzielen, wird durch das Anbringen von Außen-Abstandshaltern

**Abb. 6.5** Kombination aus Abstandshalter und Zentrierhilfe für eine Erdwärmesonde (blaue Rohre, mittleres Rohr: Hinterfüllrohr)

(**Zentrierhilfe**) versucht, die Sonde zentrisch im Bohrloch einzubauen. Optimal und wesentlich einfacher zu handhaben ist ein kombinierter Abstandshalter mit Zentrierhilfe (Abb. 6.5).

Der Erfolg von Zentrierhilfen und Abstandshaltern ist derzeit noch in Diskussion, zumal manche Abstandshalter und Zentrierhilfen gerne verrutschen. Es ist nicht völlig auszuschließen, dass sie beim Verpressvorgang für das aufsteigende Hinterfüllmaterial ein Hindernis darstellen können – insbesondere natürlich, wenn sie verrutschen -, so dass sog. Lunkerstellen entstehen.

Grundsätzlich sind relativ viele Abstandshalter mit Zentrierfunktion auf kurzer Strecke erforderlich, um einen einigermaßen zentrischen Verlauf im Bohrloch, ohne dass die Sondenrohre aneinander liegen, zu gewährleisten (Riegger 2011). Da die Wärmeleitfähigkeit von Zentrierhilfe und Abstandshalter sehr gering ist, vergrößert sich dadurch allerdings der thermische Widerstand im Bohrloch.

Da Kunststoffe bei kühler Witterung relativ zäh sind und zudem bei einer mechanischen Beanspruchung relativ empfindlich sind, sollte die Sonde bei einer Bauausführung im Winter entweder zuvor warm gelagert werden oder vor dem Einbringen beispielsweise durch Einspülen von warmem Wasser erwärmt werden.

## 6.3 Auslegung von Erdwärmesonden

Die Auslegung von Erdwärmesonden richtet sich in erster Linie nach dem Wärmebedarf des Objektes, der über eine Erdwärmesonde gedeckt werden soll. Die Entzugsleistung der Erdwärmesonde ist von den geologischen und den thermischen

## 6.3 Auslegung von Erdwärmesonden

Verhältnissen des Untergrundes am Standort abhängig, aber auch vom Sondentyp, der Wärmeträgerflüssigkeit und dem Ausbau der Sonde. Durch das hydraulische Verbinden der Erdwärmesonde mit einer Wärmepumpe entsteht eine weitere Abhängigkeit. Nur wenn bei der Auslegung alle relevanten Parameter bestmöglich berücksichtigt worden sind, können Wärmepumpenanlagen mit einer Erdwärmesonde auf Dauer betriebssicher, effizient und wirtschaftlich arbeiten. Zur Berechnung der richtigen Dimensionierung einer Erdwärmesonde gehört somit auch der Planer der Haustechnik (WM 2008, Hönig 2009, Ochsner 2005).

Geothermische Anlagen besitzen zum Teil erhebliche Leitungslängen. Durch zahlreiche Verzweigungen, Bögen und Armaturen werden der Durchfluss und der Wärmetransport aufgrund von Strömungswiderständen mit größer werdender Entfernung von der Wärmepumpe zunehmend geringer. Daher ist es wichtig, die Strömungsverhältnisse im System zu kennen und durch richtige Dimensionierung die Strömungswiderstände gering zu halten. Nur eine strömungstechnisch optimierte Anlage erfüllt die Voraussetzung, eine effiziente Anlage zu sein. Die Strömungswiderstände in den Zuleitungen und im Verteiler müssen also möglichst gering gehalten werden, während in den Sonden für eine gute Entzugsleistung eine turbulente Strömung erreicht werden muss. Bei laminarer Strömung in den Erdsondenrohren entstehen zwar wesentlich geringere Strömungsverluste, jedoch ist der Wärmeübergang von der Rohrwandung auf das Medium deutlich schlechter als bei einer turbulenten Strömung. In den Erdwärmesondenrohren sollte daher immer eine turbulente Strömung vorliegen (Graf 2010).

Falls die Erdwärmesondenrohre und Rohre zur Wärmepumpe unterschiedlich lang sind, ist vor Eintritt in die Wärmepumpe ein **hydraulischer Abgleich** für einen optimalen Wärmeentzug erforderlich.

Entscheidend beim Einsatz von Wärmepumpenheizungen sind der störungsfreie langjährige Betrieb sowie ein möglichst geringer Stromverbrauch. Die technischen Parameter der Wärmepumpen, die Quellentemperatur und die Temperaturanforderungen der Heizung beeinflussen sich gegenseitig, so dass es schwierig ist, ohne Computersimulation Prognosen über das Betriebsverhalten und die Wirtschaftlichkeit der gesamten Heizungsanlage zu erhalten.

### 6.3.1 Wärmepumpen

Mit einer Wärmepumpe ist es möglich, unter Aufwendung von Arbeit der Umwelt Wärme zu entziehen und sie dann auf ein höheres Temperaturniveau für Heizzwecke zur Verfügung zu stellen. Dieses Prinzip ermöglicht es, relativ kühle Wärmequellen, wie das Erdreich oder Grundwasser zur Beheizung nutzbar zu machen.

Wärmepumpen können grundsätzlich unterteilt werden in:

– Kompressions-Wärmepumpen
– Sorptions-Wärmepumpen, unterteilt in Absorptions- und Adsorptions-Wärmepumpen
– Vuilleumier-Wärmepumpen

Darüber hinaus existieren noch weitere technische Lösungen, die jedoch auf absehbare Zeit für die Beheizung von Gebäuden bzw. zur Trinkwassererwärmung keine Bedeutung haben.

**Kompressions-Wärmepumpen** gelten als Stand der Technik und sind daher am weitesten verbreitet. Unterschieden wird je nach Art des Antriebs zwischen Elektro- und Gasmotorischen-Kompressions-Wärmepumpen. In der Oberflächennahen Geothermie kommt fast ausschließlich die **Elektro-Kompressions-Wärmepumpe** zum Einsatz. Diese ist daher nachstehend ausführlich beschrieben. Grundsätzlich können jedoch Kompressions-Wärmepumpen auch mit Erdgas, Dieselkraft oder Biomasse (Rapsöl, Biogas) betrieben werden. Zum Antrieb des Verdichters wird dann ein Verbrennungsmotor verwendet. Bei **Gas-Kompressions-Wärmepumpen** ist die Ausnutzung der Primärenergie u.a. auch deswegen günstiger als bei Elektro-Wärmepumpen, da die Abwärme des Verbrennungsprozesses als Heizwärme genutzt werden kann.

Unter Sorption versteht man physikalisch-chemische Vorgänge, bei denen entweder Flüssigkeiten oder Gase von einer anderen Flüssigkeit aufgenommen (Absorption) oder aber an der Oberfläche eines Festkörpers (z. B. Zeolith) festgehalten (Adsorption) werden. Diese Vorgänge kommen unter bestimmten Bedingungen durch physikalische Einwirkungen (Druck, Temperatur) zustande und können rückgängig gemacht werden.

Die Vuilleumier-Wärmepumpe arbeitet nach dem Prinzip eines thermisch angetriebenen regenerativen Gas-Kreisprozesses ähnlich dem Stirling-Prozess.

Die **Elektro-Kompressions-Wärmepumpe**, im Folgenden abgekürzt nur mit Wärmepumpe bezeichnet, arbeitet wie eine Kältemaschine, aber mit dem Unterschied, dass nicht die Kühlleistung des Verdampfers sondern die Wärmeleistung des Verflüssigers die gewünschte Nutzleistung ist (Abb. 6.6). Im Inneren eines geschlossenen Kreislaufes der Wärmepumpe zirkuliert ein Arbeitsmittel, das einer Wärmequelle in einem ersten Wärmetauscher (**Verdampfer**) Wärme entzieht,

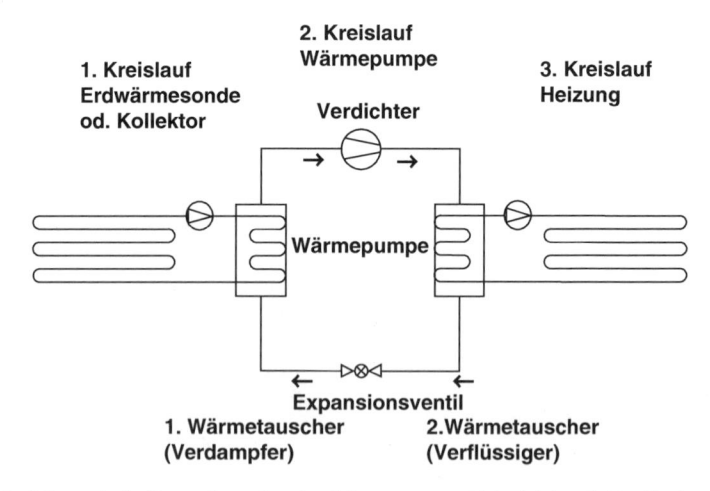

**Abb. 6.6** Schematische Darstellung für eine Wärmepumpe (Beispiel für ein Dreikreissystem)

## 6.3 Auslegung von Erdwärmesonden

wodurch das Arbeitsmittel vom flüssigen in den gasförmigen Aggregatzustand übergeht. Das gasförmige Arbeitsmittel gelangt dann in einen von einem Elektromotor angetriebenen Kompressor (**Verdichter**), in dem der Druck erhöht wird. Dadurch erhöht sich die Temperatur so weit, dass die ursprünglich der Wärmequelle entzogene Wärme in einem zweiten Wärmetauscher (**Verflüssiger**) abgegeben werden kann. Durch diese Wärmeabgabe wird das gasförmige Arbeitsmittel wieder flüssig. Im **Expansionsventil** wird es auf einen geringeren Druck entspannt. Dadurch sinkt die Temperatur und das flüssige Arbeitsmittel kann im ersten Wärmetauscher wieder Wärme aufnehmen.

In Wärmepumpen kommen als Arbeitsmittel (**Kältemittel**) Einzelstoffe und Gemische von teilfluorierten Kohlenwasserstoffen, reinen Kohlenwasserstoffen (Flüssiggase wie Propan, Butan) und Kohlendioxid zur Anwendung. Ammonik darf in vielen Ländern wegen des erhöhten Gefährdungspotentials nicht verwendet werden.

Die ungestörte Quelltemperatur ergibt sich aus den thermischen und hydraulischen Eigenschaften des Untergrundes und den klimatischen Verhältnissen am Sondenstandort. Durch den Wärmeentzug kühlt das Erdreich in der Umgebung des Sondenrohres aus. Die Soletemperatur (Eintritt in den Verdampfer) ist durch die physikalisch bedingten Wärmeübertragungsverluste noch niedriger.

Die Wärmepumpe muss in der Lage sein, die für den Auslegungsfall (das sind in Mitteleuropa in aller Regel $-12°C$ Außentemperatur) erforderliche Wärmeleistung zu erbringen. Daher ist es sinnvoll, bereits im Vorfeld den Wärmebedarf des Objektes z. B. durch Wärmedämmmaßnahmen soweit als möglich zu reduzieren. Weiterhin sollte die Vorlauftemperatur der Heizungsanlage möglichst niedrig sein. Radiatorenheizungen sind heute auf Vorlauftemperaturen von etwa $55°C$ ausgelegt. Demgegenüber kommen Fußbodenheizungen mit maximal $35°C$ aus. Eine flächenaktive Wandheizung benötigt noch geringere Temperaturen.

Grundsätzlich sollte die Erdsonde bzw. der Erdwärmetauscher großzügig ausgelegt werden. Dadurch steigt die Quelltemperatur an, was eine Leistungssteigerung der Wärmepumpe zur Folge hat. Die Betriebstemperatur der Erdsonde ist immer im positiven Temperaturbereich sicherzustellen.

Die Erdwärmesonde wird basierend auf der Verdampferleistung der Wärmepumpe dimensioniert. Die Wärmequelle, hier die Erdwärmesonden-Länge, wird als Funktion des Wärmebedarfs (benötigte Entzugsleistung und Betriebsdauer) dimensioniert. Die Erdwärmesonde zeichnet sich jedoch nicht durch eine bestimmte, konstante Leistung bei einem gewissen Betriebspunkt aus, wie dies z. B. bei einer Wärmepumpe angegeben wird. Es kann eine relativ hohe Leistung für kurze Zeit oder eine geringe Leistung für lange Zeit entzogen werden (Basetti et al. 2006). Daher sollte die Gültigkeit der definierten Entzugsprofile (max. 1800 h Heizleistungsstunden, monovalent pro Jahr) vorab überprüft werden. Zur Auslegung einer Erdwärmesonde gehört auch die Dimensionierung der Umwälzpumpe für das Sondenfluid (Abschn. 6.3.2).

Meist ist es energetisch sehr sinnvoll, die Wärmepumpe auch zur Warmwasserbereitung einzusetzen. Allerdings läuft dann die Erdwärmesonde das ganze Jahr und die Zeit für eine gewisse Regeneration ist relativ kurz. Zur Warmwasserbereitung ist außerdem eine wesentlich stärkere Temperaturanhebung auf ca. $60°C$

erforderlich als für die Beheizung. Daher kann in derartigen Fällen eine solarthermische Kombination sinnvoll sein (Abschn. 6.8.3), bei der im Sommer zur Stützung des winterlichen Heizbetriebs mit der Erdwärmesonde überflüssige Abwärme in den Untergrund verbracht wird. In diesem Zusammenhang wird auch auf die Option der sommerlichen Verbringung von Abwärme zur Kühlung des Gebäudes über Erdwärmesonden in den Untergrund hingewiesen (Sanner & Chant 1992).

Für die Beurteilung der Güte von Wärmepumpen gibt es den sog. **COP-Wert** (Coefficient of Performance), der dem Quotienten zwischen elektrischer Leistung von Verdichter plus Hilfsenergie und Wärmeleistung des Verflüssigers (beides in kW) entspricht. Je höher dieser Wert ist, umso effizienter läuft die Wärmepumpe. Die Werte steigen mit der Verringerung der Temperaturdifferenz zwischen Wärmequelle und der Vorlauftemperatur der Heizanlage an. Der COP-Wert berücksichtigt allerdings nicht die notwendige Energie für Umwälzpumpen der Erdsonde und des Heizungskreislaufs. Grundsätzlich gilt jedoch, dass je wärmer die Quelle und je kälter die erforderliche Vorlauftemperatur ist, desto effizienter kann die Heizanlage betrieben werden.

Aussagekräftiger im Sinne der gesamten Systemtechnik ist die **Jahresarbeitszahl** (JAZ) der Wärmepumpenheizanlage. Sie bezeichnet den Quotienten aus der über den Jahresverlauf an das Heizsystem und zur Warmwasserbereitung abgegebenen Wärmeenergie zu der in diesem Zeitraum aufgenommenen elektrischen Arbeit, beide Angaben in kWh. Eine Jahresarbeitszahl von JAZ = 4 sagt aus, dass aus 1 kWh Strom 4 kWh Heizleistung erzeugt werden. Die gesamtenergetische Effizienz der Anlage ist umso besser, je größer die Jahresarbeitszahl ist. Nur durch Einbau eines elektronischen Wärmezählers kann der Wert der von der Wärmepumpe abgegebenen Wärmeenergie festgestellt und die Anlage kontrolliert werden.

Der COP ist also eine Leistungszahl; er ist ein Maschinenparameter und ist abhängig vom Arbeitspunkt. Die Jahresarbeitszahl demgegenüber ist eine energiepolitisch interessante Größe, die nicht nur von der Maschine sondern auch vom Nutzer und vom Klima abhängig ist.

Soll die Anlage aus primärenergetischer Sicht Sinn machen, dann muss beispielsweise bei einer elektrisch betriebenen Anlage die Jahresarbeitszahl deutlich größer sein als die zur Herstellung des elektrischen Stroms benötigte Primärenergiemenge. Dieser Wert ist für die einzelnen Länder verschieden. In Deutschland sind im Durchschnitt zur Stromerzeugung etwa 3 kWh Primärenergie (Energiemix) erforderlich um 1 kWh Strom zu erzeugen. Daher wird in Deutschland vom Gesetzgeber für Sole/Wasser-Wärmepumpen für Heizzwecke eine Jahresarbeitszahl gefordert, die mindestens bei 4 und größer liegt. Wird sie hingegen auch für die Warmwasserbereitung genutzt muss mindestens ein Wert von 3,8 erreicht werden.

In der Praxis gibt es bei der Systemtechnik von Wärmepumpenanlagen ein wichtiges Optimierungspotential: die Minimierung der Temperaturdifferenz zwischen Verdampfung und Kondensation (Wärmequelle und Wärmenutzung), denn jedes Kelvin mehr an Temperaturdifferenz bedeutet einen Mehrverbrauch des Verdichters von 3,5%. Damit reduziert der Heizbereich eines Gebäudes, welcher die höchste Vorlauftemperatur beansprucht (Bad, Warmwasserbereitung), die Arbeitszahl der Gesamtanlage.

6.3 Auslegung von Erdwärmesonden

Jedes Heizsystem muss hydraulisch abgeglichen werden, um effizient zu arbeiten. Bei Heizsystemen mit Wärmepumpen ist dies besonders wichtig. Beim **hydraulische Abgleich** (auf der Hausseite, hinter der Wärmepumpe) stellt der Installateur in einer Heizanlage den Wasservolumenstrom für jeden Heizkörper oder Heizkreis einer Flächenheizung so ein, dass der Volumenstrom pro Raum dem Wärmebedarf des Raumes bei einer festgelegten Vorlauftemperatur entspricht. Dadurch erhält jeder Raum genau die Wärmemenge, die er benötigt, um die gewünschte Raumtemperatur zu erreichen. Nach dem hydraulischen Einregulieren arbeitet die Heizungsanlage mit einem optimalen Anlagendruck, einer optimal niedrigen Volumenmenge und niedrigen Vorlauftemperaturen, d. h. mit bestmöglichem Wirkungsgrad.

Bei der Installation der Wärmepumpe sollten folgende Empfehlungen beachtet werden (BINE projektinfo 03/10):

– Sorgfältige Auslegung der gesamten Anlage, Abstimmung der einzelnen Komponenten (Wärmequelle, Speicher, Wärmesenke,...) und eine integrale, d. h. gewerkeübergreifende, sowie eine objektspezifische Planung,
– Überprüfung der Beladestrategien der Speicher, insbesondere bei Kombispeichern, und Kontrolle der Vorlauftemperatur,
– Sorgfältiger hydraulischer Abgleich sowie lückenlose Dämmung von Rohrleitungen und Komponenten,
– Komplexe Hydrauliken und Speicherungssysteme vermeiden,
– Korrekt ausgelegte Anlagen erfordern keine zusätzliche Elektroheizung (Heizstab), es sei denn bei der Bautrocknung.

In höheren Leistungsbereichen, etwa ab 100 kW$_{th}$, kommt neben der elektrischen Kompressionswärmepumpe die Gas-Absorptionswärmepumpe als wichtige Anwendungsalternative hinzu. Die Absorptionstechnik hat den Vorteil, dass Kälte und Wärme simultan nutzbar sind und dass dadurch die Gesamteffizienz deutlich gesteigert wird.

## *6.3.2 Thermische Parameter und Programme für die Auslegung von Erdwärmesonden*

Die pauschale Dimensionierung einer Erdwärmesonde ist allenfalls zur Kostenabschätzung geeignet. Die Erdwärmesonde muss qualifiziert ausgelegt werden. Eine Unterdimensionierung der Sonde kann zu beträchtlichen Schäden führen (Abschn. 6.7). Falls zu kurze Erdwärmesonden installiert worden sind, kann der Fehler nur durch zusätzliche Installation einer Erdwärmesonde in einer weiteren Bohrung behoben werden. Von der Installation elektrischer Heizstäben wird in diesen Fällen aus ökologischer und ökonomischer Sicht abgeraten. Nur eine kurzzeitige Inbetriebnahme eines Heizstabes für Ausnahmezustände bei einer mit reinem Wasser betriebenen Erdwärmesonde ist u.U. gerechtfertigt (Abschn. 6.3.1 und 6.7).

Grobe Abschätzungen der notwendigen Länge (l [m]) der Erdwärmesonde, um den Wärmebedarf (H [W]) für ein zu beheizendes Objekt zu decken, basieren meist auf der sogenannten **spezifischen Entzugsleistung** (E [W/m]). Die spezifische Entzugsleistung einer Erdwärmesonde wird in der Regel nur in Abhängigkeit von den verschiedenen von der Sonde durchteuften Gesteinsschichten ($E_i$), also der Wärmeleitfähigkeit dieser Schichten, angegeben, obwohl sie von vielen weiteren Größen abhängig ist (s.u.). Eine Sonden-Entzugsleistung gibt es daher streng genommen nicht, sondern lediglich eine aus dem Erdreich potentiell gewinnbare Heiz- oder Kühlleistung und die ist variabel!

Wichtig ist in jedem Fall zunächst eine **detaillierte Aufnahme der erbohrten Schichten** und die Verifizierung des prognostizierten Profils und damit der angenommenen Wärmeleitfähigkeiten.

Die an Bodenproben im Labor ermittelten Wärmeleitfähigkeiten geben häufig die tatsächlichen Verhältnisse nicht repräsentativ wieder. Die Ursachen sind sehr unterschiedlicher Art. Zum einen liegt es an der Gesteinsprobe, mit der der tatsächliche Untergrund mit seinen Klüften und seinen lokalen Variabilitäten, also seiner Inhomogenität, nicht repräsentativ erfasst werden kann. Zum anderen kann mit einer Labormessung natürlich auch nicht der Einfluss von stagnierendem oder fließendem Grundwasser oder von mit Luft erfüllten Hohlräumen im Detail erfasst werden. Daher sind direkte in-situ Messungen wie durch den sogenannten Thermal Response Test (Abschn. 6.3.2) von Vorteil und wichtig.

Die thermischen Eigenschaften (Wärmeleitfähigkeit, Wärmekapazität) für dieselben Gesteine können stark variieren wie Tabelle 6.2 zeigt. Bei Unsicherheiten

**Tabelle 6.2** Zusammenstellung der Wärmeleitfähigkeit, der Wärmekapazität und der entsprechenden „Entzugsleistung" für verschiedene Gesteine (nach VDI 4640, 2001) für Einzel-Erdwärmesonden und Betriebsdauer von 1800 h für die im Text gemachten Einschränkungen

| Untergrund | Wärmeleitfähigkeit [W/mK] | Wärmekapazität [$MJ/m^3$] | „Entzugsleistung" [W/m] |
|---|---|---|---|
| Kies, Sand trocken | 0.4 | 1.4 bis 1.6 | 20 bis 30 |
| Kies, Sand feucht | 0.6 bis 2.2 | 1.2 bis 2.2 | 30 bis 50 |
| Kies, Sand (wasser-führend) | 1.8 bis 2.4 | 2.3 bis 3.0 | 55 bis 70 |
| Moräne | 1.7 bis 2.4 | 1.5 bis 2.5 | 40 bis 55 |
| Ton, Lehm feucht | 0.9 bis 2.2 | 1.6 bis 3.4 | 30 bis 50 |
| Kalkstein massiv | 1.7 bis 3.4 | 2.0 bis 2.6 | 45 bis 65 |
| Mergel | 1.3 bis 3.5 | 3 | 40 bis 60 |
| Sandstein | 1.3 bis 5.1 | 1.6 bis 2.8 | 40 bis 70 |
| Nagelfluh | 1.4 bis 3.7 | 2.1 | 40 bis 65 |
| Granit | 2.1 bis 4.1 | 2.1 bis 3.0 | 50 bis 70 |
| Basalt | 1.3 bis 2.3 | 2.3 bis 2.6 | 35 bis 55 |
| Andesite | 1.7 bis 2.2 | 2.4 | 45 bis 50 |
| Quarzit | 3.6 bis 6.0 | 2.1 | 65 bis 92 |
| Breccia | 2.2 bis 4.1 | 2.1 | 50 bis 70 |
| Schiefer | 1.5 bis 2.6 | 2.2 bis 2.5 | 40 bis 55 |
| Gneis | 1.9 bis 4.0 | 1.8 bis 2.4 | 50 bis 70 |

## 6.3 Auslegung von Erdwärmesonden

über die der Planung zugrunde zu legenden Parameter empfiehlt es sich daher, die niedrigeren Werte zu verwenden. Die Angaben zur „Entzugsleistung" in Tabelle 6.2 basieren auf sehr groben Abschätzungen und besitzen lediglich Orientierungscharakter.

Entsprechend kann sich auch die sogenannte „Entzugsleistung" für die gleiche geologische Einheit von Ort zu Ort ändern, d. h. sie ist eigentlich nicht prognostizierbar, da sie u.a. von den klimatischen Faktoren, vom Anlagensystem, von den Heizgewohnheiten des Bewohners usw. abhängt. Sie wird in diesem Zusammenhang lediglich zur groben Überprüfung der Auslegung einer Anlage aufgeführt. In keinem Fall sollte sie jedoch als alleiniges Auslegungstool für eine Heizanlage ohne weitergehende Reflexion benutzt werden.

Aus dem Wärmebedarf des Objektes (H [W]) wird in der Praxis meist bei Kenntnis der Schichtenabfolge mit ihren zugehörigen Einzelmächtigkeiten ($h_i$ [m]) durch einfache Summation über die spezifische „Entzugsleistung" die Länge der Erdwärmesonde abgeschätzt:

$$\text{Sondenlänge (m)} = \text{Wärmebedarf des Objektes (W)/spezifische Entzugsleistung (W/m)} \quad (6.1)$$
$$\Sigma(E_i \cdot h_i) = H \quad [W]$$

Die Entzugsleistung von Erdwärmesonden liegt bei etwa 20–90 W pro Meter Sondenlänge (m), kann allerdings auch deutlich höhere aber auch niedrigere Werte annehmen. Die angegebene Schwankungsbreite ist groß und kann bei ungünstiger Konstellation noch wesentlich größer sein.

Mit einer Entzugsleistung für eine Erdwärmesonde kann jedoch nur dann gerechnet werden, wenn sie im Objekt nicht allzu großen Schwankungen unterworfen ist (Abschn. 6.3.1). Großanlagen, aber auch Kleinanlagen (< 20 kW) mit hohen Leistungs-Schwankungen müssen daher in jedem Fall mit speziellen Auslegungstools dimensioniert werden. Das gleiche gilt für bivalente Anlagen, bei Anlagen mit Wassererwärmung oder Schwimmbädern, bei Sondenfeldern und bei Anlagen mit kombiniertem Heizen und Kühlen. Aber auch in Regionen mit einer mittlere Jahrestemperatur, die nahezu der mittleren obersten Bodentemperatur entspricht, von unter 10°C sollte mit speziellen Auslegungstools gearbeitet werden, da die Entzugsleistung der Erdwärmesonde dort signifikant abnimmt.

Die Entzugsleistung einer Erdwärmesonde hängt nicht nur von der Wärmeleitfähigkeit des Untergrundes ab, sondern sie wird maßgeblich von folgenden **Einflussfaktoren** bestimmt (Eskilson 1987, Stadler et al. 1995, Kohl & Hopkirk 1995, Signorelli 2004):

- das konduktive und konvektive Wärmetransportvermögen des Untergrundes, bzw. einzelner Schichten (Wärmeleitfähigkeit, Fließgeschwindigkeit,...),
- die Temperatur des ungestörten Untergrundes, die klimatischen Verhältnisse,
- die Dauer des Wärmeentzugs aus dem Untergrund (Jahresbetriebsstunden),
- der Bohrlochdurchmesser,
- die thermischen Eigenschaften des Hinterfüllmaterials,

- die Art der Wärmeträgerflüssigkeit, Sondentyp, Sondenmaterial und Lage der Rohre im Bohrloch (Abschn. 6.2),
- die Angaben zum Sondenfeld: Sondenabstand, -anzahl und -anordnung.

Die Auflistung der wesentlichen Einflussfaktoren verdeutlicht, wie komplex damit die Berechnung der tatsächlichen Entzugsleistung einer Erdwärmesonde ist (Abschn. 6.3.1). Daher ist man auf entsprechende **Berechnungsprogramme** angewiesen. Zu nennen ist beispielsweise:

- das Programm EWS von Huber (2008), (http://hetag.ch/)
- das Programm EED (Earth Energy Designer) von Sanner & Hellström (1996) und Hellström & Sanner (2000), (http://www.buildingphysics.com/index-filer/Page1380.htm)
- das Programm GEO-HAND[light] von Königsdorff & Veser (2008),
- das Programm PILESIM (Version 2, 2007) von Pahud (1998) oder
- das Simulationsprogramm ModEW (Modell zur Erdwärmegewinnung) vom Institut für Bohrtechnik und Fluidbergbau der TU Bergakademie Freiberg (http://tu-freiberg.de/fakult3/).

Mit derartigen Programmen lassen sich die im Wärmeträgermedium zu erwartenden Temperaturverläufe in Abhängigkeit von der Zeit berechnen. Nicht jedes dieser Programme berücksichtigt jedoch alle der oben aufgelisteten Einflussfaktoren. Unter gewissen Umständen können daher manche Programme zu fehlerhaften Ergebnissen führen. Einige Programme gestatten auch die gleichzeitige Berechnung für mehrere Erdwärmesonden und Erdwärmesondenfelder. Damit kann die Anzahl der Erdwärmesonden, die Anordnung und Tiefe so gewählt werden, dass die Zielvorgaben bezüglich des Temperaturverlaufs erreicht und Minimal- und Maximalwerte eingehalten werden. Darüberhinaus existieren weitere Programme, die ebenso wie beispielsweise die Programme EWS, EED oder PILESIM die Beheizung des Hauses mitberücksichtigen, d. h. den monatsbezogenen Heiz- und Kühlenergiebedarf sowie die Heiz- und Kühllasten. Ein Programm zur Berechnung und Optimierung von Wärmepumpenheizungen ist beispielsweise das Simulationsprogramm WP-OPT© (Hönig 2009, www.wp-opt.de). Es ermöglicht, Wärmepumpenheizungen zu planen und zu optimieren (Abschn. 6.3.1).

Da sich die Fördertemperatur aus einer Erdwärmesonde von Ort zu Ort aber auch am selben Ort von Anwendung zu Anwendung ändert, kann es keine genormte Erdwärmesonde geben. Entscheidend für den erfolgreichen Einsatz ist daher die fachgerechte Auslegung der Erdwärmesonde. Oft werden Erdwärmesonden jedoch anhand von Faustregeln (45 W pro Laufmeter Sonde) dimensioniert, die den spezifischen Eigenschaften des Objektes und des Standortes in keinem Fall Rechnung tragen können. Ein nicht sachgerechtes Vorgehen kann zu irreversiblen Schäden führen (Abschn. 6.7).

Grundlegende Untersuchungen und komplexe Berechnungsmöglichkeiten lassen sich nur auf der Basis von **3-D Finite Element Programmen** wie beispielsweise dem Programm FRACTure (Kohl & Hopkirk 1995) ausführen. Mit FRACTure

## 6.3 Auslegung von Erdwärmesonden

konnte beispielsweise Signorelli (2004) zeigen, dass die Bodentemperatur, die in manchen Programmen nicht berücksichtigt wird, durchaus einen größeren Einfluss auf die Dimensionierung einer Erdwärmesonden haben kann als die Wärmeleitfähigkeit des Untergrundes.

Verschiedene Rechenprogramme und numerische Modellierungen (Signorelli 2004, Pannike et al. 2006, Eugster 1998) lassen darauf schließen, dass bei einem **Abstand** zwischen zwei Erdwärmesonden von größer als 10 m auch bei langjährigem Betrieb mit keiner signifikanten gegenseitigen Beeinflussung (>1°C) mehr zu rechnen ist. In den meisten Fällen ist bereits ein Abstand von 7 m ausreichend. Derartige Angaben lassen sich jedoch nicht pauschalisieren, denn naturgemäß sind sie u.a. stark abhängig von der Sondenanzahl, ihrer räumlichen Anordnung und ihrer Tiefe, davon ob ein Grundwasserfluss vorliegt oder ob der Untergrund eher tonig mit geringer Wärmeleitfähigkeit ist.

Die **thermische Reichweite** von Erdwärmesonden (nur Heizzwecke) in tonigem und schluffigem Material ist grundsätzlich größer als in einem Grundwasserleiter mit sandigem/kiesigem Material, da dort die Fliessgeschwindigkeit auch bei hohen hydraulischen Gradienten wegen der geringen Durchlässigkeit äußerst gering ist. Die thermische Reichweite (>1°C) kann bei langjährigem Betrieb nach Modellrechnungen (Pannike et al. 2006) und gemäß Erfahrungen aus dem Versuchsfeld Elgg/Zürich (Eugster 1998) in artigen Fällen sogar bei über 10 m liegen.

Vorgaben über den Abstand von Erdwärmesonden basieren auf der Annahme, dass die Sondenbohrungen vertikal abgeteuft wurden. In der Praxis lässt sich dies jedoch nicht immer mit wirtschaftlich vertretbarem Aufwand bewerkstelligen. Durch das Setzen eines Standrohres in den obersten Metern ist die Wahrscheinlichkeit relativ lotrechter Bohrungen größer. Auch verlaufen die Sondenrohre in der Bohrung nicht lotrecht, sondern sie schlängeln sich in der Regel nach unten. Auch unter diesen Aspekten ist die Einhaltung eines Mindestabstandes von 10 m sinnvoll.

**Thermal Response Tests** sind ein Standardverfahren zur Bestimmung der Wärmeleitfähigkeit des Untergrundes geworden (Mogensen 1983, Gehlin & Nordell 1997, Reuß et al. 2001, Gehlin 2002, Sanner et al. 2000). Bei einem Thermal Response Tests wird über die Erdwärmesonde eine bestimmte Wärmemenge, d. h. über die konstant aufgeheizte Wärmeträgerflüssigkeit, in den Untergrund eingebracht und der resultierende Temperaturanstieg am Rücklauf der Erdsonde gemessen.

Aus der Form des Temperaturanstiegs können thermische Informationen über den Untergrund und den bohrlochnahen Bereich genau wie in der Hydraulik bei einem Pumpversuch (Abschn. 13.2) gewonnen werden (Abb. 6.7). Anstelle der hydraulischen Durchlässigkeit und des spezifischen Speicherkoeffizienten, die mit Hilfe von Pumpversuchen bestimmt werden, können beim Thermal Response Test die Wärmeleitfähigkeit und die spezifische Wärmekapazität ermittelt werden. Den Bohrloch-Effekten, Skin und Brunnenspeicherung, in der Hydraulik (Abschn. 13.2) entsprechen bei thermischen Tests summarisch die Effekte der „inneren Zone", die eine komplexe Abfolge thermischer Widerstände zwischen dem zirkulierenden Fluid und dem ungestörten Gestein mit Wärmeübergang im Sondenrohr, der Hinterfüllung und weiteren mit Wasser oder Hinterfüllmaterial gefüllten Rohren sind

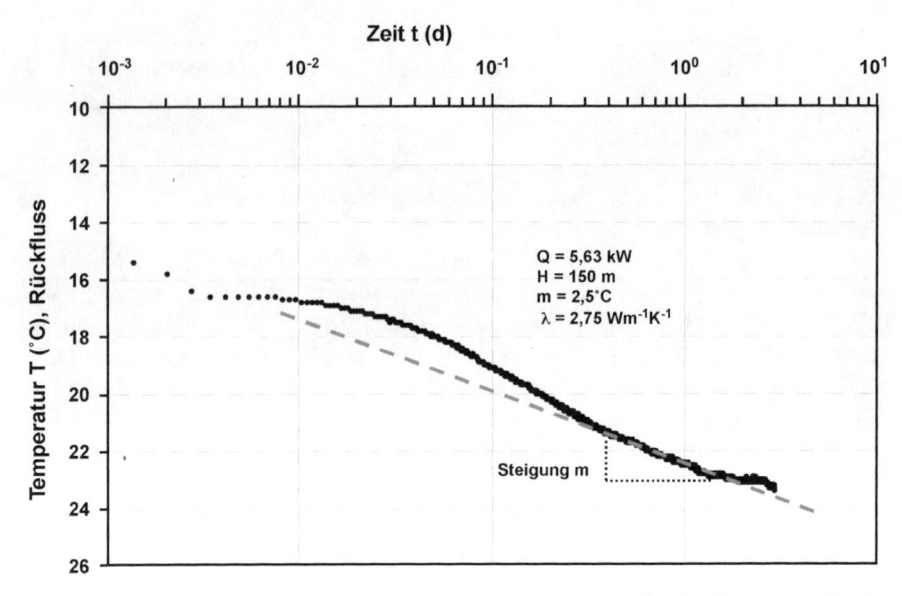

**Abb. 6.7** Auswertung eines Thermal Response Tests: Temperaturanstieg der Wärmeträgerflüssigkeit gegen den Logarithmus der Zeit. Aus der Steigung der semilogarithmischen Geraden wird die mittlere effektive Wärmeleitfähigkeit des Untergrundes ermittelt

und zusätzlich von Sondentyp (Koaxial-Rohr, Einfach- oder Doppel-U-Rohrsonde) und Bohrdurchmesser abhängig sind. Der Anteil der Effekte der „inneren Zone", die in der Hydraulik mit Skin bezeichnet werden, entsprechen hier dem **thermischen Bohrlochwiderstand** $R_b$ (Km/W).

Die umfassenden hydraulischen Auswerteverfahren, die in den letzten 10er Jahren weitestgehend durch die Erdöl-/Erdgasindustrie entwickelt wurden, basieren letztlich auf der analytischen Lösung der Linienquelle (Theis 1935). Diese wurde jedoch eigentlich für die Thermik entwickelt (Carslaw & Jaeger 1959) und von Theis (1935) zur Auswertung von Pumpversuchen für die Wassererschließung umfunktioniert. Die Weiterentwicklung der hydraulischen Auswerteverfahren und Methoden kann nun umgekehrt wieder für die Auswertung thermischer Testverfahren wie den Thermal Response Test nutzbar gemacht werden (Abschn. 13.2).

Numerische Modelle zur Interpretation eines Thermal Response Test werden beispielsweise von Wagner & Clauser (2005) oder Gustafsson (2006) beschrieben. Vorteile der Nutzung numerischer Modelle sind die Möglichkeit der Berücksichtigung beliebiger Randbedingungen und räumlich variabler Eigenschaften (z. B. Diersch 1994). In der Praxis dominieren aber nach wie vor die auf analytischen Lösungen basierenden Algorithmen.

Um mit einem Thermal Response Test thermisch über die „innere Zone" bis ins anstehende Gestein gelangen zu können und um dort die wesentlichen Parameter sowie Inhomogenitäten erfassen zu können, bedarf es genau wie bei Pumpversuchen einer gewissen Testlänge, die nicht unterschritten werden darf. Sonst ist der Test

## 6.3 Auslegung von Erdwärmesonden

wertlos und stellt keine Bemessungsgrundlage für die Auslegung der Erdwärmesonden dar. Die Dauer eines Thermal Response Tests liegt in der Regel bei mehreren 10er Stunden. Durch eine Online-Aufzeichnung und -Interpretation ist es möglich den Test dann abzubrechen, wenn eine sinnvolle Auswertung möglich ist.

Basis der Interpretation von Thermal Response Tests ist analog zur Auswertung von Pumpversuchen meist die analytische Lösung der Linienquelle mit Näherungslösung für hinreichend große Zeiten (Cooper & Jacob 1946). Die Temperatur T (°C) im Abstand r (m) um eine Linienquelle konstanter Heizleistung Q (W) in einem unendlichen, homogenen und isotropen Medium mit der Wärmeleitfähigkeit $\lambda$ (Wm$^{-1}$K$^{-1}$) und der Wärmekapazität $c_P$ (Wsm$^{-3}$K$^{-1}$) ergibt sich bei einer Testlänge bzw. Länge der Erdwärmesonde H (m) ohne Berücksichtigung des thermischen Bohrlochwiderstandes zu, wobei $T_0$ die ungestörte Ausgangstemperatur ist:

$$T(r,t) = T_0 + Q/(4\pi\lambda H) \cdot [\ln (4\lambda t/c_P r)^2 - 0.5772] \qquad (6.2)$$

Bei Berücksichtigung des thermischen Bohrlochwiderstandes wird in Gl. 6.2 der Summand $QR_b H^{-1}$ addiert (Hellström 1998).

Diese Näherungslösung ist hinreichend genau für $t > 4c_P r^2/\lambda$, also für große Zeiten. Die Temperaturänderung ist dann, d. h. ab einer gewissen Zeit, proportional zum Logarithmus der Zeit $\ln(t)$. Diese Beziehung wird benutzt, um die effektive Wärmeleitfähigkeit (incl. Einfluss der Grundwasserströmung) des die Bohrung umgebenden Gesteins als Mittelwert über die gesamte Länge der Erdsonde H (m) zu ermitteln. Aus der Steigung m (Ks$^{-1}$) der semilogarithmischen Geraden (Abb. 6.7) und Umwandlung des natürlichen in den dekadischen Logarithmus ergibt sich die effektive Wärmeleitfähigkeit zu:

$$\lambda_{eff} = 2.303 Q/(4\pi H m) \qquad (6.3)$$

Im Beispiel auf Abb. 6.7 beträgt die mittlere effektive Wärmeleitfähigkeit des von der Erdwärmesonde durchteuften Untergrundes mit den auf Abb. 6.7 angegebenen Parametern $\lambda_{eff} = 2{,}75$ Wm$^{-1}$K$^{-1}$. Die Abbildung veranschaulicht, dass der erste Versuchsteil, d. h. bis etwa 8 Stunden, maßgeblich von anderen Einflüssen geprägt ist. Dazu gehören Effekte der „inneren Zone", die in der Hydraulik mit Brunnenspeicherung oder Eigenkapazität der Bohrung bezeichnet werden, sowie Einflüsse, die sich ergeben, wenn das Kriterium für die Näherungslösung ($t > 4c_P r^2/\lambda$) noch nicht erfüllt sind. Erst danach dominiert die Reaktion des ungestörten geologischen Untergrundes. Die Abbildung zeigt auch, dass für die korrekte Auswertung des Thermal Response Tests mindestens einige 10er Stunden Versuchsdauer notwendig sind.

Nach Bestimmung der Wärmeleitfähigkeit kann durch Umstellung von Gl. 6.2 der thermische Bohrlochwiderstand $R_b$ berechnet werden:

$$R_b = H/Q(T(r,t) - T_0) - 1/(4\pi\lambda) \cdot [\ln (4\lambda t/c_P r^2) - 0.5772] \qquad (6.4)$$

Die Wärmekapazität wird dabei üblicherweise geschätzt, da sie nur einen geringen Einfluss auf die Größe des Bohrlochwiderstandes hat. Für das obige Beispiel errechnet sich der Bohrlochwiderstand zu $R_b = 0{,}15$ KmW$^{-1}$ bei einer abgeschätzten Wärmekapazität von $c_p = 2{,}7$ Jkg$^{-1}$K$^{-1}$.

Die Reichweite der Temperaturänderung kann grundsätzlich mit:

$$r = \sqrt{2{,}25\ \lambda t/c_P} \tag{6.5}$$

ermittelt werden. Die Reichweite der Temperaturänderung ist somit unabhängig von der Heizleistung.

Als Ergebnis der oben beschriebenen Testmethoden und Auswerteverfahren können jedoch nur Mittelwerte über den gesamten Testbereich gewonnen, d. h. sämtliche ermittelten thermischen Eigenschaften über den Untergrund und den Bohrlochwiderstand sind integrativ über die gesamte Sondentiefe und damit über alle durchteuften Horizonte hinweg gemittelt.

Wird allerdings zusätzlich die Temperatur während des Thermal Response Tests in der Vertikalen aufgezeichnet, beispielsweise durch einen Mikrofisch innerhalb der Erdsonde oder durch eine außerhalb der Erdsonde im Bohrloch fest installierte Temperaturregistriermöglichkeit (z. B. faseroptische Temperaturmessung), so lassen sich dadurch Hinweise auf Grundwasserbewegungen in einzelnen Schichten und auf lithologische Grenzen erhalten. Hydraulisch aktive Aquifere sind damit identifizierbar.

Zusätzlich besteht bei mehrfacher Temperaturmessung in der Vertikalen die Möglichkeit, für die einzelnen Horizonte die thermischen Parameter des Untergrundes und den Bohrlochwiderstand separat zu ermitteln. Für diese Auswertemethode hat sich die faseroptische Temperaturmessung bewährt. Da die thermischen Untergrundparameter mit dieser Methode tiefenabhängig bestimmt werden, können sie direkt der lokalen geologischen Situation mit Hilfe des Schichtenverzeichnisses zugeordnet werden. Bei zusätzlichem konvektivem Wärmetransport durch fließendes Grundwasser sind allerdings die für diesen Horizont berechneten Wärmeleitfähigkeiten nur scheinbare Größen und entsprechen nicht den realen Gesteinseigenschaften.

Da Thermal Response Tests relativ aufwendige Verfahren sind, werden sie in der Regel nur für größere Projekte, wie beispielsweise für Erdwärmesondenfelder oder für Neubaugebiete, in denen es vorgesehen ist, viele Einzelsonden abzuteufen, durchgeführt. Die Auslegung von Erdwärmesonden für ein Einzelobjekt erfolgt daher in der Praxis bestenfalls theoretisch anhand eines prognostischen Schichtenprofils und der klimatischen Verhältnisse vor Ort mit den vorstehend genannten Berechnungsverfahren. Anhand des Schichtenverzeichnisses werden dem Untergrund Wärmeleitfähigkeiten zugeordnet und mit den o.g. Auslegungsprogrammen der Wärmeentzug und die Auslegung der Erdsonde, d. h. die erforderliche Länge, bestimmt. Wichtig sind daher in jedem Fall eine detaillierte Aufnahme der erbohrten Schichten und die Verifizierung des prognostischen Profils.

## 6.4 Bohrverfahren für Erdwärmesonden

An die Erdwärmesondenbohrungen (Abb. 6.8a, b) werden meist die Anforderungen kostengünstig und schnell gestellt. Dies darf jedoch nicht zu Lasten der dauerhaften Qualität führen, sind die Sonden doch die grundlegende Voraussetzung dafür, dass die Heizungsanlage die nächsten Jahre zufriedenstellend funktioniert.

Die Erdwärmesondenbohrungen müssen mit dem erforderlichen Durchmesser, kalibergerecht, mit geradem Verlauf in die notwendige Tiefe (Abschn. 6.3) abgeteuft werden. Der erforderliche Bohrdurchmesser richtet sich nach der Sondengröße, den zu durchteufenden Schichten und dem gewählten Bohrverfahren. In jedem Fall ist sicherzustellen, dass die Sonden mit Verpressschlauch in das Bohrloch gleiten können, so dass sie nicht beschädigt werden. Bestimmte geologische Verhältnisse können auch den Einsatz eines Packers und mehrerer Verpressschläuche erfordern. Für die Dimensionierung des Bohrdurchmessers sind ebenfalls Abstandshalter und Zentrierhilfen (Abschn. 6.2) zu berücksichtigen. Werden Sonden gewaltsam in das Bohrloch „hineingedrückt", muss mit einer Beschädigung gerechnet werden.

**Abb. 6.8a** Beispiel für ein Erdwärmesondenbohrgerät

**Abb. 6.8b** Bohrmeister am Steuerpult eines Bohrgeräts

Da es sich bei Erdwärmesondenbohrungen um kleinkalibrige Bohrungen handelt, kommen aus Kostengründen in erster Linie **direkte Spülbohrverfahren** seltener **Trockenbohrverfahren** und **indirekte Spülbohrverfahren** zur Anwendung (Tholen & Walker-Hertkorn 2008). Bei Spülbohrverfahren wird das Bohrgut kontinuierlich in einem Spülstrom gefördert, bei Trockenbohrverfahren periodisch mit einem Bohrwerkzeug. Bei indirekten Spülbohrverfahren wird das Bohrgut im Bohrgestänge zu Tage gefördert, bei direkten Spülbohrverfahren zwischen Bohrgestänge und Bohrlochwand. Die Stabilität der Bohrlochwand wird beim Trockenbohrverfahren i.d.R. durch eine mitgeführte Rohrtour gewährleistet; beim Spülbohrverfahren kann diese Funktion von einer Bohrspülung mit entsprechender Dichte übernommen werden. Häufig werden Trockenbohrverfahren auch zum Setzen des Standrohres bei Spülbohrverfahren eingesetzt (Abb. 6.9a–b).

Die direkten Spülbohrverfahren lassen sich in Abhängigkeit von ihrem Antrieb unterteilen in drehende und drehschlagende direkte Spülbohrverfahren. Das drehende direkte Spülbohrverfahren (**Direktspülverfahren**) wird überwiegend in Lockersedimenten eingesetzt, wobei das Bohrloch durch die im Bohrloch zirkulierende Spülung stabilisiert wird. Das drehschlagende Spülbohren (**Imlochhammerbohrverfahren**) wird bevorzugt im Festgestein angewandt. Da mit Luft gefördert wird, muss die Bohrlochwand standfest sein. Daher wird in die Bohrung bis zum Erreichen des standfesten Gebirges eine Verrohrung mitgeführt (Abb. 6.10).

Bei den Drehbohrverfahren wird das Bohrgut in einem Spülstrom aus Wasser und ggf. Spülungszusätzen gefördert, während beim drehschlagenden Bohren sowohl das Bohrwerkzeug als auch die Bohrcuttings durch einen Luftstrom angetrieben werden.

6.4 Bohrverfahren für Erdwärmesonden

**Abb. 6.9a**
Seilschlagverfahren

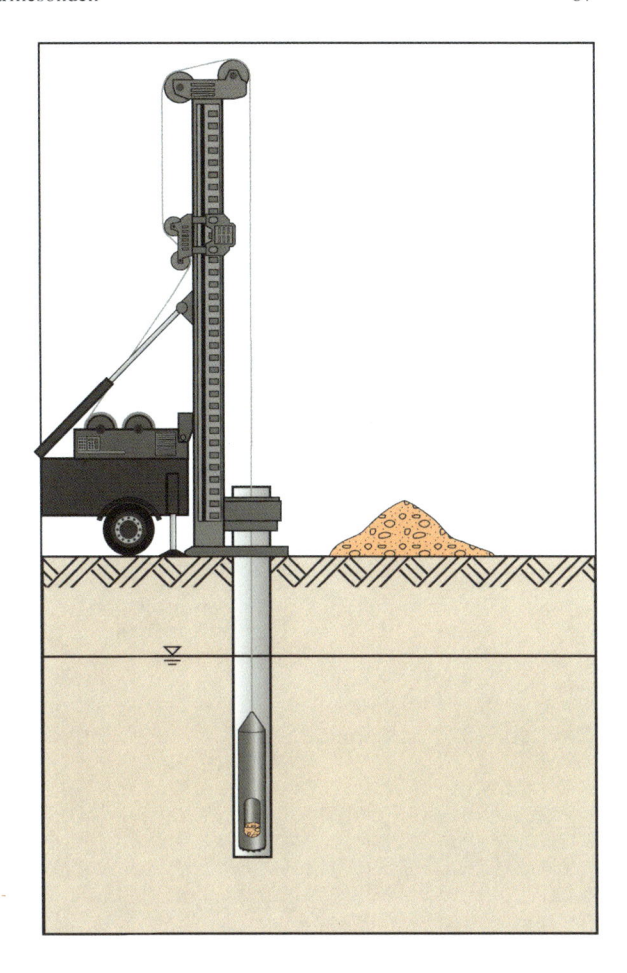

Eine Variante des Drehschlagbohrens ist das **Geothermal-Radial-Drilling**. Das besondere dabei ist, dass nicht nur vertikale, sondern auch von einem zentralen Bereich sternförmig Schrägbohrungen abgeteuft werden können, ohne das Bohrgerät umsetzen zu müssen.

Wichtig für die korrekte Auslegung der Erdwärmesonde ist eine detaillierte Aufnahme der erbohrten Schichten, unabhängig vom Bohrverfahren.

## 6.4.1 Direktspülverfahren

Beim Direktspülverfahren erfolgt der Antrieb des Bohrwerkzeuges über den Kraftdrehkopf. Das vom Bohrwerkzeug gelöste Bohrgut wird vom aufsteigenden Spülstrom über den Ringraum ausgetragen und gelangt in den Spülteich oder ein adäquates Auffangbecken (Abb. 6.11). Unmittelbar davor, noch aus dem Spülstrom,

**Abb. 6.9b**
Spülbohrverfahren

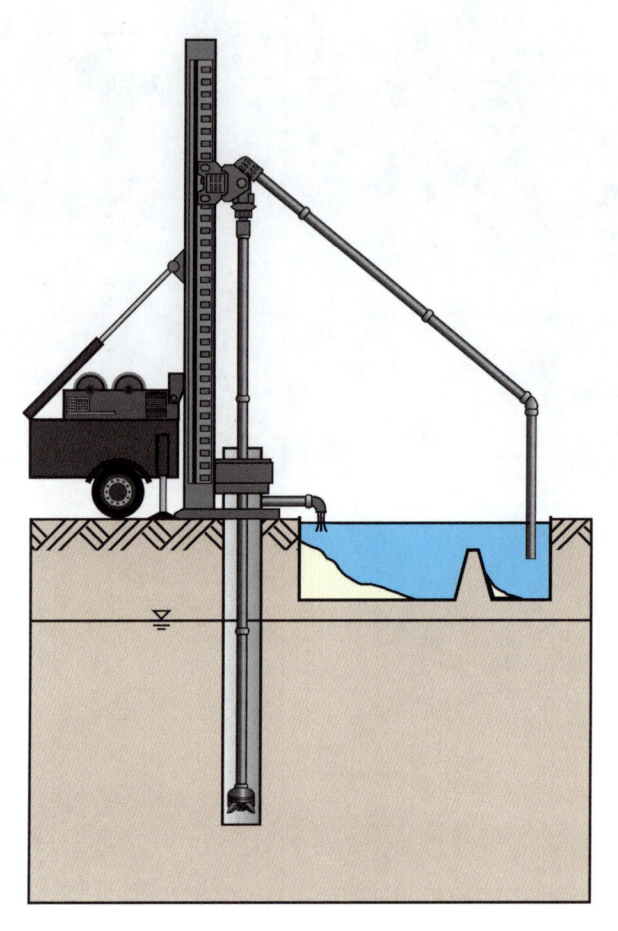

erfolgt die Probennahme für die geologische Aufnahme der Bohrung. Im Spülteich sedimentiert dann das Bohrgut, die saubere (nach Absetzen) Spülung wird über eine Pumpe wieder durch das Gestänge zum Bohrwerkzeug gepumpt und der Kreislauf beginnt von neuem. Der Pumpendruck muss ausreichen, um die Reibungsverluste im Gestänge zu überwinden. Beim direkten Spülbohren kommen meist Kolben- oder Kreiselpumpen zum Einsatz. Im Gegensatz zu Kolben- bzw. Verdrängerpumpen sind Kreiselpumpen, die zwar größere Fördermengen erreichen, von der Förderhöhe abhängig.

Die Stabilität des Bohrlochs hängt ganz entscheidend vom Spülungsüberdruck ab. Dieser ergibt sich aus der Differenz zwischen dem Spülungsspiegel und dem Grundwasserspiegel. Die Dichte der Spülung muss adäquat justiert werden.

Um das Bohrklein auszutragen, sind je nach Tragfähigkeit der **Spülung** und Größe des Bohrkleins im Ringraum Spülungsgeschwindigkeiten von 0,5–1,0 m/s erforderlich. Die Sinkgeschwindigkeit der Spülung im Gestänge ist um ein vielfaches höher, so dass der Spülstrahl mit hoher Geschwindigkeit auf die Bohrlochsohle

6.4 Bohrverfahren für Erdwärmesonden

**Abb. 6.10** Die Abbildung zeigt das Standrohr, in dem sich der Bohrstrang mit Imlochhammer befindet

**Abb. 6.11** Beispiel für ein Auffangbecken für die Bohrspülung mit ausgetragenem Bohrgut

trifft, dort das Bohrgut löst, verwirbelt und in den Ringraum treibt. Die Fließgeschwindigkeit der Spülung im Gestänge ist entscheidend vom Durchmesser des Gestänges abhängig. Geringere Gestängedurchmesser bewirken zwar höhere Fließgeschwindigkeiten, jedoch sind die Reibungsverluste auch deutlich höher.

Die Spülungsgeschwindigkeit im Ringraum bestimmt die maximale Größe des Bohrkleins, das ausgetragen werden kann. Bei den häufig genutzten Aufstiegsgeschwindigkeiten der Spülung von 0,5 m/s können nur Cuttings bis maximal etwa 8 mm Durchmesser gefördert werden.

Die Bohrspülung hat somit bei Spülbohrungen vielerlei Aufgaben. Sie dient der Stabilisierung der Bohrlochwand, dem Austragen des Bohrgutes, der Unterstützung des Bohrvorganges und dem sauberen Abtrag der Bohrlochsohle, aber auch dem Kühlen und Schmieren von Bohrwerkzeug und Gestänge sowie ggf. dem Antrieb eines Bohrwerkzeuges (Imlochhammer, Bohrturbine). Außerdem lassen sich bis zu einem gewissen Grad durch eine geeignete Zusammensetzung der Spülung auch spontane Änderungen der Formationsdrucke kontrollieren.

Bei Erdwärmesondenbohrungen werden i.d.R. folgende **Spülungszusätze** eingesetzt: Bentonite, CMC-Produkte (Carboxy-Methl-Cellulose) und Beschwerungsmittel. **Bentonite** sind aktive Tonmehle, welche die Viskosität der Bohrspülung erhöhen und damit den Austrag der Cuttings erleichtern, insbesondere, wenn die Aufstiegsgeschwindigkeit der Bohrspülung gering ist. Bentonithaltige Spülungen führen gerne zur Ausbildung von Filterkuchen im umgebenden Bohrloch. **CMC-Produkte** sind Polymere; sie bauen einen dünnen Filterkuchen an der Bohrlochwand und um das erbohrte Bohrklein auf, der die Bohrlochwand abdichtet und das Austragen von erbohrtem Ton ermöglicht. Der Filterkuchen verhindert das Eindringen von Bohrspülung, insbesondere in die Grundwasser führenden Lockergesteine. Bei durchbohrten Tonen wird das Eindringen von Bohrlochwasser und damit das Aufquellen der Tone verhindert. Da Bentonit in einer CMC-Spülung nicht quellen kann, dürfen allenfalls zusätzlich erforderliche CMC-Produkte erst später der Bentonitspülung zugegeben werden. **Beschwerungsmittel** wie Kreide oder Schwerspat werden gezielt bei Bohrungen in artesisch gespanntem Grundwasser eingesetzt, um die Dichte der Bohrspülung zu erhöhen.

Durch entsprechende Erhöhung der Dichte der Bohrspülung lassen sich sehr viele schwache **Arteser** oder Grundwasserstockwerke mit leichtem hydraulischen Überdruck beherrschen. Steht beispielsweise in 60 m u.Gel. ein Arteser mit einem Überdruck von 0,3 bar an, so wird durch eine Spülungsdichte von $\rho = 1{,}10 \cdot 10^3$ kg/m³ ein ausreichender Spülungsdruck erzielt:

Spülungsdruck: $60 \text{ m} \times 1{,}10 \cdot 10^3 \text{ kg/m}^3 \cong 6{,}6$ bar
Druck des Artesers: $(60 \text{ m} + 3 \text{ m}) \times 1{,}0 \cdot 10^3 \text{ kg/m}^3 \cong 6{,}3$ bar
Überdruck der Spülung: 6,6 bar − 6,3 bar = 0,3 bar

Die Dosierung der Spülung ist abhängig vom Untergrund, der durchbohrt werden soll, ob mit direktem oder indirektem Spülbohrverfahren gebohrt werden soll und von der Leistung der Spülpumpe bzw. der Aufstiegsgeschwindigkeit der Spülung. Die erbohrten Feststoffe müssen ausreichend im Spülteich sedimentieren, um die Dichte der Bohrspülung nicht zu erhöhen. Es gibt verschiedene Standardmessverfahren, mit denen die Spülung schnell und einfach kontrolliert werden kann (Dichtemessung mittels Hydrometer und Spülungswaage, Viskositätsmessung mit dem sog. Marsh-Trichter, Messung der Wasserabgabezeit mittels Ringapparat).

Neben den erbohrten Bodenproben geben **Bohrparameter** wie der Bohrfortschritt, der Spülungsdruck, die Drehzahl und der Andruck wichtige Hinweise auf Veränderungen an der Bohrlochsohle. Diese Parameter sieht der Geräteführer direkt am Steuerpult des Bohrgerätes (Abb. 6.8b). Sie können durch sog. Bohrschreiber jedoch auch digital erfasst und aufgezeichnet werden und sind im Nachhinein zum einen für eine eventuell erforderliche Beweissicherung zum anderen für die geologische Interpretation der erbohrten Schichtenabfolge sehr wichtig.

### *6.4.2 Imlochhammerbohrverfahren*

Beim drehschlagenden direkten Spülbohren wird überwiegend mit einem Imlochhammer gebohrt (Abb. 6.12). Die Bohrcuttings werden hierbei kontinuierlich in einem Luftstrom durch den Ringraum gefördert. Der Imlochhammer wird mittels Kraftdrehkopf über das Bohrgestänge mit mehreren 10er Umdrehungen pro Minute gedreht, wobei gleichzeitig mittels eines Kompressors die Luft durch das Gestänge mit Drücken zwischen 15 und 35 bar zum Imlochhammer geführt wird. Die Luft treibt einen Schlagkolben an, der den Bohrmeißel (Bit) des Hammers mit bis zu 3000 Schlägen pro Minute auf die Bohrlochsohle schlagen lässt. Die am Hammerkopf austretende Luft reinigt die Bohrlochsohle und verdrängt das gelöste Bohrgut über den Ringraum zur Erdoberfläche (Tholen & Walker-Hertkorn 2008, VBI-Leitfaden 2008).

Das Imlochhammerbohren ist besonders in Festgestein und harten bindigen Böden vorteilhaft. In Sanden und Kiesen ist es nur begrenzt einsetzbar. Das Imlochhammerbohrverfahren hat den entscheidenden Vorteil, dass Wasserzutritte während der Bohrarbeiten sofort erkannt werden.

Speziell ausgerüstete Imlochhämmer können auch mit einer reinen Wasserspülung oder einem Spülungs-Luft-Gemisch angetrieben werden.

**Abb. 6.12** Beispiel für einen Imlochhammer

Bei Geothermiebohrungen hat sich auch das Doppelkopfbohren bewährt. Mit zwei getrennt arbeitenden Drehantrieben können das Bohrgestänge (Innenrohrstrang) und die Verrohrung (Außenrohrstrang) eingebracht werden. Ist der zu verrohrende Bohrlochbereich durchbohrt, wird die Verrohrung abgesetzt und es kann dann nach Ablegen des Doppelrotorkopfes allein mit dem Innengestänge weitergebohrt werden.

### *6.4.3 Abschließende Hinweise, Bohrrisiken*

Das Abteufen von Erdwärmesondenbohrungen ist in der Regel von kurzer Dauer und findet unter beengten Platzverhältnissen statt. Daher sind kompakte und wendige Bohrgeräte vorzuziehen und der Einrichtung des Bohrplatzes ist besondere Aufmerksamkeit zu schenken. Vor dem Abteufen der Bohrungen sind in jedem Fall die Lage von bereits verlegten Leitungen oder Hindernissen (z. B. Gas- und Wasserleitungen) auf dem Grundstück abzuklären.

Grundsätzlich wird empfohlen, den Bohrfortschritt mechanisch oder elektronisch durch einen sogenannten Bohrdatenschreiber aufzuzeichnen. Ein mechanischer Bohrdatenschreiber kann meist den Bohrfortschritt, die Tiefe, den Andruck und den Spülungsdruck aufzeichnen, so dass dadurch gewisse Informationen über die geologischen Eigenschaften des Untergrundes vorliegen. Aufzeichnungen elektronischer Bohrdatenschreiber in Kombination mit der Vermessung des Bohrlochs mittels eine Gamma-Ray-Sonde erleichtern meistens die geologische Interpretation der erbohrten Schichtenabfolge.

Sollen mehrere Bohrungen abgeteuft werden, so ist ein Mindestabstand zwischen den Bohrungen einzuhalten (Abschn. 6.3). Sind die einzelnen Erdwärmesonden bzw. die Anschlusslängen der jeweiligen Erdsonde, die einer Wärmepumpe zugeführt werden, unterschiedlich lang, so ist eine hydraulische Einregulierung (hydraulischer Abgleich) auch auf der Sondenseite erforderlich.

Besteht eine Gefährdung des Bohrlochs durch drückendes bis hin zu artesischem Wasser, Gas etc., sind besondere Maßnahmen zu ergreifen, wie Sichern durch Verrohrung, Erhöhung der Spülungsdichte, Einbau eines Packers im Extremfall bis hin zu einer dichten Verschließung des Bohrlochs. Nachstehend werden die häufigsten **Bohrrisiken** besprochen.

**Quellfähige Tone** können ein Bohrrisiko darstellen. Beim Durchbohren dieser Schichten ist auf eine spezielle Bohrspülung zu achten (Abschn. 6.4.1), die ein Quellen der Tone verhindert. Nach dem Einbringen der Erdwärmesonde muss darauf geachtet werden, dass das Bohrloch fachgerecht und dauerhaft dicht abgedichtet wird, so dass jeder Wasserzutritt zu den Tonen ausgeschlossen ist, da ansonsten Quelldrücke auftreten können, die Schäden an der Sonde ggf. sogar an benachbarten Bauwerken verursachen. Ganz besondere Aufmerksamkeit ist in diesem Zusammenhang dem Erbohren von **Anhydrit** zu schenken, da sich dieser bei Wasserzutritt unter Volumenzunahme von über 60% (!) in Gips umwandelt. Falls in einer derartigen Bohrung im Hangenden oder Liegenden zusätzlich Grundwasserhorizonte durchbohrt wurden, ist äußerste Vorsicht geboten. Im Falle des Erbohrens von Grundwasserleitern mit Überdrucken im Liegenden und/oder Unterdrucken im Hangenden wird vom Ausbau der Bohrung abgeraten und empfohlen die Bohrung wieder dicht zu verschließen.

Beim Niederbringen von Bohrungen im Bereich von **Fließsanden** muss die Bohrung verrohrt werden, da ansonsten dieses Material in das Bohrloch verfrachtet wird und dadurch die Gefahr besteht, dass das überlagernde Gestein nachbricht mit der Folge von Setzungen an der Erdoberfläche. Bei nicht verrohrten Bohrungen im **stark verkarstetem Gebirge** unter Sedimenten besteht ebenfalls die Gefahr, dass das lockere Material aus dem Hangenden nach unten einbricht. Daher sollten auch diese Bohrungen mit einem Standrohr bzw. einer Verrohrung bis ins anstehende Festgestein versehen werden. Eine weitere Möglichkeit für Setzungen der Geländeoberfläche sind Laugungsprozesse in **löslichem Gestein** infolge von ständigen Wasserzutritten hervorgerufen durch hydraulische Wegsamkeiten entlang der Bohrung.

Bohrtechnische Schwierigkeiten können im Zusammenhang mit dem Anfahren von **größeren Hohlräumen,** wie sie z. B. in verkarsteten Kalk- oder Dolomitgesteinen, in Salz- oder Gipsgesteinen, in Störungszonen und in grobbankigen Kluftgrundwasserleitern auftreten, entstehen. Das Bohrgestänge kann durchfallen und es können Spülungsverluste auftreten. Oft entstehen in derartigen Fällen als Folge Probleme beim Hinterfüllen des Ringraumes, so dass spezielles Hinterfüllmaterial sowie der Einsatz von Packern, ggf. Erdwärmesondenpacker, erforderlich sind. Unter Umständen muss auch der untere Teil der Bohrung (oder die gesamte Bohrung) aufgegeben und wieder dicht verfüllt werden. Werden **Störungszonen** oder tektonische Auflockerungen durchfahren, so kann das Bohrgestänge verklemmen oder das Bohrloch nach Abteufen der Bohrung „zugehen", so dass die Erdwärmesonde nicht mehr eingebracht werden kann. Oft muss dann überbohrt oder neu gebohrt werden.

Ein **Erdwärmesondenpacker** (Abb. 6.13a) ist ein schlauchartiges Gebilde, das aus zwei Packerdichtelementen, einem entsprechenden Gewebeschlauch sowie entsprechenden Befestigungselementen besteht. Das Packermaterial besteht aus Textilfasern. Der Gewebeschlauch wird über die Erdwärmesonde gestülpt und in der entsprechende Tiefe platziert. Die beiden Enden des Gewebeschlauches werden mit Gummimanschetten an der Erdwärmesonde festgezurrt und damit abgedichtet (Abb. 6.13b). Durch die beiden Gummimanschetten führt ein Verpressrohr, damit der Bohrabschnitt unterhalb des Packers abgedichtet werden kann. Ein weiteres Verpressrohr zur Auffüllung des Packers führt durch die obere Manschette in den Packer hinein. Ein dritter Verpressschlauch dient der Hinterfüllung des Bereiches oberhalb des Packers. Die Erdwärmesonde mit angebrachtem Packer und installierten Verpressschläuchen wird anschließend in das Bohrloch eingebracht, so dass der Packer an der gewünschten Stelle sitzt. Dort wird er, nachdem der Bohrlochabschnitt unterhalb des Packers hinterfüllt wurde, über einen Schlauch mit Hinterfüllmaterial „aufgeblasen", so dass dadurch der untere Bereich vom oberen abdichtet wird (Abb. 6.13a, b). Im Anschluss daran erfolgt die Hinterfüllung des oberen Bohrlochabschnittes. Mit Erdwärmesondenpackern können bestimmte Gebirgsabschnitte separiert und schwache Arteser oder Grundwasserstockwerke mit leichtem

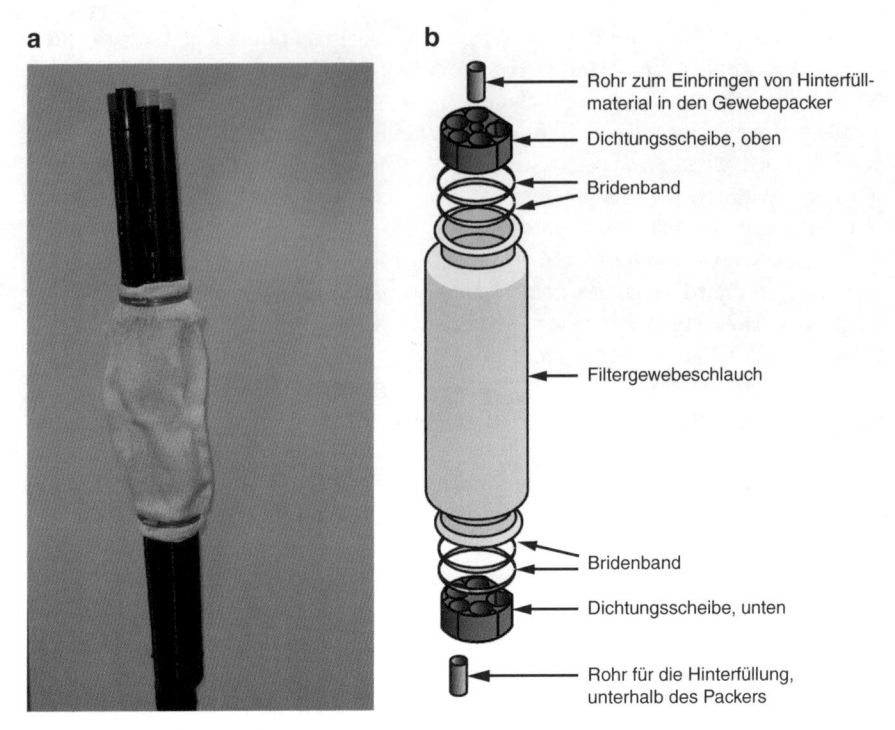

**Abb. 6.13a, b** Beispiel für einen Erdwärmesonden-Packer (Gewebepacker) (**a**), Schemabild der Zusammensetzung des Erdwärmesondenpackers (**b**)

hydraulischem Über- oder Unterdruck abgedichtet werden. Grundsätzlich ist es auch möglich, zwei Bohrlochabschnitte zur Absperrung eines Bohrlochabschnittes einzubauen. In der Praxis ist es oft nicht ganz einfach den oder die Packer mitsamt den Hinterfüllschläuchen gegen einen Überdruck in das Bohrloch einzubringen (Perrefort & Quante 2010).

Beim Herstellen einer Bohrung für eine Erdwärmesonde ist es in bestimmten Gebieten prinzipiell möglich, auf Erdgas führende Schichten oder Arteser zu stoßen.

Beim Erbohren eines **Artesers** können bei entsprechend hohem Druck des Artesers große Wassermengen aus dem Bohrloch austreten, die unter Umständen zusätzlich Feinmaterial ausschwemmen. Dadurch kann es zum einen zu Schäden am Bohrloch kommen, so dass eine nachträgliche Abdichtung des Bohrlochs sehr erschwert oder kaum mehr möglich wird. Zum anderen kann es im Umkreis der Bohrung zu Setzungen kommen. Daher sind bereits im Vorfeld in Gebieten, in denen das Vorhandensein von Artesern nicht ausgeschlossen werden kann, bestimmte Sicherheitsmassnahmen erforderlich. Bei Bohrungen, mit denen ein Arteser angetroffen werden könnte, muss die Verrohrung fest im hangenden dichten Bereich verankert (abgesetzt) sein (Einbau eines Sperrohrs, Abb. 6.10). Da beim Erbohren eines Artesers oder von **gespanntem Grundwasser** der Einsatz von beschwerter Spülung erforderlich ist, müssen geeignete schwere Spülungszusätze bereits im Vorfeld vorgehalten werden. Ebenso ist ein geeignetes Packersystem zum verlässlichen Absperren vorzuhalten. Bei geringen Überdrucken kann unter Umständen ein leicht gespannter Grundwasserleiter mittels eines Erdwärmesondenpackers (Abb. 6.13a, b) abgedichtet werden. Beim Anfahren von artesisch gespanntem Grundwasser wird empfohlen, entweder den unteren Bereich der Bohrung oder bei starken Artesern die gesamte Bohrung wieder dicht zu verschließen, eventuell auch durch den Einsatz eines verlorenen Packers.

Gas kann beim Anbohren eines Vorkommens plötzlich und unter großem Druck aus dem Bohrloch austreten. Möglich sind aber auch langsam entstehende, diffuse Austritte. Wird mit einer Erdwärmesondenbohrung ein **Gasvorkommen** erschlossen, so wird grundsätzlich ein ähnliches Vorgehen wie beim Anfahren eines Artesers empfohlen. Zusätzlich sind jedoch vorab entsprechende Vorsichtsmaßnahmen wegen der Gasgefahr zu ergreifen, da grundsätzlich, je nachdem um welches Gas es sich handelt, die Gefahr einer Gasexplosion (Methan), einer Vergiftung durch Gas (Schwefelwasserstoff) oder Erstickungsgefahr infolge Sauerstoffmangel (Kohlendioxid, Stickstoff) bestehen. Das Gas sollte daher in jedem Fall analysiert werden, bevor über das weitere Vorgehen entschieden wird. Bei problematischen Gasen darf keine Sonde eingebaut werden und das Bohrloch muss wieder dicht verschlossen werden und sollte später keinesfalls überbaut werden.

Methanaustritte sind bekannt aus dem Kohle führenden Karbon, aus dem Opalinuston (Mitteljura) sowie aus anderen Schichten. Bei Volumengehalten von 5–14% können Methanaustritte in Bohrungen zu Explosion führen und höhere Gehalte bei entsprechendem Nachschub zu Bränden.

Im schweizerischen Wilen, Kanton Obwalden, wurde in einer Tiefe von 125 m Erdgas angetroffen, das mit einem Überdruck von 3 bar der Bohrung entströmte (Wyss 2001). Die rasche und umsichtige Reaktion des Bohrmeisters führte zu einer kontrollierten Abführung und Verbrennung des Erdgases. Das Bohrloch wurde abgedichtet und wieder verfüllt. Eine Erdwärmesonde wurde nicht installiert.

Grundwässer können lokal stark erhöhte Gehalte an Gasen aufweisen. Das gängige Sondenmaterial, die PE-Schläuche, hat für Gase ein durchlässiges Gefüge. Insbesondere die Kohlendioxidmoleküle können aufgrund ihrer Größe und Struktur besonders gut durch die Wandung der PE-Rohre diffundieren. Wird nach einer längeren Stillstandszeit die Zirkulationspumpe des Primärkreislaufes wieder eingeschaltet, wird die Sole mit dem gelösten Gas nach oben gepumpt, mit der Folge, dass das Gas u.U. mit Schaumbildung ausgast. Herkömmliche Luftabscheider in der Soleeintrittsleitung können die ausgasenden Gasmengen nicht immer völlig abscheiden. Der entstehende Schaum gelangt in den Verdampfer der Wärmepumpe, reduziert dort erheblich die Entzugsleistung und kann zu einer Abschaltung der Wärmepumpe führen. Darüber hinaus entfaltet die Sole durch die Lösung von Kohlendioxid eine korrosive Wirkung mit Korrosionsschäden am Wärmetauscher des Verdampfers der Wärmepumpe. In kritischen Bereichen mit bekanntem Kohlendioxidvorkommen sollte diffusionsbeständiges Sondenmaterial verwendet werden.

## 6.5 Hinterfüllung/Verpressung von Erdwärmesonden

Der Hinterfüllung, auch Verpressung einer Erdwärmesonde genannt, kommt eine sehr entscheidende Bedeutung für den effizienten, ökologisch sinnvollen Betrieb, für die Lebensdauer der Sonde sowie für den Grundwasserschutz zu. Die Hinterfüllung muss dauerhaft dicht sein. Sie muss eine physikalisch und chemisch stabile Einbindung der Erdwärmesonde in das umgebende Gestein gewährleisten. Eine unzureichende Verpressung ist kaum zu sanieren. Außerdem ist zu beachten, dass letztlich der Grundstückseigentümer für Schäden, die aus einer nicht fachgerechten Ausführung der Erdwärmesonde entstehen, haftet. Trotzdem ist es in nicht allen Ländern zwingend erforderlich, eine Hinterfüllung einzubringen.

Unmittelbar nachdem die Bohrung abgeteuft wurde, ist die Erdwärmesonde von einer Haspel abgewickelt ins Bohrloch einzubringen und mit der Hinterfüllung zu beginnen. Die Hinterfüllung einer Erdwärmesonde hat in Bezug auf den Grundwasserschutz die Aufgabe, die erbohrte Schichtenabfolge gegeneinander abzudichten, Wegsamkeiten entlang der Erdwärmesonde zu verhindern und die Dichtwirkung von Grundwasserstauern wiederherzustellen (Abb. 6.14). Außerdem kann sie einen zusätzlichen Schutz vor auslaufenden Wärmeträgerflüssigkeiten bei defekten Sondensträngen für das Grundwasser bieten. Für die Effizienz der Erdwärmesonden-Anlage hat die Hinterfüllung die Aufgabe, die Sonde thermisch optimal an das umgebende Gestein anzubinden. Die Hinterfüllung muss das Bohrloch auch aus Stabilitätsgründen dauerhaft und setzungsfrei erfüllen.

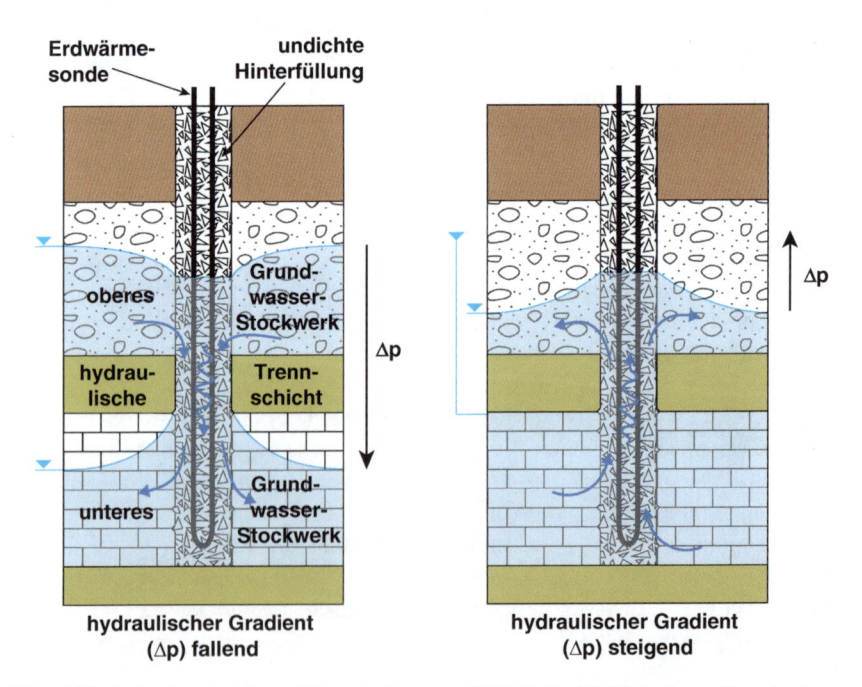

**Abb. 6.14** Aufgaben der Hinterfüllung in Bezug auf Erhalt der Dichtigkeit von Trennhorizonten (nach Wolff 2004)

## 6.5 Hinterfüllung/Verpressung von Erdwärmesonden

Aus diesen Aufgaben ergeben sich die erforderlichen Eigenschaften für geeignete Verpressmaterialien:

- Geringe Durchlässigkeit ($k_f \leq 10^{-9}$ m/s), dauerhafte Dichtigkeit
- Zugelassen für den Einsatz im Grundwasser, d. h wasserhygienische Unbedenklichkeit und nicht wassergefährdend.
- Einfache Handhabung und sichere Verarbeitbarkeit auf der Baustelle, gute Pumpbarkeit
- Sedimentationsstabil, volumenbeständig, setzungs- und schrumpfungsarmes Abbindeverhalten
- Beständigkeit gegen chemische Beanspruchungen (z. B. bei Vorkommen sulfathaltiger Gesteine oder Wässer oder bei betonaggressiven Wässern)
- Beständigkeit gegen thermische und mechanische Belastungen
- Gute Fließeigenschaften
- Möglichst hohlraumfreie Struktur der abgebundenen Suspension
- Hohe Wärmeleitfähigkeit

Es gibt verschiedene Hinterfüllmaterialien. Die Komponenten einer Hinterfüllung bestehen in der Regel aus Zement, Bentonit, Ton oder Quarzsand, mit Wasser zu einer Suspension gemischt. Die einzelnen Komponenten haben verschiedene Aufgaben. Zement dient der Druckfestigkeit und der Dichtwirkung. Die quellende Eigenschaft von Ton garantiert auch die Volumenbeständigkeit der Suspension. Ähnliches gilt für Bentonit, der hoch quellfähig ist und tixotrope Eigenschaften aufweist. Die Zumischung von Quarzsand oder Quarzmehl erhöhen die Wärmeleitfähigkeit der Hinterfüllung. Durch Zusatz von Zement wird zwar der Einsatz in den negativen Temperaturbereich möglich, jedoch sollten zu hohe Zementzugaben vermieden werden, damit die Bohrlochverfüllung leicht plastisch bleibt und die thermische Dilatation der Erdwärmesonde nicht behindert wird und keine Wasserwegsamkeiten entlang der Sondenrohre entstehen.

Normale Verpressmaterialien verfügen über eine geringe Wärmeleitfähigkeit (0,6–1,0 W/mK). Thermisch verbesserte Produkte liegen bei 1,6–2,2 W/mK und begünstigen dadurch einen besseren Wärmenachschub zur Wärmeträgerflüssigkeit. Zwischenzeitlich sind auch Sondenrohre mit erhöhter Wärmeleitfähigkeit in der Erprobung (Abschn. 6.2).

Für die Hinterfüllung sollten nur werksfertige Verfüllbaustoffe verwendet werden. Die Verpresssuspension ist mit der vom Hersteller angegebenen Dichte im Rahmen der Messgenauigkeit (ca. +/− 0,05 g/cm$^3$) anzumischen. Abweichungen sind nur in begründbaren Ausnahmefällen zulässig, da ansonsten die gewünschten Materialeigenschaften nicht eingehalten werden könnten. Die Verfüllbaustoffe sind auf der Baustelle mit Wasser anzumischen und anschließend sofort zu verarbeiten (Abb. 6.15). Die Anmischung erfolgt mit speziell dafür konzipierten Mischern (Chargenmischer/Kolloidalmischer, Durchlaufmischer) Die Suspensionsdichte sollte zwischen 1,3 t/m$^3$ und 1,9 t/m$^3$ liegen (Abb. 6.16). Die Marshzeit, ein Maß für die Viskosität der eingesetzten Suspension sollte zwischen 40 s und 100 s liegen.

**Abb. 6.15** Beispiel für den Einsatz eines Kolloidalmischers auf der Baustelle

**Abb. 6.16** Beispiel für eine Dichtewaage zur Kontrolle der Dichte des Hinterfüllmaterials auf der Baustelle

Die Hinterfüllung sollte außerdem ein möglichst geringes Absetzmaß aufweisen sowie eine Festigkeit von $\geq 1$ N/mm$^2$. Es dürfen nur Hinterfüllmaterialien verwendet werden, die beim Abbinden Temperaturen erzeugen, die unterhalb der Gefahr einer Beschädigung der Erdsonde liegen.

Um eine dichte Hinterfüllung zu erhalten, muss die Verpressung grundsätzlich von unten nach oben erfolgen (**Kontraktorverfahren**). Die Dichte und Viskosität des Verpressmaterials sollten groß genug sein, um beim Aufsteigen die Spülung und das Wasser vor sich her aus dem Bohrloch zu drücken. Die Verpressung sollte

## 6.5 Hinterfüllung/Verpressung von Erdwärmesonden

ohne Unterbrechung unmittelbar nach dem Abteufen der Bohrung erfolgen. Der oder die Verpressschläuche müssen mit Suspension gefüllt im Bohrloch verbleiben. Falls das Verpressrohr (Verpressgestänge) gezogen wird, muss dies langsam und vorsichtig unter Nachverpressen erfolgen. Um eine vollständige Hinterfüllung zu gewährleisten, muss das tatsächliche Volumen für die Hinterfüllung größer sein als die Differenz zwischen Bohrlochvolumen und Sondenvolumen. Die Verpressung ist erst dann beendet, wenn die oben am Bohrloch austretende Suspension mindestens die Ausgangsdichte des Hinterfüllmaterials aufweist.

In der Praxis werden wegen der besseren Pumpbarkeit vielfach zu „dünne" Suspensionen (zu hoher Wasser-Feststoff-Wert) verpresst. Zu hohe Wasser-Feststoff-Werte führen jedoch zu einer unvollständigen, nicht dauerhaft dichten Hinterfüllung der Sonde und damit zu einer Reduzierung des Wärmeübertragungsvermögens vom Untergrund in die Wärmeträgerflüssigkeit der Sondenrohre (Abb. 6.16). Da Kreiselpumpen zum Einbringen der Hinterfüllung nur geringen Druck aufbauen können, sind sie nur für Erdwärmesonden mit geringer Tiefe einsetzbar. Für größere Tiefen sind sog. Verdrängerpumpen (Schneckenpumpe) geeignet.

Durch die Hinterfüllung muss gewährleistet sein, dass es auch bei einem Grundwasserstockwerksbau zu keiner dauerhaften Verbindung zwischen verschiedenen Grundwasserstockwerken kommt. Werden Grundwasserstockwerke, insbesondere dann, wenn unterschiedliche Druckpotentiale vorliegen, miteinander verbunden, so sind qualitative und quantitative Auswirkungen möglich. Zum einen sind hydrochemische Veränderungen oder Verschleppungen von Grundwasser-Verschmutzungen möglich. Damit kann beispielsweise eine Erhöhung der Mineralisation beim Aufstieg tiefer Grundwässer verbunden sein oder eine Verlagerung von anthropogen eingebrachten Stoffen aus oberflächennahen Grundwasserleitern in das tiefere Grundwasserstockwerk (Erhöhung der Nitratkonzentrationen, Eintrag von Pestiziden, Verkeimung, Eintrag von organischen Lösungsmitteln). Indirekt kann es bei unterschiedlichen hydrochemischen Eigenschaften der infolge mangelhafter Hinterfüllung kurzgeschlossener Grundwasserleiter zu einer Vielzahl von hydrochemischen Reaktionen wie Stoffausfällungen oder Lösungen kommen. Zum anderen sind bei einem Kurzschluss der Grundwasserleiter, wenn sie unterschiedliche Druckpotentiale aufweisen, hydraulische Veränderungen nicht auszuschließen, d. h. Veränderung von Wasserständen bis hin zu Trockenfallen von Quellen und dgl. Aus diesem Grund sollten bei Anfahren verschiedener grundwasserführender Horizonte die Wasserstände gemessen und bei deutlich unterschiedlichen hydraulischen Potentialen eine geeignete Absperrung vorgenommen werden.

Grundsätzlich kann es natürlich durch den Bohrvorgang, wie bei jeder anderen Bohrung auch, zu Trübungen, chemischen oder mikrobiologischen Verunreinigungen des Grundwassers kommen. Dies ist insbesondere dann von Belang, wenn in der Nähe Trinkwasserbrunnen, Eigenwasserversorgungen oder Mineralwasser- und Thermalwassererschließungen positioniert sind. Erfahrene Bohrfirmen sollten jedoch über diese Sachverhalte und die rechtlichen Rahmenbedingungen orientiert und in der Lage sein, die notwendigen Arbeiten so auszuführen, dass derartige Beeinflussungen bei Einhaltung festgelegter Entfernungen nicht entstehen.

## 6.6 Bau von Erdwärmesonden mit Überlänge

Bei Erdwärmesonden, die deutlich tiefer als 150 m abgeteuft werden sollen, ist entweder ein Spezialsondenmaterial, das den höheren Druck und die höhere Beanspruchung bei klassischem Einbau aushält, erforderlich oder es ist eine spezielle Vorgehensweise beim Einbau der Sonde notwendig, damit die Sonde keinen Schaden nimmt. Da das Spezialsondenmaterial für überlange Erdsonden wesentlich dicker ist, verfügt die Erdsonde über einen wesentlich größeren thermischen Bohrlochwiderstand (Abschn. 6.3), der letztlich auf Kosten der Effizienz der Anlage geht, so dass daher gerne auf die Verwendung dieses Materials verzichtet wird. Für den Einbau von Sonden mit den klassischen Rohrwanddicken ist ein etwas aufwändigeres Verfahren zum Einbringen der Sonden notwendig, um die Druckstabilität der Sondenrohre nicht zu gefährden. Sonden über 300 m Länge aus herkömmlichem Material mit traditioneller Wandstärke sollten jedoch nicht eingebaut werden.

Bei überlangen Erdwärmesonden ab 150 m Tiefe empfiehlt es sich, als Sondenmaterial entweder ein PE-Rc-Rohr oder vernetztes Polyethylen (PE-X) zu verwenden, da nur diese Rohrmaterialien beständig gegen Risswachstum sind. Die Rohre sind für einen Druck von 15 bar bzw. 16 bar – bei mindestens 50 Jahre Prüfdauer – ausgelegt.

Als maßgebliche und systemrelevante Druckbeaufschlagung für das Sondenrohr ist der Differenzdruck zwischen Außendruck und Innendruck (+ dem Systemdruck der geothermischen Anlage) zu sehen. Bei geothermischen Anlagen ab 150 m Tiefe ist auf diesen Umstand besonderes Augenmerk zu legen. Der Systemdruck beträgt im Betrieb zwischen 1,0 und 2,5 bar.

Das Hinterfüllmaterial einer Erdwärmesonde hat eine Dichte ($\rho_V$) zwischen 1,4–1,9·$10^3$ kg/m$^3$; die Dichte des Wärmeträgermediums ($\rho_w$) ist deutlich niedriger und liegt bei 1,0·$10^3$ kg/m$^3$. Daher begrenzt der hydrostatische Druckunterschied zwischen flüssigkeitsbefüllter Sonde und der flüssigen Verpresssuspension die maximal mögliche Sondentiefe.

Beispielsweise ergibt sich bei einer Dichte der Verpresssuspension von $\rho_V$ = 1,8·$10^3$ kg/m$^3$ am Sondenfuß einer mit Wasser gefüllten 200 m tiefen Sonde bereits ein Druckunterschied von 16 bar (= 16·$10^5$ Pa).

Dies ergibt sich aus:

$$(\rho_v - \rho_w) \cdot 9,81 \text{ m s}^{-2} \cdot 200 \text{ m} = 16 \cdot 10^5 \text{ Pa} \qquad (6.4)$$

Dimension: 1 Pa = $10^5$ bar = 1 kg / (m s$^2$)

Bei der in diesem Fall angenommenen Dichte der Verpresssuspension von $\rho_V$ = 1,8·$10^3$ kg/m$^3$ ist der qualitätsgesicherte Einbau einer Erdwärmesonde über 200 m Tiefe in der Baustellenpraxis nicht mehr möglich.

Die maximal mögliche Einbautiefe ($T_{max}$) einer Erdwärmesonde wird bei einer vorgegebenen Dichte der Verpresssuspension durch den folgenden Zusammenhang begrenzt:

$$T_{max} = 15 \cdot 10^5 \text{ Pa}/[(\rho_v - \rho_w) \cdot 9,81 \text{ m s}^{-2}] \qquad (6.5)$$

Die Einbring- und Einbauverfahren überlanger Erdwärmesonden sind von der vorgesehenen Tiefe und dem im Bohrloch angetroffenen Wasserstand abhängig.

Ist das Bohrloch nahezu vollständig mit Wasser gefüllt, muss die Sonde bereits auf der Haspel mit Wasser gefüllt und in diesem Zustand eingebracht werden. Die Dichte des vorgesehenen Hinterfüllmaterials muss auf die Tiefe der Erdwärmesonde abgestimmt werden (Gl. 6.5). So ergibt sich z. B. für eine 400 m tiefe Erdwärmesonde eine maximale Dichte des Hinterfüllmaterials von $\rho_V = 1{,}375 \cdot 10^3$ kg/m$^3$. Diese Überlegungen sind in die sonstigen Anforderungen an die Hinterfüllung zu integrieren (Abschn. 6.5).

Liegt jedoch der Wasserstand im Bohrloch unterhalb von 150 m u.Gel., so sollten nur Erdsonden bis zu einer maximalen Tiefe von 300 m errichtet werden. Die Errichtung tieferer Sonden ist zwar prinzipiell möglich, kann jedoch unter den üblichen Baustellenbedingungen nicht qualitätsgesichert gewährleistet werden, da sich der Aufwand für den qualitätsgesicherten Einbau von Erdwärmesonden unter diesen Bedingungen deutlich komplizierter gestaltet als bei höher anstehendem Wasser. Der qualitätsgesicherte Ausbau völlig trockener Bohrlöcher ist genauso kompliziert und aufwändig.

Hinzu kommt, dass bei den typischerweise verwendeten Erdwärmesondenrohren mit Durchmesser 32 mm ab einer Länge von 130 m die Druckverluste für die Zirkulation des Wärmeträgermediums sehr hoch sind, so dass sie kaum noch wirtschaftlich betrieben werden können.

## 6.7 Potentielle Risiken, Fehler und Schäden bei Erdwärmesonden

Erdwärmesondenanlagen sind ein etabliertes System zum Heizen und Kühlen von Gebäuden. Solche Anlagen benötigen eine fachgerechte Dimensionierung und Bauausführung. Eine nicht sachgerechte Vorgehensweise führt in aller Regel zu einem Schadensfall. In der Schweiz wurde daher für alle an der Planung, Installation bis hin zum Betrieb der Erdwärmesonde Beteiligten zur Schadensminimierung ein Fehlerkatalog von offizieller Seite aufgestellt (Basetti et al. 2006). In der Schweiz und in SW-Deutschland wurde für besonders problematische Fälle zudem die Institutionen „Wärmepumpendoktor" geschaffen. Daneben gibt es verschiedene Einzelpublikationen über Schadensfälle (Greber et al. 1995, Wyss 2001). Auf Gefahren beim Bohren und entsprechende Präventionsmaßnahmen wurde bereits in Abschn. 6.4.3 hingewiesen.

Insbesondere bei zu hohem Wärmeentzug aus der Erdwärmesonde kommt es in der Regel zu Gefriererscheinungen um die Erdwärmesonde, die Leistung der Anlage verschlechtert sich zusehends und führt im Extremfall zum vollständigen Versagen der Heizungsanlage.

Schadensfälle können aber beispielsweise auch durch eine zu lange Laufzeit der Wärmepumpe infolge schlechter Steuerung der Wärmepumpen-Erdwärmesonden-Anlage und/oder schlechter Kopplung mit der Wärmedistributionsanlage entstehen.

Häufig entstehen Fehler und damit spätere Schäden an Erdwärmesonden bereits in der Planungsphase, wenn beispielsweise der Wärmebedarf des Gebäudes fehlerhaft bestimmt wurde, die ganzjährig notwendige Warmwasseraufbereitung nicht einbezogen wurde oder wenn bei der Auslegung der Sonde keine adäquaten thermischen Parameter des Untergrundes verwendet wurden, wenn die Erdwärmesonde unterdimensioniert, d. h. zu kurz bemessen wurde, oder wenn die gegenseitige Beeinflussung von Erdwärmesonden vernachlässigt wurde. Aber auch bei der Installation und in Betriebnahme können beispielsweise bei fehlerhafter Regelung der Wärmepumpe oder Hydraulik Schäden an der Erdwärmesonden-Heizung entstehen, genauso, wenn später in der Betriebsphase vom Bauherrn zusätzliche Bauten oder Anlagen mitbeheizt werden, für die die Sonde nicht ausgelegt wurde, also der Wärmebedarf erhöht wurde.

Während der Bauphase ist auf eine korrekt eingebrachte Hinterfüllung zu achten. Fehlt die Hinterfüllung, ist sie unvollständig oder wurde die Hinterfüllung mit Aushubmaterial oder ungeeignetem Hinterfüllmaterial vorgenommen (Abschn. 6.5), so besteht zum einen eine Gefahr für den Grundwasserschutz. Zum anderen ist die Stabilität der Erdsonde gefährdet, und es ist mit einer schlechten Entzugsleistung zurechnen verbunden mit einem Betrieb der Sonde im Gefrierbereich.

Wird eine Erdwärmesonde mehrfach in den Gefrierbereich gefahren oder im Gefrierbereich betrieben, so können Schäden an der Sonde, der Hinterfüllung und dem umgebenden Boden entstehen, da es zur Eisbildung an den Rohraußenwänden, in der Hinterfüllung und im anschließenden Erdreich kommt. Infolge Frost-Tau-Wechsel entstehen zunehmend Risse mit Eisbildung in der Hinterfüllung und im Erdreich, bevorzugt in den Material-Grenzbereichen, d. h. zwischen Sonde und Hinterfüllung einerseits sowie Hinterfüllung und Erdreich andrerseits. Die Risse werden dadurch zunehmend vergrößert. Durch die Eisbildung wird auch das Hinterfüllmaterial um die Erdwärmesonde zunehmend verdrängt, so dass ihre Funktion als Abdichtung im Hinblick auf den Grundwasserschutz nicht mehr gegeben ist. Durch die Eisbildung ist im Winter mit Bodenhebungen im gesamten Umfeld der Sonde ist zu rechnen. Nach dem Auftauen kann das Erdreich im Sommer durch einen lokalen Grundbruch plötzlich durchbrechen und es bilden sich Senken (Trichterbildung um die Erdsonde, Setzungen im Zuleitungsbereich). Weitere Schäden im Umfeld der Erdwärmesonde entwickeln sich. Außerdem steigt der Strombedarf der Erdwärmesonde-Anlage zunehmend. Der Grundwasserschutz ist nicht mehr gewährleistet.

Allerdings muss es nicht immer zu den an der Erdoberfläche sichtbaren Schäden (Hebungen, Senkungen) kommen. Oft wird ein „Schaden" erst sichtbar durch eine Beeinträchtigung des Leistungsvermögens. Im Extremfall kann es auch zu einem totalen Ausfall kommen.

Werden die mit der Erdwärmesonde angetroffenen Schichten oder tiefe Grundwasserstände nicht oder nur unzureichend für die Auslegung berücksichtigt, besteht ebenfalls die Gefahr, dass die Erdwärmesonde zu kurz ausgeführt wurde und die Anlage damit in den Gefrierbereich gefahren wird, mit allen negativen Folgen.

Bei nicht sach- und fachgerechtem Umgang beim Abteufen von Bohrungen und den dabei möglicherweise verbundenen Bohrrisiken, können ebenfalls gravierende Schäden auch im weiteren Umfeld um die Sondenbohrung herum entstehen (Abschn. 6.4.3). Das Thema Bohrrisiko betrifft jedoch alle Bohrungen, ist daher nicht ein ausschließliches Erdwärmesondenproblem.

Schäden am Sondenmaterial können durch gewaltsames Einbringen ins Bohrloch entstehen, insbesondere dann, wenn das Bohrloch zu eng ist oder das Gebirge nicht standfest ist.

Erfolgt der Sondeneinbau im Winter ohne, dass die Sonde zuvor erwärmt wurde, so ist der Einbau wegen des relativ unflexiblen Sondenmaterials sehr schwierig. Häufig entstehen Schäden am Sondenmaterial, so dass beim späteren Betrieb in der Sonde Leckagen auftreten.

Falls die Erdwärmesonde zum Heizen und Kühlen verwendet werden soll bzw. auch zum Einspeisen von Wärme im Sommer, bspw. aus einer solarthermischen Anlage, ist zu beachten, dass das klassische Sondenmaterial bei Temperaturen über 30–40 °C Schaden nimmt. Für derartige Anwendungen können nur Sonden aus hochdruckvernetztem Polyethylen (PEX-Rohre) eingebaut werden.

Bei Erdwärmesonden, die deutlich tiefer als 150 m abgeteuft werden sollen, ist entweder ein Spezialsondenmaterial, das den höheren Druck und die höhere Beanspruchung bei klassischem Einbau aushält, erforderlich oder es ist eine spezielle Vorgehensweise beim Einbau der Sonde notwendig, damit die Sonde keinen Schaden nimmt (Abschn. 6.6).

## 6.8 Spezielle Nutzungssysteme und Weiterentwicklungen

Benutzt man eine Erdwärmesonde in Verbindung mit einer Wärmepumpe, um ein Gebäude zu beheizen, spricht man von einem **monovalenten Heizsystem**. Man nutzt also nur einen Energieträger. Werden mehrere Erdwärmesonden nebeneinander abgeteuft, um einem größeren Energiebedarf im Objektbereich abzudecken, so spricht man von einem **Erdwärmesondenfeld**.

Werden mehrere EWS für ein Objekt benötigt, muss deren gegenseitige Beeinflussung berücksichtigt werden. Je mehr EWS in einem bestimmten Erdvolumen eingebracht werden, umso geringer ist das nutzbare Speichervolumen. Ohne entsprechenden Bewirtschaftungsplan kann mit der Zeit die Temperatur im Untergrund immer weiter absinken. Zur Bemessung der Auslegung dieser Anlagen müssen deshalb adäquate Berechnungsverfahren verwendet werden.

Häufig werden Erdwärmesonden-Felder nicht nur zum Heizen sondern auch zum Kühlen betrieben. Jedoch kann auch mit einer einzelnen Erdsonde gekühlt werden. In den letzten Jahren hat sich auch eine Kombination von Erdwärmesonden mit der Solarthermie zu einer sogenannten **bivalente Heizanlage** entwickelt, bei der dann zwei Heizquellen genutzt werden.

Eine weitere Neuentwicklung sind Sonden, die den Phasenwechsel eines Kältemittels benutzen (Abschn. 6.8.5).

Mit der ständigen Weiterentwicklung des Nutzungssystems Erdwärmesonde steigt auch der Bedarf, die Güte und die fachgerechte Ausführung von Erdwärmesonden zu kontrollieren, d. h. diese vermessen zu können (Abschn. 6.8.4).

Bei diesen speziellen Nutzungssystemen dürfen ggf. vorhandene und für andere Zwecke vorgehaltene Grundwasserleiter nicht zu stark erwärmt oder abgekühlt werden, da dies zu nachhaltigen Veränderungen der chemischen und mikrobiologischen Beschaffenheit des Grundwassers führen kann (Schippers & Reichling 2006).

### *6.8.1 Erdwärmesonden-Felder*

Im Objektbereich reichen ein oder zwei Erdsonden nicht mehr aus, um den hier erforderlichen Wärmebedarf abdecken zu können. Es sind in aller Regel sehr viel mehr Erdsonden erforderlich. Anders als im Wohnungssektor spielen im Objektbereich in aller Regel auch Fragen der Klimatisierung, der Kühlung, der Nutzung von Prozesswärme und auch die Nutzung verschiedener erneuerbarer Energien, etwa der Sonnenenergie, von Biomasse oder geothermischer Energie eine Rolle (Abschn. 6.8.2 und 6.8.3). Daneben können Anlagen zur Kraft-Wärme-Kopplung eingebunden werden. Um diesen vielfältigen Spezifikationen und Einzelprofilen gerecht zu werden und die einzelnen Anlagentechniken sinnvoll und richtig einzusetzen und miteinander zu kombinieren, ist die Erstellung eines **Gesamtenergiekonzeptes** unerlässlich. Für Kurzzeitspeicherung sind jedoch Erdsonden wegen der langen Zeitkonstanten nicht die geeigneten Instrumente.

Von Erdwärmesondenfeldern kann man dann sprechen, wenn mehr als 5 Erdsonden in räumlichem Zusammenhang errichtet werden. Für Erdwärmesondenfelder, die zusätzlich die Aufgabe von saisonalen Wärmespeichern aus der Solarthermie (Abschn. 6.8.3) oder dem Kühlbedarf von Gebäuden (Abschn. 6.8.2) übernehmen, können je nach Auslegung um die 100 in unmittelbarem räumlichen Zusammenhang befindliche Erdsonden errichtet werden. Dort wird im Sommer anfallende Solarwärme in den Untergrund eingespeichert und während der darauf folgenden Heizperiode über eine Wärmepumpe wieder entnommen.

Grundsätzlich müssen der Bau und Betrieb von Erdsondenfeldern speziellen Anforderungen genügen. Für die Auslegung größerer Erdsondenfelder als Wärmesenke oder Wärmequelle ist die Kenntnis der thermischen und hydrogeologischen Eigenschaften des Untergrundes unerlässlich. Dies erfordert das Abteufen und die Erfassung der thermischen und hydrogeologischen Kenngrößen an einer oder mehreren Mustersonden an der vorgesehenen Baustelle. Dafür ist eine detaillierte geologische Aufnahme der Bohrung unerlässlich. Falls Grundwasser führende Schichten angetroffen wurden ist der Wasserstand, die Durchlässigkeit sowie bautechnisch wichtige hydrochemische Parameter (sulfatbeständige Materialien) zu ermitteln. Außerdem sollten die thermischen Eigenschaften des Untergrundes in ausgewählten Erdsonden mittels Thermal-Response-Tests (Abschn. 6.3.2) sowie die Temperaturen im Erdreich erfasst werden. Entscheidend sind ebenfalls die klimatischen Verhältnisse vor Ort.

6.8 Spezielle Nutzungssysteme und Weiterentwicklungen

Von Erdwärmesondenfeldern, insbesondere wenn sie sich in Grundwasserleitern befinden und auch zur Einspeisung von Wärme oder Kälte in den Untergrund genutzt werden (Abschn. 6.8.2 und 6.8.3), können beträchtliche thermische Auswirkung mit signifikanten Kälte- und Wärmefahnen resultieren. Die dadurch hervorgerufenen Temperaturänderungen können zu lokalen chemischen und biologischen Veränderungen führen. Beispielsweise kann es bei einer signifikanten Temperaturzunahme zu einer Erhöhung der bakteriellen Aktivität im Untergrund kommen, die durch weitergehende Abbau- und Umwandlungsprozesse im Grundwasserraum zusätzlich eine Veränderung der Hydrochemie bewirken kann. Auch können Unterdimensionierungen von einem Sondenfeld im Grundwasser zu so genannten Eisbarrieren führen.

Die Wärmespeicherung im Grundwasser führt zu Veränderungen der geochemischen Eigenschaften des Untergrundes durch Veränderung der Lösungsgleichgewichte der mineralischen Komponenten. Dadurch können Minerale ausfallen, andere verstärkt in Lösung gehen. Verstärkte Ausfällungen treten dann auf, wenn zusätzlich Sauerstoff ins Wasser gelangt. Anhand von Modellierungen und Laborversuchen konnte beispielsweise in quartären Sanden NW-Deutschlands von Arning et al. (2006) gezeigt werden, dass bei Temperaturabsenkungen von 10°C auf 2°C verstärkte Fällungen von Illit und amorpher Kieselsäure bei gleichzeitiger Lösung von Kalifeldspat und Albit auftraten. Bei einem Temperaturanstieg im Grundwasser ist mit Kalzitausfällungen zu rechnen. Prognosen geochemischer Auswirkungen bei Temperaturveränderungen können beispielsweise mit dem Computerprogramm PHREEQC (Parkhurst & Appelo 1999) erstellt werden (Abschn. 14.3).

Diese geochemischen und physikalischen Vorgänge stehen über die Veränderung des Mikroklimas in Wechselwirkung mit mikrobiologischen Prozessen. Dabei können Mikroorganismen in ihrer Populationsdichte grundsätzlich stark verändert werden. Bei einem Hochtemperaturspeicher besteht die Gefahr, dass sich bei ausreichendem Nahrungsdargebot zunächst thermophile, dann mesophile Keime – von innen nach außen – entwickeln, wobei die ursprüngliche Biomasse zuerst abgetötet wird. Bisher konnten diesbezüglich jedoch nur sehr lokale, keine überregionalen Auswirkungen festgestellt werden (Ruck et al. 1990).

In verschiedenen Ländern werden daher zur Vermeidung bzw. Minimierung der vorstehend beschriebenen potentiellen Auswirkungen Auflagen für die thermischen Beeinflussungen auf den Untergrund oder den Grundwasserleiter erteilt, wie z. B. dass bis in eine Entfernung von 10 m die Temperaturbeeinflussung im Aquifer nicht größer als 5°C und bis 50 m nicht größer als 2°C sein darf.

## *6.8.2 Erdsonden und Kühlung*

Speziell im Objektbereich stellen sich beim Planungsprozess Fragen der Klimatisierung oder der Temperierung. Aber selbst im Wohnungssektor kann diese Frage inzwischen vor dem Hintergrund der klimatischen Entwicklung zunehmende Bedeutung erlangen. Erdsonden sind durch die moderate Temperatur von etwa

10–12°C im umgebenden Bodenkörper durchaus dafür geeignet, Kühlungsaufgaben zu übernehmen. In Verbindung mit einer Heizanlage können sich dadurch interessante Synergieeffekte ergeben.

Im Sommer anfallende Wärmeenergie lässt sich über Erdsonden in den Untergrund einbringen. Das kann sommerlich erhöhte Raumtemperatur sein, aber auch überschüssige Wärmeenergie aus Anlagen oder Fertigungsprozessen, wie etwa die Wärme, die bei der Kühlung von EDV-Anlagen anfällt. Die sommerliche Einspeicherung von Wärmeenergie in den Untergrund trägt auch zu einer rascheren thermischen Regeneration des die Erdsonde umgebenden Bodenkörpers bei, der in der winterlichen Heizperiode ausgekühlt wurde.

Durch den Betrieb der geothermischen Heizanlage wird mit den Erdwärmesonden im Winter dem Untergrund Wärme entzogen. Der Untergrund um die Sonde ist am Ende der Heizperiode um einige Grad abgekühlt. Soll das Gebäude im Früh-Sommer und Sommer gekühlt werden, so kann dies zunächst allein durch das kalte Wasserträgermedium in den Erdwärmesonden erfolgen, das für die Gebäudekühlung erwärmt über die Erdsonde wieder in die Tiefe gelangt. Dabei heizt sich der Untergrund wieder langsam auf. Später im Sommer wird es dann notwendig, die Wärmepumpe als Kältemaschine zu betreiben, um die aus dem Gebäude abgeführte Wärme in den Untergrund abzuführen. Der Untergrund erwärmt sich dadurch stetig. Für einen derartigen Betrieb sind **umschaltbare Wärmepumpen** erforderlich, die Kühlen und Heizen können.

Erdsonden können jedoch auch ausschließlich für Kühlzwecke genutzt werden. Dabei ist in Sinne der Nachhaltigkeit der Anlage darauf zu achten, dass die eingespeicherte Wärmeenergie während der Stillstandszeit, bspw. im Winter, abgeführt werden kann. Dies geschieht innerhalb von Aquiferen überwiegend konvektiv aber auch konduktiv durch die Wärmeleitung des Untergrundes. Problematisch kann es dann werden, wenn die Sonde im Untergrund ausschließlich von tonigem oder bindigem Material umgeben ist.

### 6.8.3 Kombination Solarthermie/Erdwärmesonden

Durch die Kombination von solarer Wärme mit Erdsonden ergeben sich bemerkenswerte Synergieeffekte. Im Sommer, wenn solare Energie in großem Umfang zur Verfügung steht, wird keine Heizenergie benötigt. Solarenergie wird daher bisher in größerem Umfang nur zur Warmwasserbereitung eingesetzt. Bei einer richtig dimensionierten Solaranlage kann man dann praktisch während des ganzen Sommers den Heizkessel ausschalten, denn die Solaranlage stellt genügend Heizwärme für das Warmwasser bereit.

Um Solaranlagen auch zur Wohnraumbeheizung effizient einsetzen zu können, benötigt man einen Langzeitwärmespeicher. Er ermöglicht es, die im Sommer reichlich zur Verfügung stehende solare Wärme zu speichern und dann während der Heizperiode nutzbar zu machen. Erdsonden können diese Aufgabe übernehmen. Wenn geeignete geologische Untergrundbedingungen vorliegen und die ggf. erforderlichen Umweltaspekte eingehalten werden, ist eine derartige Kombination von Solartechnik und oberflächennaher Geothermie ein sehr effizientes Heizsystem.

Ein weiterer, sehr wichtiger Vorteil dieser Kombination zweier Techniken zur Nutzung erneuerbarer Energien ist darin zu sehen, dass mit der Einspeisung solarer Wärme in die Erdsonde eine schnellere Regeneration der Erdsonde erfolgt. Während der Heizperiode wird über die Erdsonde dem sie umgebenden Bodenkörper kontinuierlich Wärmeenergie entzogen, die aus dem Untergrund in den Sommermonaten wieder regeneriert wird. Mit einer Solaranlage kann der Prozess der natürlichen thermischen Regeneration des Bodenkörpers um die Erdsonde nach dem Ende der Heizperiode beschleunigt werden. Der Sommer, wenn die Solaranlage deutlich mehr Energie zur Verfügung stellt als zur täglichen Warmwasserbereitung erforderlich ist, ist die entscheidende Phase, um die natürliche thermische Regeneration des Bodenkörpers zu unterstützen. Vor Beginn der Heizperiode macht es Sinn, die Temperatur des Bodenkörpers um die Erdsonde noch über das dort natürlich vorhandene Temperaturniveau hinaus zu erhöhen. Man benutzt den Bodenkörper um die Erdsonde als Wärmespeicher. Mit Beginn der Heizperiode findet die Wärmepumpe dann sehr gute Startbedingungen vor. Dadurch entsteht über das Jahr eine deutliche Verbesserung der Effizienz des Wärmepumpenbetriebs, was sich in einer signifikanten Erhöhung der Jahresarbeitszahl niederschlägt. Beim Betrieb der Wärmepumpe mit Strom ist dies ein wichtiger wirtschaftlicher Gesichtspunkt.

Wird Energie im Untergrund eingespeichert, muss beachtet werden, dass die normalen PE-100 Erdsonden für den Betrieb mit erhöhter Temperatur (> 30°C) keine ausreichende Langzeitbeständigkeit haben (Abschn. 6.7).

In sehr vielen Ländern gibt es für Grundwasserleiter die Vorgabe, dass die Temperaturen aus bakteriologischen und mikrobiologischen Gründen dauerhaft nicht über 20°C liegen dürfen.

Eine weitere Anwendung ist die der saisonalen Wärmespeicherung in einem Hochtemperatur-Wärmespeicher, der aus z.T. mehreren 100 einzelnen Erdwärmesonden bestehen kann. Derartige Hochtemperatur-Erdwärmespeicher werden von großen thermischen Solaranlagen über die Sommermonate mit solar erzeugter Wärme auf ein Temperaturniveau von bis etwa 90°C erwärmt und unterstützen so in der Heizperiode die Wärmeversorgung der über ein Nahwärmenetz angeschlossenen Gebäude. Im langjährigen Betrieb können damit rund 50% des Wärmebedarfs der Verbraucher mit erneuerbaren Energien gedeckt werden (Schmidt et al. 2003). Bei einem **Erdsonden-Wärmespeicher** werden Sonden in großer Zahl und Dichte (Sondenabstand 1,5–4 m) erstellt und zur Oberfläche hin wärmegedämmt. Um ein möglichst gutes Verhältnis zwischen Speicheroberfläche und –volumen zu erreichen, sollten die Sonden möglichst im Kreis angeordnet werden und nicht allzu tief sein. Zum Beladen des Speichers durchströmt ein Wärmeträgerfluid die Sonden nacheinander vom Kreisinnern nach außen, um eine optimale Temperaturverteilung zu erreichen. Beim Entladen wird die Strömungsrichtung umgekehrt.

### 6.8.4 Vermessung von Erdwärmesonden

Trotz der großen Anzahl an realisierten Erdwärmesondenanlagen bleiben bislang einige Fragestellungen ungeklärt. So z.B. die Fragestellung nach der Qualität und Dauerhaftigkeit der Hinterfüllung im Bohrloch hinsichtlich hydraulischer

Abdichtung und thermischer Leistungsfähigkeit der Erdsonde oder nach dem tatsächlichen Verlauf einzelner Sondenrohre in der Tiefe.

In diesem Zusammenhang sind Messverfahren wünschenswert und notwendig, die eine in-situ Vermessung von Erdwärmesonden mit Rückschluss auf die Qualität der Hinterfüllung erlauben. Ein Problem stellen dabei der kleine Durchmesser der Erdwärmesonde und der gewundene Verlauf der Sondenstränge dar. Die meisten Erdwärmesonden haben einen Durchmesser von 32 mm. Daher sind die üblichen geophysikalischen Bohrlochmessverfahren, die in Brunnen oder Grundwassermessstellen eingesetzt werden, nicht verwendbar. In jüngster Zeit wurden und werden daher Messgeräte entwickelt, die in den kleinen Sonden-Durchmessern funktionsfähig sind (Riegger 2011).

Eine Kontrolle der Verfüllqualität ist grundsätzlich bislang nur schwer möglich. Das Problem bei sämtlichen Messungen besteht neben den kleinen Durchmessern der Sondenrohre darin, dass sich in der näheren und weiteren Umgebung zur gerade vermessenen Sonde weitere Sondenrohre befinden, so dass es dadurch schwierig ist, zwischen Hohlräumen infolge nahe gelegener Sondenrohre und auf Grund von fehlender Hinterfüllung zu differenzieren. Neben den Erdsondenrohren befindet sich zusätzlich i.d.R. der Verfüllschlauch. Erschwerend kommt hinzu, dass sich die Raumlage der Sondenrohre und des Verfüllschlauchs zwischen zentraler Lage im Bohrloch und Lage direkt an der Bohrlochwandung auf kürzester Distanz stark ändern kann. Letzteres ist eine Frage der Funktionalität der Abstandshalter und Zentrierhilfen sowie des Abstands, mit dem sie eingebaut wurden. Als Lösung für die Interpretation der Bohrlochmessung käme daher eigentlich nur in Frage, zunächst in allen Sondenrohren die Raumlage zu erfassen, um danach ggf. die Messungen in den einzelnen Sondensträngen richtig interpretieren zu können, wobei die Messung in allen Sondenrohren zwingend notwendig ist.

Derzeit gibt es für 32-er U-Rohrsonden einen **kabellosen Minidatenlogger (Bohrlochsonde) NIMO-T,** auch „Fisch" genannt, mit dem die Temperatur und der Druck in einer Erdwärmesonde gemessen werden kann, so dass damit die Temperatur in Abhängigkeit von der Tiefe (Temperaturlog) aufgezeichnet werden kann (Abb. 6.17). Der kabellose Minidatenlogger dient der kabellosen Aufnahme von

**Abb. 6.17** Kabelloser Minidatenlogger für Temperaturmessungen

## 6.8 Spezielle Nutzungssysteme und Weiterentwicklungen

Temperaturprofilen in fertig erstellten aber noch nicht in Betrieb genommenen Erdwärmesonden. Der Minidatenlogger hat einen Durchmesser von 23 mm und eine Länge von 219 mm. Da der Innendurchmesser einer 32-er U-Sonde 26 mm beträgt, ist es manchmal schwierig die Sonde „einzufädeln". Die Sonde sinkt in einem Erdwärmesondenrohr durch das abgeglichene Eigengewicht mit einer Geschwindigkeit von etwa 0,1 m/s zum Sondenfuß und zeichnet dabei den Druck und die Temperatur auf. Durch die Möglichkeit das spezifische Gewicht des Datenloggers zu verändern, kann die Sinkgeschwindigkeit den Erfordernissen angepasst werden. Der Druck entspricht der Tiefe. Das Bergen der Sonde erfolgt durch Herausspülen mit Wasser vom anderen Ende des U-Rohres her. Dadurch ist eine Wiederholungsmessung des ungestörten Temperaturverlaufes nicht sofort möglich. Das Auslesen und die Weiterverarbeitung der Messresultate können direkt nach der Bergung der Sonde mit einem Laptop vor Ort erfolgen. Die Sonde ist bis 350 m Tiefe einsatzfähig. Die Temperaturauflösung beträgt 0.0015°C (Forrer et al. 2008).

Daneben existiert eine **faseroptische Temperaturmessung** in der Vertikalen über Glasfaserkabel, wobei die Glasfaserkabel entweder bereits beim Einbau der Sonde außen an der Sonde oder nach Einbau innen in der Sonde verlaufen. Echte Temperaturmessungen erfolgen hier etwa alle 0,5 m, dazwischen wird interpoliert. Optische Fasern wirken auf Grund ihrer spezifischen Eigenschaften als thermische Sensoren und ermöglichen eine zeitgleiche Temperaturmessung mit hoher Orts- und Temperaturauflösung über ihre gesamte Länge. Der Übergang von Messungen mit Temperaturfühlern an diskreten Punkten zu einer verteilten Sensorik mit zeitgleichen Messungen war ein großer Fortschritt in der Temperaturmesstechnik (Hurtig et al. 1997). Dadurch, dass das Temperatursensorkabel mit dem Einbau der Erdsondenrohre eingebracht und dadurch permanent installiert werden kann, kann die vertikale Temperaturverteilung zu jedem beliebigen Zeitpunkt oder sogar kontinuierlich abgerufen werden. Die faseroptische Temperaturmessung kann daher in idealer Weise mit einem Thermal Response Test kombiniert werden, so dass entlang der Bohrlochachse schichtgebundene Wärmeleitfähigkeiten ermittelt werden können und so auf Defekte der Hinterfüllung geschlossen werden kann. Die faseroptische Temperaturmessung erlaubt außerdem eine Überwachung des Verpressvorgangs von Erdwärmesondenbohrungen während und unmittelbar nach Abschluss der Verpressarbeiten.

Neu entwickelt wurde auch eine **Temperatursonde** mit 18 mm Sondendurchmesser, die an einem Kabel in die Sonde hinabgelassen und wieder emporgezogen werden kann (Abb. 6.19a). Die Sonde kann damit auch dazu benutzt werden, um die Abbindung der Hinterfüllung zu kontrollieren.

Aus Störungen (Peaks) in vertikalen Temperaturprofilen (Abb. 6.18) können eventuell Hinweise auf Leckagen, auf Wasserumläufigkeiten, und damit auf eine unvollständige Hinterfüllung, gewonnen werden. Allerdings ist dies anders als bei der faseroptischen Temperaturmessung nur dann möglich, wenn an den Leckagestellen Wässer auf- oder absteigen oder anders temperierte Wässer zuströmen. Für die Entstehung einer vertikalen Fließbewegung ist eine unterschiedliche Potentialverteilung in einzelnen Wasser führenden Stockwerken erforderlich. Leckagen ohne ausreichende vertikale Wasserbewegung können mit der Temperatursonde nur in Ausnahmefällen detektiert werden.

**Abb. 6.18** Beispiel für ein gestörtes Temperaturprofil mit Hinweisen auf stärkere und schwächere Wasserzutritte (Pfeile)

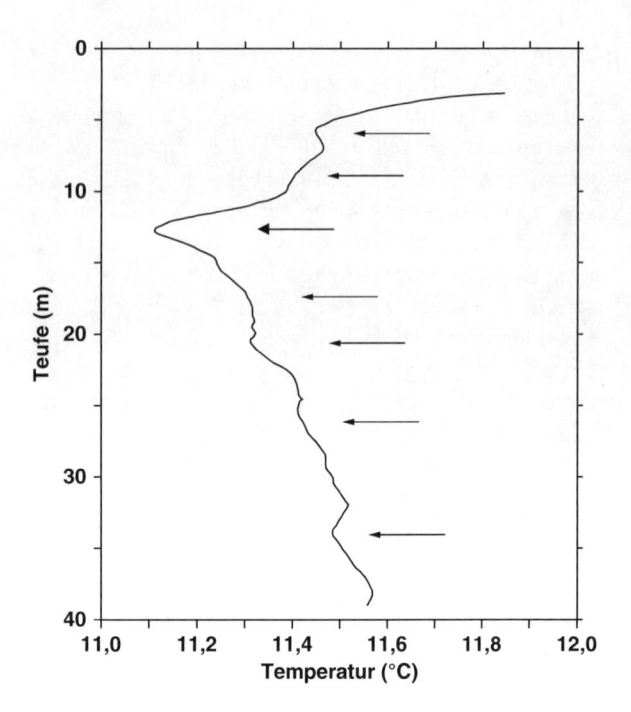

Mit derselben Sonde, mit der der Temperaturverlauf in der Erdwärmesonde an einem Kabel gemessen wird, kann auch die natürliche Gamma-Strahlung in den Erdwärmesonden gemessen werden (Abb. 6.19a, b). Zwischen den einzelnen Segmenten des Sondenkörpers sind flexible Verbindungen, so dass der Sondenstrang den sich windenden Erdsondenrohren folgen kann. Falls das Hinterfüllmaterial mit einem strahlenden Medium markiert ist, könnte mit der **Gamma-Sonde** analog zu klassischen Bohrlochmessungen in Brunnen (Kap. 12) die Hinterfüllung kontrolliert werden (Baumann 2008). Derzeit sind erste markierte Hinterfüllmaterialien probeweise im Einsatz. Wie bereits angesprochen, superponiert das Vorhandensein der drei weiteren Erdwärmesondenrohre die Messdaten und erschwert damit die Auswertung; hinzu kommt die unterschiedliche Raumlage der Sondenstränge im Bohrloch. Für den Einsatz markierten Hinterfüllmaterials kann es rechtliche Einschränkungen geben.

Außerdem existiert auf derselben Sonde die Möglichkeit einer **Verlaufsmessung** in den Erdsonden auf der Basis eines Magneten (Abb. 6.19a). Ein 3-Achs Neigungs- und Richtungssensor dient der Bestimmung der relativen Raumlage. Zur Ermittlung der Neigung von Erdwärmesonden gibt es daneben auch noch eine sogenannte **fexible Inklinometerkette**, mit der der tatsächliche räumliche Verlauf einer Erdwärmesonde festgestellt werden kann. Die maximale Länge ist allerdings auf 100 m begrenzt und der Durchmesser beträgt 27 mm, so dass die Inklinometerkette somit in eine klassische Erdwärmesonde passt. Die Messgenauigkeit liegt bei 0,001 Grad. Erste Versuche lassen jedoch erkennen, dass die Erdwärmesonden meist zu

**Abb. 6.19a**
Geophysikalisches Tool zur
Vermessung von
Erdwärmesonden

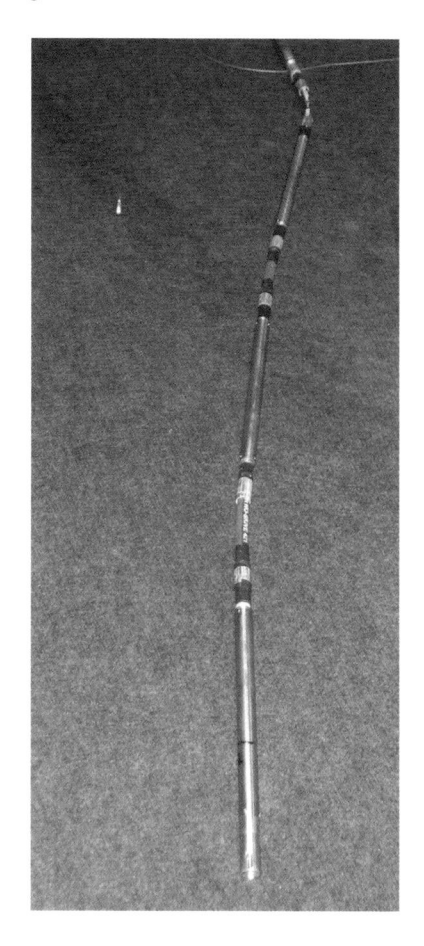

stark in sich verdrillt sind, so dass die Inklinometerkette meist nicht vollständig in die Sonden eingebracht werden konnte.

Neu entwickelt wurde eine **Gamma-Gamma-Sonde** für Erdwärmesonden, mit der über die Bestimmung der Dichte auf die Vollständigkeit der Hinterfüllung geschlossen werden soll. Das Grundprinzip der Gamma-Gamma-Methode beruht auf atomphysikalischen Wechselwirkungsprozessen zwischen der Gamma-Strahlung einer künstlichen radioaktiven Quelle und den Atomen der am Gesteinsaufbau beteiligten Elemente. Diese Wechselwirkungsprozesse verursachen eine Energieabnahme (Absorption) der Gamma-Strahlung beim Gesteinsdurchgang. Die Reststrahlung (gestreute Gamma-Strahlung) wird an einem Detektor (Zählrohr, Szintillationszähler) registriert. Die Sonde ist 80 cm lang, beweglich und hat einen Durchmesser von 15 mm. Problematisch für die Interpretation der Messdaten ist auch hier die asymmetrische Raumlage der einzelnen Sondenstränge und die Anwesenheit weiterer wassererfüllter Sondenrohre in der Bohrung, die Einfluss auf die gemessene Dichte ausüben. Die Messung mit einer Gamma-Gamma-Sonde ist nicht in allen Objekten und Gebieten unbedenklich.

**Abb. 6.19b** Einfahren der Gamma-Sonde in eine Erdwärmesonde

Mit der **Ultraschall-Messsonde**, die derzeit noch in der Entwicklung steckt, will man zu Aussagen gelangen, ob die Hinterfüllung hinter den Erdwärmesondenrohren vollständig ist. Das Ultraschall-Verfahren ist ein Impuls-Echo-Verfahren. Es gibt berechtigte Hoffnung, dass aus den Reflektionssignalen Hinweise auf Unregelmäßigkeiten hinsichtlich Dichte, Homogenität und Gefüge des Umgebungsraums bzw. des umgebenden Materials gewonnen werden können. Mit einer ebenfalls noch in Entwicklung befindlichen **Kappa-Sonde** soll die Magnetisierbarkeit von Gesteinen bzw. Mineralien erfasst werden, so dass dadurch indirekt Rückschlüsse auf die Qualität der Hinterfüllung gezogen werden können.

Weitere Verfahren befinden sich derzeit in Entwicklung. Für eine zukünftige Abnahme von Erdwärmesonden und für ihre Qualitätskontrolle werden derartige Untersuchungsverfahren unverzichtbar sein.

### 6.8.5 Erdwärmesonden mit Phasenwechsel

Synonyme für Erdwärmesonden mit Phasenwechsel sind Gravitationswärmerohr, Thermosyphon oder Heat Pipe. Mit der Direktverdampfung von Kältemitteln zur

## 6.8 Spezielle Nutzungssysteme und Weiterentwicklungen

Gewinnung von Heizwärme aus Erdwärmesonden existiert eine Alternative zu mit Wärmeträgerflüssigkeiten betriebenen Sonden. Wie bei der traditionellen Erdwärmesonde so erfolgt auch bei diesem System die Energiegewinnung in einem geschlossenen Kreislauf. Daher sind auch die Phasenwechselsonden weitgehend unabhängig von den geologischen Eigenschaften des Untergrundes. Sie gewinnen die Wärme durch Verdampfung eines flüssigen Kältemittels im Sondenrohr und der Aufnahme der latenten Verdampfungswärme des Kältemittels. Derzeit sind die Kältemittel Propan, Ammoniak und Kohlendioxid im Einsatz. Tabelle 6.3 gibt einen Überblick über die wichtigsten physikalischen Eigenschaften dieser Arbeitsmittel.

Da das Kältemittel Ammoniak toxisch ist und somit bei einer Leckage der Anlage auch eine Gefahr für das Grundwasser darstellt und da beim Kältemittel Propan bei unsachgemäßem Umgang Explosionsgefahr besteht, ist der Einsatz dieser beiden Stoffe nicht in allen Ländern erlaubt. Aus diesem Grund wurden in den letzten Jahren maßgeblich Sonden mit dem Kältemittel Kohlendioxid, sogenannte $CO_2$-Sonden, weiterentwickelt (Vasiliev 2005).

$CO_2$ verfügt als Kältemittel über eine niedrige, kritische Temperatur von 31,1°C und über einen hohen kritischen Druck von 73,8 bar.

Üblicherweise sickert in den $CO_2$-Sonden das flüssige Kältemittel entlang der Sondenrohrinnenwandung unter Aufnahme von Wärme aus dem die Sonde umgebenden Untergrund nach unten und geht dadurch in den dampfförmigen Zustand über. Anschließend steigt das Gas im Innern des Sondenrohres nach oben und gibt dort durch Kondensation Wärme an den Wärmepumpenkreislauf ab (Abb. 6.20a).

Die Phasenwechselsonden haben den Vorteil, dass für den Betrieb keine Pumpen zur Zirkulation der Wärmeträgerflüssigkeit wie bei den klassischen Erdwärmesonden notwendig sind. Auch treten keine Wärmeverluste auf, wie sie bei den Einfach- und Doppel-U-Rohrsonden durch den Wärmeübergang zwischen den beiden Sondenschenkeln zwangsweise erfolgen.

Da $CO_2$ durch herkömmliche PE-Rohre diffundiert, besteht der Prototyp einer modernen **$CO_2$-Sonde** aus einem flexiblen, druckfesten spiralgewelltem Edelstahl- oder Aluminium-Wellrohr. Der Durchmesser der heute in der Regel verwendeten Rohre beträgt zwischen 40 und 60,3 mm. Der $CO_2$-Flüssigkeitsfilm läuft an der Innenwand des Wellrohres spiralförmig, geschützt durch die Wendel, hinab. Nach der Verdampfung strömt das Gas im freien Querschnitt des Edelstahlwellrohrs ohne Behinderung des Films aufwärts zum Wärmetauscher, an dem es wieder kondensiert. Der Bündelrohrwärmetauscher verfügt über ein druckfestes Gehäuse mit Kupferwendel (Abb. 6.20a). Das Arbeitsmittel der Wärmepumpe zirkuliert als

**Tabelle 6.3** Eigenschaften verschiedener Arbeitsmittel von Phasenwechselsonden

| | Ammonik | Kohlendioxid | Propan |
|---|---|---|---|
| Siedetemperatur (°C) bei Normaldruck (1 bar) | −33 | −78 | −42 |
| Dichte ($10^{-3}$ kg/m$^3$) bei Siedetemperatur | 0.682 | 1.032 | 0.58 |
| Dampfdruck (bar) bei 0°C | 4.82 | 34.91 | 4.76 |
| Verdampfungsenthalpie (kJ/mol) | 21.4 | 23.2 | 19.0 |

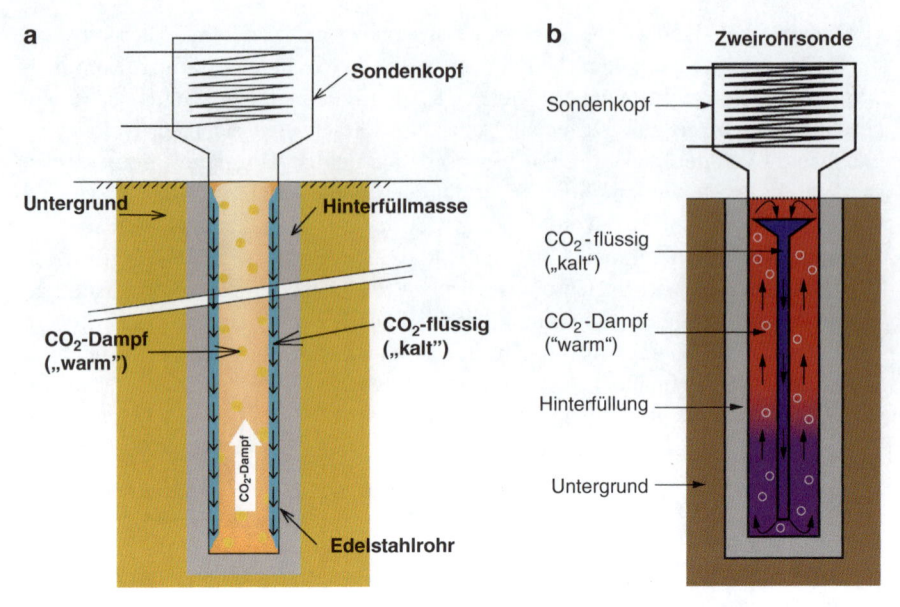

**Abb. 6.20a, b** Schematische Darstellung einer Phasenwechselsonde (Heat Pipe), Einrohrsonde (**a**) und Zweirohrsonde (**b**)

Wärmeträgermedium im Kühlkopf der $CO_2$-Sonde (Abb. 6.20a) und kommt dort zum Verdampfen (Gebhardt & Kruse 2001, Ochsner 2008). Die Phasenwechselsonde steht gerade bei der Versorgung von Wohngebäuden noch am Anfang ihrer Markteinführung.

Neben dieser sogenannten Einrohrsonde (Abb. 6.20a) können $CO_2$-Erdwärmesonden auch als Zweirohrerdwärmesonden (Abb. 6.20b) ausgeführt werden. Bei der Zweirohrsonde erfolgt eine Trennung von flüssiger und gasförmiger Phase durch zwei ineinander geführte Rohre. Das dampfförmige $CO_2$ steigt im äußeren Rohr zum Wärmetauscher auf, kondensiert und wird in das innere Rohr geleitet, an dem es wieder hinabläuft. Dadurch soll verhindert werden, dass der nach unten rieselnde Flüssigkeitsfilm bei zu geringem Rohrdurchmesser den nach oben steigenden $CO_2$-Dampf behindert. Mit den $CO_2$- Zweirohrerdwärmesonden ist neben dem Heizen auch ein Kühlen möglich, wofür dann natürlich der Einsatz einer Pumpe notwendig wird.

Abbildung 6.21 zeigt das Phasendiagramm für $CO_2$ in Abhängigkeit von Druck und Temperatur. Für die $CO_2$-Sonde ist ein Druck von etwa 35–55 bar erforderlich, damit sie im Temperaturbereich der oberflächennahen Geothermie (−2 bis +20°C) arbeiten kann. Bei entsprechender Druckbeaufschlagung kann die $CO_2$-Erdsonde somit im positiven Temperaturbereich betrieben werden, d. h. das Einfrieren von Sonde und Sondenumfeld mit allen unerwünschten Begleiterscheinungen (Abschn. 6.7) kann bei richtiger Auslegung der Sonde vermieden werden. Allerdings kann es speziell im Winter durch die tiefen Umgebungstemperaturen in den obersten Metern an der Sondenwand zu einer zusätzlichen Wärmeabgabe

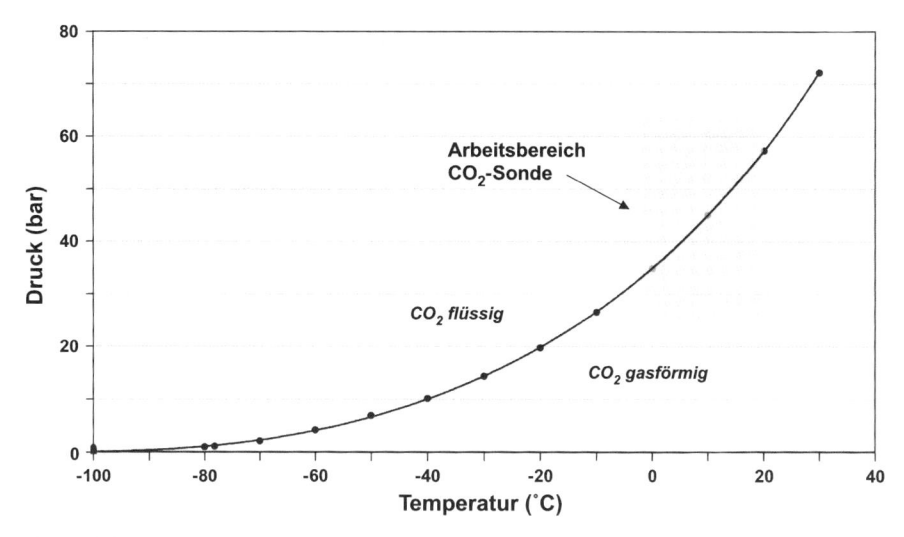

6.8 Spezielle Nutzungssysteme und Weiterentwicklungen

**Abb. 6.21** $CO_2$-Phasendiagrmm, eingetragen ist der Arbeitsbereich einer $CO_2$-Sonde (nach Daten aus Weast & Selby 1967)

und einem weiteren Wärmeentzug, d. h. einem unerwünschten Wärmeverlust, kommen. Grundsätzlich lassen sich jedoch mit $CO_2$-Erdwärmesonden deutlich höhere Jahresarbeitszahlen erzielen als bei den klassischen Erdwärmesonden.

Heat Pipes haben seit vielen Jahren bereits ein weites Anwendungsspektrum. Sie werden beispielsweise mit Ammoniak als Kältemittel zur Stabilisierung des Permafrostuntergrundes, d. h. zur Kühlung des Untergrundes, bei der Transalaska-Pipeline eingesetzt. Heat Pipes werden jedoch auch in modernen Laptops zur Kühlung eingesetzt oder zur Schneefreihaltung von Gehwegen und bei der Enteisung von Weichen im Schienenverkehr (Narayanan 2004).

# Kapitel 7
# Geothermische Brunnenanlagen

Steuerpult eines Bohrgerätes

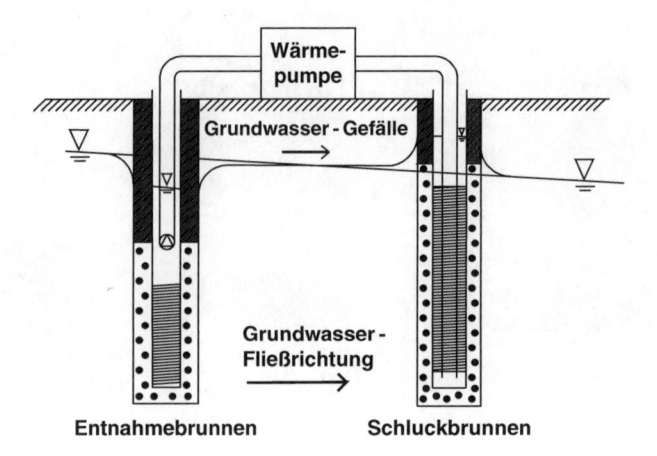

**Abb. 7.1** Geothermische Brunnenanlage mit Förder- und Injektionsbrunnen

In Bereichen, in denen gut durchlässige Grundwasserleiter vorliegen und in denen das Grundwasser bis knapp unter der Erdoberfläche ansteht und in entsprechender Güte zur Verfügung steht, bietet es sich an, eine geothermische Brunnenanlage (Abb. 7.1) zur oberflächennahen energetischen Nutzung der Erdwärme als Entzugsquelle zum Betrieb einer Wärmepumpe zu installieren (Abschn. 4.1). Synonyme Begriffe sind Zweibrunnensysteme, Wasser-Wasser-Wärmepumpenanlagen oder Grundwasserwärmepumpe. In jedem Fall handelt es sich um eine unmittelbare Nutzung von oberflächennahem Grundwasser zur Energiegewinnung. Diese Art der Nutzung von Erdwärme durch unmittelbare Nutzung von Grundwasser kann energetisch besonders effizient sein, da durch die direkte Nutzung des Grundwassers als Wärmeträgermedium nur geringe Wärmetauscherverluste entstehen und da oberflächennahe Grundwasserströme wegen der relativen Konstanz der Quelltemperatur sehr gut geeignet sind, um daraus mittels einer Wärmepumpe Energie zu gewinnen. Zudem bietet die direkte Grundwassernutzung zur Wärmegewinnung mittels Wärmepumpen oder zur Kühlung gegenüber der meist rein konduktiven Erdwärmenutzung durch Erdwärmesonden energetische und finanzielle Vorteile. Voraussetzung zur Direktnutzung ist neben der Verfügbarkeit und adäquaten Erschließbarkeit geeigneten Grundwassers auch die Begrenzung der thermischen Beeinflussung des Grundwassers.

## 7.1 Bau von Grundwasserbrunnen

Für eine geothermische Nutzung von Grundwasserbrunnen werden für kleine bis mittelgroße Anlagen (Wohnhausbereich) auf dem Grundstück ein Förderbrunnen und ein Schluckbrunnen benötigt. Für den Objektbereich ist ein System mehrerer Brunnenanlagen (Zweibrunnengalerie) notwendig, deren relative Lage zueinander sowie die Leistung der einzelnen Brunnen zuvor im Detail mit einem numerischen

Modell berechnet werden muss. Voraussetzung dafür ist eine kompetente Beurteilung der Untergrundverhältnisse. Die Simulation der Wärme- und Kältespeicherung im Untergrund ermöglicht auch eine für den Langzeitbetrieb optimierte Auslegung der Brunnenanlage sowie eine Vorhersage der Auswirkungen auf die Umgebung.

Der **Ausbau** des Förder- und Injektionsbrunnens erfolgt ähnlich wie bei gewöhnlichen Brunnen oder Messstellen mit Voll- und Filterrohren, mit adäquater Kieshinterschüttung und Abdichtung im Bereich von Trennhorizonten und im oberflächennahen Teil. Allerdings weisen die geothermischen Brunnenanlagen wegen ihrer geringen Förderraten meist geringere Durchmesser auf. Aufgrund der unterschiedlichen Strömungscharakteristik von Förder- und Injektionsbrunnen sollte der Förderbrunnen tiefer verfiltert sein als der Injektionsbrunnen (Abb. 7.1). Auch muss die Pumpe wegen der erhöhten Anströmgeschwindigkeit im Bereich des Pumpeneinlaufs oberhalb der Filterstrecke abgehängt sein. Beim Injektionsbrunnen sollte die Filterstrecken länger sein und weiter oben beginnen, um bei der Wiedereinleitung einem Überlaufen des Brunnens auch bei hohen Grundwasserständen oder Alterungserscheinungen vorzubeugen, denn Schluckbrunnen altern erfahrungsgemäß schneller als Entnahmebrunnen. Die Rückflussleitung muss zur Vermeidung einer vorzeitigen Alterung tief unterhalb des Ruhewasserspiegels in den Schluckbrunnen geleitet werden und die Filterstrecken müssen in jedem Betriebszustand im Grundwasser liegen.

Das etwa 10°C warme Grundwasser wird mittels Unterwasserpumpe (U-Pumpe) an die Erdoberfläche geleitet. Ihm wird durch eine Wärmepumpe Wärme entzogen. Das auf bis zu 5°C abgekühlte Wasser wird in einer zweiten Bohrung, dem sogenannten Schluck- oder Injektionsbrunnen, wieder in den Grundwasserleiter zurückgegeben. Die Reinjektion oder Wiederversickerung des energetisch genutzten Grundwassers sichert die quantitative Bilanzierung und schont die Ressource Grundwasser.

Die beiden Brunnen dürfen sich gegenseitig thermisch nicht beeinflussen. Die Rückeinspeisung des abgekühlten Wassers sollte in keinem Fall oberstrom der Entnahmebohrung liegen, sondern ungefähr in Fließrichtung unterhalb des Förderbrunnens. Weiterhin sind die chemischen Eigenschaften des Grundwassers zu beachten, da manche Wässer zu Ausfällungen neigen (Kühn 1997, Arning et al. 2006). Vorab ist daher eine qualitative Wasseruntersuchung notwendig.

Im Vorfeld der Anwendung ist die **Ergiebigkeit** des Förder- und des Schluckbrunnens zur Gewährleistung einer nachhaltigen Nutzung durch Pumpversuche (Kap. 13) zu ermitteln. Die Brunnentiefe beträgt in den für dieses geothermische Nutzungssystem geeigneten Regionen zwischen 5 und 15 Metern. Die Grundwasserflurabstände sollten gering und die Durchlässigkeit des Grundwasserleiters gut sein. Mit einer Tauchpumpe wird Grundwasser entnommen und über den Verdampfer einer Wärmepumpe geleitet. Das abgekühlte Wasser wird im Schluckbrunnen wieder in den Grundwasserstrom eingeleitet. Üblicherweise handelt es sich um Zirkulationsraten von bis zu einigen wenigen l/s.

Die Zuleitungen zu den Brunnen sollten frostsicher verlegt werden. Damit die Leitungen bei Bedarf auch entleert werden können, müssen sie im Gefälle zum Brunnen hin verlegt werden. Bei der Rohrführung muss sichergestellt werden, dass das Ende des Injektionsrohrs ständig unterhalb des Wasserspiegels liegt.

Die Temperaturschwankungen des Grundwassers sind relativ gering. Die Temperaturen liegen das ganze Jahr über bei etwa 7 bis 12°C, so dass die Wärmepumpe sehr effizient arbeiten kann. Die Temperaturabsenkung des entnommenen Grundwassers sollte maximal 6°C betragen. Ein monovalenter Betrieb ist in der Regel problemlos möglich. Die Jahresarbeitszahl (Abschn. 6.3.1) einer solchen Anlage sollte sich etwa im Bereich von 5 bewegen. In Deutschland wird beispielsweise vom Gesetzgeber für Wasser/Wasser-Wärmepumpen für Heizzwecke zur Gewährleistung der energetischen Effizienz der Anlage eine Jahresarbeitszahl gefordert, die mindestens bei 4 und größer liegt. Wird die Wärmepumpe hingegen auch für die Warmwasserbereitung genutzt muss mindestens ein Wert von 3,8 erreicht werden.

Für eine Heizleistung von 7 kW bzw. 10 kW ist eine Grundwasserentnahme in der Größenordnung von etwa 2 m$^3$/h (0,6 l/s) bzw. 3 m$^3$/h (0,9 l/s) erforderlich. Die notwendigen Förderraten sind so gering, dass der Einsatz von 3″ oder 4″ U-Pumpen ausreichend ist. Trotz der relativ geringen Entnahmerate, sollte der Ausbaudurchmesser des Förderbrunnens zumindest im oberen Bereich, bis in den die Pumpe abgehängt wird, nicht zu knapp bemessen werden, um hydraulische Widerstände beim Pumpen (Reibungsverlust) und damit einen unkontrollierbaren Stromverbrauch bei der Förderung zu vermeiden. Der Förderbrunnen muss so bemessen sein, dass die Pumpe so tief abgehängt werden kann, dass sie auch bei tiefem Grundwasserstand unproblematisch arbeiten kann. Bei Einzelobjekten sind die erforderlichen Förderraten in der Regel so gering, dass der Einsatz von 3″ oder 4″ U-Pumpen ausreichend ist.

Durch eine Verlängerung der Filterstrecke oder Vergrößerung des Brunnendurchmessers kann bis zu einem gewissen Grad eine Verbesserung der Brunnenleistung erreicht werden. Grundsätzlich sollte am Brunnendurchmesser nicht gespart werden, da er auch die notwendigen Leistungsreserven bei Alterungserscheinungen schafft.

Zwischen den beiden Brunnen, dem Förder- und dem Schluckbrunnen, ist auf einen ausreichenden **Abstand** zu achten (Gl. 7.1), damit beim Pumpbetrieb keine unerwünschten Temperaturbeeinflussungen im Entnahmebrunnen auftreten. Üblicherweise muss mit Abständen von einigen 10er Metern zwischen den beiden Brunnen gerechnet werden. Auch sind weitreichende thermische Beeinflussungen des Grundwassers zu vermeiden. Im Vorfeld sollte daher auf der Basis eines **Pumpversuches** (Abschn. 13.2) in der ersten Bohrung und der daraus ermittelten Aquiferparameter die jeweilige Reichweite des Absenk- und des Injektionstrichters ermittelt werden und anschließend nach Abteufen der 2. Bohrung und Durchführung eines weiteren Pumpversuches der Mindestabstand der beiden Brunnen voneinander verifiziert werden. Notfalls ist ein weiterer Brunnen erforderlich.

Unter der Annahme, dass der Grundwasserleiter eine etwa konstante Mächtigkeit (H) und Durchlässigkeit ($k_f$) aufweist, dass beide Brunnen gleichlange Filterstrecken aufweisen und dass der Betrieb der Wärmepumpenanlage kontinuierlich erfolgt, kann der erforderliche Mindestabstand (d) zwischen Förder- und Injektionsbrunnen mit Gl. 7.1 abgeschätzt werden.

$$d = 0.6\, Q/(i\, k_f\, H) \quad [m] \qquad (7.1)$$

Dabei ist Q (m³/s) die Entnahme- bzw. Eingaberate und i der hydraulische Gradient (-). Diese Beziehung gilt natürlich nicht, wenn die Brunnen in Grundwasserfließrichtung angeordnet sind, was grundsätzlich zu vermeiden ist.

Wichtig ist, dass der Injektionsbrunnen die entsprechenden Durchlässigkeiten aufweist, damit die Entnahmerate aus dem Förderbrunnen nach der Abkühlung wieder problemlos versenkt werden kann. Im Injektions- oder Schluckbrunnen entsteht durch die Wassereingabe ein „Aufhöhungstrichter", der bei geringen Grundwasserflurabständen problematisch werden könnte. Für die Bemessung des Schluckbrunnens sollte man sich an den im Jahresverlauf höchsten Grundwasserständen orientieren, um ein „Überlaufen" aus dem Schluckbrunnen zu vermeiden. An der Bohrtiefe und Länge der Filterstrecke der Injektionsbohrung sollte daher ebenfalls nicht gespart werden.

## 7.2 Wasserqualität

Die an der Förder- und Injektionsbohrung geschaffenen Leistungsreserven (Bohrtiefe, Länge der Filterstrecke, Bohrdurchmesser) erhöhen grundsätzlich die Lebensdauer der Brunnen erheblich und machen ggf. notwendige Regenerierungsarbeiten erst nach längeren Zeiträumen erforderlich. Eine vergrößerte Filterstrecke oder Ausbaudurchmesser verringern die Anströmgeschwindigkeit im Förderbrunnen signifikant und führen damit zu einer markanten Reduzierung der Brunnenalterung. Wie bei allen Brunnen ist auch bei einer geothermischen Brunnenanlage darauf zu achten, dass der Beginn der **Filterstrecke** des Entnahmebrunnens stets wesentlich unterhalb des abgesenkten Wasserspiegels liegt, d. h. auch bei niedrigen Grundwasserstand und höchster Entnahme nach mehrjährigem Betrieb, da ansonsten Sauerstoff über die Filter in den Brunnen gelangt und es zu Sinterbildung (Verockerung) kommt.

Bei der **Brunnenalterung** spielen neben der Verockerung und Versinterung, die Versandung, die Korrosion und die Verschleimung eine große Rolle (Tholen & Walker-Hertkorn 2008). Bei geothermischen Brunnenanlagen kann eine Sauerstoffanreicherung (Belüftung) häufig nicht völlig ausgeschlossen werden. Diese kann einerseits zu einer verstärkten mikrobiologischen Aktivität mit der Folge von Biofilmbildung durch Bakterien und Algen in den Anlagen, andererseits zu einer Ausfällung von Eisen und Mangan (Verockerung) in den Brunnen führen. Diese Erscheinungen können auch den Grundwasserleiter selbst betreffen. Werden die Anlagen auch zur Kühlung eingesetzt, ist mit verstärkter mikrobiologischer Aktivität zu rechnen.

Korrosion tritt gerne auf, wenn die Parameter Sauerstoffgehalt, pH-Wert, Sulfat, Ammonium, Chlorid oder Kohlendioxid erhöht sind (Abschn. 14.3). Geothermische Brunnenanlagen sollten daher keinesfalls im Abstrombereich von Deponien, Altlasten oder Grundwasserschadensfällen errichtet werden. Bei natürlich erhöhten Sulfatgehalten im Grundwasser ist bspw. die Verwendung von sulfatbeständigen Materialien obligatorisch. Erhöhte Sauerstoffgehalte treten meist dann auf, wenn im Förderbrunnen bis in den Filterbereich hinein abgesenkt wurde.

Die **Grundwasserbeschaffenheit** hat einen wesentlichen Einfluss auf den Betrieb und die Lebensdauer der Anlage. Bei Ausbildung von Biofilmen, Verockerungen oder sonstigen Ausfällungen vor allem auf den wärmeübertragenden Anlagenteilen reduziert sich die Effizienz der Anlage rasch. Die Effizienz der Anlage nimmt jedoch auch bei Ausfällungen im Bereich der Brunnenfilter ab, da dann der benötigte Druck erhöht werden muss, um die Fließrate aufrecht zu erhalten.

Aus den Inhaltsstoffen des Wassers, des pH-Wertes, der Temperatur und dem Redoxpotential können mit Hilfe von gängigen Computerprogrammen (z. B. PHREEQC von Parkhurst & Appelo 1999) vorab Rückschlüsse auf die Versinterungsgefahr der Brunnen sowie auf die Korrosionsgefahr für Werkstoffe gezogen werden. Notfalls sollte auf eine derartige Anlage verzichtet werden.

## 7.3 Thermischer Einflussbereich, Modellrechnungen

Bei der Berechnung für die energetische Nutzung muss zunächst zwischen ausschließlicher Nutzung für Heizzwecke oder nur für Kühlzwecke oder einer Kombination von beidem unterschieden werden. Sodann muss aus dem Energiebedarf des Objektes der dafür notwendige Grundwasserbedarf ermittelt werden, d. h. es muss das jährliche Maximum des Grundwasserbedarfs zur Auslegung der Brunnen (Anzahl und Ausbau) und der über das Jahr gemittelte Grundwasserbedarf inklusive dessen thermischer Veränderung bestimmt werden. Damit kann die thermische Beeinflussung bewertet werden und bei der Optimierung der Anordnung und der Abstände der Brunnen berücksichtigt werden.

Erste Modellrechnungen zur Wärmenutzung oberflächennaher Grundwasservorkommen erfolgten bereits in den 1980er und 1990er Jahren. Für kleinere bis mittelgroße Anlagen gibt es **Näherungslösungen** (z. B. Kobus & Mehlhorn 1980, Stauffer 1983, Ingerle 1988), die auch heute noch Gültigkeit haben und Anwendung finden. Grundsätzlich sollten im Vorfeld der Installation einer Anlage Abschätzungen für den Abstand der beiden Brunnen voneinander zumindest auf der Basis von Näherungslösungen (z. B. Gl. 7.1) vorgenommen werden.

Vom Injektionsbrunnen ausgehend entsteht eine von der unbeeinflussten Grundwassertemperatur abweichende Temperaturanomalie, die entlang der Grundwasserströmungsrichtung näherungsweise nach einer Exponentialfunktion abnimmt. Das Ende der Temperaturanomalie gilt üblicherweise dann erreicht, sobald die Temperaturdifferenz zur unbeeinflussten Grundwassertemperatur $< 1°C$ beträgt. Falls der hydraulische Gradient verschwindend gering ist, d. h. es liegt damit auch keine nennenswerte Grundwasserströmung vor, entsteht durch die Einleitung des abgekühlten Wassers quasi eine kreisrunde Temperaturanomalie, deren **Ausdehnung** (R) nach sehr langer Dauer näherungsweise nach Gl. 7.2 bestimmt werden kann.

$$R = \sqrt{(500 \, Q \, H_F \, L/2)} \quad [m] \quad (7.2)$$

$H_F$ ist die Tiefe der Filteroberkante unter Gelände und L die Länge der Filterstrecke.

## 7.3 Thermischer Einflussbereich, Modellrechnungen

Ist der hydraulische Gradient nicht verschwindend gering, sondern so groß, dass eine Grundwasserströmung vorliegt, dann entwickelt sich vom Injektionsbrunnen ausgehend eine langgestreckte Temperaturanomalie. Ingerle (1988) entwickelte eine iterative Berechnungsformel zur Ermittlung der **Länge dieser Temperaturausbreitung** ausgehend vom Injektionsbrunnen in Grundwasserströmungsrichtung. Eine MS-Excel$^{TM}$ Rechentabelle, in welcher die Formel implementiert ist, findet sich z. B. im Internet auf www.oewav.at (im Bereich "Download").

Die Breite der Temperaturanomalie $B_T$ wird häufig vereinfacht mit Hilfe der **hydraulischen Breite** $B_H$ nach Gl. 7.3 abgeschätzt.

$$B_H = Q/(i\, k_f\, H) \quad [m] \qquad (7.3)$$

In manchen Gebieten ändert sich die Grundwasserfließrichtung je nach Grundwasserstand innerhalb eines Jahres. Z.T. liegen auch aus anderen Untersuchungen Angaben zu Dispersionskoeffizienten (Abschn. 13.3) vor. Sind derartige Einflussfaktoren und Informationen über den Untergrund bekannt und signifikant, so können sie entsprechend Gl. 7.4 berücksichtigt werden. Die seitliche Ausbreitung der Thermalfront infolge von jahreszeitlich bedingten Änderungen der Grundwasserströmungsrichtung und Dispersionseffekten wird mit Hilfe des Winkels α ausgedrückt. Die Größe des seitlichen Ausbreitungswinkels α basiert auf Erfahrungswerten und liegt zwischen 5° (keine Änderung der Strömungsrichtung, nur Dispersion) und 15° (starke Änderung der Strömungsrichtung und Dispersion). Die **Breite der Temperaturanomalie** $B_T$ beträgt somit in Abhängigkeit von der unterstromigen Entfernung x vom Injektionsbrunnen:

$$B_T = B + 2 \times \tan\alpha \quad [m] \qquad (7.4)$$

Kobus & Mehlhorn (1980) geben für die Temperaturausbreitung mit den Gln. 7.5 und 7.6 vier Rechenpunkte auf einer Isothermen um den Injektionsbrunnen an. Der Schnittpunkt der Isothermen $\Delta T$ mit der x-Achse, d. h. mit der Stromlinie durch den Injektionsbrunnen beträgt:

$$x_0 = (4\pi\alpha_T)^{-1}\,(Q\Delta T_E/H\, u\, n_d \Delta T) \quad [m] \qquad (7.5)$$

$\alpha_T$ ist die transversale Dispersivität (m), u die effektive Fließgeschwindigkeit (m/s), $n_d$ die durchflusswirksame Porosität (-) und $\Delta T_E$ die Temperaturdifferenz (°C) des injizierten Wassers. Der Schnittpunkt der Isothermen $\Delta T$ mit der y-Achse, d. h. senkrecht zur Stromlinie durch den Injektionsbrunnen beträgt für $x \leq x_0$:

$$y = \pm\sqrt{\left[4\alpha_T \times \ln\left(Q\Delta T_E/H\, u\, n_d \Delta T \sqrt{(4\pi\alpha_T x)}\right)\right]} \quad [m] \qquad (7.6)$$

Neben diesen einfachen Berechnungsansätzen gibt es für den Wohnraumbereich verschiedene benutzerfreundliche **Spezialsoftware**, wie z. B. die Programme GED (Poppei et al. 2006), EGON (Rauch 2009, hydr-IT GmbH, Innsbruck), GW-TEMPIS (Rauch & Steger 2004) oder GWP-SF (Ingenieurgesellschaft kup & Partner GmbH). Diese Spezialsoftware liefert natürlich keine allgemeine Lösung für die Vielfalt von Brunnenkonfigurationen, ihren Betrieb, variierende Grundwasserströmungen und Wärmetransport, sondern immer nur vereinfachte Ansätze für spezielle Problemstellungen, wie z. B. für einzelne Brunnenanlagen in idealen Aquiferen und speziellen Randbedingungen.

Der Groundwater Energy Designer (GED) von Poppei et al. (2006) berechnet beispielsweise für ein ideales Strömungsfeld mit homogen isotropen Verhältnissen für mehrere Brunnenanlagen die Strömungsverhältnisse und den Wärmetransport entkoppelt voneinander. Die Berechnung von instationären Bedingungen oder unterschiedlichen Untergrundverhältnissen ist nicht möglich. Das Programm EGON (Energie aus Geothermischer Oberflächennutzung) von Rauch (2009) führt eine vertikal – ebene Berechnung der Temperaturanomalie aus. Es erlaubt in der Zentralstromlinie für einen singulären Brunnen die Ermittlung der Strömung und des Wärmetransports entkoppelt voneinander, wobei die Lösung auf einer Koppelung von analytischen, numerischen und empirischen Ansätzen beruht. Dieses Programm berechnet instationäre Strömungs- und Temperaturverhältnisse.

Für den Objektbereich mit mehreren Brunnen, die meist zum Heizen und Kühlen verwendet werden sollen, sind **Grundwassermodelle** unabdingbar. Die miteinander gekoppelte Simulation der Grundwasserströmung und des Wärmetransports erfolgt mit numerischen Finite Differenzen oder Finite Elemente Modellen. Insbesondere im Brunnennahbereich ist eine Simulation in 3 Dimensionen notwendig. Für die allgemeine Simulation des Wärme- und Stofftransportes gibt es bereits jahrzehntelange Erfahrungen. Die strömungsmechanischen Grundlagen und die hydrothermischen Gesetzmäßigkeiten des Wärmeenergietransports und –austauschs sind z. B. in Bear (1979) oder Carslaw & Jaeger (1959) beschrieben. Der Wärmeenergietransport im Grundwasser, der im Wesentlichen durch Wärmeleitung, Konvektion und Dispersion erfolgt, ist beispielsweise in Sauty (1980) dargelegt. Modelle und Berechnungscodes decken eine umfassende Palette zu berücksichtigender Prozesse ab. Zu nennen sind beispielsweise die Programme FEFLOW der WASY GmbH (Diersch 1994), TOUGH2 des Lawrence Berkley Laboratory (Pruess 1987) oder HST3D vom U.S. Geological Survey (Kipp Jr 1997).

Für die Brunnendimensionierung sowie die Anzahl der erforderlichen Brunnen ist die Kenntnis der hydrogeologischen Parameter (Durchlässigkeit, Speichervermögen, Aquifermächtigkeit, hydraulischer Gradient) entscheidend. Zusätzlich ist die Kenntnis der Injektionstemperatur und der natürlichen Temperaturverhältnisse im Grundwasserleiter sowie der Fließrichtung, des hydraulischen Gradienten, der spezifischen Wärmekapazität und der Wärmeleitfähigkeit der Gesteinsmatrix erforderlich, um die wichtigsten Parameter zu benennen. Mit den o.g. numerischen Modellen können z. B. die Temperaturänderung im Grundwasserleiter durch die Reinjektion des abgekühlten, energetisch genutzten Wassers, d. h. die Reichweite der thermischen Beeinflussung sowie ggf. ein thermischer Durchbruch berechnet werden.

Die vergleichsweise große spezifische Oberfläche des porösen oder intensiv geklüfteten Untergrunds begünstigt einen raschen Wärmeaustausch des injizierten Wassers mit dem Gestein primär durch Wärmeleitung, so dass sich die Temperatur des Gesteins der des Wassers annähert und gleichzeitig die Ausbreitung der

## 7.3 Thermischer Einflussbereich, Modellrechnungen

„Kältefahne" im Raum und in der Zeit reduziert. Der Vorgang ähnelt daher der Vermischung und Verteilung eines sorbierenden Tracers. Daher können indirekte Lösungen für den Wärmetransport auch mittels reinen Strömungsmodellen für den Stofftransport wie z. B. MODFLOW vorgenommen werden. Der Wärmetransport kann z. B. unter Berücksichtigung der Relation Geschwindigkeit des Wärmetransports ($v_T$) zu Abstandsgeschwindigkeit ($v_a$) von etwa: $v_T \sim 0{,}5\, v_a$ mit der Gleichung des Schadstofftransportes approximiert werden. Die Wärmeleitung kann dabei als zusätzlicher Faktor im Dispersionsterm berücksichtigt werden.

Die in Abschn. 7.3 vorgestellten Berechnungsansätze, Programme und Modellierungen gelten entsprechend für tiefe Grundwasserleiter, d. h. für hydrothermale Anlagen (Kap. 8).

# Kapitel 8
# Hydrothermale Nutzung, Geothermische Dublette

Probepumpversuch in einer Geothermieanlage

Bei den hydrothermalen Systemen wird zwischen Systemen mit **niedriger und hoher Enthalpie** (Wärmeinhalt) unterschieden. Beim ersten System erfolgt eine Nutzung des im Untergrund vorhandenen warmen oder heißen Wassers entweder direkt oder über Wärmetauscher zur Speisung von Nah- oder Fernwärmenetzen, zur industriellen bzw. landwirtschaftlichen Nutzung oder für balneologische Zwecke. Bei Temperaturen über 120°C ist eine wirtschaftlich vertretbare Stromproduktion möglich. Das thermale, warme oder heiße Wasser entstammt Grundwasserleitern (Aquifere). Beim zweiten System sind die Temperaturen so hoch, dass eine direkte Nutzung von Dampf oder einem Zweiphasenfluid zur Stromerzeugung möglich ist (Abschn. 4.2).

Grundsätzlich ist es zwar auch möglich, dass Störungen bzw. Störungszonen thermale bis heiße Wässer entnommen werden können. Das klassische hydrothermale System ist jedoch an Aquifere gekoppelt.

Hydrothermale Nutzungssysteme mit hoher Enthalpie kommen nur in Gebieten mit anomal hohen Temperaturen vor, während Nutzungssysteme mit niedrigen Enthalpien auf Regionen mit normalen bis leicht erhöhten geothermischen Gradienten fokussiert sind. Letztere haben daher streng genommen eine größere Bedeutung sowie ein größeres Potential, da sie weltweit betrachtet wesentlich weiter verbreitet sind, als Hochenthalpie-Vorkommen (Abschn. 1.3 und 3.4).

Tief liegende Grundwasserleiter, die die Installation einer geothermischen Dublette gestatten, können auch als saisonale Wärmespeicher genutzt werden. Das kann ein großer Vorteil sein, wenn beispielsweise sommerliche Überschusswärme aus der Photovoltaik in den Untergrund eingeleitet wird, um diese dann in der Winterzeit zur Wärmeversorgung in verstärktem Masse zu nutzen. Ein **Aquifer-Wärmespeicher** nutzt im Gegensatz zu einem Erdsonden-Wärmespeicher (Abschn. 6.8) die Wärmekapazität von Wasser und Gestein eines natürlichen, nach oben und unten hydraulisch weitgehend dichten Grundwasserleiters. Der Aquifer-Wärmespeicher wird wie eine geothermische Dublette über eine Förder- und eine Schluckbohrung erschlossen. Zur Beladung wird Wasser über eine der Bohrungen entnommen, in einem Wärmetauscher erwärmt und über die zweite Bohrung dem Aquifer wieder zugeführt. Dieser Vorgang wird im Entladebetrieb umgekehrt (Schmidt & Müller-Steinhagen 2005).

## 8.1 Geologischer und tektonischer Bau

Für die Nutzung hydrothermaler Systeme ist die Kenntnis des Aufbaus des geologischen Untergrundes ganz entscheidend. Die geothermische Prospektion bzw. Erkundung richtet sich in erster Linie auf das Vorhandensein, die Tiefenlage und Mächtigkeit potentieller geothermischer Reservoire, d. h. Aquifere, und erfolgt vorwiegend mit Hilfe von **seismischen Vermessungen**, aber auch unterstützend mit Gravimetrie und Geomagnetik, bzw. Aeromagnetik (Abschn. 12.1). Die seismischen Vermessungen müssen zielgerichtet mit aufwändigen mathematischen Verfahren bearbeitet werden und aus einer Zeit- in eine Tiefeninformation umgewandelt werden („Processing"). Bohrungen stellen Informationen längs einer Linie im Untergrund dar, während seismische 2D-Sektionen (vertikale) Flächen-Informationen in der Tiefe zeigen. Erst die 3D-Seismik kann ein räumliches Modell des Untergrundes liefern.

Für die hydrogeothermische Nutzungsart kommen Aquifere in Frage, die hohe Durchlässigkeiten aufweisen. Der entscheidende Parameter neben der Temperatur des Aquifers ist somit die Ergiebigkeit, d. h. die zu erzielende Förderrate bei einer (wirtschaftlich und technisch) zu vertretenden Absenkung (Druckentlastung). Diese Größe, Förderrate pro Druckabsenkung, wird als **Produktivitätsindex** (Abschn. 8.2 und 8.6) bezeichnet. Er kann für Bohrungen natürlich nur wie alle hydraulischen Parameter (Abschn. 8.2) aus hydraulischen Testdaten ermittelt werden und nicht vorab aus geophysikalischen Erkundungen von der Oberfläche.

Die geothermische Prospektion versucht dennoch zumindest indirekte Hinweise auf erhöhte Durchlässigkeiten im Untergrund zu erhalten, bspw. Hinweise auf Störungen oder Änderungen in der Fazies mit Hilfe von Seismik, aber die letztendliche Gewährleistung über die tatsächlichen Untergrundverhältnisse kann gegenwärtig nur durch das Niederbringen einer Bohrung erfolgen. Die seismische Vermessung zielt beispielsweise darauf ab, erhöhte junge Klüftigkeit zu erkennen und zu erkennen, ob in einer Region Kompression oder Dehnung vorliegt. Die Chancen für eine erhöhte Durchlässigkeit steigen natürlich, wenn man in klüftiges Gebirge oder Gebirge mit Störungen bohrt, aber es ist trotzdem bislang nicht möglich feststellen, ob diese Klüfte oder Störungen – auch wenn sie „jung" sind – offene Fließwege bieten oder ob sie verheilt und damit relativ dicht sind. Ebenso ist die Chance eine erhöhte Durchlässigkeit in einer Region mit Dehnung vorzufinden prinzipiell größer als wenn Kompression, also Einengung, vorliegt.

Auf Abb. 8.1 ist beispielhaft ein geologisch interpretiertes, seismisches Profil durch den Oberrheingraben südlich von Strasbourg abgebildet. Die Interpretation der seismischen Sektion bzw. ihre Eichung erfolgte mit Hilfe von Tiefbohrungen. Anhand des Profiles sind nicht nur Tiefenlage und Mächtigkeit der potentiellen geothermischen Nutzhorizonte erkennbar, sondern darüberhinaus auch, dass der Schnitt durch einen Halbgraben verläuft mit einer „umgekehrten" Flowerstruktur im Westen. Beides sind Indizien für eine Dehnungsstruktur. Der Schnitt zeigt auch, dass mehrfach Störungen, eigentlich kleinere Schichtversätze auftreten, die jedoch weitestgehend auf den tieferen Teil beschränkt sind und in den hangenden Schichten, d. h. den jüngeren Ablagerungen fehlen. Es handelt sich somit um ältere Störungen, die nicht mehr aktiv sind. Eine gewisse Wahrscheinlichkeit besteht daher, dass sie möglicherweise in der langen Ruhephase wieder verheilten und daher auch keine bevorzugte Durchlässigkeit mehr aufweisen.

Im Zuge von Erkundungsmaßnahmen wird empfohlen, zunächst ggf. existierende **Alt-Seismik** sowie bereits vorhandene Tiefbohrungen zu untersuchen. Eventuell ist ein Reprozessing der Alt-Seismik möglich und weiterführend. Vorhandene Tiefbohrungen erleichtern eine geologische Interpretation der Seismik. Darüberhinaus kann und sollte die Seismik an Bohrprofilen geeicht werden (Abschn. 12.1). Das weitere Interpretationsziel der Seismik sollte in einer genauen Aufnahme von Störungen liegen. Ganz entscheidend in diesem Zusammenhang ist auch, ob der

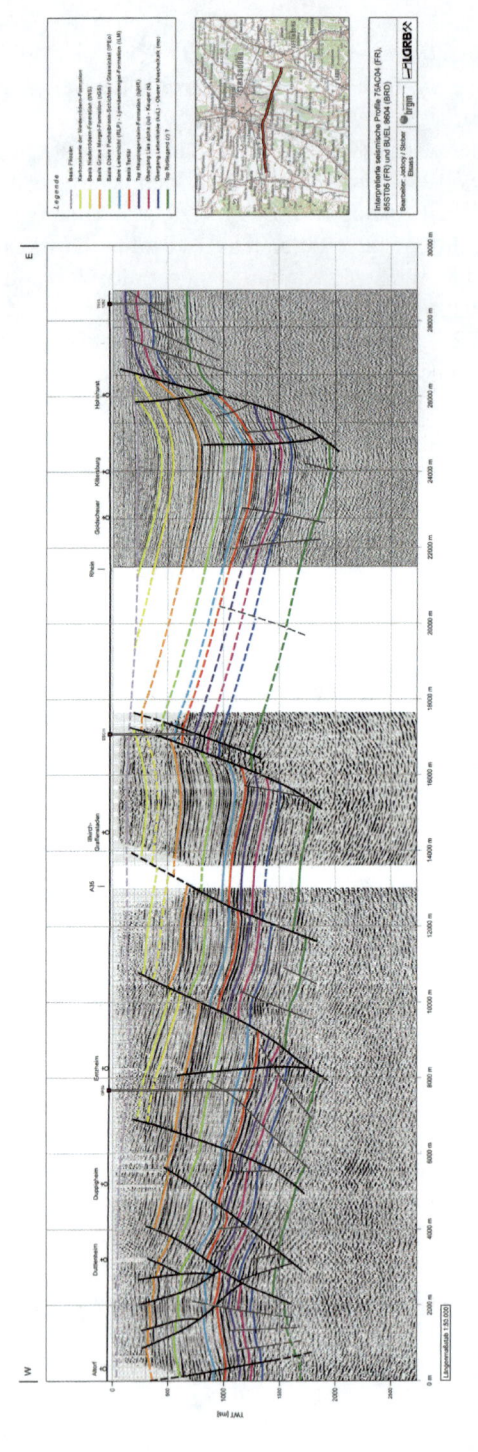

8 Hydrothermale Nutzung, Geothermische Dublette

**Abb. 8.1** Interpretierte seismische Sektion durch den Oberrheingraben (Jodocy & Stober 2008)

Schichtversatz durch die Störung so groß ist, dass die direkte Verbindung des Aquifers unterbunden ist und ggf. nur noch eine indirekte hydraulische Verbindung über die Störung erfolgen kann. Die Erkundung des Verlaufs von Störungen im kristallinen Grundgebirge ist generell natürlich wesentlich schwieriger als in sedimentären Ablagerungen, falls überhaupt möglich. Die Interpretation seismischer Profile bis ins kristalline Grundgebirge hinein wird jedoch durch die Möglichkeit einer Extrapolation des Verlaufs von Störungen durch die Sedimente ins kristalline Grundgebirge hinein erleichtert. Auf der Basis der Ergebnisse aus der Alt-Seismik und vorhandener Tiefbohrungen ist über die Notwendigkeit weiterer seismischer Untersuchungen zu befinden.

## 8.2 Thermische und hydraulische Eigenschaften des Nutzhorizontes

Zu den wichtigen thermischen Eigenschaften zählen die **Wärmeleitfähigkeit** $\lambda$ [W m$^{-1}$ K$^{-1}$] und die spezifische **Wärmekapazität** c [J kg$^{-1}$ K$^{-1}$] (Abschn. 1.4 und 1.5). Die Wärmeleitfähigkeit beschreibt das Vermögen eines Stoffes thermische Energie in Form von Wärme zu transportieren, die Wärmekapazität das Vermögen, Wärme zu speichern. Letzterer Parameter ist wichtig für die Charakterisierung transienter, d. h. zeitlich veränderlicher Prozesse.

Eine weitere wichtige Größe ist die **Wärmestromdichte** q [W m$^{-2}$], der Wärmestrom pro Fläche. Im Wärmestrom ist der Faktor Zeit integrativ enthalten. Die Wärmestromdichte entspricht dem Produkt aus der Wärmeleitfähigkeit $\lambda$ und dem **Temperaturgradienten** grad T [K m$^{-1}$] und ist durch die Fouriergleichung definiert, welche die konduktive Wärmeleitung beschreibt (Abschn. 1.4, Gl. 8.1):

$$q = \lambda \text{ grad } T \tag{8.1}$$

Die Wärmeleitfähigkeit $\lambda$ schwankt im Festgestein zwischen 2 und 6 W m$^{-1}$ K$^{-1}$, während die Wärmeleitfähigkeit von Wasser nur 0,598 W m$^{-1}$ K$^{-1}$ (bei 20°C) beträgt. Hochdurchlässige Grundwasserleiter mit hoher Porosität besitzen daher eine niedrigere Wärmeleitfähigkeit als Aquifere mit geringerer Durchlässigkeit und Porosität. Die spezifische Wärmekapazität c liegt für Festgesteine zwischen 0,75 und 0,85 kJ kg$^{-1}$ K$^{-1}$; die Bandbreite ist somit sehr gering. Die spezifische Wärmekapazität von Wasser ist mit 4,187 kJ kg$^{-1}$ K$^{-1}$ wesentlich größer. Das bedeutet, dass Wasser Wärme zwar schlechter leiten kann als Gestein, dafür aber diese wesentlich besser speichert (Kappelmeyer & Haenel 1974, Stober et al. 2009).

Die **Dichte** der Gesteine liegt i.d.R. zwischen 2000 und 3000 kg m$^{-3}$. Vereinzelt können höhere (z. B. bei Eklogiten) oder niedrigere Werte (z. B. Kohle) angetroffen werden. Die Dichte von Wasser ist temperatur- und druckabhängig (Abb. 8.2a). Bei Gesteinen kann die Druck- und Temperaturabhängigkeit der physikalischen Eigenschaften im für Geothermieanlagen relevanten p/T-Bereich zumeist vernachlässigt werden.

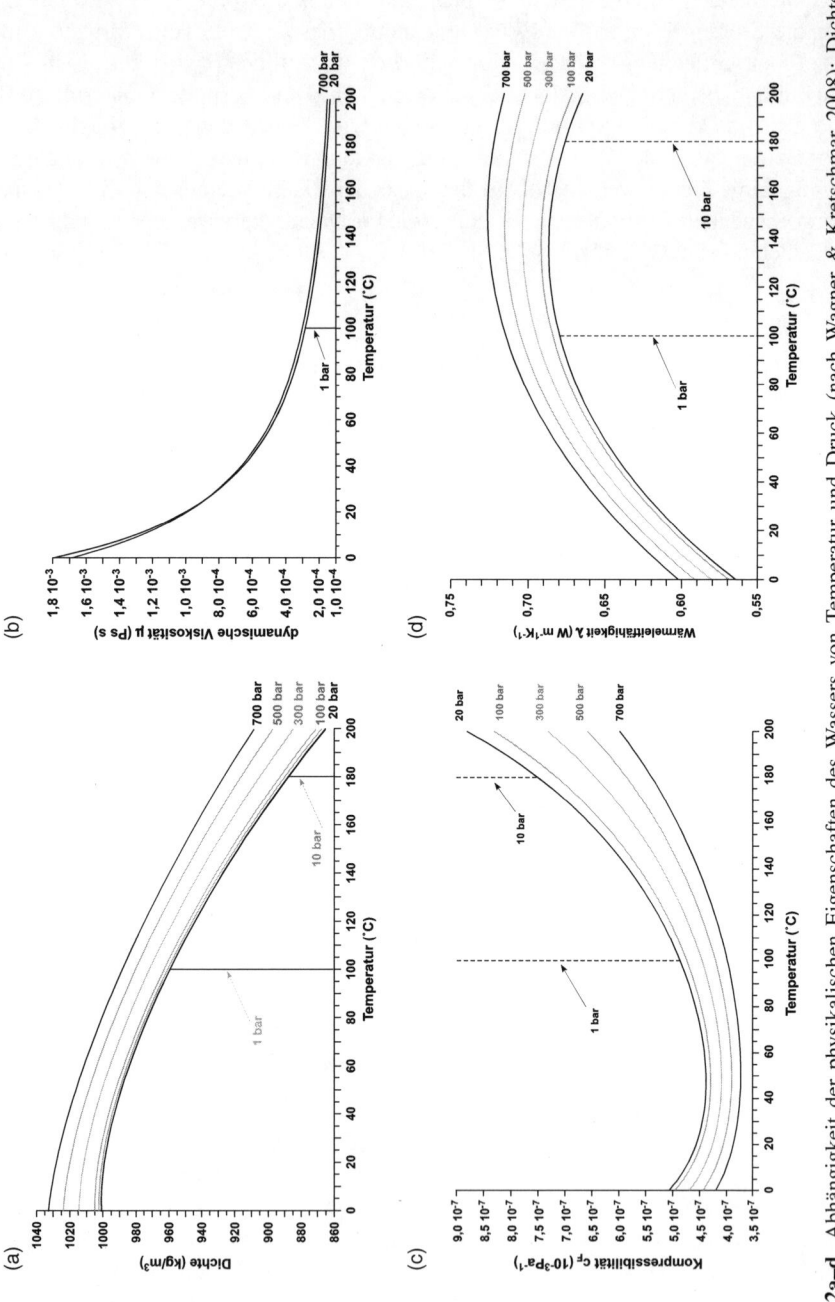

**Abb. 8.2a–d** Abhängigkeit der physikalischen Eigenschaften des Wassers von Temperatur und Druck (nach Wagner & Kretschmar 2008): Dichte (**a**), dynamische Viskosität (**b**), Kompressibilität (**c**), Wärmeleitfähigkeit (**d**)

## 8.2 Thermische und hydraulische Eigenschaften des Nutzhorizontes

Zu den wichtigsten physikalischen Eigenschaften der Tiefenwässer für geothermische Bohrungen und für thermodynamische Berechnungen gehören die Dichte, die Viskosität sowie die Kompressibilität. Auf Abb. 8.2 ist weiterhin die Temperatur- und Druckabhängigkeit der Wärmeleitfähigkeit dargestellt.

Die **Dichte** $\rho$ [kg m$^{-3}$] wird von Druck und Temperatur beeinflusst. Reines Wasser hat unter Normaldruck seine größte Dichte bei 4°C. Die Dichte nimmt mit zunehmender Temperatur ab und mit ansteigendem Druck zu (Abb. 8.2a). Bei normalen geothermischen Gradienten dominiert der Temperatureffekt geringfügig, so dass mit zunehmender Tiefe mit einer Abnahme der Dichte zu rechnen ist. Einem Aufstieg von heißem Wasser stehen jedoch im Allgemeinen eine mit der Tiefe abnehmende Gesteinsdurchlässigkeit und eine zunehmende Mineralisation entgegen. Tiefenwässer können Gesamtlösungsinhalte (TDS) von einigen 100 g/kg aufweisen; damit nimmt auch die Dichte entsprechend zu.

Die **dynamische Viskosität** eines Fluids $\mu$ [Pa s] ist ein Maß für seine Zähigkeit; sie ist fast ausschließlich temperaturabhängig (Abb. 8.2b). Zwischen 0°C und 200°C schwankt die dynamische Viskosität von Wasser im Vergleich zur Dichte um ein Vielfaches ($\mu = 0.2 - 1.75 \cdot 10^{-3}$ Pa s). Sie ist deshalb für das Fließverhalten thermaler Grundwässer von ausschlaggebender Bedeutung. Unter **kinematischer Viskosität** $\nu$ [m$^2$ s$^{-1}$] wird der Quotient aus dynamischer Viskosität und Dichte des Fluids verstanden ($\nu = \mu/\rho$).

Die **Kompressibilität** $c_F$ [Pa$^{-1}$] eines Fluids ist ein Maß für seine Volumenänderung pro Druckänderung bezogen auf das Ausgangsvolumen (Gl. 8.2)

$$c_F = \Delta V / (\Delta p\, V) \tag{8.2}$$

Die Kompressibilität verhält sich umgekehrt proportional zum Druck. Bei Temperaturen über 50°C nimmt sie mit der Temperatur zu, während sie für Temperaturen unter 50°C abnimmt (Abb. 8.2c). Die Kompressibilität liegt im Allgemeinen zwischen 4–5,5·10$^{-10}$ Pa$^{-1}$.

Die **Permeabilität** und der **Durchlässigkeitsbeiwert** (hydraulische Leitfähigkeit) beschreiben die Durchlässigkeit eines Mediums gegenüber einer viskosen Flüssigkeit mit einer bestimmten Dichte, wobei sich die Permeabilität auf die Gesteinseigenschaften beschränkt und der Durchlässigkeitsbeiwert die Eigenschaften des – z. T. hoch mineralisierten und gasreichen – Wassers zusätzlich einbezieht. Der Durchlässigkeitsbeiwert $k_f$ [m s$^{-1}$] gibt an, welcher Volumenstrom Q [m$^3$ s$^{-1}$] bei einem gegebenen hydraulischen Gradienten i [-] pro Fläche A [m$^2$] strömt (Bear 1979).

$$k_f = Q / (i\, A) \tag{8.3a}$$

Die Permeabilität k [m$^2$] steht mit dem Durchlässigkeitsbeiwert unter Berücksichtigung der physikalischen Eigenschaften des Wassers (Viskosität $\mu$, Dichte $\rho$) in Beziehung (Gl. 8.3b), wobei g die Erdbeschleunigung ist.

$$k_f = k\, (\rho g / \mu) \tag{8.3b}$$

Die **physikalischen und thermischen Eigenschaften von Wasser** sind in ihrer Größe grundsätzlich druck- und temperaturabhängig (Abb. 8.2). Dadurch, dass bei einem Pumpversuch aus einem thermalen Grundwasserleiter zunächst das relativ kühle, in der Bohrung stehende Wasser, im Laufe des Betriebs jedoch zunehmend wärmeres Wasser gefördert wird, ändert sich temperaturbedingt die Dichte des Wassers in der Bohrung. Zu Beginn des Pumpversuches ist die Dichte im Mittel größer, daher der Wasserstand niedriger, danach ist sie kleiner, d. h. der Wasserstand höher (Stober 1986). Durch die förderbedingte Absenkung des Wasserspiegels in der Bohrung macht sich dieser Dichteeffekt besonders in hoch durchlässigen Aquiferen bemerkbar (Abb. 8.3).

Die Abhängigkeit des Durchlässigkeitsbeiwertes von den physikalischen Eigenschaften des Wassers bedeutet praktisch, dass – gleiche geometrische Aquifereigenschaften vorausgesetzt – die Durchlässigkeit eines 70°C warmen Aquifers etwa drei mal so durchlässig ist als bei 10°C. (Abb. 8.4). Die wesentliche Einflussgröße ist

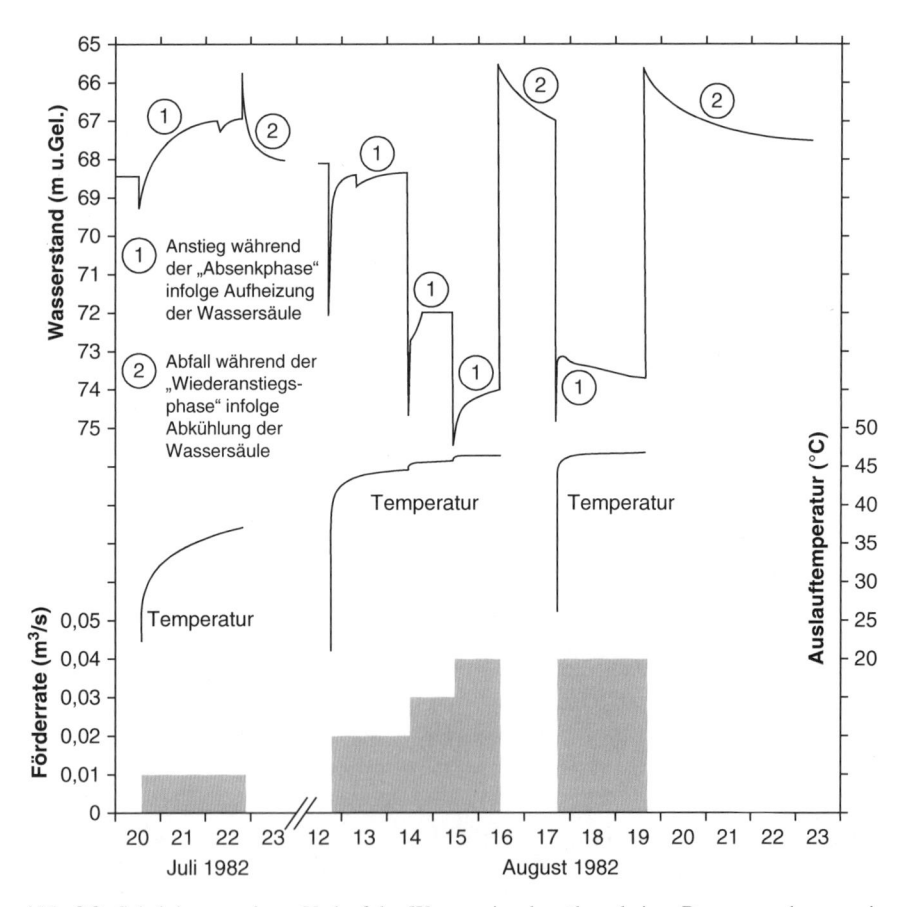

**Abb. 8.3** Scheinbar paradoxer Verlauf des Wasserspiegels während eines Pumpversuches aus einer Thermalwasserbohrung (Stober 1986). Dargestellt von unten nach oben ist die Entnahmerate, die Auslauf-Temperatur und der Wasserspiegelgang

8.2 Thermische und hydraulische Eigenschaften des Nutzhorizontes

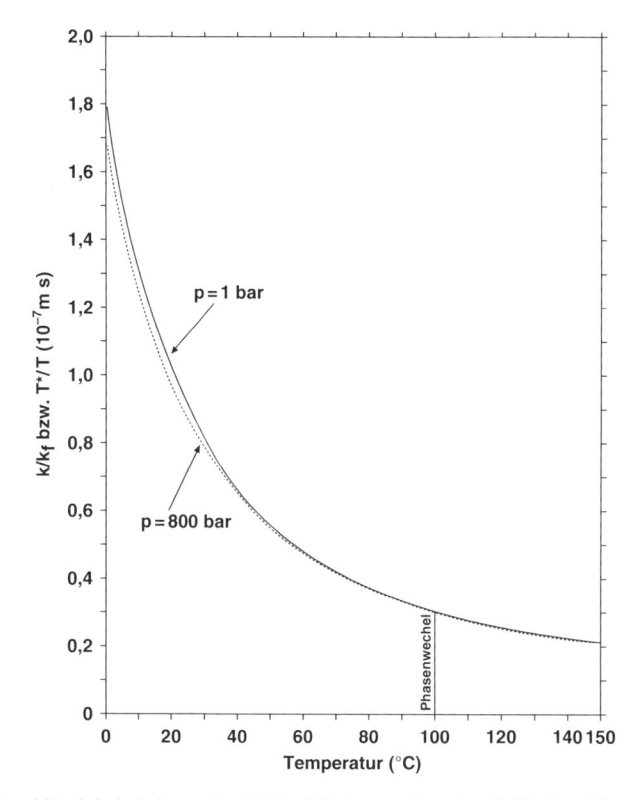

**Abb. 8.4** Durchlässigkeitsbeiwert in Abhängigkeit von den physikalischen Eigenschaften von reinem Wasser (Temperatur, Druck). Beziehung zwischen Permeabilität k (bzw. Transmissibilität $T^*$) und Durchlässigkeitsbeiwert $k_f$ (bzw. Transmissivität T) in Abhängigkeit von der Wassertemperatur und dem Wasserdruck

die dynamische Viskosität, die mit zunehmender Temperatur stark abnimmt (Abb. 8.2b). Der Einfluss von Schwankungen der Dichte auf den Durchlässigkeitsbeiwert ist gegenüber den Auswirkungen der dynamischen Viskosität wesentlich geringer und trägt somit nur einen sehr kleinen Beitrag bei (Abb. 8.2a). Zwischen 0–200 °C schwankt die dynamische Viskosität von Wasser im Vergleich zur Dichte nämlich um ein Vielfaches. Sie ist deshalb für das Fließverhalten thermaler Grundwässer von ausschlaggebender Bedeutung.

Die Abhängigkeit des Durchlässigkeitsbeiwertes von den physikalischen Eigenschaften des Wassers hat auch unmittelbare Auswirkungen auf eine geothermische Dublette. Denn durch die übertägige Wärmeentnahme ist das in die Injektionsbohrung zurückgeleitete Wasser deutlich kälter und die Durchlässigkeit, d. h. das Wasseraufnahmevermögen der Injektionsbohrung, sinkt markant, so dass der „Injektionstrichter" wesentlich stärker ausgebildet ist im Vergleich zum „Absenktrichter" (Abb. 8.5). Dies sollte unbedingt bereits in der Planungsphase berücksichtigt werden. Die Bohrung mit der größeren Durchlässigkeit ist möglichst als Injektionsbohrung vorzusehen.

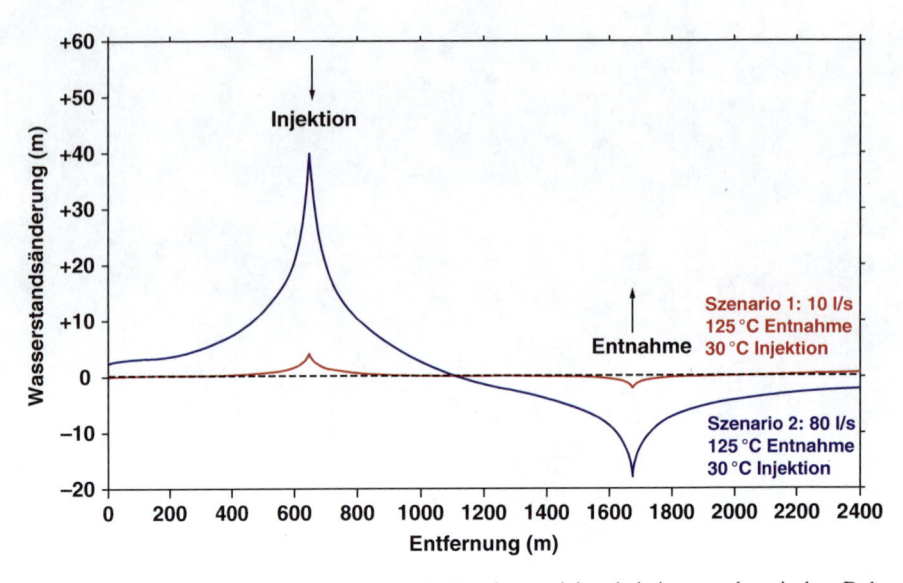

**Abb. 8.5** Vergleich zwischen Injektions- und Absenkungstrichter bei einer geothermischen Dublette. Durch die Injektion von abgekühltem Wasser ist der Injektionstrichter wesentlich größer als der Entnahmetrichter

Neben den Einflüssen von Druck und Temperatur auf die physikalischen und thermischen Eigenschaften von Wasser sind sie auch vom Grad und der Art der Mineralisation (TDS, Wassertyp) und vom Gasgehalt abhängig. Sie zu kennen ist u.a. auch für die Bestimmung der thermischen Leistung von zentraler Bedeutung (Abschn. 8.6, Gl. 8.6).

Der Durchlässigkeitsbeiwert ist von zentraler Bedeutung, wenn es um die Quantifizierung von Durchflussmengen im Untergrund geht. Er geht als Faktor in das **Darcy-Gesetz** ein (Gl. 8.3a). Kennt man durch den Grundwasserfluss erfassten Querschnitt, so lässt sich dadurch die Wassermenge pro Zeiteinheit Q [$m^3 \ s^{-1}$] bestimmen. Durch die Abhängigkeit des Durchlässigkeitsbeiwertes von den physikalischen Eigenschaften des Wassers (Gl. 8.3b), verändert sich der Durchfluss in Abhängigkeit von Temperatur und Druck des Grundwassers, d. h. in der Regel ist der Durchfluss bei hohen Temperaturen deutlich größer als bei niedrigen Temperaturen.

Das Darcy-Gesetz ist streng genommen nur im Bereich laminaren (linearen) Fließens gültig. Bei sehr geringen Durchlässigkeiten mit äußerst niedrigen hydraulischen Gradienten sowie bei sehr hohen Durchlässigkeiten mit extrem hohen Gradienten sind jeweils andere Fließgesetze gültig. Beide Extreme liegen jedoch bei hydrothermalen Nutzungen i. d. R. nicht vor (Kappelmeyer & Haenel 1974, Stober et al. 2009).

Bei **hydraulischen Tests** in Bohrlöchern wird von der Förder- oder Injektionsrate und den beobachteten Gradienten (Wasserspiegel-Absenkung und -Anstieg, Druckauf- und -abbau) auf die Durchlässigkeit des Untergrundes geschlossen

## 8.2 Thermische und hydraulische Eigenschaften des Nutzhorizontes

(Kap. 13). Dabei ergibt sich jedoch nicht direkt die oben beschriebene Permeabilität oder der Durchlässigkeitsbeiwert, sondern man erhält primär einen integralen Wert über den Testhorizont (bzw. Aquifermächtigkeit H), die Profildurchlässigkeit oder auch **Transmissivität** T [$m^2$ $s^{-1}$]. Ist der Grundwasserleiter homogen und isotrop, so kann der Durchlässigkeitskoeffizient direkt aus der Transmissivität errechnet werden (Gl. 8.4a)

$$T = k_f \, H \quad (8.4a)$$

Falls der Aquifer in einzelne Horizonte unterschiedlicher Durchlässigkeit ($k_{fi}$) mit jeweils entsprechenden Mächtigkeiten ($H_i$) untergliedert ist, gilt Gleichung 8.4b.

$$T = \Sigma \, k_{fi} \, H_i \quad (8.4b)$$

Oder ganz allgemein gilt Gleichung 8.4c.

$$T = \int_0^H k_f \, dh \quad (8.4c)$$

Eine vergleichsweise einfache Hilfsgröße ist der sogenannte **Produktivitätsindex** PI [$m^3$ $s^{-1}$ $MPa^{-1}$], der dem Quotienten aus Förderrate Q [$m^3$ $s^{-1}$] pro Druckabsenkung $\Delta p$ [Pa] entspricht (PI = Q/$\Delta p$) und häufig dann ermittelt wird, wenn keine auswertbaren hydraulischen Versuche durchgeführt wurden. Der Produktivitätsindex beschreibt somit nicht nur die reinen Aquifereigenschaften, sondern er beinhaltet auch die brunnenspezifischen Eigenschaften wie Brunnenspeicherung und Skineffekt (Kap. 13).

Der (absolute) **Hohlraumanteil** (Porosität) n [-] ist der Quotient aus dem Volumen aller Hohlräume eines Gesteinskörpers und dessen Gesamtvolumen. Er charakterisiert das Speichervermögen eines Aquifers und umfasst sowohl die Hohlräume bzw. Poren der Gesteinsmatrix als auch die durch Haarrisse entstandenen Hohlräume im Gestein bis hin zu Klüften und Kavernen (DIN 4049, Teil 3). Durchlässigkeit und Ergiebigkeit eines Gebirges werden maßgeblich vom Kluftnetz und Kavernensystem bestimmt. Die wesentlich wichtigere Größe im Hinblick auf den Wassertransport ist jedoch der **durchflusswirksame Hohlraumanteil** (durchflußwirksame Porosität) $n_f$ [-], der den Hohlraumanteil kennzeichnet, der im Unterschied zum absoluten Hohlraumanteil nur den Teil umfasst, in dem Wasser frei beweglich ist und damit für eine Nutzung zur Verfügung steht. Mit dem durchflusswirksamen Hohlraumanteil wird berücksichtigt, dass Haftwasser, das mit großen Kräften an den Partikeloberflächen gehalten wird, oder Wasser, das in "dead-end-pores" stagniert, die Fließmöglichkeiten reduziert: $n_f < n$. In Tonen und schluffigem Material ist der Unterschied zwischen absoluter und durchflusswirksamer Porosität besonders groß. Tone haben meist einen sehr hohen absoluten Hohlraumanteil, jedoch nur eine sehr geringe durchflusswirksame Porosität und entsprechend niedrige Durchlässigkeit. Der durchflusswirksame Hohlraumanteil bietet Durchlässigkeit, ist jedoch nicht direkt in diese umsetzbar, da zusätzlich auch die Größe, Gestalt und Verbindung der Hohlräume entscheidend sind. Er kann aus Markierungsversuchen oder aus Pumpversuchen bestimmt werden (Kap. 13).

Mit Hilfe von hydraulischen Tests kann neben der Transmissivität auch der **Speicherkoeffizient** S [-] ermittelt werden (Kap. 13). Der Speicherkoeffizient ist ein Maß für die volumetrische Änderung des gespeicherten Wassers $\Delta V$ bei Änderung der Druckhöhe der Wassersäule $\Delta h$ pro Oberfläche F.

$$S = \Delta V / (\Delta h \, F) \tag{8.5a}$$

Der **spezifische Speicherkoeffizient** $S_s$ [m$^{-1}$] bezieht sich nicht auf die Fläche, sondern auf das Aquifervolumen. Die Beziehung zwischen Speicherkoeffizient und spezifischem Speicherkoeffizient ist analog der Beziehung zwischen Transmissivität und Durchlässigkeitsbeiwert. Bei homogenen isotropen Grundwasserleitern gilt Gleichung 8.5b.

$$S = S_s \cdot H \tag{8.5b}$$

Für geschichtete oder inhomogene, anisotrope Aquifere gelten die entsprechend formulierten Gleichungen (Gl. 8.4b, 8.4c).

In Kap. 13 sind die verschiedenen Testverfahren zur Ermittlung hydraulischer Untergrundparameter beschrieben.

## 8.3 Hydraulische und thermische Reichweite geothermischer Dubletten

Bei hydrothermalen Nutzungen darf es zu keinem **hydraulischen oder thermischen „Kurzschluss"** zwischen Förder- und Injektionsbohrung kommen (vgl. Abschn. 7.3). Hydraulische Verbindungen zu anderen Grundwasserstockwerken sind durch entsprechende Abdichtungen auszuschließen. Abbildung 8.6 zeigt ein Schema für eine Injektionsbohrung. Der Abstand zwischen Injektions- und Förderbohrung muss so groß sein, dass innerhalb des vorgesehenen Bewirtschaftungszeitraums (etwa 30 Jahre) keine nachteiligen Temperaturerniedrigungen in der Förderbohrung infolge der Einleitung des abgekühlten Wassers in den Nutzhorizont über die Injektionsbohrung auftreten können. Bestimmte Mindestabstände zwischen den beiden Bohrungen im Aquifer müssen daher eingehalten werden. Allerdings darf der Abstand auch nicht zu groß sein, damit eine hydraulische Verbindung der beiden Bohrungen und somit eine dauerhafte Ergiebigkeit der Förderbohrung im Sinne eines Recharges gewährleistet ist.

Die räumliche Ausdehnung eines geothermischen Reservoirs spielt für die geothermische Nutzung eine wichtige Rolle. Aus der geometrischen Form des Reservoirs, d. h. aus der Ausdehnung und Mächtigkeit, kann das Volumen und damit der Energieinhalt des Reservoirs berechnet werden. Eine größere Mächtigkeit erhöht bei gleicher Durchlässigkeit die Transmissivität und folglich auch die mögliche Förderrate (Abschn. 8.2).

Als Grundlagen für ein geometrisches Untergrundmodell dienen Daten aus der geophysikalischen Explorationstätigkeit, meist mittels seismischer, seltener mit

## 8.3 Hydraulische und thermische Reichweite geothermischer Dubletten

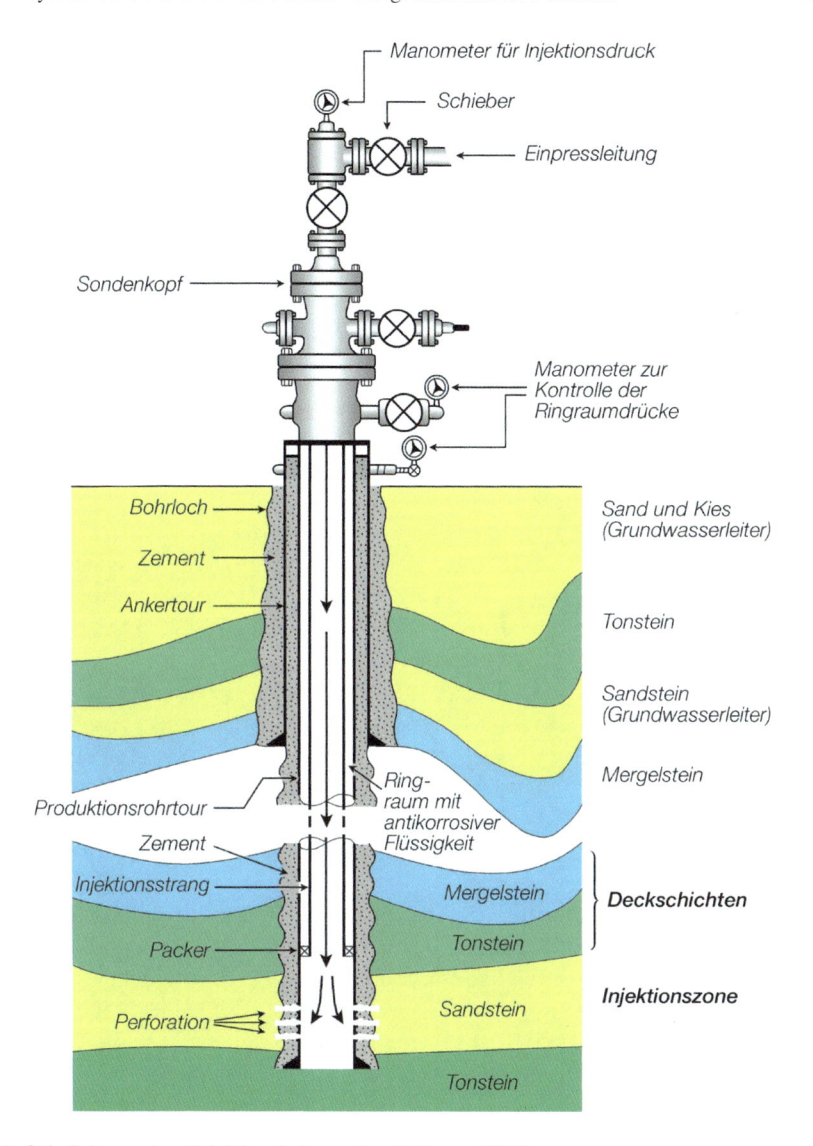

**Abb. 8.6** Schema einer Injektionsbohrung (nach Owens 1975)

geoelektrischen Verfahren, und Ergebnisse von Bohrungen (Abschn. 8.1). Mit Hilfe von **numerischen Modellen** (Abschn. 7.3) wird versucht, den Abstand zwischen Förder- und Injektionsbohrung zu optimieren, bevor die Zweitbohrung abgeteuft wird. Bei der Modellierung müssen natürlich gewisse Eigenschaften für den Untergrund angenommen werden, die z.T. nur indirekt aus der Seismik (Tiefenlage, Schichtlagerung, Störungs- bzw. Kluftmuster) und aus den hydraulischen Tests in der Erstbohrung (Durchlässigkeit, Temperatur, Hydrochemie) bekannt sind.

Aufgrund nur beschränkt vorhandener Untergrunddaten und numerischer Modellannahmen können die Untergrundverhältnisse meist nur sehr stark vereinfacht wiedergegeben werden.

Bestandteil der numerischen Modellierung ist zunächst das Konzeptmodell, das die geologischen, hydrogeologischen und thermischen Kenntnisse über den Untergrund bündelt. Aufgabe eines Geologen ist es dabei, aus den meist unregelmäßig verteilten 1D-Bohrungsinformationen und 2D-Seismikinformationen ein dreidimensionales geologisches Strukturmodell aufzubauen. Das so generierte dreidimensionale geologische Modell beinhaltet die Lagerungsverhältnisse der Schichten sowie deren Schichtmächtigkeit. Auf Basis des Strukturmodells und der hydrostratigraphischen Daten wird die thermisch-hydraulische Modellvorstellung entwickelt, die als Grundidee des hydrogeologischen Modells dient. Dabei werden insbesondere die lithologisch-stratigraphischen Einheiten des 3D-Strukturmodells in hydrostratigraphische Einheiten überführt und hydraulische Parameter den hydrostratigraphischen Einheiten zugeordnet. Zusätzlich müssen den einzelnen Horizonten die entsprechenden thermischen Parameter übertragen werden. Das (vereinfachte) hydrogeologische Modell ist Grundlage der numerischen Modellierung für den Wärme- und Stofftransport. Unter Annahme geohydraulischer Randbedingungen sowie eventuell von Grundwasserneubildung oder Tiefengrundwasseraufstieg wird ein stationäres Grundwasserströmungsmodell entwickelt.

Numerische Reservoirmodellierungen stellen ein effektives Hilfsmittel bei der Entwicklung, Charakterisierung und Optimierung geothermischer Lagerstätten dar (Abb. 8.7a, b). Derzeit gibt es viele verschiedene dreidimensionale numerische Modelle auf der Basis von finiten Differenzen (FD) oder finiten Elementen (FE) mit gekoppelter Berechnung von Strömung und Wärmetransport (z. B. SPRING von Cãmara et al. 1996, FEFLOW in Trefry & Muffels 2007 oder SHEMAT in Clauser 2003).

Im Rahmen der stationären Kalibrierung sind die geohydraulischen Aquiferparameter und Randbedingungen im numerischen Grundwasserströmungsmodell so anzupassen, dass sich eine bestmögliche Übereinstimmung gemessener und berechneter Potenzialwerte und Potenzialverteilungen sowie eine plausible Grundwasser-Bilanz ergeben. Parameteränderungen sollten nur innerhalb einer plausiblen Bandbreite vorgenommen werden. Aufgrund von i.d.R. wenigen vorhandenen Stützpunkten kann diese Kalibrierung allerdings mit erheblichen Unsicherheiten behaftet sein.

Mit Hilfe des stationär kalibrierten Grundwasserströmungsmodells wird das natürliche Temperaturfeld modelliert, wobei in diesem stark vereinfachten Modell die natürliche Konvektion aufgrund der meist geringen Datenbasis möglicherweise noch nicht berücksichtigt werden wird.

Ein weiterer Bestandteil neben der Kalibrierung des Modells ist die Durchführung einer Sensitivitätsanalyse. Hydraulische Tests mit Messwerten sind daher unerlässlich, denn in der Kalibrierungs-Phase müssen die vom Modell berechneten Ergebnisse anhand der gemessenen Werte überprüft werden können. Bei der Anwendung von numerischen Modellen ist darauf zu achten, dass programmintern die Massenbilanz erhalten bleibt. Daher muss beispielsweise mit "kg/s" zirkuliert

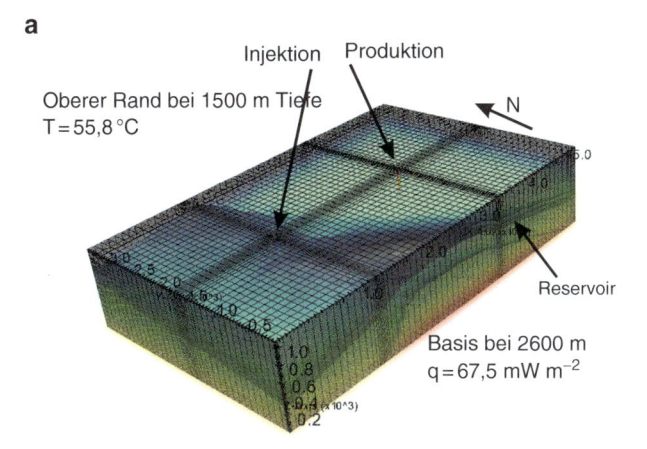

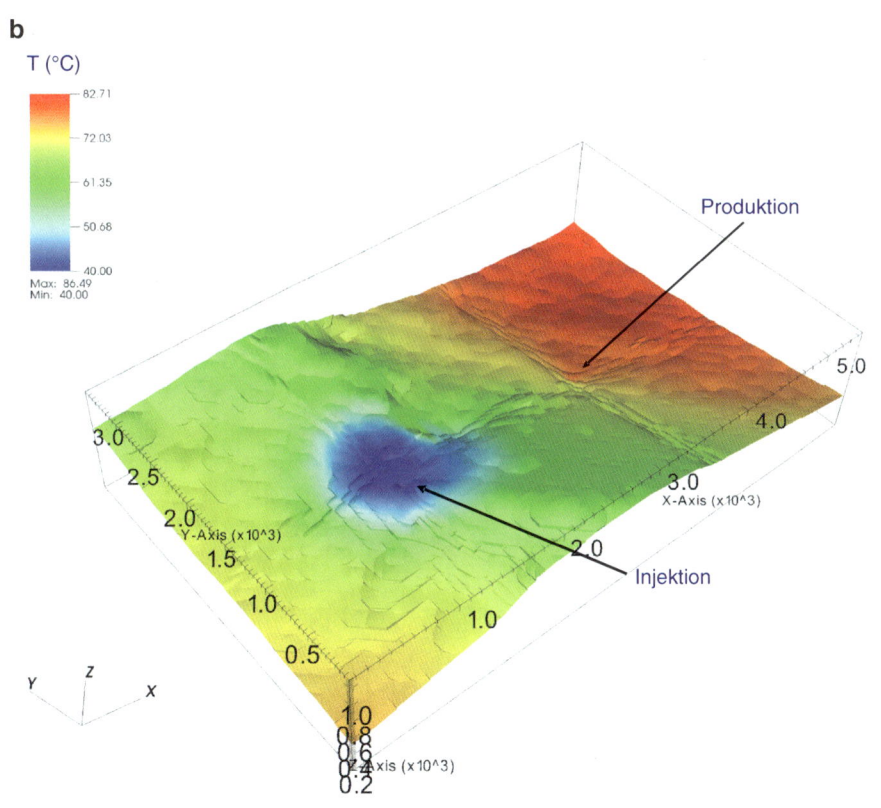

8.3 Hydraulische und thermische Reichweite geothermischer Dubletten

**Abb. 8.7a, b** Beispiel einer numerischen Modellierung einer hydrothermalen Dublette, **a**: Modellgeometrie, **b**: Modellierungsergebnisse nach 50 Jahren Betrieb (mit freundl. Genehmigung von Geophysica GmbH)

werden, nicht mit "l/s", da sich die Dichte der Flüssigkeit durch den Wärmeentzug ändert und somit bei der Zirkulation mit "l/s" massenmäßig mehr verpresst wird als gefördert wird. Grundsätzlich wird auf die jeweiligen Programminterna verwiesen.

Ein numerisches Modell kann beispielsweise für Prognosezwecke des späteren Betriebs benutzt werden. Trotz gleicher Durchlässigkeitsverteilung kann die Wasseraufnahmefähigkeit der Injektionsbohrung problematisch werden, wie Abb. 8.5 zeigt. Die Durchlässigkeit im Injektionsbereich wird nämlich durch die Injektion von kühlem Wasser – hauptsächlich durch die geringere Viskosität des kühlen Wassers – stark reduziert (Abschn. 8.2). In der Praxis wird daher gerne die durchlässigere Bohrung als Injektionsbohrung benutzt.

Die numerischen Berechnungen werden später häufig auch dazu benutzt, um das **Bewilligungsfeld (Claim)** abzugrenzen, d. h. um den hydraulischen und thermischen Einflussbereich der geothermischen Dublette zu erfassen, der dann von der Bergbehörde abgegrenzt wird.

Mit numerischen Modellen lassen sich darüberhinaus auch Nutzungskonzepte entwickeln und hinsichtlich ihrer ökonomischen Effizienz optimieren. In den letzten Jahren erlangten numerische Modellierungen auch Bedeutung in Zusammenhang mit der Beurteilung des seismischen Risikos beim Bau und Betrieb petrothermaler und hydrothermaler Systeme (Abschn. 10.1.5).

Die Simulationsergebnisse hängen natürlich stark von der Dichte und Güte der gemessenen hydraulischen und thermischen Parameter ab. Auch der Modellierungsmaßstab spielt für die Genauigkeit des numerischen Modells eine entscheidende Rolle.

Abbildung 8.7 zeigt beispielhaft eine numerische Modellierung bei Den Haag (Niederlande) für die Wärmeversorgung mit Hilfe einer geothermischen Dublette. Zielhorizont der Dublette ist der Delftsandstein an der Grenze Jura/Kreide in etwa 2200 m Tiefe. Für die numerische 3D-Simulation des Wärmeflusses wurde der 3D Finte Differenzen Kode SHEMAT zur Lösung der gekoppelten Wärme-, Transport- und Strömungsgleichung verwendet. Das Gesamt-Modell (Regionales Modell) erstreckt sich über 22,5 km × 24,3 km und bis in eine Tiefe von 5 km. Abbildung 8.7a repräsentiert ein eigenständiges Teil-Modell (Reservoirmodell) über eine Fläche von 5,5 km × 3,5 km zwischen 1500 m und 2600 m Tiefe. Die Anzahl der Zellen liegt bei etwa 170.000. Abbildung 8.7b zeigt die Simulationsergebnisse nach 50 jährigem Betrieb mit einer Produktionsrate von 150 $m^3$/h und einer Temperatur von ca. 79°C, wobei das injizierte Wasser eine Temperatur von 40°C aufweist. Das Temperaturfeld zeigt eine signifikante Abkühlung innerhalb eines Radius von < 1 km um die Injektionsbohrung (Mottaghy & Pechnig 2009).

## 8.4 Hydrochemie heißer Wässer aus großer Tiefe

Den chemischen Eigenschaften der Tiefenwässer kommt eine große Bedeutung zu, denn sie sind fast immer hoch mineralisiert, heiß und stehen in der Lagerstätte unter hohem Druck. Sehr viele Tiefenwässer verfügen außerdem über hohe bis sehr hohe

## 8.4 Hydrochemie heißer Wässer aus großer Tiefe

Gasgehalte. In vielen Fluiden sind zudem Mikroorganismen vertreten. Das zirkulierende Fluid stellt wegen seiner hohen Temperatur, hohen Salinität und seinem Anteil an gelösten Gasen hohe Anforderungen an die Qualität der beteiligten Materialien, wie z. B. an die Tiefpumpe, den Wärmetauscher, die Rohrleitungen oder die Filter (Kap. 14).

Schon die Probennahme dieser heißen Wässer ist schwierig. Grundsätzlich wird zwischen einer Probennahme unten im Bereich des Aquifers (downhole samble) und der Probennahme am Bohrlochkopf bzw. in unmittelbarer Nähe davon. Die Probennahme unten im Bereich des Aquifers erfolgt unter In-Situ-Bedingungen, d. h. bei den Temperaturen und Drucken im Zulaufbereich. Dort wird dann auch die Wasserprobe automatisch dicht verschlossen, so dass kein Gasaustausch auf dem Weg nach oben stattfinden kann. Bei der Probennahme am Bohrlochkopf an der Erdoberfläche ist das völlig anders. Die Probe ist zwar noch annähernd so heiß, wie unten im Aquifer, aber der Druck hat entsprechend abgenommen und ein Gasaustausch mit der Atmosphäre ist nicht völlig auszuschließen. Manche Wässer sind so gasreich, dass durch Druckreduktion oben im geschlossenen System trotz Druckbeaufschlagung ein Zweiphasen-Fluid entsteht. Je geringer die Förderrate ist, desto niedriger ist die Auslauftemperatur, d. h. die Fördertemperatur ist fließratenabhängig (Abb. 8.8). Damit verbunden ist natürlich auch eine Dichteänderung, so dass bei geringer Förderrate die Dichte größer ist als bei hoher Förderung (Abb. 8.2a). Derartige Einflüsse beeinflussen daher auch die Größe des Produktivitätsindexes (Abschn. 8.2).

Die Wässer verändern ihren Sättigungszustand bezüglich verschiedener Minerale, wenn ihnen die Wärme entnommen wird und wenn sie durch die Förderung an die Erdoberfläche einem anderen Druck ausgesetzt werden. Grundsätzlich ist

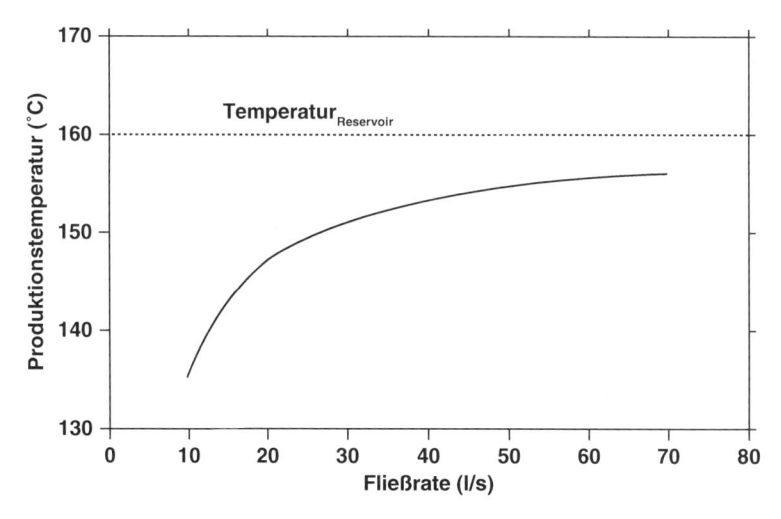

**Abb. 8.8** Abhängigkeit der Produktionstemperatur von der Förderrate (Berechnungen nach Ramey 1962)

Gasaustausch zu vermeiden, da es dadurch ebenfalls zu einer Änderung von Sättigungszuständen in Bezug auf vielfältige Minerale kommt, d. h. das geothermale Fluid muss übertage in einem geschlossenen Kreislauf zumeist mit einem gewissen Überdruck zirkuliert werden (Kap. 14).

Werden die Sättigungszustände verändert, so kann es zu dramatischen Ausfällungen und Ablagerungen im Oberflächensystem, wie z. B. dem Wärmeaustauscher, und in der Verrohrung, im Gestänge, im Bereich der Pumpe usw. kommen (Abb. 8.9). Als besonders kritisch muss in diesem Zusammenhang die Ausfällung von Sulfatmineralen angesehen werden, da diese durch Inhibitoren oder Säuerungen kaum vermeidbar oder zu beseitigen sind. Ausfällungen von Ba/Sr-Sulfaten wurden vereinzelt nach der Abkühlung des Thermalwassers im Bereich der Reinjektion beobachtet. Ausfällungen von Calcit oder Eisen gelten im Gegensatz dazu als beherrschbar. Problematisch sind ebenfalls Blei-Ablagerungen, wobei neben $Pb^{208}$ auch $Pb^{210}$, ein β–Strahler, ausfallen kann. Weitere problematische Ausfällungen sind in Abschn. 10.3 beschrieben. Zur Vermeidung von Ausfällungen werden daher manchmal zusätzlich auch sogenannte Inhibitoren eingesetzt.

Aber es kann auch zu Korrosion-, Erosions- und Lösungsprozessen mit Beschädigung der entsprechenden Bauteile kommen. Vereinzelt werden daher zur Vermeidung von Korrosion noble Materialien verwandt. Eine Schadensanalyse an Tauchpumpen der Bundesanstalt für Materialforschung und –prüfung in Berlin/Deutschland hat gezeigt, dass beispielsweise eine stählerne Pumpenwelle aufgrund von Schwingungsrisskorrosion versagte, hervorgerufen durch eine reduzierte Schwingfestigkeit bei den hohen Temperaturen des Thermalwassers und bei sehr hoher Lastspielzahl. Ein weiterer Pumpenausfall resultierte infolge massiver Korrosion von Gehäuseteilen sowie durch Scaling.

Grundsätzlich muss natürlich auch im Reservoir mit Lösungs- und Fällungsprozessen gerechnet werden, insbesondere im Injektionsbereich wegen der Temperaturreduktion durch die Wärmeauskopplung und ggf. wegen Zugabe von Fremdstoffen.

**Abb. 8.9** Ausfällung von Calcit in einer Rohrleitung infolge Entgasung und Drucksenkung

## 8.4 Hydrochemie heißer Wässer aus großer Tiefe

In jedem Fall muss jede Lagerstätte auf Grund ihrer Singularität gesondert betrachtet werden. In manchen Lagerstätten treten zudem biogeochemische Alterationen auf, so dass entsprechende Strategien gegen mikrobiell verursachte Korrosion und Ausfällung entwickelt werden müssen (Amann et al. 1997, Dingh et al. 2004).

Die hydrochemischen Eigenschaften wirken sich auch auf die Größe des **Wärmeinhaltes** des heißen Thermalwassers aus. Für hochmineralisierte Wässer kann der Wärmeinhalt, der von der Dichte und der spezifischen Wärmekapazität abhängt, in Abhängigkeit von den jeweiligen Druck- und Temperaturverhältnissen und dem Lösungsinhalt der Wässer sowohl größer als auch kleiner als derjenige von Wasser mit Trinkwasserqualität sein (Gl. 8.6, Abb. 8.2). Mit zunehmender Salinität nimmt die Dichte zwar zu, die Wärmekapazität jedoch ab (Abb. 8.10).

Während der Erschließung aber insbesondere auch während des Betriebs einer geothermischen Anlage sollten begleitende hydrochemische Analysen, Gasanalysen sowie mikrobiologische Untersuchungen durchgeführt werden, um festzustellen, ob sich während des Betriebs die Zusammensetzung des Fluids ändert. Dieses hydrochemisch-mikrobiologische **Monitoring** wird auch von einem hydraulischen Monitoring begleitet, d. h. Messung der Förderrate, Druckabsenkung, Temperatur. Das Reservoirverhalten auf den Dauerbetrieb muss gesamtheitlich dokumentiert werden, denn nur so kann bei eventuellen Änderungen möglichst rasch mit gezielten Gegenmaßnahmen reagiert werden.

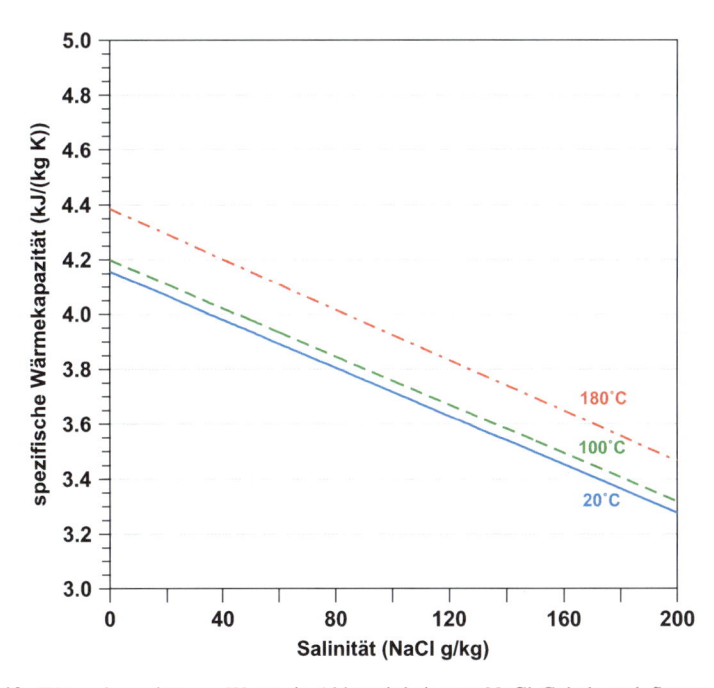

**Abb. 8.10** Wärmekapazität von Wasser in Abhängigkeit vom NaCl-Gehalt nach Sun et al. (2008)

## 8.5 Ertüchtigungsmaßnahmen, Stimulation

Für eine hydrothermale Nutzung kommen im Gegensatz zu EGS-Verfahren primär Standorte in Frage, bei denen im Untergrund ein tief liegender Grundwasserleiter mit hohen natürlichen Durchlässigkeiten und Temperaturen vorhanden ist. Wird die erwartete bzw. für die Zirkulation benötigte Durchlässigkeit bei der Erschließung des Grundwasserleiters zunächst nicht angetroffen, so kann gegebenenfalls die Bohrung vertieft und zusätzlich ein zweiter, tiefer liegender Grundwasserleiter erschlossen werden. Unabhängig davon werden heutzutage bei hydrothermalen Dubletten Schrägbohrungen abgeteuft, die höhere Ergiebigkeiten als Vertikalbohrungen erzielen können.

Der für hydrothermale Systeme entscheidende Parameter ist neben der Temperatur des Aquifers die Ergiebigkeit, d. h. die zu erzielende Förderrate bei einer noch (wirtschaftlich und technisch) vertretbaren Absenkung (Druckentlastung). In Festgesteins-Grundwasserleitern beruht die Durchlässigkeit und damit die Ergiebigkeit des Aquifers auf dem Vorhandensein von offenen Klüften oder Kavernen. Wird die erwartete Durchlässigkeit bei der Erschließung zunächst nicht angetroffen, so können bis zu einem gewissen Grad sog. **Ertüchtigungsmaßnahmen** oder **Stimulationen** zur Steigerung der Ergiebigkeit durch Verbessern des Grundwasseranschlusses durchgeführt werden.

Als klassische Ertüchtigungsmaßnahme ist das Verfahren der **hydraulischen Druckbeaufschlagung** oder auch das **Schocken** zu nennen. Mit leicht erhöhten hydraulische Drucken bzw. einem raschen Wechsel in der Förderhöhe wird beim Schocken versucht, Klüfte und sonstige Hohlräume von Sand oder Schluff freizuspülen. Diese Verfahren sind in der oberflächennahen Hydrogeologie üblich und werden, insbesondere das Schocken, standardmäßig benutzt, um Trinkwasserbrunnen sandfrei zu bekommen oder um die Ergiebigkeit zu erhöhen.

Das **(Druck)säuern** mit und ohne leichten Überdruck ist ebenfalls eine Standardmethode, die seit vielen Jahrzehnten im Brunnenbau in der Trink-, Mineral- aber auch in der Thermalwassererschließung bei karbonatischem Gesteinsmaterial (bspw. Muschelkalk) oder bei Gebirgen mit Kalzitbelägen auf Klüften eingesetzt wird. Beim Lösungsvorgang entsteht $CO_2$. Beim reinen Säuern ohne Druckbeaufschlagung, häufig mit 15%-iger Salzsäure oder verdünnter Ameisen- oder Essigsäure, erfolgt die Reichweite ins Gebirge nur wenige cm bis dm. Mit dieser Maßnahme ist nur eine flächenhafte „Reinigung" zielführend. Bei einer Säuerung mit Druckbeaufschlagung ist die Eindringtiefe in die Klüfte und Hohlräume natürlich entsprechend weitreichender. Die Effizienz der Drucksäuerung ist auch von der Eingabemenge, der Art der Säure und dem Grad der Verdünnung der Säure abhängig. Man spricht dann von „sanftem Säuern" oder von „konzentrierter Säuerung". Art, Grad und Intensität der Säuerung erfolgen in Abhängigkeit von der Verrohrung und dem Ausbau der Bohrung, die vor Korrosion zu schützen sind.

Durch die erhöhten Wasserdrucke, ggf. in Kombination mit Säure, ist vorgesehen, vorhandene Hohlräume im Gebirge frei zu spülen bzw. durch Lösung zu erweitern. Die Druckbeaufschlagung dient nicht der Schaffung eines neuen Kluftnetzes, sondern lediglich dem verbesserten hydraulischen Anschluss des

Bohrlochs an einen bestehenden geklüfteten oder verkarsteten Grundwasserleiter. Üblicherweise werden beim Drucksäuern Drucke von bis zu 30 bar aufgebracht.

Unabhängig davon ist natürlich bei einer abgelenkten Bohrung, d. h. bei einer **Schrägbohrung**, die den Aquifer nicht vertikal sondern mit einer gewissen Neigung durchteuft, eine höhere Ergiebigkeiten als bei einer klassischen Vertikalbohrung zu erwarten, da die Wahrscheinlichkeit, eine höhere Anzahl offener Klüfte anzufahren, deutlich größer ist. Eine Ergiebigkeitssteigerung lässt sich auch durch einzelne von der Bohrung ausgehende **Ablenkbohrungen (Sidetracks)** im Nutzhorizont erzielen. Eine erhöhte Ergiebigkeit wird auch erwartet, wenn die Bohrung in **hydraulisch aktive Störzonen** abgeteuft wird (Abschn. 8.1).

Weitergehende Stimulationsmaßnahmen, wie die **massive hydraulische Stimulationen**, werden typischerweise bei EGS (Enhanced Geothermal System) bzw. bei HDR-Projekten vorgenommen (Abschn. 9.4).

Massive hydraulische Stimulationen werden von der Erdöl-Erdgas-Industrie seit vielen Jahren in Sedimenten zur Steigerung der Ergiebigkeit von Bohrungen, d. h. der Produktionsrate durchgeführt. Bei einer massiven hydraulischen Stimulation werden meist große Wassermengen unter hohen Drucken verpresst, um künstlich Klüfte herzustellen. Häufig werden dem Injektionswasser zur Effizienzsteigerung und dauerhaften Ergiebigkeit Sand (Stützmittel) und chemische Zusätze beigegeben. Derartige massive hydraulische Stimulationen werden von der Kohlenwasserstoff-Industrie in den letzten Jahren insbesondere in gering mächtigen sedimentären Horizonten von einer schichtparallelen Horizontalbohrung aus als vertikaler Frac alle 100–200 m durchgeführt (Soeder 2010).

## 8.6 Fündigkeit, Risiko, Wirtschaftlichkeit

Ausschlaggebend für den Erfolg eines Geothermieprojekts mit der Erschließung tiefer Reservoire sind die lokalen geologischen Verhältnisse in großer Tiefe. Eine Prognose über die geologischen Verhältnisse muss in der Regel aus weiter entfernten Bohrungen, oder aus linienhaften oder flächenhaften geophysikalischen Erkundungen abgeleitet werden (z. B. 2D- oder 3D-Seismik). Diese geben jedoch nicht Auskunft über die wichtigen Eigenschaften (Temperatur, Förder- bzw. Injektionsmenge), die ein Geothermieprojekt zum Erfolg werden lassen. Daher sind in der tiefen Geothermie die Risiken bei der Umsetzung von Projekten höher als in der oberflächennahen Geothermie. Die Risiken sind jedoch nicht größer als in der Erdöl-Erdgas-Industrie, jedoch ist die Rendite, die das jeweils geförderte Produkt abwirft, sehr unterschiedlich. Aus diesem Grund fällt zum einen der Vorerkundung und ihrer akkuraten Auswertung eine sehr hohe Bedeutung zu, zum anderen erfolgten in den letzten Jahren große Bestrebungen, in der Geothermie alles und jedes zu versichern. Das geothermische Gesamtrisiko eines Projektes wird daher in verschiedene Risikogruppen untergliedert, die jeweils als separater Block von Versicherungen bewertet und als Versicherungsgegenstand angeboten werden.

Generell werden fünf Risikogruppen in Betracht gezogen: Fündigkeitsrisiko, geologische & geotechnische Risiken, wirtschaftliche Risiken, Umweltrisiken und politische Risiken. Diese Risikogruppen sind dabei nicht immer scharf voneinander zu trennen. Treten bei den Bohrarbeiten etwa Schwierigkeiten wie unerwartete geologische Verhältnisse auf, so ist dies zwar als geologisches oder geotechnisches Risiko einzuordnen, jedoch bedeuten die damit unweigerlich verbundenen Mehrkosten zugleich auch ein wirtschaftliches Risiko (Blank et al. 2010).

Das Hauptrisiko in der tiefen Geothermie ist das so genannte **Fündigkeitsrisiko**. Das Fündigkeitsrisiko bei geothermischen Bohrungen ist das Risiko, ein geothermisches Reservoir mit einer (oder mehreren) Bohrung(en) in nicht ausreichender Quantität oder Qualität zu erschließen (Schulze 2005).

Die **Quantität** wird hierbei über die thermische Leistung (P), die mit Hilfe einer Bohrung erreicht werden kann, definiert. Die Leistung verhält sich proportional zu Förderrate und Temperatur (Gl. 8.6).

$$P = \rho_F \, c_F \, Q \, (T_i - T_o) \qquad (8.6)$$

In Gleichung 8.6 bedeuten $\rho_F$ die Dichte (kg/m$^3$) und $c_F$ die spezifische Wärmekapazität (J/kg K) der Flüssigkeit. Q ist die Förderrate (m$^3$/s), $T_i$ die Fördertemperatur und $T_o$ die Reinjektionstemperatur.

Für stark salinare Fluide liegt die Wärmekapazität bei etwa $c_F = 3{,}9$ kJ/(kg K) und die Dichte von 120°C heißem Wasser bei etwa 943 kg/m$^3$. Beide Parameter sind druck- und temperaturabhängige Größen, die zusätzlich vom Gesamtlösungsinhalt und Gasgehalt des Thermalwassers abhängen (Abschn. 8.2). Der Einfluss des Gesamtlösungsinhaltes auf die thermische Leistung ist dramatisch. Mit zunehmendem Gesamtlösungsinhalt und mit zunehmender Temperatur nimmt die thermische Leistung stark ab. Der „Dichtebonus" geht somit wegen der stärkeren Abnahme der spezifischen Wärmekapazität verloren (Abb. 8.10).

Unter **Qualität** versteht man im Wesentlichen die chemische Zusammensetzung des Wassers. Beispielsweise könnten Bestandteile im Wasser auftreten, wie unerwünschte Gase, hohe Salinität, o. ä., die eine geothermische Nutzung ausschließen oder erschweren. Allerdings gelten bisher die meisten bei geothermischen Bohrungen angetroffenen Wässer hinsichtlich ihrer Zusammensetzung für geothermische Nutzungen, zwar mit unterschiedlichem technischem Aufwand, als beherrschbar. Somit gilt eine Geothermiebohrung als fündig,

- wenn die Thermalwasser-Schüttung mehr als eine Mindestförderrate Q bei einer max. Absenkung $\Delta s$ erreicht und
- wenn eine Mindesttemperatur T erreicht wird.

Die Angaben zur Mindestförderrate, Absenkung und Mindesttemperatur ergeben sich in der Regel aus den Wirtschaftlichkeitsüberlegungen des Betreibers (Stober et al. 2009), allerdings sind bei der Vorgabe „Stromproduktion" aus wirtschaftlicher Sicht meistens Temperaturen oberhalb von 120°C und Förderraten von über 50 kg/s erforderlich. Durch die Begrenzung der nutzbaren Temperatur ($\sim$200°C) und des Thermalwasser-Massenstromes ($\sim$150 kg/s) aus technischen und geologischen Gründen nach oben ergeben sich die energetischen Randbedingungen der geothermischen Energienutzung für eine Bohrung zu etwa maximal 50 MW$_{th}$.

## 8.6 Fündigkeit, Risiko, Wirtschaftlichkeit

Die Energie, die einer Bohrung entnommen werden kann, berechnet sich mit Gleichung 8.7, mit der Leistung P [W] und der Zeitdauer der Förderung $\Delta t$ [s].

$$E = P\Delta t \quad [J] \tag{8.7}$$

Während der Betriebsdauer sollten die wichtigen Parameter Förderrate Q und Fördertemperatur $T_i$ nicht wesentlich absinken. Eine Voraussetzung hierfür ist ein hinlänglich ausgedehntes Reservoir und der Ausschluss einer Beeinträchtigung durch Nachbaranlagen.

Die erforderlichen Massenströme in Geothermiebohrungen sind um ein vielfaches höher, als in Erdöl- oder Erdgasbohrungen, bei denen bereits eine Förderrate von 3 kg/s als gut bezeichnet wird. An das Reservoir und an die Fördertechnik bei Geothermiebohrungen werden daher deutlich höhere Anforderungen gestellt (Kap. 11). Ein für die Kohlenwasserstoff-Industrie als ergiebig bezeichneter Horizont kann daher für geothermische Zwecke grundsätzlich wenig interessant sein.

In Festgesteins-Grundwasserleitern beruht die Durchlässigkeit und damit die Ergiebigkeit des Aquifers auf dem Vorhandensein von offenen Klüften oder Kavernen, auf einer ausreichenden durchflusswirksamen Porosität sowie auf anderen makroskopischen Hohlräumen, wie sie u. a. in Störungszonen angetroffen werden können. Aquifere können je nach der Art des dominierenden Hohlraumanteils in drei Grundtypen unterteilt werden: porös, klüftig und karstig (Abb. 8.11 und 8.12).

Wird die erwartete Durchlässigkeit bei der Erschließung zunächst nicht angetroffen, so sind Ertüchtigungsmaßnahmen erforderlich (Abschn. 8.5). Zu diesen Maßnahmen gehören beispielsweise das Säuern bei karbonatischem Gestein oder das hydraulische Stimulieren (hydraulic fracturing) ggf. in Kombination mit einer Säuerung. In Anlehnung an Erfahrungen aus der Erdölindustrie können zur Steigerung der Ergiebigkeit auch Ablenkbohrungen im Nutzhorizont durchgeführt werden.

Die Fündigkeit wird meist zu Beginn eines Projektes definiert, d. h. der Projektentwickler und der Investor legen fest, ab welcher Mindestförderrate und welcher Temperatur das Projekt wirtschaftlich – entsprechend der Renditeerwartung des Investors – und damit erfolgreich ist. Eine Bohrung gilt dabei als fündig, wenn diese Kriterien erreicht oder überschritten werden.

Eine sogenannte Teilfündigkeit liegt vor, wenn die Kriterien zur Fündigkeit nicht erreicht sind, jedoch eine Nachnutzung mit einem anderen Konzept technisch möglich und z. B. mit der Auszahlung eines Teils der Versicherungssumme auch wirtschaftlich ist.

Das Fündigkeitsrisiko ist in der Regel jedoch nicht in Regionen, aus denen noch keine Erfahrungen, d. h. keine Geothermie-Projekte, vorliegen versicherungsfähig. Neuere Technologien, die Aspekte mit Forschungs- und Entwicklungscharakter beinhalten, wie EGS bzw. HDR (Kap. 9), lassen sich ebenfalls nicht versichern.

Aussagen über Effizienz, Dauerhaftigkeit und **Wirtschaftlichkeit** der Anlage sind entscheidend von den hydraulischen und thermischen Eigenschaften des

**Abb. 8.11** Beispiel für einen Kluftaquifer (Buntsandstein)

Nutzhorizontes sowie der Zusammensetzung des Thermalwassers abhängig. Diese Eigenschaften müssen vorab bestmöglich erkundet werden. Angaben zu den gewählten Untersuchungs- und Auswerteverfahren sind detailliert festzuhalten. Die Entscheidung über die Wirtschaftlichkeit geothermischer Anlagen trifft aber letztendlich der Betreiber bzw. der Investor aufgrund betriebswirtschaftlicher Überlegungen. Dabei hat die Abnehmerstruktur eine hohe Priorität.

Die wirtschaftlichen Risiken resultieren in erster Linie aus dem Fündigkeitsrisiko. Erst nach erfolgreicher Durchführung und dem Test der Erstbohrung ist das Fündigkeitsrisiko für das Projekt stark reduziert, jedoch muss auch die Injektionsbohrung in der Lage sein, die anfallende Wassermenge aufzunehmen, um einen wirksamen Kreislauf zu ermöglichen (Abschn. 8.2). Die Erschließungskosten (Bohrungen, Stimulationsmaßnahmen und Tests) stellen zwischen 50 und 70% der Gesamtkosten eines Geothermieprojekts dar. Um dieses Risiko so gering wie möglich zu halten, bedarf es einer sorgfältigen Projektentwicklung mit klar definierten Projektentwicklungsphasen, Meilensteinplanung und Abbruchkriterien.

Standorte mit erhöhten Temperaturgradienten (Temperaturanomalien) können zu Kostenersparnissen infolge geringerer Bohrtiefen führen. Allerdings muss

## 8.6 Fündigkeit, Risiko, Wirtschaftlichkeit

**Abb. 8.12** Beispiele für einen Karstaquifer (Muschelkalk)

immer die zu erzielende Förderrate berücksichtigt werden. Wegen der meist durchschnittlichen Temperaturverhältnisse im Untergrund kann die geothermische Energienutzung grundsätzlich vor allem den Wärmemarkt beliefern. Für den wirtschaftlichen Betrieb einer geothermischen Heiz-Anlage ist es erstrebenswert, die Wärme über ein Nah- oder Fernwärmenetz möglichst ganzjährig zu nutzen. Dabei ist die Nutzung der Wärme hintereinander auf verschiedenen Temperaturniveaus (**Kaskadenprinzip**) aus ökonomischer und ökologischer Sicht anzustreben (Abb. 8.13), beispielsweise in der Kombination Fernwärme (90–60°C), Gewächshäuser (60–30°C) und Fischzucht (unter 30°C). Grundsätzlich sind jedoch noch innovative Konzepte für Nah- und Fernwärmenetze gesucht. Auch lässt sich Kälte aus Fernwärme erzeugen. Erst bei Temperaturen oberhalb von 120°C ist mit entsprechender Technologie die Erzeugung von Strom auch wirtschaftlich möglich. Je höher das erzielte Temperaturniveau ist, umso besser ist der Wirkungsgrad bei der Stromerzeugung. Auch bei dieser Technik sollte die Vermarktung der (Rest-) Wärme (meist um 90°C) nicht außer Acht gelassen werden. Derzeit fehlt es noch an Ansiedlungskonzepten und an Anreizen für Prozesswärmeabnehmer. Analoge Überlegungen gelten für die Nutzung bei EGS bzw. HDR-Systemen (Kap. 9).

Der Begriff **geologische und geotechnische Risiken** beinhaltet die Frage, ob bestimmte geologische Untergrundstrukturen und -verhältnisse, die in der Regel aus seismischen Untersuchungen abgeleitet worden sind, tatsächlich existieren. Zum

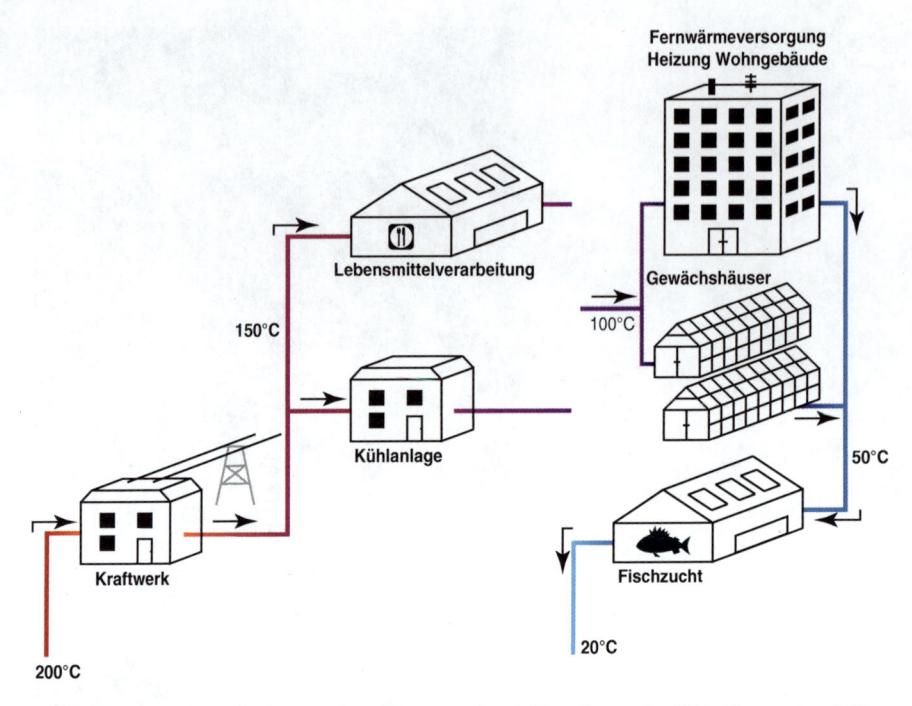

**Abb. 8.13** Kaskadenprinzip der Energienutzung (nach Unterlagen der IGA (International Geothermal Association), www.iga.1it.pl)

geologischen Risiko beim Bohren gehört z. B. das Auftreten von unerwarteten Schichten, Gebirgsdrücken oder Fluiden, mit den bekannten potentiellen Auswirkungen wie Ausspülungen und Setzungen beim Setzen der Ankerrohrtour, falsches Einschätzen von überhydrostatischen Drücken, Festwerden, Zufallen des (offenen) Bohrlochs nach Fertigstellung der Bohrung etc. Unerwartete geologische Verhältnisse führen bei falscher Behandlung meist auch zu bohrtechnischen Problemen (Blank et al. 2010).

Unter dem **Bohrrisiko** werden alle technischen Risiken, die der Bohranlage und dem Bohrprozess zugeordnet werden können, zusammengefasst, wie z. B. Fangarbeiten, Absturz Liner, Verrohrungsschäden, fehlerhafte Zementation, Sondenverluste bei Wireline-Messungen etc (Kap. 11). Diese Risiken können vor allem zu einer deutlichen Verlängerung der Bohrzeit führen. Technische Risiken können im schlimmsten Falle mit der Aufgabe des Bohrlochs und dem Verlust des bis dahin eingesetzten Kapitals enden. Bohrrisiken sind Risiken des Bohrunternehmers, hierfür existieren in aller Regel entsprechende Versicherungen.

Die Kraftwerkstechnik und die Stabilität des Kraftwerksbetriebs bedingen das **Betriebsrisiko**. Das Betriebsrisiko im Zusammenhang mit der Kraftwerkstechnik ist versicherbar. Ob allerdings das Reservoir über den geplanten Zeitraum hinweg mit gleicher Temperatur und Fördermenge betrieben werden kann, kann im Moment noch nicht versichert werden. Unter das Betreiberrisiko fallen daher alle Veränderungen der Quantität (Förderrate, Temperatur) und Qualität (Zusammensetzung) des

## 8.6 Fündigkeit, Risiko, Wirtschaftlichkeit

Fluids während der geothermischen Nutzung der Bohrung. Dazu zählen damit aber auch die dadurch hervorgerufenen Veränderungen an den technischen Anlagen im geothermischen Kreislauf, die durch das Fluid direkt oder indirekt verursacht werden. Zum Betriebsrisiko gehört auch, dass die Energiebereitstellung sich verändern kann. In der Planung der Reservoirerschließung kann das Risiko durch ein konservatives Konzept (z. B. Abstand der Bohrungen voneinander und Beschränkung der Förder- bzw. Injektionsmenge) lediglich minimiert werden.

Entsprechend der oberflächennahen Geothermie besteht auch in der tiefen Geothermie die Möglichkeit einer Gefährdung des Schutzgutes Boden und Grundwasser (**Umweltrisiko**). Bei großen Projekten mit tiefreichenden Eingriffen in den Untergrund werden entsprechende Vorkehrungen getroffen und Sicherheitseinrichtungen bereitgehalten, um Gefährdungen möglichst auszuschließen. Die Durchführung einer Tiefbohrung unterliegt in vielen Ländern dem bergrechtlichen Betriebsplanverfahren, das auch die Interessen der Anwohner und Nachbarn wahrt. Auswirkungen auf die Umwelt und die damit verbundenen Risiken, die durch Geothermieanlagen entstehen können, sind in Abschn. 10.2 und 10.3 diskutiert.

Unter Umständen können besonders in Gebieten mit natürlicher **Seismizität**, bei Stimulationsmaßnahmen induzierte seismische Ereignisse auftreten. Es besteht die Möglichkeit, dass die entstehenden Erschütterungen die Wahrnehmbarkeitsschwelle an der Erdoberfläche überschreiten. Das Auftreten von induzierter Seismizität hängt von der Beschaffenheit des geologischen Untergrundes (Kristalline Gesteine oder Sedimente), den tektonischen Spannungen, Injektionsdrucken bzw. Fließraten und wahrscheinlich auch von der Größe des stimulierten Riss-Systems ab. Aus diesem Grund wird vielfach auch gefordert, die Schwinggeschwindigkeit zu messen, die ein Maß für die aus dem seismischen Ereignis resultierende Energie an der Oberfläche ist, anstelle der Magnitude, die nur ein Maß für die Energie des seismischen Ereignisses im seinem Hypozentrum ist, also am Ort des Geschehens, und nicht an der Erdoberfläche. Grundsätzlich wird das Auftreten von induzierter Seismizität bis zu einem gewissen Grade als beurteilbar, prognosefähig und zum Teil als beeinflussbar angesehen. Schlüssel hierzu sind laufende Messungen und Kontrolle des Injektionsdrucks und ein auf die Geothermieanlage zugeschnittenes seismologisches Monitoring in der näheren und weiteren Umgebung der Anlage. Gegebenenfalls sind die Injektionsdrucke bzw. Injektionsmengen zu reduzieren (Abschn. 10.1).

Die Geothermische Nutzung zur Stromerzeugung und Wärmenutzung ist im Moment in den meisten Fällen noch von Förderungen abhängig und unterliegt daher in diesem Sinne auch einem **politischen Risiko**. Allerdings steht der größte Teil der Politik und der Gesellschaft hinter der Nutzung erneuerbarer Energien. Bei den politischen Themen muss in diesem Zusammenhang auch die Entwicklung neuer Technologien und die konkurrierende Situation auf dem internationalen Markt sowie die nationale Beschäftigungspolitik beachtet werden. In der Geothermie wird zudem mit einer Technologieentwicklung gerechnet, die einen günstigeren Gestehungspreis in der Zukunft bedeutet. Mit den steigenden Kosten für die konventionelle Strom- und Wärmeerzeugung wird damit auch die geothermische Nutzung in einigen Jahren konkurrenzfähig und förderunabhängig sein.

## 8.7 Beispiele hydrothermaler Anlagen

Weltweit betrachtet sind aktuell geothermische Stromerzeugungsanlagen mit einer Gesamtleistung von etwa 10 GW installiert. Der überwiegende Anteil dieser Anlagen befindet sich in geologisch besonders ausgezeichneten Regionen mit Dampflagerstätten. Wesentlich seltener sind dagegen Geothermiekraftwerke in Niederenthalpiegebieten mit Reservoirtemperaturen kleiner 150°C (Bertani 2007). In diesem Abschnitt werden einige hydrothermale Anlagen vorgestellt sowie die Erfahrungen, die gesammelt wurden, aber auch Schwierigkeiten, die es zu beherrschen gilt.

Die erste geothermische Beheizung von Wohnräumen mit Dubletten im **Pariser Becken** (Frankreich) erfolgte bei Melun l'Almont südlich von Paris bereits Ende der 1960er Jahre (Rojas 1984). Die meisten Bohrungen wurden als Folge des starken Anstiegs des Ölpreises in den Jahren zwischen 1980 und 1987 errichtet. Von den insgesamt 63 Bohrungen waren nur 2 Bohrungen totale Fehlschläge und 5 Bohrungen nur teilweise erfolgreich. Die Wärmeversorgung beinhaltet die Heizung und die Warmwasserversorgung. Beides erfolgt über Wärmetauscher in einem Verteilungsnetz bis zum Endverbraucher.

Derzeit werden im Pariser Becken 31 Anlagen betrieben. Relativ früh wurde die Bewirtschaftung der geothermischen Anlagen modelliert, um eine gegenseitige Beeinflussung auszuschließen und um die Lebensdauer der Anlagen zu maximieren (Sauty et al. 1980, Antics et al. 2005). Die geothermischen Anlagen sind aus Gründen der Nachhaltigkeit, der reduzierten lateralen Beeinflussung und der Entsorgung hochmineralisierter Wässer als Dubletten konzipiert.

Das Pariser Becken gehört zu einer großen Beckenstruktur, einem Kraton. Im Pariser Becken werden verschiedene thermale Aquifere genutzt: in der Unterkreide, im Oberjura, Mitteljura und in der Trias. Die Tiefe der meisten Bohrungen liegt bei 1700 m; die Förderraten betragen etwa 30–100 l/s mit Temperaturen zwischen 65°C und 85°C. Die Wässer sind hochmineralisiert mit einem Gesamtlösungsinhalt von 10–40 g/l. Sie enthalten zudem $CO_2$ und $H_2S$. Die Anwesenheit von Sulfat fördert die Verbreitung Sulfat reduzierender Bakterien, die wiederum $H_2S$ produzieren. Das Thermalwasser verursachte daher in den ersten Anlagen Korrosion und Scaling (Ungemach 1997), d. h. Lösung von Eisen und Ausfällung von Sulfid, gemäß folgender Gleichungen:

$$CO_2 + H_2O \rightarrow H_2CO_3$$
$$2H_2CO_3 \rightarrow 2H^+ + 2HCO_3^-$$
$$Fe^{2+} + 2HCO_3^- + 2H^+ \rightarrow 2H^+ + Fe(HCO)_2$$

$$H_2S + H_2O \rightarrow H^+ + HS^- + H_2O$$
$$Fe \rightarrow Fe^{2+} + 2e^-$$
$$Fe^{2+} + HS^- \rightarrow FeS + H^+$$

Aus diesem Grund wurde in den Folgejahren eine spezielle Methode entwickelt, um die gesamte Dublette zu schützen, d. h. die Förder- und Injektionsbohrung sowie den übertägigen Teil der Anlage. Dazu wird an der Basis der Produktionsbohrung ein Inhibitor injiziert (Abb. 8.14).

**Abb. 8.14** Schema einer Produktionsbohrung im Pariser Becken mit Injektionsvorrichtung für einen Inhibitor an der Basis der Bohrung mit Schutz für die gesamte Dublette (nach Unterlagen BRGM)

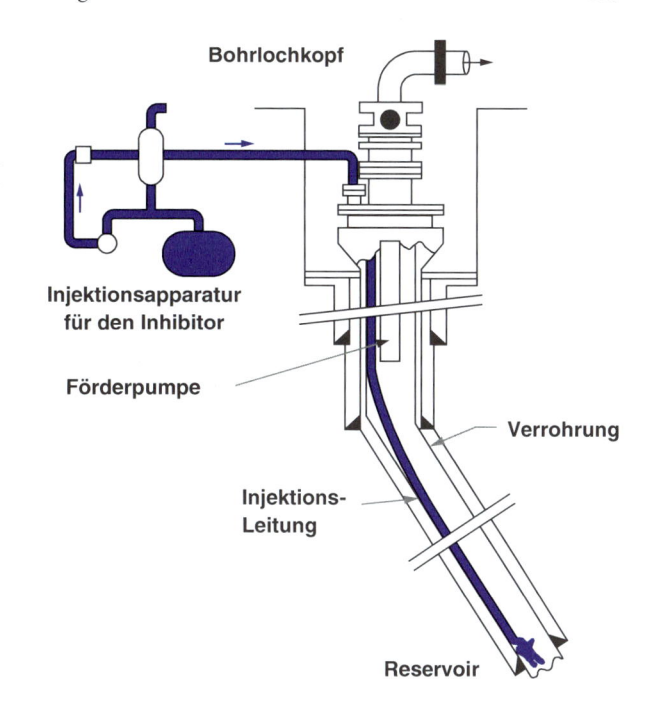

Bohrlochkopf

Injektionsapparatur für den Inhibitor

Förderpumpe

Verrohrung

Injektions-Leitung

Reservoir

Das Geothermiekraftwerk **Unterhaching** bei München (Deutschland) wird stellvertretend für hydrothermale Dubletten mit Stromproduktion im voralpinen karbonatischen Oberjura-Aquifer des mitteleuropäischen Molassebeckens vorgestellt. Das Projekt wurde im Jahre 2004 begonnen und ging offiziell mit der Stromproduktion im Jahre 2009 in Betrieb. Das Erdwärmekraftwerk hat eine Leistung von ca. 3,36 MW Strom und im Endausbau 70 MW Fernwärme. Es gewinnt seine Nutzwärme aus dem 122°C warmen Thermalwasser aus einer 3446 m tiefen Bohrung im Oberjura-Aquifer. Die Schüttung beträgt 150 l/s. Nach dem Wärmeentzug wird das abgekühlte Thermalwasser in einer zweiten 3864 m tiefen Bohrung wieder in denselben Horizont injiziert, der wegen der größeren Tiefenlage eine höhere Temperatur von 133°C aufweist. Die beiden Bohrungen sind durch eine 3,5 km lange Thermalwasserleitung miteinander verbunden (Abb. 8.15).

Das geförderte Thermalwasser weist einen sehr niedrigen Gesamtlösungsinhalt von 600–1000 mg/l auf. Der Hauptinhaltsstoff ist $HCO_3$. Außerdem sind im Wasser die Gase Methan und Stickstoff enthalten. Um chemische Ausfällungen und einen Eintrag von Sauerstoff in den Aquifer zu vermeiden, wird der Thermalwasserkreislauf mittels Stickstoff permanent unter Druck gehalten. Die Thermalwasserleitung zwischen den Bohrungen besteht aus glasfaserverstärktem Kunststoff, um Korrosionsproblemen vorzubeugen.

Bei der Stromerzeugung kommt in Unterhaching der Kalina-Prozess zur Anwendung, bei dem ein Ammoniak-Wasser-Gemisch verdampft. Mit der Anlage können bis zu 10.000 Haushalte mit Strom versorgt werden. Im Jahre 2006 wurde mit dem Bau des Fernwärmenetzes begonnen, das bis Mitte 2010 eine Länge von über 35 km

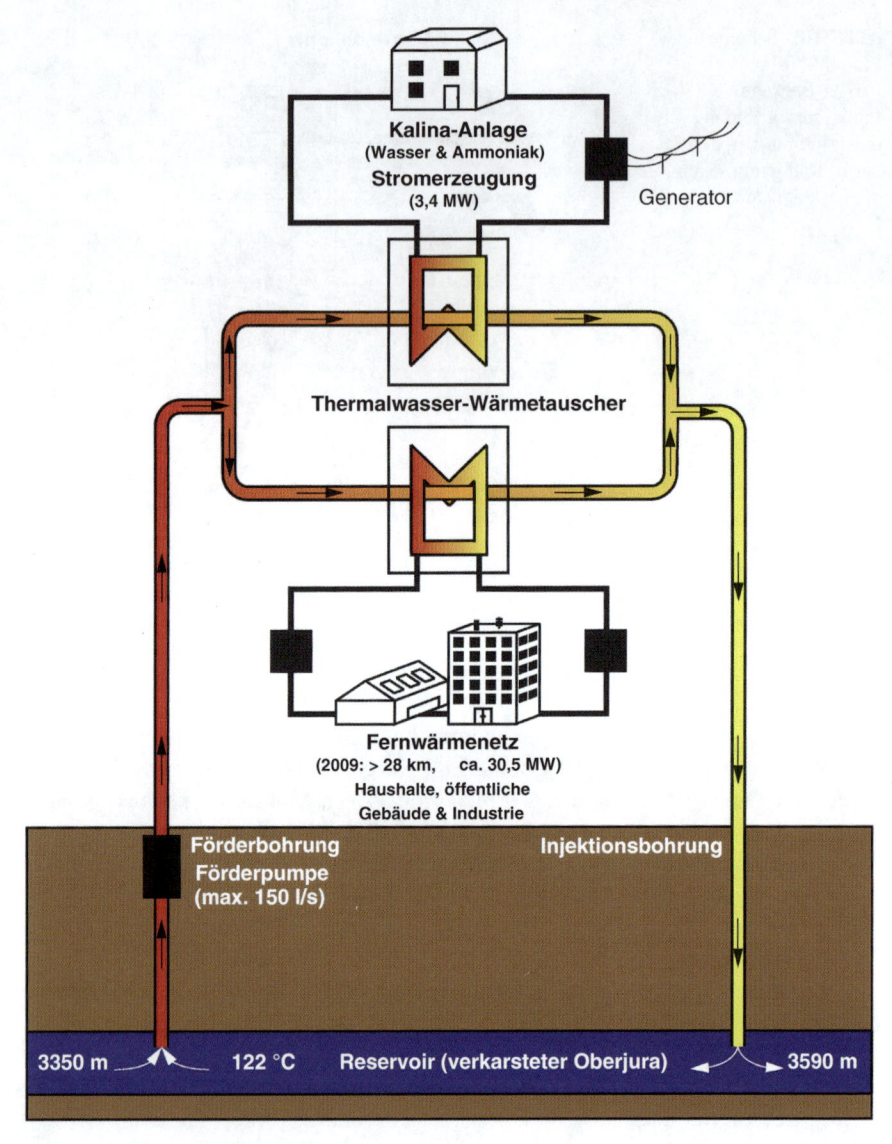

**Abb. 8.15** Schema der geothermischen Dublette in Unterhaching, Süd-Deutschland (nach Unterlagen der Geothermie Unterhaching GmbH & CoKG)

und eine Anschlussleistung von 45,7 MW umfasste (BINE 2009). Aufgrund der extrem hohen Schüttung und des geringen Gesamtlösungsinhaltes zog dieses geothermische Projekt eine Reihe von Folgeprojekte im Münchner Großraum nach sich.

Bereits Anfang der 1980er Jahre wurden zur Energiegewinnung die beiden Tiefbohrungen in **Bruchsal**, ca. 20 km NW von Karlsruhe (Deutschland) am östlichen Rand des Oberrheingrabens im Bereich der Hauptrandstörung abgeteuft (Bertleff

8.7 Beispiele hydrothermaler Anlagen

et al. 1988). Das Störungssystem lässt sich als Staffelbruch mit listrischen, nach Westen einfallenden Abschiebungsflächen beschreiben. Aufgrund des damals sinkenden Ölpreises wurden die Bohrungen jedoch erst 2008 in Betrieb genommen (Kölbel et al. 2010).

Die beiden vertikalen Bohrungen sind im Endausbau 1874 m und 2542 m tief und erhalten Thermalwasser vorwiegend aus dem Buntsandstein (Abb. 8.16). Die Ergiebigkeit der beiden Bohrungen ist nahezu identisch. Der horizontale Abstand zwischen den Bohrungen beträgt 1,4 km. Aus der tieferen Bohrung wird ein hochsalinares Thermalwasser mit einer Temperatur an der Basis von 134°C gefördert und nach Wärmeentzug in die flachere Bohrung eingeleitet. Die Transmissivität des Aquifers liegt bei T = 3,6 $10^{-5}$ m$^2$/s (Bertleff et al. 1988).

Am Standort Bruchsal wurden in den letzten nahezu 30 Jahren mehrfach Wasserproben gezogen. Es zeigte sich, dass die hydrochemische Zusammensetzung des hochmineralisierten, gasreichen ($CO_2$) Wassers sich nicht änderte. Die wesentlichen Inhaltsstoffe sind in Tabelle 8.1 enthalten.

Wie in anderen Bereichen des Oberrheingrabens zeichnet sich das Bruchsaler Wasser vor allem durch hohe Natrium- und Chloridgehalte aus. Der Gesamtlösungsinhalt liegt bei 127 g/l. Durch die Druckerniedrigung bei der Förderung ist das

**Abb. 8.16** Pumpeneinbau in die Geothermiebohrung Bruchsal GB2 (Oberrheingraben, Südwest-Deutschland)

**Tabelle 8.1** Hydrochemische Zusammensetzung des Wasser in Bruchsal GB2, pH = 5,0

| Element | Konzentration mg/l |
|---|---|
| Ca | 7140 |
| Mg | 324 |
| Na | 37.400 |
| K | 3440 |
| Fe | 47 |
| Mn | 23 |
| Cl | 75.200 |
| $HCO_3$ | 350 |
| $SO_4$ | 586 |
| $SiO_2$ | 83 |

Thermalwasser bezüglich Calcit übersättigt. Um Ausfällungen zu vermeiden, wird daher die Thermalwasserzirkulation übertage mit 22 bar Druck beaufschlagt. Die Förderrate beträgt derzeit lediglich 24 l/s. Eine Erweiterung ist jedoch vorgesehen. Wegen der hohen $CO_2$-Gehalte wird die Gasphase von der Produktionsbohrung direkt vor dem Eintritt ins Kraftwerk in eine Gasbrücke (Abb. 8.17) abgeleitet und danach der Thermalsole, die vom Kraftwerk auf 60 °C abgekühlt zurückkommt, wieder zugegeben.

**Abb. 8.17** Beispiel für eine Gasbrücke zur Ableitung von überschüssigem $CO_2$ aus dem heißen Thermalwasser unmittelbar vor dem Kraftwerk und Wiedereinleitung in das abgekühlte Thermalwasser hinter dem Kraftwerk (Geothermieanlage Bruchsal)

**Abb. 8.18** Beispiel für einen Nasskühlturm (Geothermieanlage Bruchsal)

Das Geothermiekraftwerk von Bruchsal wird mit einer Kalina-Anlage, die als Arbeitsmedium ein Ammonik/Wasser-Gemisch benutzt, betrieben. Die Energieübertragung zwischen Thermalwasser und Arbeitsmittel erfolgt in einem Plattenwärmetauscher. Die elektrische Leistung beträgt 550 kW. Bei einer Jahreslaufzeit von ca. 8000 Stunden werden jährlich 4400 MWh Strom bereitgestellt. Die Kühlung erfolgt über einen Nasskühlturm (Abb. 8.18).

## 8.8 Projektierung hydrothermaler Anlagen

Die Erschließung geothermischer Reservoire ist immer mit einem hohen Fündigkeitsrisiko behaftet. Fundierte Potentialstudien und modellbasierte Prognosen zur Bewirtschaftung der Lagerstätte können das Risiko zwar verringern, dennoch bleibt die Realisierung eines Geothermieprojektes ein anspruchsvolles Unterfangen, für das Experten aus unterschiedlichen Branchen zusammenarbeiten müssen. Da die Stromgewinnung immer nur einen kleinen Anteil an der Gesamtenergiegewinnung ausmacht, sollte der Standort für das Geothermiekraftwerk in der Nähe von „Wärmesenken" liegen, d. h. nahe bei bereits vorhandenen oder realisierbaren Wärmeabnehmerstrukturen. Ansonsten läuft man Gefahr, eine Energievernichtungsmaschne zu errichten (Abschn. 8.6). Konkret heißt das, dass der Standort für ein Geothermiekraftwerk nicht nur von den geologisch-geothermischen Verhältnissen vorgegeben wird, sondern auch von der (potentiellen) Abnehmerstruktur.

Ein Geothermieprojekt beginnt mit der Abschätzung des geothermischen Potentials eines Standortes. In der nachstehenden Checkliste sind die wichtigsten Arbeitsschritte, wie und in welcher Reihenfolge bei einer geplanten hydrothermalen Erschließung vorzugehen ist, stichwortartig zusammengestellt (Stober et al. 2009).

I. **Vorstudie**

In der Vorstudie soll das Ziel, d. h. welche geothermische Nutzungsart, beschrieben werden.

1. Zielstellung
2. Geowissenschaftliche Grundlagen
   - Datenlage (Übersicht über Daten; insbesondere Seismik-Profile und Bohrungen, hydraulische Tests, Temperaturangaben)
   - Geologischer Aufbau (geologische Schnitte durch das Untersuchungsgebiet, Interpretation seismischer Profile)
   - Tiefenlage und Mächtigkeit der Wasser führenden Horizonte
   - Erste Abschätzung der Temperatur potentieller Nutzhorizonte
   - Durchlässigkeiten, mögliche Förderraten
   - Hydrochemie
   - Übersicht über die Bergrechte, bergrechtliche Erlaubnis
3. Energetische Nutzung
   - Geplante / Vorhandene Wärmeversorgung (Angabe der Gemeinde bzw. des lokalen Energieversorgers: wieviel muss/kann die Geothermie zur Wärmeversorgung beitragen)
   - Stromerzeugung (optional, falls gewünscht)
4. Technisches Grobkonzept der Geothermieanlage
   - Erschließungsvarianten (Dublette, Entfernung der Bohrungen, Ablenkungen)
   - Ausbau der Bohrungen (als Grundlage für eine Kostenschätzung)
   - Übertageanlagen
5. Kostenschätzung

II. **Stufe: Machbarkeitsstudie**

1.–4. der Vorstudie als Feinkonzept; Festlegung der zu planenden Varianten.
   5. Investitionskosten
      - Exploration
      - Untertageanlage
      - Übertageanlage

## 8.8 Projektierung hydrothermaler Anlagen

6. Wirtschaftlichkeit
   - Betriebskosten
   - Ausgaben und Erlöse
   - Wirtschaftlichkeitsberechnung
7. Risikoanalyse, Fündigkeitsrisiko, etc.
8. Ökologische Bilanz
9. Projektablaufplanung

### III. Stufe: Exploration

1. Beauftragung eines Planungsbüros/Projektmanagements
2. Beantragung eines Erlaubnisfeldes bei der Bergbehörde
3. Geophysikalische Exploration, falls erforderlich
4. Bohrkonzeption (unter Berücksichtigung von Vorgaben der Bergbehörde)
5. Ausschreibung der ersten Bohrung, Aufstellen eines Betriebsplanes
6. Durchführung der Bohrung einschließlich Tests
7. Ggf. Ertüchtigungsmaßnahmen
8. Entscheidung über Fündigkeit

### IV. Stufe: Erschließung

1. Ausschreibung der zweiten Bohrung, Aufstellen eines Betriebsplanes
2. Durchführung der Bohrung einschließlich Tests
3. Ggf. Ertüchtigungsmaßnahmen
4. Errichtung der Übertageanlagen (kann ggf. parallel zu 1 – 3 passieren)
5. Beantragung eines Bewilligungsfeldes bei der Bergbehörde
6. Produktion

Die Stufen I bis III5 umfassen alle Arbeitsschritte bis zum Beginn der Bohrung zur Erschließung eines geothermischen Reservoirs. Zu den wesentlichen Aufgaben in dieser Projektphase gehört es, die bergrechtliche Aufsuchungserlaubnis zu erhalten und den Bohrpunkt festzulegen. Grundlage hierfür ist die fundierte Abschätzung des geothermischen Potentials am geplanten Standort mit Auswertung vorhandener geologischer Daten und die Entwicklung von Konzepten zur Nutzung der geothermischen Energie in Nah- und Fernwärmenetzen und zur Stromerzeugung. In der Regel müssen Investoren gefunden werden und Versicherungen abgeschlossen werden.

Im Anschluss daran (Stufe III6-8) entscheidet es sich, ob die Bohrung im Sinne der Projektzielvorgaben fündig oder nicht fündig ist. Nicht fündig heißt jedoch nicht, dass die Bohrung nicht doch geothermisch oder anderweitig nutzbar sein kann. Allerdings ist die Nutzung dann eine andere, die geologisch-geothermischen Gegebenheiten sind anders als prognostiziert. Möglicherweise wurde ein Gas- oder Erdölvorkommen erschlossen, oder die Ergiebigkeit und/oder Temperatur ist niedriger, so dass nur eine Nutzung als Thermalbad möglich wird.

Ist jedoch die Erstbohrung fündig, kann wie geplant mit der Ausschreibung der zweiten Bohrung und den weiteren geophysikalischen, hydraulischen und hydrochemischen Untersuchungen begonnen werden (Stufe IV). Zwischen Injektions- und Förderbohrung müssen Mindestabstände eingehalten werden, um innerhalb des betrachteten Betriebszeitraums eine Auskühlung der Förderbohrung zu vermeiden. Ziel ist es, ein reibungslos funktionierendes Thermalwassersystem mit Förder- und Injektionsbohrung herzustellen, in dem ausreichend Thermalwasser mit entsprechend hohen Temperaturen gefördert wird. Hierzu sind Fördertests, ggf. Ertüchtigungsmaßnahmen, zusammen mit umfangreichen hydrochemischen Untersuchungen notwendig. Durch entsprechende Maßnahmen sollten, sofern erforderlich, Ausfällungen und Korrosion minimiert werden. Die Herausforderung in dieser Phase des Projektablaufes liegt auch in den technischen Anforderungen an die Bohrgeräte und die Bohrtechnik sowie an den Ausbau, die Ausbaumaterialien und das Pumpenequipement. Die Wahl der Kraftwerkstechnologie und die Auslegung des Kraftwerkes erfolgt unter anderem auf Grundlage der hydraulischen und hydrochemischen Parameter des Thermalwassers.

Die vielfältigen Aufgaben im Rahmen eines Geothermieprojektes erfordern eine reibungslose Zusammenarbeit verschiedener Experten aus unterschiedlichen Branchen. So ist ingenieurtechnische und geologische Expertise nötig, ebenso wie das Knowhow von Rechtsanwälten, Finanz- und Versicherungsexperten. Zudem müssen Zulieferunternehmen gesucht und koordiniert werden. Nur wenn die Arbeit aller beteiligten Akteure miteinander verzahnt abläuft, ist eine erfolgversprechende Projektrealisierung möglich.

# Kapitel 9
# Enhanced-Geothermal-Systems (EGS), Hot-Dry-Rock Systeme (HDR), Deep-Heat-Mining (DHM)

Equipement für Stimulationsversuche

Mit dem Enhanced-Geothermal-System (EGS) soll der tiefere Untergrund als Wärmequelle zur Stromerzeugung und Wärmegewinnung genutzt werden (Abschn. 4.2). Synonyme sind Hot-Dry-Rock (HDR) oder Deep-Heat-Mining (DHM). Der Begriff HDR stammt aus der Anfangsphase dieser Technologie-Entwicklung, in der man noch von „trockenen" Verhältnissen in großer Tiefe im kristallinen Grundgebirge, also im Wesentlichen in Graniten und Gneisen, ausging. Alle Tiefbohrungen, auch diejenige auf der Halbinsel Kola mit 12,7 km tiefste Bohrung der Welt, zeigten jedoch, dass die obere Erdkruste zumindest „feucht", manchmal aber auch „nass" sein kann. Die obere Erdkruste ist grundsätzlich mehr oder weniger stark geklüftet. Die Klüfte sind teilweise offen; in ihnen zirkuliert ein salinares, oft gasreiches Fluid (Ingebritsen & Manning 1999, Stober & Bucher 2007).

In jüngster Zeit hat sich die EGS-Technologie in der Geothermie nicht nur auf das kristalline Grundgebirge, d. h. insbesondere auf Granitgebirge, fokussiert, sondern es wurden auch tief liegende, dichte Sedimentgesteine betrachtet (Huenges 2010). Die Akteure auf diesem Sektor bevorzugen hier den Begriff Engineered-Geothermal-System, der ebenfalls mit EGS abgekürzt wird. Die HDR-Technologie stammt eigentlich aus der Erdöl-/ Erdgastechnologie und ist dort, d. h. in den Sedimentgesteinen, seit Jahrzehnten eine gängige Methode, um die Förderrate zu erhöhen, die Zuflussbedingungen zu verbessern oder um die Skinzone um eine Bohrung (Kap. 13) herabzusetzen. Mit dem Schritt in die Geothermie und dort in das kristalline Grundgebirge und jetzt wieder (zurück) in die Sedimentgesteine scheint der Kreis geschlossen.

Zwischen der Anwendung der EGS-Technologie in Sedimentgesteinen und in magmatischen Gesteinen besteht ein großer Unterschied. Das liegt zum einen daran, dass Sedimentgesteine im Vergleich zu magmatischen Gesteinen ein sehr unterschiedliches natürliches Kluft- und Porensystem besitzen. Das Kluftsystem in Sedimentgesteinen wird durch das Verhalten der verschiedenen Varietäten innerhalb der sedimentären Abfolge bei der Diagenese und/oder der Verfestigung markant geprägt, während bei Graniten die dominanten Einflüsse überwiegend auf der wechselnden tektonischen oder thermischen Beanspruchung beruhen. Ein weiterer Unterschied besteht darin, dass sich das bei der Stimulation eingepresste Wasser in kristallinen Gesteinen fast ausschließlich innerhalb der Klüfte ausbreitet, während es in Sedimentgesteinen von den Klüften ausgehend zusätzlich auch in die Matrix diffundieren kann. Der Injektions-Impuls unterliegt dadurch vorwiegend in Sedimentgesteinen eher einer Dämpfung, wodurch das Potential, Seismizität auszulösen, reduziert ist.

Die EGS- oder HDR-Technologie nutzt das Verfahren der Stimulation zur Produktionssteigerung, d. h. zur Erhöhung der Durchlässigkeit des Gebirges. Darunter fällt auch die sogenannte chemische Stimulation, die ebenfalls in der Kohlenwasserstoff-Industrie entwickelt wurde. Bei der Stimulation in der Geothermie handelt es sich um eine zeitlich eng begrenzte technische Maßnahme, die zur Verbesserung der hydraulischen Eigenschaften einer Bohrung eingesetzt wird.

Das U.S. Department für Energie bezeichnet mit EGS alle technisch gestalteten oder ausgeführten geothermischen Reservoire zur Gewinnung wirtschaftlich relevanter Wärmemengen aus gering durchlässigen und/oder gering porösen geothermischen Ressourcen. Darunter fallen alle geothermischen Ressourcen, die für eine kommerzielle Nutzung erst stimuliert oder ertüchtigt werden müssen unabhängig davon, ob es sich um magmatische -, metamorphe – oder Sediment-Gesteine handelt (MIT 2007).

## 9.1 Verfahren, Vorgehen, Ziele

Die Enhanced-Geothermal-Systeme nutzen die im Gestein gespeicherte Wärme direkt bzw. mittels einer Zirkulation von eingebrachtem Wasser auf künstlich verbesserten oder geschaffenen Wasserwegsamkeiten. Die Gewinnung von geothermischer Energie erfolgt somit unabhängig von natürlichen Wasser führenden Horizonten. Grundsätzlich kommen daher bei diesem Verfahren primär geringdurchlässige Gesteine, wie Granite und Gneise, in Betracht. Die Durchlässigkeit des Gebirges, die in seinem natürlichen Zustand gering ist, wird durch künstliche Maßnahmen erhöht. Häufig werden dabei automatisch bereits von Natur aus vorhandene Klüfte, die jedoch nur geringfügig geöffnet sind oder aber verheilt und dadurch nahezu geschlossen sind, aufgeweitet. Seltener werden neue Klüfte geschaffen, außer insbesondere in dichtem Sedimentgestein.

Bei EGS-Anlagen wird somit das in heißem Gestein künstlich geweitete (wesentlich seltener das neu geschaffene) Kluftnetz als „Wärmetauscher" genutzt. Durch den „Gesteins-Durchlauferhitzer" schickt man über eine Injektionsbohrung von der Erdoberfläche kühles Wasser zur Aufnahme der Gebirgswärme. Nach Passage durch den „Wärmetauscher" im Untergrund tritt das aufgeheizte Wasser über eine andere Bohrung, die sogenannte Produktionsbohrung, wieder zutage. Der untertägige Abstand zwischen Injektions- und Produktionsbohrung liegt bei einem EGS-Verfahren bisher bei mehreren 100 m bis 1000 m.

Bei den EGS-Systemen steht die Stromerzeugung im Vordergrund, daher werden Temperaturen um 200°C und deshalb Tiefen von etwa 5000 m anvisiert. Da die EGS-Technologie unabhängig vom Vorhandensein hoch permeabler Grundwasserleitern ist, gilt sie als nahezu überall machbar. Sie stellt demzufolge ein riesiges energetisches Potential dar und wird als die zukünftige Nutzungsform für geothermische Energie schlechthin betrachtet (MIT 2007, Lund 2007). Vielfach gilt die EGS-Technologie sogar als die zukünftige Energieversorgung schlechthin (TAB 2003).

Um die notwendigen Durchflussraten und Temperaturen aus der Produktionsbohrung an der Erdoberfläche zu erzielen, muss das natürlich vorhandene Kluftsystem vorab so weit geweitet werden, d. h. seine Durchlässigkeit muss stark erhöht werden, um den „Gesteins-Durchlauferhitzer" dafür ausreichend groß zu dimensionieren. Dieses Verfahren wird als **Stimulation**, früher auch als Fracen, bezeichnet. Bei diesem Verfahren wird Wasser mit hohen Drucken von bis zu einigen 100 bar Kopfdruck in die Bohrung eingepresst, um dadurch im unverrohrten offenen Bereich der Bohrung – oft im Open Hole oder in einer isolierten Gebirgsstrecke – das natürlich vorhandene Kluftsystem in der Tiefe zu weiten und geschlossene, verheilte Klüfte wieder aufzureißen. Ziel ist es, die Wasserleitfähigkeit des Gebirges auf bestehenden und neu geschaffenen Rissen dauerhaft zu erhöhen. Für die Stimulation wird nicht nur „reines" Wasser verwendet, sondern in den letzten Jahren hat sich in der Geothermie auch die sogenannte chemische Stimulation etabliert, d. h. zur Stimulation werden Wässer mit verschiedenen Inhaltsstoffen, wie $Na_2CO_3$, HCl, NaOH, HF und anderes, verwendet (Portier et al. 2007).

Grundsätzlich gibt es sehr verschiedene Stimulationsverfahren. In Abhängigkeit von der Intensität, Dauer, Häufigkeit, den Zusatzstoffen sowie der Größe und Anzahl der Stimulationsabschnitte wird in der Geothermie zwischen massiver Stimulation, Pulsstimulation, Multifrac, Gelstimulation, Wasserfrac oder Stimulation mit Säure unterschieden. Beim Einsatz von Säure stellt sich die Frage nach der Art und Konzentration, also ob „sanfte" oder weniger sanfte Säuerungen durchgeführt werden sollen, Fragestellungen, die von der jeweiligen Formation abhängen aber auch unter den Aspekten des Schutzes der Verrohrung zu beachten sind.

Um eine wirtschaftlich rentable Menge an geothermischer Energie fördern zu können, muss nach Angaben des MIT (2007) das erfolgreich stimulierte Gebirgsvolumen eine Mindestgröße von etwa $10^8$ m³, nach Rybach (2004) sogar die doppelte Größe, aufweisen. Als Mindestgröße für die Wärmeaustauschflächen wird $> 2 \cdot 10^6$ m² gefordert (Rybach 2004). Bei einer angenommenen Länge des Open-Hole von etwa 300 m ergibt sich bei einem 2-Bohrloch-System daraus ein untertägiger Abstand von etwa 1000 m.

Damit das Prinzip der EGS zu einer praktikablen Lösung wird, braucht es ein ausgereiftes Reservoir Engineering. Wie genau das Gestein im Untergrund möglichst schonend durchlässig gemacht werden kann, welchen Pfaden das Wasser folgen wird, wie es mit dem heißen Gestein chemisch reagiert und wie schnell sich das Gestein durch die Wärmenutzung abkühlt, sind Fragen, die erst ansatzweise verstanden werden.

## 9.2 Geschichte, erste HDR-Verfahren

In der Kohlenwasserstoffindustrie ist es gängige Praxis mit dem sogenannten HDR-Verfahren, Sedimentgesteine von Natur aus sehr geringer Durchlässigkeit permeabler zu machen, d. h. man versucht künstliche Risse, „Fracs" zu erzeugen. Schon früh wurde in der KW-Industrie auch chemisch stimuliert. Das HDR-Verfahren wurde in die Tiefe Geothermie übertragen. Die ersten Anstrengungen, um aus der Tiefe Wärme zu extrahieren, erfolgten in den frühen 1970er Jahren mit den Versuchen des Los Alamos National Laboratory in Fenton Hill (New Mexiko, USA) in Biotit-Granodiorit-Gesteinen. Darauf aufbauend wurden in den späten 1970er Jahren HDR-Versuche in der Bohrung Urach (Deutschland) durchgeführt und in den 1980er Jahren in Rosemanowes in Cornwall (UK), in Le Mayet (Frankreich), Hijiori (Japan), Ogachi (Japan) sowie in Soultz-sous-Forêts in Frankreich. Das Projekt Soultz-sous-Forêts ist ein europäisches Projekt, das in den 1990er Jahren begonnen wurde. Derzeit erfolgen große Anstrengungen zur Weiterentwicklung der EGS-Technologie in Australien (Hunter Valley, Cooper Basin), in der Schweiz und in den USA (Dessert peak in Nevada, Coso bei Los Angeles in Californien).

Alle diese Projekte versuchten, das Konzept für eine geothermische Lagerstätte im kristallinen Grundgebirge weiter zu entwickeln. Zwar wurde die grundsätzliche Machbarkeit dafür bereits in den 1980er Jahren bei den Versuchen in Fenton Hill gezeigt, doch waren die Ergebnisse dieser Bemühungen wirtschaftlich nicht lukrativ (MIT 2007, Duchane & Brown 2002, Brown 2009). Es war nicht möglich, eine ausreichende Produktivität der Lagerstätte bei niedrigen Pumpendrucken zu erzielen, sowie eine lang anhaltende Lebensdauer zu gewährleisten. Die hydraulischen Versuche zeigten, dass es schwierig war, die Klüfte offen zu halten (Duchane & Brown 2002). In den 1970er und Anfang der 1980er Jahre ging man noch davon aus, dass das kristalline Gebirge in großer Tiefe trocken und frei von „natürlichen Kluften" sei. Aus dieser Zeit stammt in Anlehnung an die Bezeichnung der Kohlenwasserstoffindustrie der Begriff „fracen". Man beabsichtigte, künstliche vertikale "penny-shaped" Risse (fractures) zu erzeugen (Smith et al. 1975, Duffield et al. 1981, Ernst 1977, Schädel & Dietrich 1979, Kappelmeyer & Rummel 1980, Dash et al. 1981).

## 9.3 Vorgehen bei der Stimulation

In einigen Projekten wurde jedoch bereits während der Stimulationsversuche festgestellt, dass das kristalline Grundgebirge schon zuvor über ein natürliches Kluftnetz verfügt, das bei den Tests hydraulisch aktiviert wird, und dass bei den Versuchen keine neuen künstlichen Klüfte geschaffen werden (Batchelor 1977, Stober 1986, Armstead & Tester 1987). Der dominante Prozess in granitischen oder metamorphen Gebirgen ist anders als in dichten Sedimentgesteinen nicht die Schaffung neuer Risse, sondern der wesentlich bedeutendere und wichtigere Faktor ist das Öffnen und Scheren von bereits existierenden Klüften oder Kluftsystemen, bevorzugt nahezu parallel zur Hauptrichtung des lokalen Stressfeldes (Pearson 1981, Pine & Batchelor 1984, Baria & Green 1989, MIT 2007).

Auf Abb. 9.1 sind die Druckaufzeichnungen beim Aufreißen eines neuen Risses denjenigen beim Weiten einer bereits existierenden Kluft einander gegenübergestellt. Die Versuche unterscheiden sich sowohl in der absoluten Höhe der erforderlichen Drucke voneinander als auch in der Form der Druckkurve. Für das Erzeugen eines neuen Risses sind deutlich höhere Drucke erforderlich und der Druck fällt, wenn der Riss aufreißt, spontan ab. Anhand der Druckverläufe kann somit darauf geschlossen werden, ob ein neuer Riss entstanden ist oder ob bereits existierende Klüfte geweitet wurden.

Erst durch die hydraulische Weitung der Kluft wird ein Scheren der Kluftflächen gegeneinander ermöglicht, d. h. die Scherfestigkeit wird überwunden. Für eine mögliche Abscherbewegung muss ein orientiertes Stressfeld existieren, d. h. eine signifikante Stress-Anisotropie. Die Orientierung und die Amplitude der Hauptstresskomponenten lassen sich zum Teil bereits im Vorfeld einer Stimulation beispielsweise anhand von Bohrlochrandausbrüchen oder mikroseismischen Ereignissen erkunden.

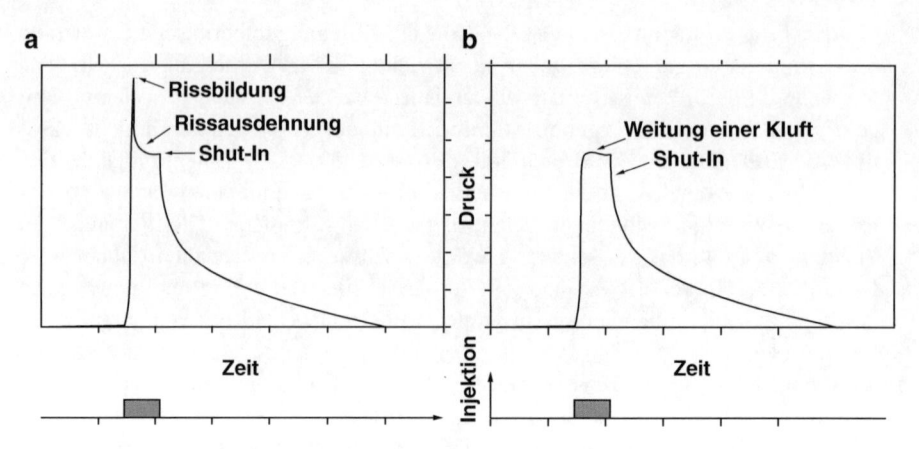

**Abb. 9.1** Injektion: Vergleich zwischen Erzeugung eines neuen Risses (**a**) und Weiten bereits existierender Risse bzw. Klüfte (**b**)

Die Klüfte, die zur Hauptstressrichtung quasi in einem kleinen Winkel stehen, können infolge Scheren eine Versatzbewegung erfahren (Abb. 9.2). Klüfte genau in Hauptstressrichtung öffnen und schließen sich mehr oder weniger elastisch, werden also nicht gegeneinander versetzt. Klüfte, die in einem großen Winkel zur Hauptstressrichtung stehen, werden sich trotz hoher hydraulischer Drucke wegen des ungünstigen Einfallswinkels zur Hauptstressrichtung kaum oder nur sehr schwierig öffnen können, sie bleiben weitgehend geschlossen und erfahren somit ebenfalls keine oder kaum eine Versatzbewegung. Bei einer hydraulischen Stimulation kann daher für eine Durchlässigkeitssteigerung nur ein Bruchteil der Klüfte,

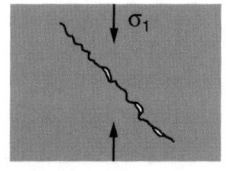

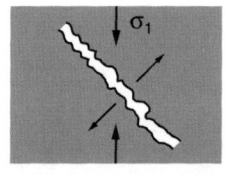

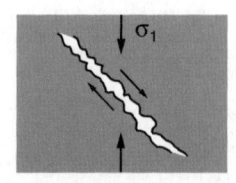

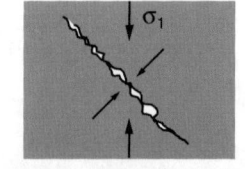

**Abb. 9.2** Vorgänge bei der Stimulation mit Steigerung der Durchlässigkeit (Selfpropping)

## 9.3 Vorgehen bei der Stimulation

die bei „normalen" hydraulischen Tests beansprucht werden, aktiviert werden. Das bedeutet aber auch, dass das Strömungsverhalten, wie es sich bei „normalen" hydraulischen Tests abzeichnet, völlig vom Strömungsverhalten während einer hydraulischen Stimulation abweichen kann. Bei einer Stimulation resultiert eine gerichtete Strömung, d. h. die Wasserausbreitung erfolgt in eine bevorzugte Richtung.

Das Scheren bei Vorlage eines differentiellen Stressfelds verursacht kleine Versatzbewegungen entlang der Kluftfläche. Wird der hydraulische Druck zurückgefahren, verringert sich die Kluftweite entsprechend. Allerdings passen die Kluftflächen wegen des durch die Scherspannung hervorgerufenen Versatzes quasi nicht mehr genau aufeinander, so dass der resultierende Hohlraum zwischen den Kluftflächen größer ist als vor der stimulierten Scherbewegung. Dieser Effekt wird auch als Self-Propping bezeichnet.

Das Wasser wirkt sozusagen als „Katalysator" durch Erhöhung des Porendrucks und Herabsetzung der Reibung an den Kluftflächen, so dass Scherung erfolgen kann. Nach hydraulischer Druckentlastung bleiben verbesserte Wasserwegsamkeiten bestehen, die Durchlässigkeit wurde erhöht. Ohne „tektonischen Stress" (differentielles Stressfeld) würde das Gestein nur elastisch reagieren, und es käme nach einer hydraulischen Stimulation zu keiner bleibenden Erhöhung der Durchlässigkeit (Stober 2011). Ohne den „richtigen" Winkel der Klüfte in Bezug zur Hauptstressrichtung ist ebenfalls keine nachhaltige Durchlässigkeitssteigerung zu erwarten.

Die kleinen Versatzbewegungen beim Scheren der Kluftflächen gegeneinander infolge des „tektonischen Stresses" führen zu Mikroseismizität. Das EGS-Verfahren beruht also auf der Auslösung von „Mikro-Erdbeben" oder anders ausgedrückt sie sind Bestandteil der hydraulischen Stimulation. Wesentlich ist die natürlich vorhandene tektonische Scherspannung zur Auslösung von Mikroseismizität. Ihre Größe bestimmt die Größe der Seismizität. Innerhalb des Bereiches, der Mikroseismizität aufweist, werden durch die Stimulation die natürlich vorhandenen Gebirgsspannungen in vielen Teilschritten abgebaut, andere aufgebaut entsprechend der sich langsam ausbreitenden Druckfront des injizierten Wassers.

Um die übertägigen Auswirkungen möglichst gering, die untertägigen jedoch maximal und effizient zu gestalten, wurden auch in der tiefen Geothermie erste Versuche mit veränderter chemischer Zusammensetzung des Injektionsfluids bzw. mit Zusatzstoffen für die Stimulation durchgeführt (Portier et al. 2007). Während in den 1970er Jahren bei Stimulationsversuchen im Kristallin dem Injektionsfluid gelegentlich Proppings (i.d.R. Quarzsand) zusammen mit einem Gel beigegeben wurden (Smith et al. 1975, Schädel & Dietrich 1979), um die geweiteten Klüfte vermeintlich offen zu halten, werden heute erfolgreich erste Stimulationsversuche bspw. mit klassischer Säure (Salzsäure, Mischung zwischen Salz- und Fluorsäure), Komplexbildnern (Nitrilotriacetic Acid, NTA) oder organischer Säure (Organic Clay Acid) durchgeführt (Genter et al. 2010). Das Ziel besteht darin, Kluftflächen zu „reinigen", d. h. z. B. Kalzitbeläge auf Klüften zu lösen, oder oberflächig anzuätzen. Die sogenannte **chemische Stimulation** wird seit Jahren von der Kohlenwasserstoffindustrie zur Erhöhung der Produktivität genutzt. Erste Säurebehandlungen in Bohrungen erfolgten bereits vor etwa 100 Jahren in Kalkgesteinen.

In der KW-Industrie wird zwischen Slickwater-Stimulation (Wasserfrac), Stimulation mit einer hoch-viskosen Flüssigkeit (Zugabe von Polymeren oder Tensiden) und dem Acid-Fracturing unterschieden. Bei der Slickwater-Stimulation wird eine große Menge (ca. 1500 m$^3$) einer gering-viskosen Flüssigkeit injiziert, der häufig Proppings (Quarzsand, Bauxitsand) in der Größenordnung von 100 t beigegeben werden. Die erzielten Kopfdrucke liegen bei knapp 700 bar. Die Proppings dienen dazu, die Klüfte nach erfolgter Stimulation offen zu halten. Das Verfahren wird bevorzugt in Tonschiefern eingesetzt. Bei der Stimulation mit einer hoch-viskosen Flüssigkeit sind die injizierten Volumina deutlich niedriger (ca. 400 m$^3$). Auch hier erfolgt meist eine Zugabe von etwa 100 t Proppings. Dieses Verfahren wird bevorzugt in Sandsteinen eingesetzt. Das Acid-Fracturing erfolgt ebenfalls unter Kopfdrucken von bis zu 700 bar, allerdings wird hier mit stark schwankender Rate injiziert. Ziel ist es, die Kluftflächen stark aufzurauen. Das Verfahren wird daher insbesondere in Karbonatgesteinen angewandt. Im Unterschied zur Geothermie werden in der KW-Industrie eigentlich nur Sedimentgesteine stimuliert, nach der Divise "a good producer is a good candidate for fracture application" (mündliche Mitteilung vom B.Baser, Schlumberger, am 11.05.2011).

Um der Gefahr entgegenzuwirken, bei der Stimulation einen hydraulischen Kurzschluss zu erzeugen, wird in der Geothermie in jüngster Zeit vom Bohrloch aus abschnittsweise in voneinander isolierten Bereichen stimuliert. Mit dieser Methode kann auch das Risiko, größere seismische Ereignisse auszulösen, erniedrigt werden.

Parallel zur Durchführung der hydraulischen Stimulationen werden in „Horchbohrungen", die in wesentlich flacheren Bereichen um die Stimulationsbohrung platziert sind, die mikroseismischen Signale durch Geophone aufgezeichnet. Die durch die Stimulation induzierten seismischen Signale können räumlich (x, y, z-Koordinaten) zugeordnet werden. Dadurch ist es möglich, ein Abbild des stimulierten Kluftkörpers zu gewinnen. Allerdings handelt es sich dabei um ein Abbild der Geräusche, also der Bereiche, die Geräusche durch eine Scherbewegung erzeugen. Bereits geöffnete Klüfte oder andere Hohlräume, die keine Dislokation erfahren, bleiben stumm, d. h. sind nicht sichtbar. Die Aufzeichnungen in den Horchbohrungen generieren somit lediglich ein Bild des vermeintlichen Kluftkörpers! Dieses kann natürlich dem tatsächlichen Kluftkörper entsprechen, muss aber nicht. Besonders deutlich wird dieser Umstand, wenn in einer Bohrung mehrmals hintereinander stimuliert wird. In der Regel „sehen" wir dann nur stimulierte Außenbereiche um den zuvor stimulierten Bereich.

Das durch die Geophone generierte Kluftnetz gibt den Landepunkt für die zweite Bohrung vor. Für eine optimale Verbindung der beiden Bohrungen miteinander wird das Gebirge in der zweiten Bohrung ebenfalls stimuliert (Abb. 9.3). Auf diese Weise wird versucht, einen ausreichend durchlässigen Körper, den „Wärmetauscher", im Untergrund zu schaffen, der nach allen Seiten von gering durchlässigem Gebirge begrenzt wird. Je nach Gebirgseigenschaften, Injektionsumfang und Dauer liegt die Größe des Wärmetauschers nach derzeitigem Kenntnisstand bei mehreren hundert Metern.

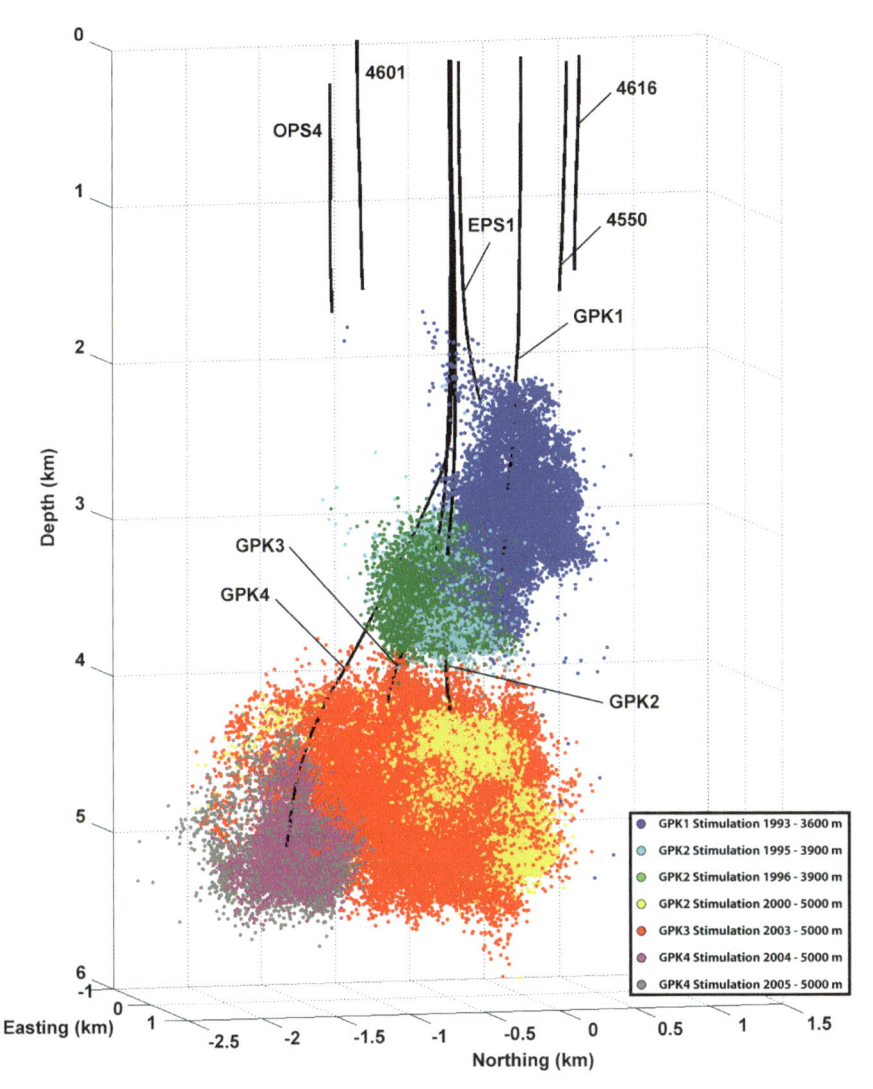

## 9.3 Vorgehen bei der Stimulation

**Abb. 9.3** Ergebnisse der Geophonaufzeichnungen bei Stimulationsmaßnahmen in den Bohrungen Soultz (Zeichnung: Nicolas Cuenot, freundliche Genehmigung A. Genter)

Im EGS-Projekt Soultz-sous-Forêts ist das natürliche Kluftsystem bzw. das Störungssystem parallel zur und um die Hauptstressrichtung (N170°E) orientiert. Die mit den Geophonaufzeichnungen lokalisierten stimulierten Klüfte passen sehr gut zu diesem Bild: die seismischen Zonen sind zwischen N144°, N169° und N14° orientiert. Durch die hydraulische Stimulation konnte die Injektivität bzw. die Produktivität der Bohrungen z.T. sehr stark erhöht werden. Die Bohrung, die bereits von Anfang an eine hohe Durchlässigkeit aufwies, erfuhr dabei die niedrigste

Steigerung. Begründet wird dies damit, dass die bereits anfänglich sehr hohe Durchlässigkeit auf ganz wenigen hoch permeablen Klüften beruht (Baria et al. 2004, Tischner et al. 2006, 2007). Das Konzept der Stimulation – Weitung von Klüften plus Versatzbewegung – kann in derartigen Fällen nicht mehr greifen.

Zur Erzeugung des „Wärmetauschers", d. h. zum Weiten der natürlich vorhandenen Klüfte, sind sehr hohe Drucke erforderlich. Der sogenannte Öffnungsdruck, der vom Überlagerungsdruck und von der Neigung des maßgeblichen Kluftinventars abhängt, muss überschritten werden. Erst oberhalb des Öffnungsdruckes ergeben sich signifikante Vergrößerungen der Durchflussraten. Im Gneisgebirge des HDR-Projektes von Urach lag der Öffnungsdruck bei 170 bar Kopfdruck. Etwas niedrigere Drucke waren für das Granitgebirge in Soultz erforderlich.

In Soultz im Oberrheingraben wurden mit den Stimulationsmaßnahmen maximale Kopfdrucke von 180 bar bei Injektionsraten um 50 l/s erreicht. Die maximale Magnitude lag bei 2,9. In Basel wurde bei den Stimulationsmaßnahmen mit bis zu 63 l/s ein Kopfdruck von 300 bar erreicht und Magnituden von bis zu 3,4 gemessen. Im australischen Cooper Basin wurde die Bohrung Habanero 1 bei Stimulationsversuchen mit einem Überdruck von 350 bar bei Injektionsraten von bis zu 40 l/s beaufschlagt. Die seismischen Ereignisse wurden aufgezeichnet und Magnituden von maximal 3,7 gemessen.

Die kurze Datenzusammenstellung zeigt, dass bei Stimulationsversuchen einige 10er l/s Wasser injiziert und Kopfdrucke bis zu einigen 100 bar erreicht werden und dass die seismischen Signale Magnituden von über 3 erreichen können. Die Stärke der bei den Stimulationsversuchen gemessenen seismischen Ereignisse ist in jedem Fall von der Fliessrate, vom gesamten Verpressvolumen, vom Druckanstieg – und damit natürlich von der Klüftigkeit sowie Permeabilität -, vom maximalen Kopfdruck, von der Dauer der Stimulation, von der hydrochemischen Zusammensetzung des Verpressfluids und von der Temperatur der Injektion abhängig. Ganz entscheidend sind jedoch die tektonischen Verhältnisse und die Stärke des Stressfeldes. Der Zusammenhang zwischen den das Ereignis kontrollierenden Parameter ist jedoch noch nicht im Detail bekannt.

## 9.4 Erfahrungen und Umgang mit der Seismizität

Bei den Stimulationsexperimenten in Soultz waren zur Steigerung der Durchlässigkeit Kopfdrucke von lediglich bis zu 180 bar erforderlich. Das DHM-Projekt in Basel, ca. 150 km südlich von Soultz, erzeugte Kopfdrucke von bis zu 300 bar. Die resultierende Seismizität bewirkte, dass das Projekt in Basel eingestellt wurde (Abschn. 10.1). Beim HDR-Projekt Urach hingegen, etwa 170 km östlich von Basel, wurden Kopfdruck von bis zu 660 bar erreicht, ohne dass die resultierende Mikroseismizität Werte erreicht hätte, die von der lokalen Bevölkerung bemerkt wurden (Stober 2011). Diese Beispiele zeigen die großen Seismizität-Unterschiede als Folge von hydraulischen Stimulationen auf kleinster Distanz und verdeutlichen die Bedeutung der tektonische Scherspannung im Hinblick auf die Auslösung von

Mikroseismizität. Das differentielle Stressfeld ist im Raum Basel von Natur aus bereits sehr hoch, es ist sehr niedrig im Bereich Urach. Daher sind auch natürliche Erdbeben im Raum Basel häufiger und weisen eine größere Magnitude auf als im Raum Soultz oder Urach, wie es die Erdbebenhäufigkeits-Karte zeigt (vgl. z. B. European-mediterranean seismic hazard map www.hoeckmann.de/karten/europa).

Die Bohrungen Basel und Soultz wurden in granitisches, Urach in metamorphes Grundgebirge abgeteuft. Granitisches Gebirge ist von Natur aus rigider als metamorphes Gebirge, das auf Druck eher elastisch reagiert. Daneben gibt es eine Reihe anderer wichtiger Faktoren, die für die Induzierung seismischer Ereignisse, die oberhalb eines tolerierbaren Wertes liegen, verantwortlich sind. Zu diesen gehören beispielsweise: Injektionsrate, Injektionsvolumen, Dauer der Injektion, Temperatur und chemische Eigenschaften des injizierten Wassers, hydraulische Diffusivität oder Permeabilität des Gebirges und vieles andere (Nicholson & Wesson 1990, Shapiro & Dinske 2009, Giardini 2009, Bommer et al. 2006).

Seit Jahrzehnten werden nicht nur in der Geothermie, sondern vor allem in der Kohlenwasserstoffindustrie weltweit hydraulische Stimulationen durchgeführt (Bencic 2005). **Seismisches Monitoring** ist jedoch insbesondere seit den Ereignissen von Basel aktuell. Das liegt zum Großteil auch daran, dass im Gegensatz zur Kohlenwasserstoffindustrie die Geothermie darauf angewiesen ist, die Bohrungen und Anlagen in der Nähe von Wärmesenken, d. h. von Ortschaften, zu erstellen. Die Empfindsamkeit, Wachsamkeit und Sorge sind daher wesentlich größer.

In Gebieten mit natürlicher Seismizität kann insbesondere während notwendiger Stimulationsmaßnahmen diese beeinflusst werden. Das Auftreten von induzierter Seismizität wird aber bis zu einem gewissen Grad als beurteilbar, prognosefähig und zum Teil als beeinflussbar angesehen. Schlüssel hierzu sind laufende Messungen und Kontrolle des Injektionsdrucks und ein seismologisches Monitoring in der näheren und weiteren Umgebung der Anlage. Gegebenenfalls sind die Injektionsdrucke bzw. Injektionsmengen zu reduzieren (Stober et al. 2009). Die Mechanismen zur Auslösung von Erdbeben sind jedoch noch nicht völlig im Detail verstanden; hier ist weiterer Forschungsbedarf notwendig (Abschn. 10.1).

## 9.5 Empfehlungen, Hinweise

Grundsätzlich ist es wünschenswert bereits im Rahmen der Vorerkundung, eine **Erkundungsbohrung** ins kristalline Grundgebirge bzw. in das zu stimulierende Gestein abzuteufen. Denn bei sedimentärer Bedeckung des kristallinen Grundgebirges ist es vorab in der Regel unmöglich, mit Hilfe von Gravimetrie, Magnetik oder Magnetotellurik Prognosen über Klüftigkeit oder Störungen zu treffen. Selbst seismische Untersuchungen erlauben bestenfalls relativ wage Aussagen. Nur wenn die Störungszonen relativ flach einfallen und sehr mächtig sind, ergeben sich eventuell schwache Hinweise auf ein Vorkommen (Schuck et al. 2011).

Eine Erkundungsbohrung hat auch den Vorteil, dass sie später u. a. zur Aufzeichnung seismischer Signale bei den Stimulationsversuchen in den EGS-Tiefbohrungen verwendet werden kann. In der Erkundungsbohrung könnten bereits hydraulische Versuche vorgesehen werden, um sowohl Aussagen zur Durchlässigkeit und zum Speichermögen des kristallinen Grundgebirges vor der Stimulation als auch zu den hydrochemischen Eigenschaften der Wässer inklusive deren Gasgehalte zu erhalten (Bucher & Stober 2010). Dadurch könnten bereits vorzeitig Präventionen gegen mögliche Ausfällungen oder gegen ggf. vorhandene korrosive Eigenschaften des Tiefenwassers erarbeitet werden. In der Regel wird wegen der hohen Kosten die erste Bohrung jedoch bereits als **Produktionsbohrung** abgeteuft. Auch werden dort bedauerlicherweise meist unmittelbar sofort Injektionsversuche oder Stimulationsmaßnahmen durchgeführt, ohne dass zuvor die natürlichen hydraulischen und hydrochemischen Verhältnisse erkundet worden wären.

Das Gebirge im weiteren Umfeld der geplanten Stimulation sollte standfest sein. Bei der Stimulation sollten **größere Störungszonen** ebenfalls weiträumig gemieden werden, da sie in Gebieten mit erhöhter natürlicher Seismizität auf Stimulationsmaßnahmen bevorzugt seismisch reagieren. Mächtige Störungszonen enthalten häufig mächtige schluffige bis tonige Abschnitte infolge Mylonitisierung. Diese können auf eine hydraulische Stimulation durch Quellen reagieren, d. h. mit verstärkter Durchlässigkeitsabnahme.

Für die Bohrtechnik und die spätere Stimulation sind Auskünfte über die Petrographie und die mineralogische Zusammensetzung des Gesteins wichtig. Granitische Gesteinsverbände reagieren i.a. wesentlich rigider auf eine tektonische Beanspruchung als metamorphe Gebirge. Daher sind Granite bei tektonischer Beanspruchung meist stärker und eher gleichmäßiger geklüftet als metamorphe Gebirge, in denen eher vereinzelte Störungszonen auftreten.

Für das Abteufen der Bohrung und die später vorgesehenen hydraulischen Maßnahmen im Nutzbereich ist die Kenntnis hydrostatischer und lithostatischer Drücke im Untergrund von wesentlicher Bedeutung. Die in-situ Spannung im Gestein (Bohrloch-Elongationen, Bohrlochrandausbrüche, hydraulic fracturing) und der natürlich vorhandene Porendruck sollten vor dem Beginn der fortlaufenden Stimulationen gemessen werden, da dies sowohl für die Beurteilung der erfolgten Stimulation als auch für die Beurteilung der Seismizität bedeutsam ist.

Bei der ersten EGS-Bohrung ist es wichtig im Bereich des geplanten Nutzhorizontes gerichtete **Bohrkerne** zu ziehen, um das Kluftnetz bis hin zu Störungen entsprechend aufnehmen zu können, um die mechanischen und physikalischen Gesteinseigenschaften, wie z. B. Elastizitätsmodul, Poisson Zahl, zu bestimmen und um die mineralogische Zusammensetzung zu ermitteln. Ebenso wichtig ist es die Bohrung **geophysikalisch** zu vermessen (z. B. Gamma-, Kaliber-, Temperatur-, Leitfähigkeits-Log).

Ein wichtiger Parameter ist die **Temperatur**. In großen Tiefen liegen wenige Temperaturdaten vor, so dass man auf eine Extrapolation gemessener Temperaturen aus flacheren Bereichen angewiesen ist. Unter der Annahme eines relativ dichten Gesteins (d. h. Ausschluss maßgeblicher Grundwasserbewegungen) kann aus dem konstanten, vertikalen Wärmestrom eine Temperaturextrapolation in die Tiefe, bei der nur die Wärmeleitfähigkeit des Gesteins berücksichtigt wird, vorgenommen werden. Für größere Tiefen muss zusätzlich die Wärmeproduktionsrate des Gesteins einkalkuliert werden (Stober et al. 2009).

## 9.5 Empfehlungen, Hinweise

Auch sollte unbedingt vor den ersten hydraulischen Injektionstests versucht werden, **Wasserproben** zwecks hydrochemischer Untersuchung, ggf. auch für Isotopenuntersuchungen, zu ziehen (Kap. 14), notfalls mit einem Down-Hole-Sampler. Das Wasser im kristallinen Grundgebirge ist hochsalinar. Der Gesamtlösungsinhalt liegt bei einigen 10er bis 100er g/l. Die Hauptinhaltstoffe sind Natrium, Calcium und Chlorid; es ist mit erhöhten Gas-Gehalten zu rechnen (Bucher & Stober 2000, 2010). Um den Fällungs- und Lösungsprozessen sowie der Aggressivität des zutage geförderten hoch salinaren, gasreichen Fluids entgegen wirken zu können, müssen die hydrochemischen Eigenschaften des Formations-Fluids für den Bau der übertägigen Anlage bekannt sein.

Die ersten **hydraulischen Tests** sollten kurz sein, mit geringer Rate ausgeführt werden und zu keinen wesentlichen Druckänderungen führen. Zu Beginn sind daher insbesondere Slug-Tests geeignet (Kap. 13). Im nächsten Schritt bieten sich – je nach Durchlässigkeit – Pump- oder Injektionsversuche mit konstanter Rate zur Erfassung des natürlichen Strömungsverhaltens und zur Ermittlung der natürlichen Gebirgsdurchlässigkeit an (Kap. 13). Auch bei diesen Tests sollte die Druckveränderung relativ niedrig sein. Entsprechend sollte ein kurzer Stufentest durchgeführt werden. Erst im Anschluss daran können Prä-Stimulationsteste konzipiert werden. Mit den Prä-Stimulationstests werden weiterreichende Informationen und Erfahrungen über die Reaktion des Untergrundes gesammelt. Durch sie tastet man sich langsam und vorsichtig an die Konzeption und Ausführung der eigentlichen Stimulationen heran.

Entscheidend für den Erfolg eines EGS sind die hydraulischen Eigenschaften des natürlich vorhandenen Kluftsystems sowie diejenigen der späteren künstlich stimulierten Riss-Systeme. Wesentlichen Einfluss auf den Erfolg der Stimulationsmaßnahme haben Injektionsmenge und -rate, Injektionsdruck bzw. Druckgradient, die hydrochemischen Eigenschaften des Injektionsfluids sowie insbesondere des natürlichen Stressfeldes. Um der Gefahr eines **hydraulischen Kurzschlusses** vorzubeugen und um eine extreme Stimulation singulärer Klüfte oder einer Störungszone zu vermeiden, empfiehlt es sich, die notwendigen Stimulationsversuche abschnittsweise in voneinander isolierten Gebirgsabschnitten separat durchzuführen. Um Gebirgsbereiche gegeneinander abzusperren, werden in der Regel Packer (Abb. 9.4 und 13.2) verwendet; es können jedoch auch Zementbrücken gesetzt werden. Packer gibt es in verschiedenen Dimensionen, bzw. Durchmessern, für groß und kleinkalibrige Bohrungen.

Die Landepunkte der Bohrungen werden sich aller Wahrscheinlichkeit nach am natürlichen Stressfeld orientieren. Man geht davon aus, dass sich der Stimulationsbereich, der Wärmeaustauscher, in diese Richtung ausbildet. Zur Abschätzung des Abstandes zwischen den Injektions- und Förderbohrungen, zur Ermittlung der thermischen Reichweite und zur Prognose der Lebensdauer der Anlage und Alterung des Systems ist die Kenntnis der thermophysikalischen Gesteinseigenschaften (Wärmeleitfähigkeit, Dichte, spezifische Wärmekapazität, Wärmeproduktionsrate) wichtig. Sollten für das EGS-Projekt ausschließlich Vertikalbohrungen verwendet werden, so ist dies für den **oberirdischen Raumbedarf** mit Entfernungen von

**Abb. 9.4** Beispiel für einen Einfach- und einen Doppel-Packer. Ein Packer besteht aus einem Packerrohr, über das ein Gummistück geschoben ist. Dieses Gummistück wird zum Absperren an die Bohrlochwand gedrückt, z. B. mechanisch durch Zusammendrücken oder durch Expansion („Aufblasen")

einigen 100 m zwischen den Bohrungen entsprechend zu berücksichtigen. Vertikalbohrungen haben u.a. auch den Vorteil, dass das Problem der Expansion der Verrohrung bei der geothermischer Nutzung einfacher zu handhaben ist.

Bereits im Vorfeld sollte damit begonnen werden, alle **seismischen** Aktivitäten im Umkreis von ca. 10 km um die geplante Geothermie-Anlage mit einer Empfindlichkeit, die eine vollständige Erfassung aller seismischen Ereignisse ab Magnitude 1,0 (Richterskala) garantiert, kontinuierlich zu messen. Die Messungen sind während des Abteufens, der Stimulation und dem Betrieb – zumindest in der Anfangsphase – fortzuführen. Insbesondere zu Beginn der hydraulischen Injektionen und während der Stimulationen ist eher mit induzierten Beben zu rechnen als im späteren stationären Produktionsbetrieb. Vorab sollten daher bereits Größe und Richtung der Hauptspannungen durch seismologische Herdflächenlösungen bestimmt werden.

# Kapitel 10
# Potentielle Umweltauswirkungen bei der Tiefen Geothermie

Tiefbohranlage

Die Umwandlung in Strom oder Nutzwärme ist frei von $CO_2$- und Rauchgasemissionen wie Russpartikeln, Schwefel- und Stickoxiden. Der Betrieb von Geothermieanlagen ist prinzipiell sehr umweltverträglich. Im Normalbetrieb, wie auch bei Störfällen sind schädliche Umwelteinflüsse von technischer Seite durch die Verwendung von hochwertigen Baumaterialien und einer sehr ausgereiften Technik mit zahlreichen Sicherungseinrichtungen nahezu ausgeschlossen.

Mit dem Bau von Geothermieanlagen und -kraftwerken sind -wie auch beim Bau anderer Kraftwerke-, mit der Herstellung der erforderlichen Baumaterialien sowie den notwendigen Transport- und Dienstleistungen $CO_2$-Emissionen verbunden. Diese gilt es vor und während der Baumaßnahmen durch sorgfältige Planung so gering wie möglich zu halten.

Bei Petrothermaler Geothermie werden planmäßig geringe Seismizitäten im Untergrund ausgelöst. Dies geschieht durch das Einpressen von Wasser in den Untergrund und das dadurch gewollt verursachte Weiten und Aufreißen von Klüften. Abschnitt 10.1 befasst sich mit der damit verbundenen Problematik.

Das in Geothermiebohrungen zirkulierende Thermalwasser wird in einem geschlossenen Kreislauf geführt, so dass daraus keinerlei Beeinträchtigungen der Umwelt hervorgerufen werden. Bei einer möglichen Leckage wird der Durchfluss gestoppt, und der undichte Bereich abgesperrt. Die beim Stromerzeugungsprozess eingesetzten Arbeitsmittel werden im Kraftwerkskreislauf ebenfalls in einem geschlossenen System geführt. Im Falle von Leckagen wird auch hier konstruktive und technische Vorsorge getroffen, dass die Umwelt nicht belastet wird.

Davon ausgenommen ist die Erschließungsphase, in der Probetests erforderlich sein können, bei denen das übertägige Thermalwasser-System noch nicht vollständig geschlossen ist. Allein in dieser Phase ist der Erfolg der Mühen an den weißen, aufsteigenden Dämpfen erkennbar (Abb. 10.1).

**Abb. 10.1** Erster Probetest nach der erfolgreichen Erschließung hydrothermalen Wassers

Wie bei jedem thermischen Kraftwerksprozess muss der Kreislauf zur Kondensation des Arbeitsmittels gekühlt werden. Dabei wird Wärme in die Umgebung abgegeben (Abschn. 10.3). Derartige Wärmeemissionen sind in ihrer Größenordnung jedoch in der Regel nicht vergleichbar mit den Kühlungsanforderungen von thermischen Großkraftwerken der Kohle-, Gas- und Atomindustrie. In manchen Ländern wird eine Kraft-Wärme-Kopplung empfohlen oder sogar vorgeschrieben, um den Grad der Wärmevernichtung durch Kühlung zu reduzieren und um die gewonnene Energie effizient zu nutzen. Auch werden vielfach Nutzungen nach dem Kaskaden-Prinzip (Abschn. 8.6) umgesetzt.

Auf alle potentiellen Umweltauswirkungen, die bei jeder technischen Einrichtung bereits in der Bau- als auch später in der Betriebsphase auftreten können, kann in diesem Zusammenhang nicht eingegangen werden. In den nachstehenden Abschnitten werden nur ausgewählte Umweltauswirkungen besprochen, teils aufgrund ihrer Aktualität, teils weil sie bedeutsam sind aber auch teilweise weil sie gerne vergessen werden. Auch in der Geothermie können bereits in der Bohrphase als auch später bei laufendem Betrieb der Anlage Fehler verschiedenster Art entstehen. Gute Planung, Organisation, Überwachung, geschultes erfahrenes Personal sowie adäquate Qualität der eingesetzten Maschinen, Geräte und Produkte helfen Fehler und damit auch Umweltauswirkungen zu minimieren. Und, last not least, zwischen allen Projektbeteiligten müssen eine offene Kommunikation und ein vertrauensvolles Miteinander gewährleistet sein.

## 10.1 Seismizität und Tiefe Geothermie

Die spür- und hörbaren seismischen Ereignisse bei der massiven hydraulischen Stimulation in der 5000 m tiefen Geothermiebohrung im Stadtgebiet von Basel (Kraft et al. 2009) bewirkten einen starken Einbruch in der Umsetzung der Tiefen Geothermieprojekte, nicht nur bei den sogenannten Enhanced Geothermal Systems (EGS) sondern auch bei den hydrothermalen Dubletten.

Die für die Entwicklung von EGS erforderlichen massiven hydraulischen Stimulationen werden meist von sehr geringen seismischen Ereignissen (Mikroseismizität) begleitet, die Auskunft über die Ausdehnung des künstlich geschaffenen Wärmetauschers und den Erfolg der Maßnahme geben. Die resultierenden mikroseismischen Ereignisse sind projektrelevant und werden dazu benötigt, um die zweite Bohrung richtig zu platzieren. Die seismischen Ereignisse sind für die Schaffung eines EGS unverzichtbar, sollten jedoch keinesfalls die Spürbarkeitsschwelle überschreiten (Kap. 9). Allerdings gibt es auch geothermische Projekte, bei denen trotz massiver hydraulischer Stimulation messtechnisch keine oder kaum erfassbare seismische Ereignisse bei den Frac-Operationen erfolgten.

Nicht nur bei petrothermalen sondern auch bei einigen tiefen Geothermieanlagen, die aus Störungssystemen heißes Wasser fördern bzw. in diese injizieren, sowie bei einer hydrothermalen Anlage wurden seismische Ereignisse mit erhöhter Magnitude beobachtet. Tabelle 10.1 gibt eine Auswahl.

Die für die petrothermalen Geothermieprojekte in Tabelle 10.1 aufgeführten maximalen Magnituden wurden im Zusammenhang mit der massiven hydraulischen

**Tabelle 10.1** Seismische Ereignisse bei Projekten der tiefen Geothermie

| Geothermische Anlage | Hydrothermal (H), petrothermal (P), Störungssystem (S) | Max. Magnitude |
|---|---|---|
| Unterhaching, D | H | 2,2 |
| Landau, D | S | 2,7 |
| Insheim, D | S | 2,3 |
| Riehen, CH | H | – |
| Pariser Becken, F | H | – |
| Groß Schönebeck, D | P | – |
| Horstberg, D | P | minimal |
| Soultz (3,5 km Tiefe), F | P | 2,2 |
| Soultz (5 km Tiefe), F | P | 2,9 |
| Basel, CH | P | 3,4 |
| Urach, D | P | 1,8 |
| Fenton Hill, N.Mex. USA | P | < 1,0 |
| The Geysers, Calif. USA | - | 4,0 |
| Cooper Basin, AUS | P | 3,7 |

Stimulation zur Generierung des unterirdischen Wärmetauschers erreicht, wobei es bei manchen Projekten im Gegensatz zum Projekt Basel vorab keine besonderen Beschränkungen bezüglich zulässiger oder vertretbarer Magnitude gab. Bei den Projekten in Störungszonen bzw. -systemen handelt es sich zum Teil um Störungssysteme, die teilweise massiv hydraulisch stimuliert wurden und in die in der anschließenden Betriebsphase das abgekühlte Fluid mit erhöhten Drucken verpresst wurde.

Die insbesondere bei den EGS aufgetretenen seismischen Ereignisse warfen verschiedene Fragen auf, wie die nach den Ursachen, den Risiken für die Umwelt und die Menschen, den Kontrollmöglichkeiten der Anlage aber auch nach der Akzeptanz der Bevölkerung. In jedem Fall ist Transparenz bei allen Handlungsschritten und Vorhaben erforderlich, ist sie doch Voraussetzung für Glaubwürdigkeit und eine mögliche Akzeptanz des Projektes. Problematisch ist in diesem Zusammenhang, dass auch die messtechnisch erfassten mikroseismischen Ereignisse durchweg der nicht fachkundigen Öffentlichkeit gegenüber als "Erdbeben" bezeichnet wurden. Kleinste seismische Ereignisse weit unterhalb der Fühlbarkeitsschwelle als Erdbeben zu bezeichnen, wird der Sache sicherlich nicht gerecht, zumal mit dieser Begrifflichkeit unterschwellige Ängste geweckt werden (Fritschen & Rüter 2010).

Die seismischen Ereignisse führten auch bei Behörden zu einer großen Verunsicherung. Erschwerend kommt hinzu, dass eine Risikobewertung zur induzierten Seismizität vor Bohrbeginn aufgrund der dazu notwendigen, jedoch fehlenden Datenbasis kaum möglich ist.

Mit internationalen Projekten wie GEISER (Geothermal Engineering Integrating Mitigation of Induced Seismicity in Reservoirs), PHASE (Physics and Application of Seismic Emission) und anderen soll die induzierte Seismizität untersucht, die geomechanischen Prozesse erklärt und Strategien zur Minimierung der induzierten Seismizität entwickelt werden.

### *10.1.1 Induzierte Erdbeben*

Unter induzierten Erdbeben werden i.W. Erdbebenereignisse verstanden, die direkt oder indirekt mit menschlichen Aktivitäten ursächlich in Verbindung stehen. Der Grad der Verursachung reicht von unmittelbarer Bewirkung bis zur bloßen Auslösung. Der Unterschied liegt in den relativen Anteilen der natürlich vorhandenen („autochtonen") erzeugenden Spannungen zu den durch menschliche Aktivitäten neu eingebrachten („induzierten") Spannungsänderungen auf verschieden großen Flächen. Die vorstehende Unterscheidung ist jedoch oft nicht einfach und die Übergänge können fließend sein.

**Natürliche Erdbeben** werden durch plötzliches Entladen gespeicherter elastischer Verformungsenergie durch ein reibungsbasiertes Gleiten entlang bereits existierender Störungen verursacht. Erdbeben sind also Ereignisse, bei denen aufgestaute Spannungen schlagartig durch Verschiebungen von Gebirgsblöcken abgebaut werden. Diese Verschiebungen von Teilen der Erdkruste im Erdbebenherd verlaufen in der Regel entlang bereits existierender Störungen oder Schwächezonen und können wenige Zentimeter bis Meter – bei einem extrem starken Beben – betragen. Die Vorgänge im Erdbebenherd lösen Erschütterungen der Erdkruste aus. Wie stark das Erdbeben an der Oberfläche verspürt wird, hängt ab von der freigesetzten Energie am Erdbebenherd (Magnitude), von der Distanz zum Epizentrum, der lokalen Bodenbeschaffenheit sowie von der Tiefe des Erdbebenherdes. Zur Beschreibung der Auswirkung eines seismischen Ereignisses werden daher eigentlich Größen wie die seismische Intensität, die Schwinggeschwindigkeit oder die Schwingbeschleunigung benötigt (Abschn. 10.1.2).

Die Ursachen für Erdbeben sind daher eigentlich die Kräfte, die zu einem Aufstau von elastischer Verformungs-Energie im Untergrund führen und die den bereits vorliegenden Spannungszustand auf ein kritisches Niveau anheben (Nicholson & Wesson 1990). Aus diesem Grund besteht bei der Injektion von Fluiden die Gefahr eigentlich nicht darin, dass durch die Injektion selbst so viel Verformungs-Energie erzeugt wird, um sie mit einem Erdbeben wieder freizusetzen, sondern die Gefahr bei der Injektion von Fluiden besteht darin, dass lokal der effektive Reibungswiderstand entlang von Störungen reduziert wird und dass dadurch Erdbeben in Gebieten getriggert werden können, die bereits einen Spannungszustand und eine aufsummierte elastische Verformungs-Energie auf einem kritischen Niveau als Folge natürlicher geologischer und tektonischer Vorgänge erreicht haben.

Warum nun nicht bei jeder Injektion mit hohen hydraulischen Drücken Erdbeben getriggert werden, hängt somit neben den lokalen hydrologischen und geologischen Eigenschaften des Injektionsbereichs insbesondere vom lokalen existenten Stressfeld und seiner Anisotropie ab. Grundsätzlich muss zwischen Faktoren, die Erdbeben verursachen und Mechanismen, die sie auslösen können, unterschieden werden. Es gibt derzeit jedoch (noch) keine Methode, mit der man die erhöhte Wahrscheinlichkeit anschätzen kann, ein Erdbeben mit einer bestimmten Magnitude zu triggern infolge Erhöhung des Porenfluiddrucks durch Injektion über eine Tiefbohrung (Nicholson & Wesson 1990).

Die Magnitude eines Erdbebens scheint mit dem Logarithmus der Länge der Störung, entlang der der Versatz stattfindet, zuzunehmen. Ein Erdbeben mit Magnitude 8 wirkt sich typischerweise auf mehrere hundert Kilometer einer Störung aus und dort mit einem Versatz von einigen Metern. Bei einem Erdbeben der Magnitude 3 sind es einige zehner Meter einer Störung, die einen Versatz von nur einigen Zentimetern erfahren.

**Seismizität** wurde bislang nicht nur im Zusammenhang mit der Tiefen Geothermie beobachtet, sondern sie ist seit langem aus dem Produktionsbetrieb von Erdöl-/Erdgaslagerstätten, von großen Talsperren, von unterirdischen Speichern (Gas, Druckluft), vom Verpressen flüssiger Abfälle und auch aus dem Bergbau bekannt. Aus menschlichen Aktivitäten wie über- und untertägiger Bergbau, Extraktion oder Injektion von Flüssigkeiten in den Untergrund, Betrieb von Stauanlagen, Gas- und Ölförderung, geothermischen Projekten kann zusätzliche seismische Aktivität bewirkt werden (Nicholson & Wesson 1990, Eisbacher 1996, Shapiro et al. 2007, McGarr 1991, Rutledge et al. 2004, Segall 1989, Cook 1976). Erhöhte seismische Aktivitäten können aber bereits auch durch ausgiebige Starkniederschläge ausgelöst werden (Husen et al. 2007).

In Verbindung mit der Förderung aus Erdöl-/Erdgaslagerstätten wurde Seismizität durch die Verringerung des Porenfluiddruckes infolge Extraktion und demzufolge Erhöhung der Auflast beobachtet. Infolge isostatischen Ausgleichs nach massiver Ausbeutung eines Reservoirs können Beben auch in größerer Entfernung getriggert werden (Grasso 1992). Beispielsweise wurden im Wilmington Ölfeld im Los Angeles Basin (California, USA) durch die hohe Ausbeute bis zu 8,8 m Setzungen mit Setzungsraten von bis zu 0,71 m pro Jahr gemessen. In Folge ereigneten sich in den 1940er bis in die 1960er Jahre mehrere Schadenserdbeben ($M_L \sim 5{,}1$). Ende der 1950er Jahre wurde mit einer verstärkten Injektion von Wasser begonnen, um einerseits weitere Setzungen zu verhindern und um andererseits die Fördermöglichkeiten von Erdöl zu verbessern. Beides gelang, jedoch stellten sich in den 1970er Jahren durch die Injektion gehäuft kleinere Beben (ML< 3,2) ein (Nicholson & Wessen 1990). Bei der Injektion in Erdöl-/Erdgaslagerstätten kann die effektive Auflast (Spannung) herabgesetzt werden, so dass Beben hervorgerufen werden können. Seismische Aktivitäten in Verbindung mit dem Betrieb von Erdöl-/Erdgaslagerstätten traten beispielsweise auch im Goose Field in Texas, in Lacq Pau-Basin in SW-Frankreich (Magnitude 4,2) oder in den nördlichen Niederlande auf, wobei der Hauptmechanismus auf der Kontraktion des Reservoirs aufgrund der Fluid- und/oder Gasentnahme beruhte. Vielfach traten an der Erdoberfläche entsprechende Setzungen von z.T. über mehrere Dezimeter auf.

Das größte vermutlich durch Aufstauung in einem See getriggerte Erdbeben wurde in Koyna (Indien) mit einer Magnitude von 6,5 beobachtet.

Eine Injektion von Flüssigkeiten oder Gasen über Bohrungen in den Untergrund erfolgt vielfach beispielsweise auch bei der Gewinnung von Salz aus dem Untergrund durch Laugung oder, um toxische Flüssigabfälle zu verpressen, um die

10.1 Seismizität und Tiefe Geothermie

Förderung in Erdöl-/Erdgaslagerstätten nach langjährigem Betrieb zu verbessern oder um durch hydraulische Brüche (hydraulic fracturing) bessere Wegsamkeiten für die Förderung zu erzeugen. Die verpressten Fluidvolumina waren bei diesen Injektionen teilweise so beträchtlich, dass sie zu Erdbeben führten. Im Rocky Mountain Arsenal Well nahe Denver (Colorado, USA) wurden beispielsweise seit 1962 über eine 3671 m tiefe Bohrung viele 100 Millionen Liter toxischer Flüssigkeiten mit Kopfdrücken von etwa 72 bar in ein Reservoir verpresst, das von mehr oder weniger parallel zueinander verlaufenden Brüchen und Störungen durchzogen war. Dies führte zu Beben der Magnitude von bis zu 5,5 (Nicholson & Wesson 1990).

Internationale Beobachtungen bei Geothermieprojekten zeigten allerdings weder für die Phase des Abteufens einer Bohrung noch während der Stimulations- und Frac-Operationen schadensrelevante Ereignisse (Majer et al. 2007). Die Betriebsphase einer geothermischen Anlage unterscheidet sich außerdem von den vorstehend beschriebenen Beispielen durch ihre gleichzeitige Produktion und Injektion.

## 10.1.2 Erdbebenskalen

Es gibt zwei unterschiedliche Maße für die Erdbebenstärke, die Intensität und die Magnitude. Nach der heute gebräuchlichen **Richter-Skala** werden seismische Ereignisse, Erdbeben, durch sogenannte **Magnituden** charakterisiert. Die Magnitude ist ein empirisches logarithmisches Maß für die bei einem Erdbeben abgestrahlte Energie und entspricht einem aus der Amplitude der Auslenkung im Seismogramm abgeleitetem Wert. Die Amplitude ist ein Maß für die Energie der seismischen Wellen, die durch den Bruchvorgang freigesetzt werden. Die maximal beobachtete Intensität kann mit der Magnitude korreliert werden und der Ort ihres Auftretens wird üblicherweise mit dem Epizentrum identifiziert.

Beben mit Magnituden < 2,0 werden als **Mikrobeben** bezeichnet. Sie sind nicht spürbar. Beben mit Magnituden zwischen 2,0 und <3,0 werden als **extrem leichte Beben** bezeichnet. Liegt die Magnitude zwischen 3,0 und <4,0 spricht man von **sehr leichten Beben**. Diese Beben sind oft spürbar, Schäden sind jedoch sehr selten. Die Richter-Skala ist zwar nach oben offen, jedoch wurden Beben mit Magnituden von 10 und mehr noch nie gemessen.

Aus der Magnitude allein kann jedoch nicht direkt auf die Auswirkungen eines Bebens geschlossen werden. Für die tatsächlichen Auswirkungen spielen nämlich auch die Herdtiefe, Frequenz und Art der Wellen, das Gestein, die Bausubstanz und anderes eine große Rolle (Mikrozonierung).

Die **Gutenberg-Richter-Relation** gibt die Rate der Ereignisse N pro Jahr an, die innerhalb einer definierten Region größer oder gleich Magnitude M (kumulative jährliche Verteilung) auftreten (Gl. 10.1).

$$\text{Log}(N) = a - b \cdot M \qquad (10.1)$$

Für tektonische Erdbeben (Ausnahmen sind Schwarmbeben) findet man für b häufig den Wert von etwa b = 1. Fluidinjektionen können den b-Wert heraufsetzen; dies bedeutet verhältnismäßig mehr kleineren Beben. Die Gutenberg-Richter-Relation wird dazu benutzt, um anhand von gemessenen seismischen Ereignissen auf die Möglichkeit von Ereignissen mit sehr hohen Magnituden zu schließen, die bislang noch nicht auftraten.

Die makroseismische **Intensität** ist eine empirische Klassifikation von Schäden und anderen Merkmalen von Erdbeben. Sie ist ein Maß für die Bodenbewegung an einem Ort und beschreibt die beobachteten, örtlichen Auswirkungen auf Mensch, Natur und Bauwerke an der Erdoberfläche. Sie hängt somit auch von der subjektiven Wahrnehmung ab. Der lokale Untergrund und die Qualität der Bausubstanz haben Auswirkungen auf die Intensität. Lockere Böden an der Erdoberfläche verstärken die Bodenbewegung, was größere Schäden verursacht und zu einer dementsprechend höheren Intensität führt. Die Intensität wird in römischen Zahlen zwischen I und XII angegeben (**Mercalli-Skala**). Sie nimmt mit zunehmender Distanz vom Erdbebenherd ab. Auch die Herdtiefe des Erdbebens hat Einfluss auf die Auswirkungen an der Oberfläche und damit auf die Intensität. Die Mercalli-Skala beschreibt daher die spürbaren und sichtbaren Erdbebenfolgen. Sie wurde ursprünglich entwickelt, um aus den Folgen auf die Intensität und Lage des Epizentrums zu schließen.

Zur verlässlichen Beschreibung der Auswirkung seismischer Ereignisse auf die Erdoberfläche werden Angaben zur Immissionsgröße benötigt. In Deutschland sind in der DIN 4150 die Messung und Auswertung der **Schwinggeschwindigkeiten**, d. h. eigentlich die Bodenbewegung, beschrieben. Mit der DIN 4150 (Teil 3) kann anhand der maximalen Schwinggeschwindigkeiten die Schadenswirkung induzierter Ereignisse beurteilt werden. Bei einer Überschreitung von 5 mm/s drohen kleinere Schäden am Verputz, an Putzrissen aufzutreten. Erst bei sehr viel höheren Schwinggeschwindigkeiten werden signifikante Schäden auftreten.

Die untere Wahrnehmbarkeitsschwelle von seismischen Ereignissen dürfte bei einer Herdtiefe von ca. 5 km bei einer Magnitude von ca. 2,0 bis 2,5 liegen. Vereinzelt sind leichte Gebäudeschäden an der Erdoberfläche in der Nähe des Epizentrums etwa bei einer Magnitude von 3,5–4,5 möglich. Der US Geological Survey geht davon aus, dass Schäden erst bei Magnituden ab etwa 4,5 und bei Bodengeschwindigkeiten (PGV) deutlich über 34 mm/s auftreten. Bei Beben der Stärke um Magnitude 5 wird von vereinzelten mittelschweren bis schweren Gebäudeschäden ausgegangen. Damit dürfte automatisch auch die Größe der maximalen Magnitude (2,0–2,5), die bei einer massiven hydraulischen Stimulation auftreten darf, vorgegeben sein.

### 10.1.3 Die Ereignisse von Basel

Basel liegt am südlichen Ende des Oberrheingrabens, der aufgrund der geothermischen Tiefenstufe und der tektonischen Verhältnisse günstige Voraussetzungen für tiefe geothermische Vorhaben aufweist. Die geologischen Informationen über den tieferen Untergrund von Basel reichen nur bis in eine relativ geringe Tiefe und nicht

## 10.1 Seismizität und Tiefe Geothermie

bis in den Explorationsbereich des Geothermieprojektes von 5000 m Tiefe. Lediglich die zum Projekt gehörenden beiden Bohrungen Otterbach 2, Endtiefe 2750 m, und Basel 1, Endtiefe 5009 m, haben die Sedimentgesteine im Rheingrabens durchteuft und den Granit unter den Sedimentgesteinen in Tiefen zwischen 2640 m und 2750 m angetroffen. Die Sedimentgesteine und der Granit sind durch zahlreiche Störungen in einzelne Schollen zerlegt. Der Bohrplatz liegt etwa 4,5 km westlich von der Rheingrabenrandflexur entfernt. Die tektonische Situation im Raum Basel ist nur großräumig bekannt. Das Einfallen der Rheingrabenrandflexur in der Tiefe ist nicht genau bekannt, erfolgt aber in westliche Richtungen. Die natürliche Seismizität nimmt am Oberrhein von Basel ausgehend nach Norden ab.

Am 2.12.2006 wurde im Rahmen der Arbeiten an der tiefen Geothermieanlage im Stadtgebiet von Basel mit der Einpressung von Wasser (sogenannte „Stimulation") begonnen (Abb. 10.2). Am 8.12.2006 kam es zu einem seismischen Ereignis der Magnitude 3,4 auf der Richterskala mit Epizentrum an der Bohrstelle der Geothermieanlage in Basel. Die Bodengeschwindigkeit (PGV) lag dabei bei PGV = 9,3 mm/s. Drei weitere Beben über Magnitude 3,0 folgten am 6.1.07, 16.1.07 und am 2.2.07. Die mit den Beben verbundenen Erschütterungen wurden z.T. auch von akustischen Phänomenen (Knall) begleitet und erschrecken die Bevölkerung (www.bd.bs.ch/geothermie.htm).

Die Beben wurden durch die Stimulation an der Geohermieanlage ausgelöst. In seismologischer Terminologie wird von induzierten Erdbeben gesprochen. Bei den induzierten Beben handelte es sich zum einen um mikroseismische, nicht spürbare Ereignisse, die zur Öffnung von Klüften im Gestein und zur Generierung des

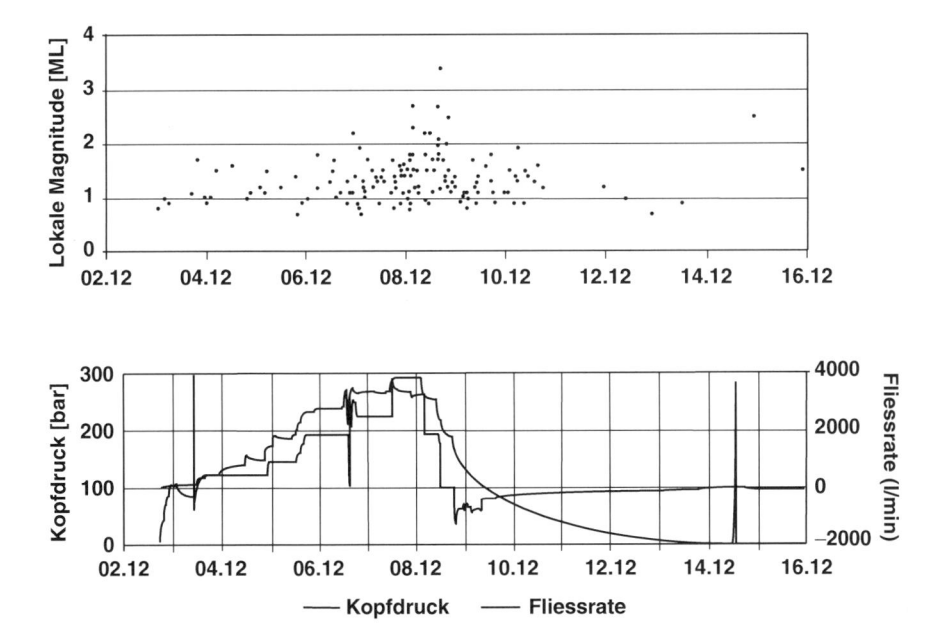

**Abb. 10.2** Seismische Ereignisse während der Stimulation in Basel (nach Kraft et al. 2009)

Wärmetauschers beabsichtigt waren und andererseits um unbeabsichtigt ausgelöste größere und zum Teil spürbare Beben. Die Übergänge zwischen den beiden Formen sind natürlich fließend und nicht voneinander abtrennbar.

Vor Beginn der Stimulationsmaßnahmen wurde am 25.11.2006 ein Prästimulationstest durchgeführt. Bei diesem Versuch wurden in die Bohrung zunächst etwa 3 l/min, dann 6 l/min und zuletzt 10 l/min injiziert. Dabei stieg der Kopfdruck von ca.15 bar (Ausgangsdruck) auf Kopfdrucke von ca. 33 bar, 52 bar bis auf zuletzt 74 bar. Der Test spiegelt das natürliche, hydraulische Verhalten des granitischen Gebirges unterhalb des „Öffnungsdruckes" wieder und lässt auf Durchlässigkeiten von etwa $10^{-10}$ m/s schließen. Dieser Wert für die Gebirgsdurchlässigkeit ist relativ niedrig verglichen mit anderen Lokationen in ähnlichen Tiefen (Ladner et al. 2008, Stober & Bucher 2007)

Auf der Basis des Prästimulationstestes wurde am 2.12.2006 mit der eigentlichen Stimulation begonnen, wobei im Vorfeld über die Art der Ausführung kontrovers diskutiert wurde (www.bd.bs.ch/geothermie). Die Stimulation wurde am 8.12.2006 beendet. Insgesamt wurden 11.566 m$^3$ Wasser verpresst. Die Injektionsrate wurde in 5 Stufen bis auf maximal 3750 l/min gesteigert. Gegen Ende der Injektionsphase am 8.12.2006 wurde ein maximaler Kopfdruck von 296 bar erreicht. Bis etwa 14 Uhr am 6.12.06 wurde die Injektionsrate von ca. 1800 l/min bzw. der damit erzeugte Kopfdruck von ca. 250 bar nicht überschritten. Bis zu diesem Zeitpunkt lagen die Magnituden unter 2,0. Erst bei einer Ratensteigerung auf 3000 l/min, rsp. ca. 275 bar Kopfdruck, wurde erstmals eine Magnitude von über 2,0 beobachtet. Nach Steigerung auf 3750 l/min bei Drucken knapp unter 300 bar setzte eine Zunahme der Ereignisse mit Magnituden größer 2,5 ein (Abb. 10.2).

Am 8.12.06 wurde die Injektion stufenweise beendet und begonnen, die Bohrung oben zu öffnen, so dass übertägig Wasser austrat. Bereits wenige Stunden danach lagen die Magnituden wieder deutlich unter 2,0. Eine Magnitude von über 2,0 wurde erst wieder am 14.12.06 gemessen, kurz nachdem anscheinend die Bohrung wieder verschlossen wurde („Shut-In") und der Kopfdruck wieder auf ca. 285 bar anstieg.

Die Daten (Abb. 10.2) lassen eine Korrelation zwischen Injektionsrate bzw. Injektionsdruck und seismischer Magnitude gegeben erscheinen, so dass damit eigentlich eine Steuerung der induzierten Seismizität durch die Hydraulik möglich sein sollte. Insbesondere wichtig für die Frage der Steuerbarkeit ist jedoch die Erklärung der drei Folgebeben im Januar und Februar 2007, die Magnituden von 3,0 und mehr erreichten.

Vermutlich wurde durch das EGS-Projekt in Basel die natürliche tektonische Scherspannungen in einer existierenden Scherzone, zumindest bei den stärkeren Beben (über Magnitude 3,0), im wesentlichen durch die Stimulation "entladen". Im Vorfeld vor dem Abteufen von Bohrungen und Durchführen hydraulischer Tests kann eine derartige Störungszone kaum festgestellt werden. Lediglich im Verlauf der Stimulationen selbst wäre es vielleicht möglich gewesen, diese zu erkennen und entsprechend zu reagieren.

Die induzierten Beben von Basel können zum einen auch „stabilisierend" im Hinblick auf die „Verhinderung größerer Beben" gewirkt haben, andererseits kann das in den Untergrund injizierte und dort verbliebene Wasser, das sich in

10.1 Seismizität und Tiefe Geothermie

Abhängigkeit vom Druckgradienten und potentieller Fließwege ausbreitete, weiterhin „destabilisierend" wirken, in dem Sinne, dass dadurch die Möglichkeit für weitere induzierte Beben – zwar mit abnehmender Magnitude – geschaffen wurden. Die Ereignisse in Basel lassen diese Möglichkeit als sehr wahrscheinlich erscheinen. Langenbruch & Shapiro (2010) parallelisieren die Folgebeben, die bei hydraulischer Stimulation auftreten können, mit den Nachbeben bei größeren Erdbeben, die dem Gesetz von Omori (1894) folgen.

Die seismischen Ereignisse in Basel hatten keine besonderen und vermeintlich ungewöhnlich starken Auswirkungen an der Erdoberfläche zur Folge. Das Bild der seismischen Bodenbewegungsdaten und der makroseismischen Wahrnehmungen ist nicht anomal für Erdbeben dieser Magnituden und Herdtiefen. Auch der wahrgenommene Knall fügt sich in die bekannten Erdbeben-Phänomene im Nahfeld bei Vorliegen von hohen seismischen Frequenzen. Das Besondere an den Beben in Basel war, dass das Epizentrum mitten in einer ausgedehnten großstädtischen Agglomeration lag, dass es "man-made" war und auf eine völlig unvorbereitete Bevölkerung stieß.

### *10.1.4 Seismische Beobachtungen bei EGS-Projekten*

Zur Erzeugung des "Wärmetauschers", d. h. zum Weiten der natürlich vorhandenen Klüfte oder Kluftsysteme, sind hohe hydraulische Drucke erforderlich. Der sog. Öffnungsdruck, der vom Überlagerungsdruck und von der Neigung des maßgeblichen Kluftinventars abhängt, muss überschritten werden. Erst oberhalb des Öffnungsdruckes ergeben sich signifikante Vergrößerungen der Durchflussraten. Wesentlich höhere Drücke sind jedoch erforderlich, wenn bei einem EGS keine natürliche Klüftung vorliegt und daher erst neue Klüfte geschaffen werden müssen. Bei vielen EGS-Projekten wurde keine seismologische Registrierung während der Schaffung des unterirdischen Wärmetauschers durchgeführt.

Bei den Stimulationen wurden z.T. Rissstrukturen von bis zu vielen hundert Metern Ausdehnung erreicht. Die größte bislang beobachtete Magnitude lag nach Kenntnisstand bei 3,7 Richterskala. Personenschäden oder nennenswerte Sachschäden sind von keinem dieser Ereignisse bekannt (Majer et al. 2007).

Beim EGS-Projekt in **Urach** wurden die ersten Stimulationsversuche bereits Ende der 1970er Jahre durchgeführt. Hier wurden maximale Kopfdrucke von 640 bar bei Injektionsraten von 1200 l/min erreicht. Bei Versuchen Anfang der 1980er Jahre wurde die Bohrung am Bohrlochkopf sogar mit einem Druck von 660 bar beaufschlagt. Seismische Signale wurden seinerzeit nicht aufgezeichnet, Berichte über gespürte Erdbeben liegen nicht vor. In unmittelbarer Nähe liegt das Thermalbad von Bad Urach mit Produktion aus dem Oberen Muschelkalk in 650–700 m Tiefe. Beim Thermalbad gab es keinerlei Hinweise auf irgendwelche Beeinträchtigungen oder Auffälligkeiten. In einer weiteren Stimulationsphase 2002 mit Kopfdrücken bis ca. 350 bar und Injektionsraten von ca. 600 l/min wurde ein seismisches Messnetz eingerichtet und einmalig eine maximale Magnitude von 1,8 registriert. Im

Gneisgebirge des EGS-Projektes von Urach liegt der Öffnungsdruck bei 176 bar Kopfdruck.

Injektionsversuchen mit sehr hohen Kopfdrucken von 420 bar in der Bohrung **Horstberg** in der norddeutschen Tiefebene führten ebenfalls zu keinerlei Beeinträchtigungen, die Magnitude war kaum messbar.

Im australischen **Cooper Basin** wurde die 4421 m tiefe Bohrung Habanero 1 im Jahre 2003 bei Stimulationsversuchen mit einer Injektionsmenge von über 20.000 m³ bei Injektionsraten von bis zu 40 l/s und resultierendem Überdruck von 350 bar beaufschlagt. In Folge wurden zahlreiche kleinere seismische Events beobachtet, die auf eine nahezu subhorizontale Struktur mit einer lateralen Ausdehnung von 2,0 × 1,5 km und einer Mächtigkeit von 150–200 m schließen ließen. Die seismischen Ereignisse wurden aufgezeichnet und 12 maximale Magnituden zwischen 2,5 und 3,7 gemessen. Baisch et al. (2006) schließen aus der räumlichen Lage der seismischen Events auf eine bereits zuvor existierende tektonische Störungszone, die während der Stimulation durch Reduktion der effektiven Normalspannung abscherte und dadurch zu seismischen Ereignissen führte. Durch das Abteufen einer weiteren Tiefbohrung in 500 m Entfernung im Bereich des Landepunktes wurden diese Ergebnisse bestätigt: Habanero 2 durchteufte eine hochdurchlässige Kluftzone in 4325 m Tiefe.

Dieselbe Bohrung wurde im Jahre 2005 erneut stimuliert. Diesmal mit 22.500 m³ Wasser bei Raten bis 31 l/s und resultierendem maximalen Überdruck von 270 bar (Baisch et al. 2009). Bei diesem Test, der mit niedrigeren Injektionsraten gefahren wurde und der demzufolge einen geringeren Überdruck am Bohrlochkopf erreichte, wurden nur 3 größere Magnituden $M_L = 2,5$, $M_L = 2,9$ und $M_L = 3,0$ gemessen. Die ersten seismischen Ereignisse erfolgten am Rand des früher stimulierten Bereiches, während der Bereich unmittelbare um die Bohrung herum seismisch ruhig blieb (Abschn. 9.3).

In **Soultz-sous-Forêts** im Oberrheingraben wurden mit den Stimulationsmaßnahmen maximale Kopfdrucke von 180 bar bei Injektionsraten um 50 l/s erreicht (Baria et al. 2006). Die maximale Magnitude lag bei 2,9. Im Vergleich dazu wurde in Basel bei den Stimulationsmaßnahmen mit bis zu 63 l/s ein entsprechend höherer Kopfdruck von 300 bar erreicht und Magnituden von bis zu 3,4 gemessen.

Im Umfeld Soultz gibt es 2 Erkundungsbohrungen (GPK1, EPS1), 3 seismische Beobachtungsbohrungen (4550, 4601, OPS4), 3 tiefe (5000 m) Geothermiebohrungen (GPK2, GPK3, GPK4) sowie zahlreiche Bohrungen der Erdöl-/Erdgasindustrie. Auf etwa 25 km der Gesamtbohrstrecke wurde in diesen Bohrungen fast ausschließlich im Granit gebohrt. Bei allen diesen Bohrungen gab es beim Abteufen keine Hinweise auf Seismizität aufgrund des Bohrvorgangs.

An der Lokation Soultz erfolgten mehrfach hydraulische Stimulationen. Im "oberen Reservoir" bei 3500 m Tiefe 1993 in der GPK1 und 1994 / 1995 in der GPK2. Im "unteren Reservoir" (5000 m Tiefe) wurde in der GPK2 im Jahre 2000, in der GPK3 im Jahre 2003 und in der GPK4 in den Jahren 2004–2005 hydraulisch stimuliert (Gérard et al. 2006). Tabelle 10.2 gibt einen Überblick über die im "unteren Reservoir" injizierten Volumina und die resultierenden seismischen Ereignisse. Mehrere tausend seismische Ereignisse wurden beobachtet mit Magnituden zwischen −2 und

10.1 Seismizität und Tiefe Geothermie

**Tabelle 10.2** Hydraulische Stimulation im unteren Reservoir mit resultierenden seismischen Ereignissen

| Bohrung (Jahr) | Injiziertes Volumen (m³) | max. Fließrate (l/s) | max. Kopfdruck (bar) | Induzierte Seismizität | Magnituden |
|---|---|---|---|---|---|
| GPK2 (2000) | ~23.400 | 50 | 130 | ~14.000 | 75 × ≥1,8 |
|  |  |  |  |  | 2 × 2,4 |
|  |  |  |  |  | 1 × 2,6 |
| GPK3 (2003) | ~34.000 | 50; 60; 90 | 180 | ~22.000 | 43 × ≥1,8 |
|  |  |  |  |  | 2 × 2,7 |
|  |  |  |  |  | 1 × 2,9 |
| GPK4 (2004) | ~9.300 | 45 | 170 | ~5.800 | 3 × ≥1,8 |
|  |  |  |  |  | 1 × 2,0 |
| GPK4 (2005) | ~12.300 | 45 | 190 | ~3.000 | 17 × ≥1,8 |
|  |  |  |  |  | 1 × 2,3 |
|  |  |  |  |  | 1 × 2,6 |

2,9, wobei die größeren Magnituden (M ≥ 2) immer in der Shut-In Phase auftraten (Genter et al. 2010). Die seismischen Ereignisse werden auf Scherbewegungen entlang von bereits existierenden Kluftflächen zurückgeführt. Es gibt keine Hinweise auf Brüche infolge einer Zugspannung.

Bei Stimulationstests, die in der GPK4 2005 mit einer stufenförmig ansteigenden Rate durchgeführt wurden, betrug die Anzahl der seismischen Ereignisse nur noch etwa 200 Ereignisse.

Die Seismizität bei chemischen Stimulationen ist ebenfalls niedriger als bei rein hydraulischer Stimulation (Tabelle 10.3). Bei der chemischen Stimulation wurden 3 verschiedene Substanzen eingesetzt (Tischner et al. 2006, Portier et al. 2007, Genter et al. 2010):

– Regular Mud Acid (RMA) mit dem Ziel Minerale wie Ton, Feldspäte und Glimmer zu lösen
– Chelatant (NTA) um Calcit zu lösen
– Oranische Ton Säure (OCA); sie wurde bei hohen Temperaturen mit hohem Tongehalt eingesetzt

**Tabelle 10.3** Chemische Stimulation im unteren Reservoir mit resultierenden seismischen Ereignissen

| Chemisches Stimulationsmedium | Datum | max. Fließrate (l/s) | Induzierte Seismizität | Magnituden |
|---|---|---|---|---|
| RMA | Mai 2006 | 28 | ~20 | M ≤ 1,9 |
| NTA | Oktober 2006 | 40 | – | – |
| OCA | Februar 2007 | 55 | ~80 | M ≤ 1,5 |

**Tabelle 10.4** Seismische Ereignisse bei der hydraulischen Zirkulation

|  | Jul.–Dez. 2005 | Jul.–Aug. 2008 | Nov.–Dez. 2008 |
|---|---|---|---|
| GPK2 Produktionsrate | ~ 12 l/s | ~ 25 l/s | ~ 17 l/s |
| GPK3 Injektionsrate | ~ 15 l/s dann ~ 20 l/s | ~ 23 l/s | ~ 12 l/s dann ~ 27 l/s |
| GPK4 Produktionsrate | ~ 3 l/s | – | ~ 12 l/s |
| GPK3 max. Kopfdruck (bar) | 40 dann 70 | 73 | 28 dann 86 |
| Seismizität | ~ 600 | ~ 190 | 53 |
| max. Magnitude | 2,3 | 1,4 | 1,7 |

Während der 4-monatigen hydraulischen Zirkulation im oberen Reservoir zwischen GPK2 und GPK1, wurde keine Seismizität beobachtet. Bei den hydraulischen Zirkulationen im unteren Reservoir, die mehrere Monate dauerten, wurden seismische Ereignisse registriert, die allerdings deutlich geringer waren als während der Stimulationsphase. Bei den hydraulischen Zirkulationen waren natürlich die Raten und die Drücke niedriger als während der Stimulationsphase. Vereinzelt wurden allerdings auch Ereignisse mit größeren Magnituden registriert (Tabelle 10.4), auch hier bei den Zirkulationsversuchen während der Shut-In Phase. Die seismischen Ereignisse erfolgten grundsätzlich in einem bestimmten Gebirgsbereich.

## 10.1.5 Folgerungen und Empfehlungen für hydrothermale und petrothermale Nutzungen (EGS)

Zahlreiche gut dokumentierte Studien belegen, dass seismische Ereignisse grundsätzlich auch in geringen Tiefen von 1–2 km und in sedimentären Abfolgen auftreten können und dass in bestimmten Regionen bereits kleine Störungen des Spannungsfeldes oder des hydrogeologischen Systems seismische Ereignisse auslösen können, so dass auch bei der "sanften" Nutzung der Tiefen-Geothermie seismische Ereignisse nicht völlig ausgeschlossen werden können. Allerdings sind derartige Vorkommnisse relativ selten.

Bei geothermischen Aktivitäten muss grundsätzlich zwischen der reinen Bohrphase, den üblichen hydrogeologischen Ertüchtigungsmaßnahmen, der (massiven hydraulischen) Stimulation mit Weitung eines bereits vorhandenen Kluftsystems und der (massiven hydraulischen) Stimulation mit Erzeugung neuer Klüfte, für die deutlich höhere Drucke erforderlich sind, sowie der späteren Betriebsphase unterschieden werden. Das Verfahren der massiven hydraulischen Stimulation stammt ursprünglich aus der Erdöl-/Erdgasindustrie (Abschn. 9.2).

In den vielen Jahrzehnten der Kohlenwasserstoffexploration ist durch den Prozess des Abteufens einer Bohrung, d. h. während der Bohrphase keine Seismizität beobachtet worden. Auch gibt es in der internationalen Literatur keine Anhaltspunkte dafür.

Bei klassischen **hydrothermalen Nutzungen**, d. h. geothermischen Anlagen in einem Aquifer in geringer Tiefe (< 1 km) und den dort üblichen Temperaturen

## 10.1 Seismizität und Tiefe Geothermie

ist eine induzierte Seismizität kaum zu erwarten. In konventionellen Reservoiren in größerer Tiefe bei höheren Temperaturen können grundsätzlich mikroseismische Ereignisse aufgrund der Abkühlung durch kühle Injektion oder aufgrund von Druckänderungen infolge Produktion auf lokalen Kluft- und Störungszonen erzeugt werden. Durch die Injektion können sich Stressmuster im Gebirge ändern und mikroseismische Ereignisse erzeugen Diese Ereignisse haben jedoch verglichen mit natürlichen Erdbeben nach Majer et al. (2008) so wenig Energie und dauern sehr kurz; sie haben eine hohe Frequenz und eine sehr niedrige Magnitude, so dass sie in der Regel unbemerkt bleiben.

Im weiteren Verlauf einer Förderung von Heißwasser aus einem Aquifer könnte es theoretisch nach längerer Betriebszeit ebenfalls zu seismischen Ereignissen kommen, wenn durch die Entnahme der Porenwasserdruck zu weit herabgesetzt und die effektive Auflast dadurch stark erhöht wird. In exzessive genutzten Gebieten werden z. T. an der Erdoberfläche massive Setzungen beobachtet (z. B. bei Erdöl- / Erdgasfeldern). Bei einer Geothermischen Dublette wirkt diesem Umstand jedoch die permanente Rückführung des abgekühlten Förderwassers über die Injektionsbohrung entgegen, auch wenn der Zirkulationskreislauf im Untergrund nicht vollständig geschlossen ist.

Thermisch induzierte Spannungen als Folge der Verpressung von kalten Fluiden in warmes Gestein sind zwar theoretisch möglich, sie wurden jedoch bisher auch in der Erdöl-/Erdgasindustrie nicht beobachtet.

Zu den Ertüchtigungsmaßnahmen bei der hydrothermalen Nutzung gehören neben der Vertiefung, dem Abteufen als Schrägbohrung oder von Ablenkbohrungen bzw. Sidetracks, die hydraulische Druckbeaufschlagung in der Bohrung, das Schocken und das (Druck)säuern bei karbonatischen Gesteinen. Diese Verfahren werden seit vielen Jahren in der Trink-, Mineral- oder Thermalwassererschließung eingesetzt. Im Gegensatz zum EGS-Verfahren dient die Druckbeaufschlagung bei hydrothermalen Nutzungen üblicherweise nicht der Schaffung eines Kluftnetzes für den Wärmetauscher, sondern lediglich dem verbesserten hydraulischen Anschluss des Bohrlochs an einen bestehenden Grundwasserleiter, resp. an ein Kluftnetz, ggf. Karstsystem (Abschn. 8.5). Die Druckbeaufschlagungen sind daher wesentlich niedriger.

In den letzten Jahren wurden jedoch auch bei einigen hydrothermalen Geothermieprojekten und bei Projekten in **Störungssystemen** zur Ertüchtigung massive hydraulische Stimulationen vorgenommen, beispielsweise wenn der erwartete gut durchlässige Grundwasserleiter sich als Geringleiter herausstellte oder wenn eine angebohrte Störungszone nicht die erhoffte Durchlässigkeit aufwies. Die Durchführung einer massiven hydraulischen Stimulation ist in einem Aquifer völlig anders zu bewerten als in einer Störungszone. Grundsätzlich besteht bei einer massiven hydraulischen Stimulation in größere Störungszonen hinein durch die Injektion von Wasser die Gefahr, dass sich aufgestauter Stress (falls vorhanden) spontan entlädt und dadurch verstärkt seismische Ereignisse auftreten. Derartige seismogene Störungen brechen als natürliches Erdbeben erst dann, wenn die Scherspannung einen bestimmten Wert überschreitet, der durch die Normalspannung, den Reibungskoeffizienten der Störung und die interne Kohäsion des Materials gegeben ist. Ein natürliches Erdbeben entsteht, wenn die tatsächliche Scherspannung auf der Bruchfläche langsam wächst, die kritische Scherspannung erreicht und dann das Material bricht. Eine Injektion von Fluiden kann dazu führen, dass diese natürlichen Beben sozusagen vorzeitig stattfinden (triggern), weil durch die Fluide die effektive Hauptspannung, der Reibungskoeffizient und/oder die Kohäsion herabgesetzt werden. In jedem Fall sollten aus geologischer Sicht besonders sensible Gebiete gemieden oder zumindest sehr vorsichtig und sehr behutsam angegangen werden. Ein durchgehendes seismisches Monitoring begleitet von einer Modellierung des Untergrundes mit Realzeit-Interpretation ist in jedem Fall obligatorisch.

Die Stressentlastung in einer Störungszone kann durch Herabsetzung der Scherspannung jedoch auch verzögert erfolgen, beispielsweise mit zunehmender Ausbreitung des injizierten Wassers in der Störzone, und sie kann verzögert werden durch den zusätzlich und erst allmählich sich aufbauenden Druck, aufgrund der zunehmenden Erwärmung des injizierten kalten Wassers.

Das Verfahren zur Erstellung von **EGS**, die massive hydraulische Stimulation, wird zwar seit den 1970er Jahren angewandt und auch untersucht, dennoch sind die physikalischen Prozesse und die Parameter, die die durch die Injektion hervorgerufene Seismizität – in Form von Erdbeben-Häufigkeit und Verteilung oder maximaler Magnitude -, bewirken, noch nicht im Detail verstanden (Kraft et al. 2009). Bei massiven hydraulischen Stimulationsversuchen werden einige tausend l/min Wasser injiziert und Kopfdrücke von bis zu mehreren 100 bar erreicht. Durch die massive hydraulische Stimulation werden in einem geklüfteten Gebirge die bereits natürlich existierenden Klüfte geweitet oder geöffnet und dadurch die Durchlässigkeit erhöht. Ist das Gebirge jedoch nicht oder kaum geklüftet, so wird durch die massive hydraulische Stimulation der intakte Fels quasi aufgerissen, neue Klüfte geschaffen und dadurch die Durchlässigkeit erhöht. Grundsätzlich ist der dafür benötigte Druck größer, als wenn bereits vorhandene Klüfte geweitet oder geöffnet werden. Im kristallinen Gebirge ist der dazu notwendige Druck i.d.R. wesentlich größer als im Sedimentgestein.

Die Injektion von Wasser in den Untergrund und die dadurch ausgelösten „Bruchvorgänge" sind integraler Bestandteil der Nutzbarmachung eines tiefen geothermischen Reservoirs. Die Ursache für die seismischen Ereignisse sind die im Untergrund bereits vorhandenen tektonischen Spannungen. Die Stärke der bei den massiven hydraulischen Stimulationsversuchen gemessenen seismischen Ereignisse ist vom hydraulischen Versuchskonzept, also von der Fliessrate, vom gesamten Verpressvolumen, vom Druckanstieg, vom maximalen Kopfdruck, von der Dauer der Stimulation, von der hydrochemischen Zusammensetzung des Verpressfluids und von der Temperatur der Injektion abhängig. Wesentlich ist jedoch die vor Ort herrschende tektonische Scherspannung (Anisotropie). Die seismische Energie der ausgelösten Beben, auf jeden Fall der stärkeren Ereignisse, resultiert überwiegend aus der natürlichen tektonischen Deformationsenergie. Die genauen Zusammenhänge zwischen den das Ereignis kontrollierenden Parametern sind jedoch derzeit weder qualitativ noch quantitativ genau bekannt. Daher ist es derzeit prinzipiell nicht möglich, bereits im Vorfeld eines Geothermie-Projektes eine detaillierte quantitative Risikoabschätzung zu geben.

Durch das Einpressen von Wasser bei EGS kann sich das Stressmuster im Gebirge ändern und seismische Ereignisse erzeugen bzw. freisetzen. Seismizität in Verbindung mit Enhanced Geothermal Systems (EGS) wird größtenteils durch Scherbewegungen hervorgerufen, die mehr oder weniger entlang der Hauptausrichtung natürlicher Kluft- oder Störungssysteme durch Stressreduktion infolge Fluidinjektion mit hohem Druck entstehen. Für die bleibende Erhöhung der Durchlässigkeit der geweiteten Klüfte ist dieser Umstand ganz entscheidend, denn eine reine elastische Reaktion ohne relativen Versatz der Kluftflächen zueinander kann bei einer massiven hydraulischen Stimulation eigentlich keine dauerhafte Steigerung der Durchlässigkeit bewirken (Stober 2011), außer es wird chemisch stimuliert oder es werden Proppings zum Offen-Halten der Klüfte eingesetzt (Abschn. 9.3).

Reservoire mit hoher Durchlässigkeit und hohem Speichervermögen können Fluide mit relativ geringen Injektionsdrücken aufnehmen und sind daher i.a. weniger empfänglich für induzierte seismische Ereignisse. Markante Störungszonen, die sich im Nahbereich von Injektionen befinden, stellen grundsätzlich insbesondere dann, wenn das Reservoir eine niedrige Durchlässigkeit und ein geringes Speichervermögen aufweist, ein Gefährdungspotential für ein induziertes seismisches Ereignis dar, da sich das injizierte Wasser dann bevorzugt entlang der Störungszone ausbreiten und ggf. vorhandene tektonischen Spannungen lösen kann. Die Wahrscheinlichkeit für eine getriggerte Seismizität sinkt daher, wenn im näheren Umfeld der Bohrung keine größeren Störungen vorliegen. In Gebieten mit erhöhter natürlicher Seismizität ist das Vorkommen von Störungen bzw. Störungszonen häufiger und die Wahrscheinlichkeit für induzierte seismische Ereignisse nimmt zu (Nicholson & Wesson 1990).

Für ein geplantes Geothermie-Projekt wird ein Schritt-für-Schritt-Vorgehen (Methode des kontrollierten Betriebs) vorgeschlagen. Dessen Kernpunkte sind die Erstellung eines Gefährdungsgutachtens sowie Reaktionsplans, seismisches Monitoring, Aufbau eines Immissionsmessnetzes sowie Monitoring des behutsamen hydraulischen Vorgehens. Dabei sollte zwischen Geothermieprojekten mit Stimulation (EGS/HDR) und reinen hydrothermalen Projekten unterschieden werden.

Insbesondere bei Projekten, die sich in oder in der Nähe von Ortschaften oder Bebauungen befinden, muss die Öffentlichkeit vorab und kontinuierlich umfassend informiert werden.

## 10.2 Auswirkungen durch und auf den Untergrund

**Setzungserscheinungen** sind aus der Kohlenwasserstoffindustrie oder von tief liegenden Trinkwasserentnahme-Gebieten seit langem bekannt. Wenn über einen längeren Zeitraum große Mengen an Gas, Öl oder Trinkwasser aus einer Lagerstätte bzw. einem Grundwasserleiter entnommen werden, stellen sich häufig Setzungen an der Landoberfläche ein. Dieser Prozess ist meist langsam, erstreckt sich häufig über ein großes Gebiet und ist in der Regel bis zu einem gewissen Grad reversibel.

Hohe Trinkwasserentnahmemengen über mehrere Jahrzehnte führten beispielsweise im San Joaquin Valley südwestlich von Mendota, California/USA, zu

Landsetzungen von mehreren Metern. Im Zeitraum 1925–1974 betrug die Setzung allein bereits 8,93 m. An vielen Stellen in den USA wurden durch hohe Grundwasserentnahmen Setzungsraten von bis zu 5 cm pro Jahr beobachtet. Starke Setzungen können durch Brüche begleitet werden (Johnson 1991).

In den großen Erdöl- und Erdgasfördergebieten im zentralen Bereich der USA wurden ebenfalls Setzungen von mehreren Dezimetern bis Metern beobachtet, wie beispielsweise im Diatomite Erdölfeld, Kern County, Californien/USA (Bondor & Rouffignac 1995). Aber auch im Slochteren Gasfeld in den Niederlanden, das 1960 in Produktion ging, wurde große Setzung von 30 cm über eine Fläche von 250 km$^2$ gemessen.

Zu den größten Setzungen mit 8,8 m gehören diejenigen im Erdölfeld von Wilmington in Long Beach, Californien/USA. Die größten Setzungsraten wurden im San Joaquin Valley, Californien/USA, mit >40 cm/Jahr gemessen (Fielding et al. 1998). Parallel zur Setzung wird meist eine so genannte Selbstabdichtung der Bohrungen mit einhergehender Reduktion der Förderrate festgestellt. Beide Effekte sind auf den entnahmebedingten verminderten Porenfluiddruck und die dadurch resultierende Zunahme der Auflast und damit Reduktion des Porenhohlraumgehaltes zurückzuführen. In der Erdöl-/ Erdgasindustrie wurden diesem Phänomen daher schon frühzeitig durch Injektion von Wasser und/oder Verpressung von Gas, meist $CO_2$, entgegengewirkt. Auch der Prozess der Selbstabdichtung von Bohrungen konnte dadurch gestoppt, z.T. auch rückgängig gemacht werden, die Setzungen der Erdoberfläche ließen nach und konnten teilweise durch Hebungen wieder ausgeglichen werden.

Wird bei einer geothermischen Anlage kontinuierlich eine große Entnahmemenge von Thermalwasser gefördert, so können Setzungen, d. h. allmähliche Absenkung der Erdoberfläche, nicht ausgeschlossen werden. Allerdings erfolgt in der tiefen Geothermie in der Regel parallel zur Entnahme in nicht allzu großer Entfernung von der Förderstelle eine Wiederversenkung des geförderten, abgekühlten Thermalwassers zur Regeneration der geothermischen Lagerstätte und zur Entsorgung der hochmineralisierten Mineralwässer. Dazu ist eine hydraulische Verbindung zwischen Förder- und Injektionsbohrung erwünscht und notwendig. Aus diesem Grund ist die Entnahme-bedingte Porendruckerniedrigung bzw. die Injektions-bedingte Porendruckerhöhung auf den engsten Bereich um die Entnahme- bzw. Injektionsstelle begrenzt und die hydraulischen Auswirkungen sind insgesamt deutlich schwächer als bei ausschließlicher Förderung oder Injektion.

**Natürliche radioaktive Stoffe** wie Uran und Thorium lagern überall in der Erdkruste, vor allem in den tieferen Gesteinsschichten. Zerfällt Uran, entstehen radioaktive Elemente wie beispielsweise Radium 226 oder Polonium 210. Diese natürlichen radioaktiven Stoffe werden als **NORM** ("naturally occurring radioactive material") bezeichnet. Nicht ordnungsgemäß entsorgte NORM-Abfälle sind ein großes Gesundheitsrisiko.

Eine wichtige Rolle spielt Wasser, denn Wasser ist gewissermaßen das "Transportmittel" für die Radionuklide. Bei der Erdöl- und Erdgasförderung werden immer auch gleichzeitig große Mengen so genannten Lagerstättenwassers mitgefördert – im Schnitt pro Barrel Öl rund 10 Barrel Wasser. Außerdem wird zur

Steigerung der Ausbeute oft Wasser oder Wasserdampf in die Lagerstätte gepresst. Auch dieses Wasser kann, wenn es wieder an die Oberfläche kommt, belastet sein (vgl. die Studie "Strahlenschutz und der Umgang mit radioaktiven Abfällen in der Öl- und Gasindustrie" der Internationalen Atom-Energie-Agentur, IAEA, www.planet-wissen.de/natur_technik/ vom 25.03.10).

Natürliche Radionuklide liegen praktisch in allen Tiefenwässern vor. Allerdings weichen die Aktivitätskonzentrationen in Abhängigkeit von der Geologie des Aquifers stark voneinander ab. Zu den hauptsächlich auftretenden Radionukliden gehören: $^{226}$Ra, $^{210}$Pb, $^{228}$Ra, $^{224}$Ra, $^{40}$K (Degering & Köhler 2009, 2011). Radium 226 hat eine Halbwertzeit von 1600 Jahren, ist also sehr langlebig. An der Erdoberfläche zerfällt es und es entsteht Radon, ein radioaktives Gas.

Bei geothermischen Anlagen, die im Dubletten-Betrieb gefahren werden, ist das Risiko, dass radioaktiv belastete Stoffe an die Erdoberfläche gelangen, niedriger, da das Extraktionsgut, die ggf. belasteten Wässer, in einem übertägig geschlossenen Kreislauf in der Regel über Injektionsbohrungen wieder vorständig in den tiefen Untergrund, aus dem sie gefördert wurden, zurückgebracht werden. Auch werden in den Geothermiebohrungen durch entsprechende Fahrweise der Anlage oder durch Zugabe von Inhibitoren Ausfällungen weitestgehend vermieden. Dennoch ist davon auszugehen, dass sich in Geothermieanlagen Sinterablagerungen bzw. Scales an bestimmten Stellen, insbesondere im Druckschatten, wie z. B. an Leitungsverzweigungen, in Rohrkrümmungen, im Wärmetauscher, Pumpen usw., bilden (können), in denen dann auch Schadstoffe angereichert sein können.

Bei Scales aus Baryt/Coelestin-Mischkristallen (Ba/SrSO$_4$) kann es wegen der chemischen Analogie von Ba mit Ra zu einer Mitfällung der Radiumisotope ($^{226}$Ra, $^{228}$Ra, $^{224}$Ra) mit schwer löslichem Ba/SrSO4 kommen. Scales aus Galenit (PbS) sowie gediegenem Blei (Pb) können das chemisch identische Radionuklid $^{210}$Pb in den Pb-haltigen Phasen eingebaut haben (Degering & Köhler 2009). Dadurch können radioaktive Inhaltsstoffe der Wässer in den Scales selektiv aufkonzentriert sein.

Sinterablagerungen ist daher grundsätzlich erhöhte Aufmerksamkeit zu schenken und ausgetauschte Rohrleitungen, Pumpen oder Wärmetauscher sollten sicherheitshalber untersucht und ggf. entsprechend fachtechnisch behandelt werden (StrlSchV 2001).

## 10.3 Übertägige Auswirkungen

Um Auswirkungen auf die Umwelt zu vermeiden, sind rechtzeitig die jeweils erforderlichen und geeigneten Vorkehrungen vorzusehen. Beispielsweise ist die **Bohrspülung**, die hohe organische Anteile enthalten kann, fachgerecht zu entsorgen. Auch für **Pumpversuchswässer**, die häufig hohe salinare Anteile und zusätzlich weitere, an der Erdoberfläche ungünstige Inhaltsstoffe aufweisen können, sind geeignete Auffangbecken bereitzustellen, sofern sie nicht unmittelbar wieder in die Tiefe versenkt werden. Ebenso ist an eine geeignete Entsorgung von teilweise mit Enthärtern, Bioziden und Antikorrosionsmitteln aufkonzentrierte **Kühlwässer** etc. zu denken.

Während der Bohrphase aber auch während des Betriebs der geothermischen Anlage kann es zu **Lärmemissionen** kommen, die bereits in der Planungsphase berücksichtigt werden müssen, insbesondere, wenn sich das Projekt in der Nähe von Siedlungen befindet. Häufig ist es jedoch eine Frage der eingesetzten Technik und der eingeleiteten Lärmschutzmaßnahmen, damit der Lärm nicht zur Last wird. So arbeiten beispielsweise beim Bohren strombetriebene Motoren grundsätzlich ruhiger als Motoren, die mit Kraftstoff betrieben werden. Lärmschutzwälle um Bohrplätze können Schallemissionen sehr stark abfangen. Auch ist beispielsweise die Geräuschemission luftgekühlter Anlagen (Abb. 10.3a, b) grundsätzlich größer

**Abb. 10.3a, b** Beispiel für eine Luftkühlungsanlage. **a** aus der Ferne, im Bild rechts. **b** Rotor, von unten betrachtet

## 10.3 Übertägige Auswirkungen

als bei Anlagen, die über eine Wasserkühlung verfügen. Bei der Lüftung sind Langsamläufer im Hinblick auf eine Lärmemission in der Regel günstiger. Auch laufende Turbinen verursachen Geräusche. Derartigen Lärmbelästigungen kann jedoch bautechnisch und durch eine Begrünung sehr stark entgegengewirkt werden. In diesem Zusammenhang ist auch zu bedenken, dass durch die Rückkühlung des Arbeitsmediums eine entsprechende Wärmeabgabe an die Umwelt anfallen kann, da sie nicht oder nicht vollständig genutzt werden kann.

Vermeidbar sind auch so genannte **Landschaftsverschandelungen** durch Rohrleitungen. Eine gut isolierte, unterirdische Verlegung ist zwar teurer, erhöht jedoch die Akzeptanz beträchtlich.

Abhängig von den Druck- und Temperaturbedingungen können Hochenthalpie-Lagerstätten mehr dampf- oder mehr wasserdominiert sein. Früher wurde der Dampf nach der Nutzung in die Luft entlassen, was zu einer erheblichen **Geruchsbelästigung** führen konnte. Heute werden die abgekühlten Fluide in die Lagerstätte zurückgepumpt. So werden negative Umwelteinwirkungen reduziert oder auch völlig vermieden und gleichzeitig die Produktivität durch Aufrechterhalten eines höheren Druckniveaus in der Lagerstätte verbessert. Eine Reinjektion der Thermalfluide ist mittlerweile Standard.

Bei Temperaturen unter 200°C werden zur Stromerzeugung spezielle Arbeitsmittel eingesetzt. Die sogenannten Organic Rankine Cycle (ORC) verwenden organische Arbeitsmittel wie Pentan. Das Kalina-Verfahren verwendet ein Wasser-Ammoniak Gemisch. Im Schadensfall müssen entsprechende Sicherheitskonzepte und Einrichtungen, wie sie z. B. aus der chemischen Industrie bekannt sind, einsatzbereit sein, um lokale Umweltbeeinträchtigungen und -gefährdungen auf dem Betriebsgelände zu vermeiden.

# Kapitel 11
# Bohrtechnik für Tiefbohrungen

Top Drive einer Tiefbohranlage

Die Bohrkosten in der Tiefengeothermie machen bis zu 70% der Gesamtkosten eines Geothermieprojektes aus. Die in der Tiefengeothermie zum Einsatz kommende Bohrtechnologie stammt größtenteils aus der Erdölindustrie. In der Geothermie ergeben sich jedoch aus der Kombination von hohen Temperaturen, großen Volumenströmen sowie des teilweise hohen Gehalts an aggressiven Bestandteilen im Wasser weitergehende Anforderungen an die Bohrtechnologie. Die Bohrdurchmesser sind wegen der Volumenströme größer. Anders als Erdöl- und Erdgasbohrungen müssen Geothermiebohrungen eine Lebensdauer von mehr als 30 Jahren nachweisen und heißes meist hoch mineralisiertes Thermalwasser fördern bzw. wieder in das Reservoir zurückleiten, wobei im Gegensatz zur Kohlenwasserstoff-Industrie (KW-Industrie) das heiße Wasser bei der Förderung direkt in der Bohrung entlang der Verrohrung hoch zur Pumpe strömt. Die Kosten von Geothermiebohrungen sind daher deutlich höher, um den Faktor 2-5, im Vergleich zur KW-Industrie (Teodoriu & Falcone 2009).

Der Themenbereich Abteufen und Ausbau einer Tiefbohrung ist sehr komplex und erfordert das Zusammenspiel verschiedener Teildisziplinen. Die einzelnen Aufgaben werden von speziellen Servicefirmen wahrgenommen. Aber auch für die in Geothermieanlagen einzusetzende Pumpentechnik bestehen sowohl wegen der teilweise aggressiven und gasreichen Wässer als auch wegen des angestrebten höheren Temperaturniveaus extreme Anforderungen in Bezug auf Korrosionsbeständigkeit und Lebensdauer (Abschn. 14.3). Das vorliegende Buch möchte lediglich einen groben Einblick in dieses Fachgebiet vermitteln. Weiterführende Informationen sind beispielsweise den Lehrbüchern von Bourgoyne et al. (1986) oder Aadony (1999) zu entnehmen.

Tiefbohrarbeiten werden in der Regel im Schichtbetrieb 24 h/d ohne Unterbrechung ausgeführt. Eine optimierte Baustellenlogistik sorgt dafür, dass innerhalb des Bohrplatzbereiches ausreichende Lagerflächen für Bohrgestänge, Futterrohre, Ersatzteile, Bohrgut, Spülungs- und Verbrauchsmaterialien etc. vorhanden sind. Die Größe des Bohrplatzes für eine Tiefbohrung liegt bei etwa 5.000 m$^2$, kann aber auch 12.000 m$^2$ betragen. Wenn die Bohrungen in der Nähe von Bebauungen abgeteuft werden sollen, müssen Lärmschutzvorkehrungen getroffen werden.

Der Ausbau von Geothermiebohrungen richtet sich in erster Linie nach dem geothermischen Konzept (Tiefe Erdwärmesonde, Hydrothermal-Bohrung, EGS-Bohrung) und nach den tatsächlichen lithologischen und hydraulischen Randbedingungen. Tiefe Geothermiebohrungen werden in einer Serie von Bohrphasen erstellt, die durch das Setzen und Zementieren von Bohrlochverrohrungen gekennzeichnet sind. Mit jeder Bohrphase nehmen Bohr- und Rohrdurchmesser ab. Jede Tiefbohrung ist daher teleskopisch aufgebaut. Der geplante Enddurchmesser hängt von der Höhe der zu realisierenden Fließraten ab. Der geplante Enddurchmesser, die geologische Schichtenabfolge und die geplante Tiefe geben somit die Größe des Anfangdurchmessers vor. Bei einer Bohrung mit 4 Bohrphasen wird z. B. für eine $18^{5/8}$"-Ankerrohrtour üblicherweise ein 23"-Meißel eingesetzt, für einen $13^{3/8}$"-Casing ein 16"-Meißel, für einen $9^{5/8}$"-Liner ein $12^{1/4}$"-Meißel und ein $8^{1/2}$"-Meißel im Open-Hole Bereich. In offenen geothermischen Systemen kann bei standfesten Gebirgsverhältnissen im Förder- bzw. Injektionshorizont auf einen

Ausbau verzichtet werden (Open Hole). Bei instabilem Gebirge oder Partikelführung sind perforierte Liner einzubauen oder Filterrohre vorzusehen (Cased-Hole) (Blank et al. 2010). Wichtig ist, dass die Durchlässigkeit im Bereich des Nutzhorizontes durch den Bohrvorgang, die Bohrspülung oder den ggf. erforderlichen Ausbau nicht dauerhaft reduziert wird (Skin) (Kap. 13).

An der Erdoberfläche wird zunächst mit großem Durchmesser begonnen, um von einer **Verrohrung** zur nächsten im Durchmesser immer kleiner zu werden. Der Bohrdurchmesser muss so groß gewählt werden, dass die Verrohrung problemlos bis zur geplanten Tiefe eingebaut werden kann und ausreichend Platz für eine gute Zementation der Rohre gegeben ist. Der Durchmesser der Verrohrung muss einerseits groß genug sein, um innerhalb der Arbeitsrohrtour und der offenen Bohrung Reibungsverluste zu minimieren. Andererseits erfordern größere Durchmesser meist größere Bohranlagen, größeren Energie- und Materialaufwand, d. h. höhere Kosten, denn die Kosten einer Bohrung sind in etwa proportional zum erbohrten Gesteinsvolumen. Standrohre, Ankerrohrtouren und Liner sollen dabei verhindern, dass die Bohrung instabil wird. Ein Liner ist eine Verrohrung, die nicht bis zutage geführt ist, sondern in einer bereits abgesetzten Rohrtour eingehängt wird. Die Verrohrung stützt die Bohrlochwand und dichtet zusammen mit der Zementation gegen andere Fluid-führende Schichten ab. Dadurch ist es auch möglich Schichten mit unterschiedlichem hydraulischem Potential voneinander zu trennen. Sowohl Rohrkörper als auch Verbinder müssen zum einen druckfest gegen Kollaps und Bersten sein, zum anderen müssen die Rohre, d. h. Rohrkörper und Verbinder, die erforderliche Zugfestigkeit aufweisen. Beide Parameter nehmen mit zunehmender Temperatur ab! Im Vorfeld sind daher umfangreiche Berechnungen der zu erwartenden Drücke auf die Rohrtouren (Außen- und Innendruck) und die zu erwartenden Belastungen, wie z. B. Gewicht des Rohrstranges, Biegebelastung bei einer Ablenkbohrung, Schleiflasten, Kompressionsbelastungen usw. erforderlich. Durch die hohen Temperaturen an der Basis von Tiefbohrungen dehnt sich die Verrohrung der Produktionsbohrung aus, entsprechend reagiert die Verrohrung der Injektionsbohrung mit Kontraktion. Bei der Planung des Ausbaus sind daher auch die thermischen Parameter der Verrohrung entsprechend einzubeziehen, so dass die Verrohrung bei Expansion bzw. Kontraktion keinen Schaden nimmt.

Das Verpumpen der Zementsuspension erfolgt nach Einbau der jeweiligen Rohrtour fast ausschließlich im Annulus von unten nach oben; die Bohrspülung wird dadurch nach oben weggedrückt. Die **Zementation** einer Tiefbohrung erfordert spezielle Zementeigenschaften und aufwändige Vorbereitungen. Zement ist ein gemahlenes, mineralisches, hydraulisches Bindemittel, welches nach Anmachen mit Wasser an der Luft und unter Wasser zu einem festen Gestein erhärtet. In der Tiefbohrtechnik werden Zemente mit ähnlich feinkörnigen Zuschlägen als Süß- oder Salzwasser-Suspensionen verarbeitet. Größere Bohrungsteufen über etwa 3000 m erfordern eine besondere Kombination von Zementen, Zuschlägen und Additiven sowie eine aufwändige Einstellung der Rezepturen (Smolczyk 1968). Die trockenen Ausgangsstoffe werden bereits gemischt am Bohrplatz angeliefert. Dort wird das Anmachwasser mit Steinsalz, Verzögerer und Additiven in Mischtanks vorbereitet und danach die Trockenmaterialien unter Verrühren eingeblasen. Diese Anmachprozedur ergibt eine Mischhomogenität mit minimalen Lufteinschlüssen. Entscheidend für die Qualität einer Zementation sind die Rezeptur der Zementsuspension und das Verfahren des Einbringens unter den Bedingungen der Bohrung. Die Qualitätsmerkmale für eine Tiefbohrzementation sind schnelle Anfangsfestigkeit, chemische Resistenz und Dichtigkeit gegen aggressive Fluide und gute Anbindung sowohl an die Rohrtouren als auch an das Gebirge. Das bedeutet, dass die Zementation auch raumbeständig sein muss. Verrohrung und Zementation sind die Schüsselelemente für den sicheren und langjährigen Bohrungsbetrieb. Eine Orientierung bieten beispielsweise die vom American Petroleum Institute (API) herausgegebenen Normen (Recommendations).

Die einzementierte Verrohrung dient auch dem sicheren Abteufen einer Bohrung, um in jeder Bohrphase geologisch bedingte über- oder unterhydrostatische Druckverhältnisse beherrschen zu können. Die Verrohrung muss während der Zementation zentrisch im Bohrloch stehen, damit sie danach allseits von der Zementation umgeben ist. Andernfalls besteht die Gefahr, dass die Zementation unvollständig ist und dass sie Hohlräume mit Bohrspülung aufweist. Für den **zentrischen Einbau** der Verrohrung in das Bohrloch gibt es einerseits Rohr-Zentrierungen (Centralizer), die bei ausreichend großem Ringraum eingesetzt werden. Bei engen Ringräumen werden Centralizer-Rippen, die z. B. aus Karbonfasern oder anderen Materialien bestehen, direkt auf dem Rohrkörper vor dem Einbau angebracht, resp. aufgestrichen. Eine besondere Bedeutung haben derartige Zentrierungen bei Schräg- oder Ablenkbohrungen.

Die Verrohrung muss den Ansprüchen und Belastungen der späteren Produktion über den gesamten Lebenszyklus der geothermischen Anlage und ggf. auch von chemischen Behandlungen oder Hochdruckstimulation standhalten können. Die Förderrohrtour muss im Bedarfsfall gegen aggressive, hochmineralisierte Wässer durch korrosionsbeständige Materialien geschützt werden. Eine Möglichkeit ist die Verwendung von glasfaserverstärkten Kunststoffrohren (GFK-Rohre). Allerdings ist ihr Einsatzbereich auf 120 °C und 2500 m limitiert.

Als Grad für die Einsatzgröße einer **Bohranlage** (Abb. 11.1a, b) dient die zulässige Hakenlast, d. h. welche Last mit der Bohranlage gehalten bzw. gezogen werden kann. Die Hakenlast bestimmt damit die maximale Bohrtiefe und den Bohr- bzw. Ausbaudurchmesser. Für 2000–6000 m tiefe Bohrungen kommen bisher Bohreinheiten mit Hakenlasten von 150 bis 500 t zum Einsatz. Abbildung 11.1a zeigt die wichtigsten Einzelkomponenten einer Tiefbohranlage.

In modernen Tiefbohranlagen (Abb. 11.1b) wird heute vorwiegend das **Rotary-Bohrverfahren**, als Drehbohrverfahren mit rotierendem Hohlgestänge, eingesetzt (Bjelm 2006). Das Rotary-Bohrverfahren kann ausschließlich mit einer Tiefbohranlage durchgeführt werden. Durch den dieselelektrischen Antrieb wird klassisch über den Drehtisch und die darin verankerte Mitnehmerstange das Bohrgestänge mit dem Bohrmeißel gedreht. Beim Top-Drive-Verfahren, das die konventionelle Antriebsart über den Drehtisch und die Mitnehmerstange immer mehr verdrängt, sitzt der Antrieb dagegen auf dem Bohrturm und treibt das Bohrgestänge von oben an. Ein anderes modernes Bohrverfahren ist das Turbinenbohren, bei dem die antreibende

11 Bohrtechnik für Tiefbohrungen

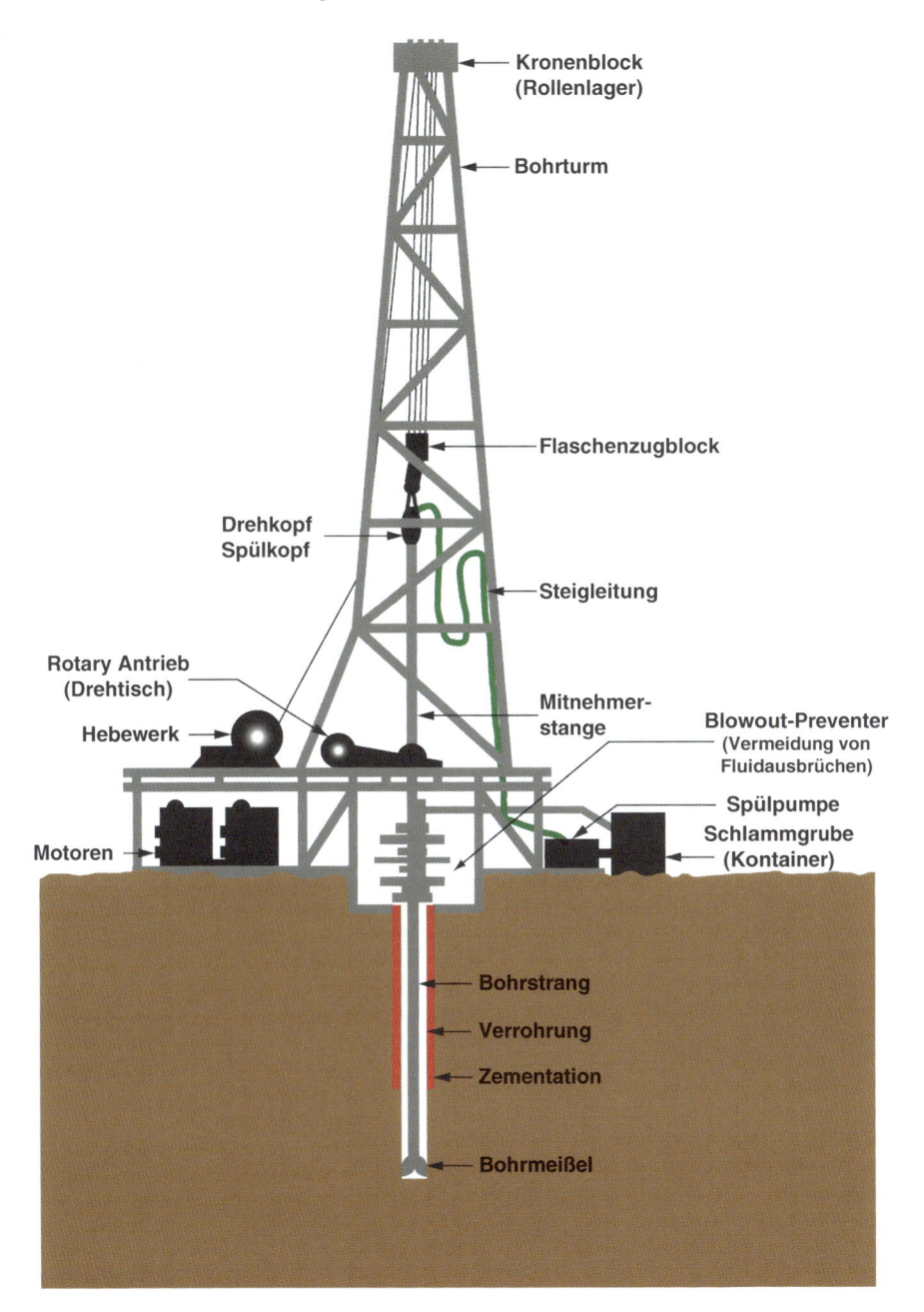

**Abb. 11.1a** Schematische Darstellung einer Tiefbohranlage

Turbine unmittelbar über dem Bohrmeißel, also im Bohrloch, sitzt. Dieses Verfahren wird vor allem bei Ablenkbohrungen eingesetzt.

Der Bohrstrang besteht aus dem jeweiligen Bohrgestänge mit Einzellängen von etwa 9 m, die durch spezielle Verbinder verschraubt werden. Über das Hebewerk

**Abb. 11.1b** Tiefbohranlage von unten, mit Blick auf den Flaschenzug

wird der Bohrstrang auf Zug gehalten. Im unteren Bereich des Stranges sind "Heavy Weight Drill Pipe" und Schwerstangen (Abb. 11.2) angeordnet, um die notwendige Gewichtskraft auf den Bohrmeißel aufzubringen.

In der Rotary-Bohrtechnik werden sowohl Rollenmeißel (Abb. 11.3a) als auch Diamantmeißel als Schneidewerkzeuge eingesetzt, die zum Ablösen und zum Abtransportieren von Bohrklein für die jeweilige Gesteinsformation ausgelegt sein müssen, um einen optimalen Bohrvorgang zu gewährleisten. Es gibt verschiedene Typen von Rollen- und Diamantmeißeln zum optimierten Einsatz bei verschiedenen Formationshärten und für den Fall dass Bohrkerne gezogen werden müssen (Abb. 11.3b). Diamantmeißel besitzen gegenüber Rollenmeißeln den großen Vorteil, dass sie eine sehr robuste Konstruktion und keine beweglichen Teile haben, d. h. über eine längere Lebenszeit verfügen. Abbildung 11.3c zeigt ein Bohrwerkzeug zum Bohren in feinkörnigem Sediment, beispielsweise in Tonen.

**Gerichtetes Bohren (Richtbohren)** ist erforderlich, wenn in eine bestimmte Richtung gebohrt werden soll. Mit diesem Verfahren lässt sich von einer Bohrlokation aus in verschiedene Zielgebiete hinein bohren. Üblicherweise beginnt die Bohrung vertikal. Abgelenkt wird erst in einer bestimmten Tiefe, dem sogenannten Kick-off Point (KOP), wobei die Neigung kontinuierlich aufgebaut wird.

11 Bohrtechnik für Tiefbohrungen

**Abb. 11.2** Beispiel für Schwerstangen; durch ihre dicke Wandstärke bringen sie mehr Gewichtskraft auf den Bohrmeißel auf

**Abb. 11.3a** Beispiel für Rollenmeißel zum Einsatz in Tiefbohrungen

**Abb. 11.3b** Beispiel für ein Bohrwerkzeug zum Gewinn von Bohrkernen

**Abb. 11.3c** Beispiel für ein Bohrwerkzeug in feinkörnigem Sediment

Insbesondere bei Richtbohrungen muss zwischen gemessener und vertikaler Tiefe unterschieden werden, da die Bohrstrecke (entlang des Bohrpfades) wesentlich länger ist, als die reale vertikale Tiefe. Die Gesamtlänge beim Abschluss der Bohrarbeiten wird als Endteufe bezeichnet. Dieser Umstand ist u.a. auch bei der Auswertung hydraulischer Tests zu berücksichtigen. Bei modernen Tiefbohrungen kann die tatsächliche Bohrstrecke ein Vielfaches der real erreichten vertikalen Tiefe betragen.

Der Bohrmotor befindet sich untertage (downhole motor), direkt am Bohrmeißel. Richtbohrmotoren besitzen einen (einstellbaren) Knick auf ihrem Gehäuse. Beim orientierten Bohren wird ohne, dass sich der gesamte Bohrstrang mitdreht, gebohrt, so dass sich der rotierende Bohrmeißel kontinuierlich aus der Bohrlochachse herausbewegt, d. h. er folgt – wegen des Knicks – einer Kurve. Richtbohrmotoren unterliegen daher meist einem stärkeren Verschleiß am Knickstück. Während des Bohrens wird kontinuierlich der Bohrverlauf – Azimut und Inklination – mit einem speziellen Messgerät MWD (Measurement While Drilling) aufgenommen und die Messwerte nach Übertage übertragen (Reich 2011). Dort findet die weitere Auswertung statt. Entspricht der tatsächliche Bohrungsverlauf nicht dem vorgegebenen Bohrpfad, muss der Bohrverlauf entsprechend nachkorrigiert werden.

Beim Rotarybohren wird der gesamte Bohrstrang inklusive Bohrmotor in Drehung versetzt. Über Veränderungen des Meißelandruckes kann der Richtbohrer auch hier den Verlauf der Bohrung geringfügig beeinflussen. Die Bohrrichtung lässt sich auch über die Aktivierung sogenannter Rippen beeinflussen. Eine Regelelektronik veranlasst hierbei, dass sich hydraulisch betriebene Rippen gegen die Bohrlochwandung pressen, wodurch der Bohrverlauf in die entgegengesetzte Richtung gelenkt wird.

In der **Bohrplanung** werden u.a. ein Richtbohrplan, geeignete Rohrmaterialien, Rohrwandstärken, Rohrverbinder, spezielle Hochtemperaturzemente, geeignete Untertagewerkzeuge, ein möglichst Reservoir schonendes Spülprogramm, ein Entsorgungskonzept für die Spülung und das Bohrklein sowie die Größe der benötigten Bohranlage festgelegt. Unter Berücksichtigung des ausgewählten Bohransatzpunktes und des aufzuschließenden Formationstargets wird die Bohrspur, der Bohrverlauf, definiert und ein den geologischen Verhältnissen entsprechendes Verrohrungsschema erarbeitet.

In den obersten 500 m der Bohrung muss ausreichend Platz zum Einbau der Förderpumpe eingeplant werden. Durch die Entnahme von heißem Wasser in der Förderbohrung und die Einleitung von kühlem Wasser in die Injektionsbohrung, insbesondere bei häufigen Unterbrechungen bei der Zirkulation, entstehen Temperaturschwankungen, die einen nicht zu vernachlässigenden Stress auf das Material (Verrohrung, Zementation u.a.) ausüben. Die Reaktionen des Materials auf die starken Temperaturschwankungen müssen daher bereits beim Ausbau der Bohrung berücksichtigt werden. Grundsätzlich wird die Verrohrung hohen mechanischen und thermischen Belastungen ausgesetzt. Bei großkalibrigen Rohren kann die Außendruckfestigkeit und bei kleinkalibrigen Bohrungen vielfach die Zugfestigkeit kritische Werte erreichen, wobei die Verbinder meistens die Schwachstellen bei Zuglast darstellen (Blank et al. 2010).

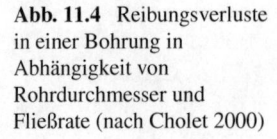

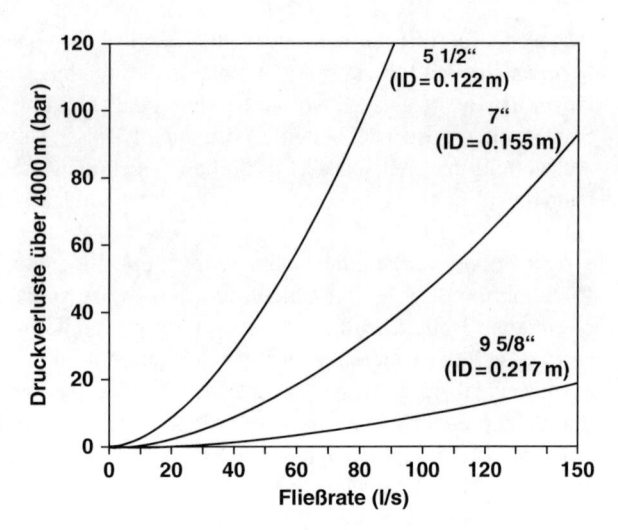

**Abb. 11.4** Reibungsverluste in einer Bohrung in Abhängigkeit von Rohrdurchmesser und Fließrate (nach Cholet 2000)

Die **Reibungsverluste** in Bohrungen sind von der Fließrate und vom Durchmesser der Verrohrung abhängig (Abb. 11.4). Eine Verdoppelung der Fließrate (Q) führt zu einer Vervierfachung des Druckverlustes ($\Delta p$), denn $\Delta p \sim Q^2$. Oder anders ausgedrückt: eine Reduktion des Fließquerschnittes um etwa 15% führt zur Verdoppelung des Druckverlustes. Bei einer $9^{5/8}$"-Verrohrung halten sich die Druckverluste bei Fließraten bis 150 l/s mit unter $\Delta p = 20$ bar in Grenzen, während bei einer 7"-Verrohrung dann bereits mit Druckverlusten von etwa $\Delta p = 90$ bar gerechnet werden muss. Bei Fließraten von 100 l/s sind die Druckverluste mit etwa $\Delta p = 10$ bar bzw. $\Delta p = 45$ bar entsprechend niedriger.

Zum Bohren großer Durchmesser, zum gerichteten Bohren und Absichern in problematischen Abschnitten sind Untersuchungen mit genauer Analyse der Gebirgsspannung bzw. Zutritt von Gasen und zum speicherschonenden Anschluss erforderlich. Die Bohrlochsicherungsausrüstung zur Vermeidung unkontrollierter Austritte von Fluiden und Gasen besteht aus einem Blowout-Preventer mit Schließanlage, Choke-Manifold und Drilling-Spool (Abb. 11.5).

Als Allererstes wird für eine geplante Tiefbohrung der **Bohrplatz** errichtet, der einen Flächenbedarf von etwa 3000–5000 m$^2$ hat. Der Bohrplatz muss über einen Wasser- und Stromanschluss verfügen. Bohrplätze werden so angelegt, dass keine wassergefährdenden Flüssigkeiten in den Untergrund gelangen können. Das Entwässerungskonzept und das Abfallentsorgungskonzept für den Bohrplatz müssen festgelegt werden. Mit dem Fundament sollten im Falle einer Dublette mit Schrägbohrungen auch beide Standrohre und Bohrkeller der geplanten Bohrungen bereits vor Bohrbeginn realisiert werden. Auffangbecken zur Zwischenlagerung von Bohrklein und Bohrschlamm während der Bohrarbeiten müssen entworfen werden. Auffangbecken werden ebenfalls zur Lagerung des hochmineralisierten Thermalwassers während der hydraulischen Tests, die üblicherweise mehrere Tage dauern, benötigt (Abb. 11.6a, b). In den meistern Ländern ist nicht nur die Bohrung sondern bereits die Anlage des Bohrplatzes mit der Bergbehörde anzustimmen.

11 Bohrtechnik für Tiefbohrungen

**Abb. 11.5** Beispiel für einen Blowout-Preventer

**Abb. 11.6a** Auffangbecken zur Lagerung des hochmineralisierten Thermalwassers während eines hydraulischen Tests

Abbildung 4.7 gibt einen Eindruck eines Bohrplatzes für eine Tiefbohrung. Detaillierte Angaben zur Gestaltung eines Bohrplatzes sind beispielsweise im WEG-Leitfaden (2006) aufgeführt.

Die **Bohrspülung** hat mehrere Aufgaben. Sie soll das Bohrwerkzeug kühlen, die Bohrcuttings austragen helfen, das Bohrloch stabilisieren und vieles mehr. In der tiefen Geothermie werden in der Regel Bohrspülungen auf Wasserbasis

**Abb. 11.6b** Auffangbecken mit einlaufendem Geothermalfluid

eingesetzt. Daneben gibt es jedoch auch für spezielle Einsatzbedingungen Ölbasierte Bohrspülungen oder Bohrspülungen auf Schaum-Basis. Das Thema Bohrspülung ist in jedem Fall sehr komplex und erfordert Spezialisten. Spülungsunternehmen liefern die Materialien, die der Bohrspülung zugesetzt werden. Ein Spülungsingenieur überwacht den Betrieb. Die Art und Zusammensetzung der Spülung sind auch vom Gebirge, das durchteuft werden soll, abhängig. Ton-Wasser-Suspensionen werden im oberflächennahen Bereich häufig zum Schutz des Grundwassers verwendet und im "Top Hole" wegen guter Bohrfortschritte bei geringer Spülungsdichte. Bei höher permeablen Formationen werden Polymere zugegeben, damit sich die Tragfähigkeit (Viskosität) der Bohrspülung erhöht oder eine gute Abdichtung zur Formation durch den Filterkuchen aufgebaut werden kann. Durch Zugabe spezieller Inhibitoren kann beispielsweise das Quellen beim Durchörtern von Tonen stark herabgesetzt werden und die Viskosität der Spülung niedrig gehalten werden, um das Bohrgut möglichst rasch aus dem Bohrloch herauszubringen. In druckstarken Formationen werden Spülungen mit Schwerspat beschwert. Bei langen und gerichteten Bohrstrecken dient die Bohrspülung der Minimierung der Reibung zwischen Gestänge und Bohrlochwand (Huelke 2008, Enerchange 2009, Blank et al. 2010, Huenges 2010).

Die Spülung wird übertage gereinigt, bevor sie nach einer Konditionierung erneut im Bohrloch eingesetzt wird. Eine weitere wichtige Eigenschaft der Bohrspülung ist das Übertragen von Signalen und Messwerten in Form von Druckimpulsen (MWD – Measurement While Drilling). Das sogenannte **Mudlogging-Unternehmen** zeichnet wichtige Parameter wie Bohrfortschritt, aktuelle Tiefe, Gewicht auf der Bohrkrone (Abb. 11.3a), Drehmoment, Umdrehungszahl, Spülungsgewicht, Spülungsdurchfluss u.a. auf. Aus dem während der Bohrarbeiten anfallenden Bohrcuttings werden von geologischen Fachkräften Proben entnommen und die Art des durchteuften Gesteins geologisch angesprochen und mit dem geologischen Vorprofil verglichen. Das Ablenken der Bohrung in die gewünschte Zielrichtung wird ebenfalls von einem Serviceunternehmen durchgeführt, genauso wie die Verschraubung der Rohre und die anschließende Zementation. Rohre, Zement und Zementzusatzstoffe müssen in ausreichender Menge bestellt sein, um zum richtigen Zeitpunkt vor Ort verfügbar zu sein. Nach Abschluss der Bohr- und Ausbauarbeiten wird die Bohrung übertage dicht mit einem Bohrkopf verschlossen (Abb. 11.7).

Sowohl während des Abteufens der Bohrung als auch nach Beendigung der Bohrarbeiten werden in der Bohrung hydraulische Tests zur Bestimmung der Durchlässigkeiten (Kap. 13) und der hydrochemischen Eigenschaften (Kap. 14) aber auch

**Abb. 11.7** Beispiel für einen Bohrkopf

geophysikalische Bohrlochvermessungen (Abschn. 12.2) durchgeführt. Die Art und Dauer dieser Tests hängen stark von den angetroffenen Permeabilitäten ab. Ist nur eine geringe initiale Durchlässigkeit vorhanden, kann diese durch zusätzliche hydraulische und/oder chemische Maßnahmen erhöht werden (Abschn. 8.5). Erst, wenn bei einer Dublette beide Bohrungen fertig gestellt sind (Abb. 11.8), können die beiden Bohrungen übertage dicht miteinander verbunden werden und der

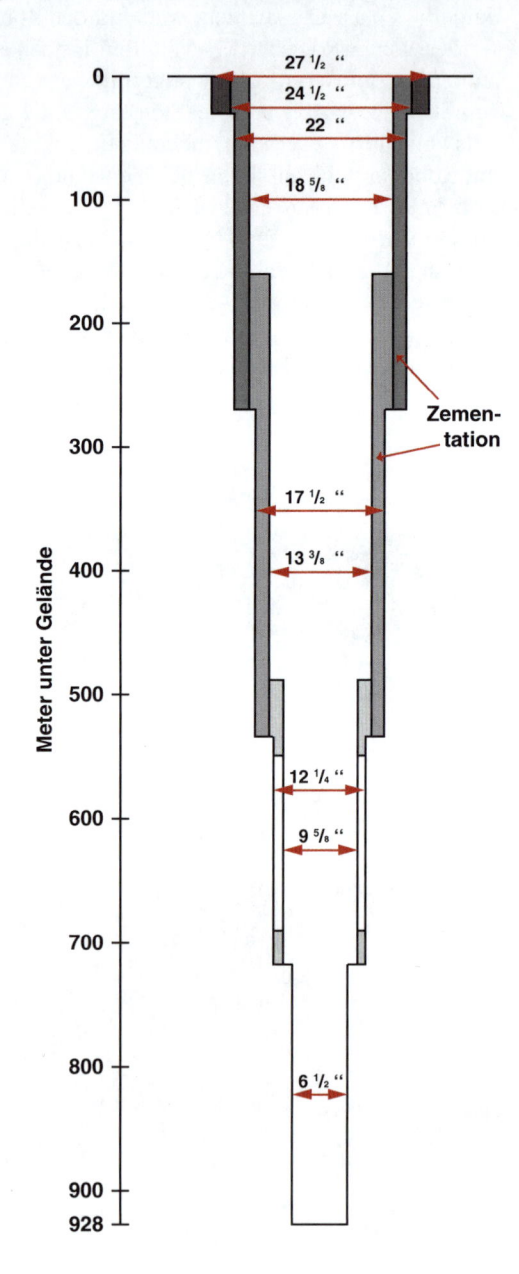

**Abb. 11.8** Beispiel für den Ausbauplan einer Tiefbohrung (nach Bertleff 1986)

11 Bohrtechnik für Tiefbohrungen 213

Zustand des Gesamtsystems durch einen mindestens mehrwöchigen Zirkulationstest untersucht werden. Bei Abschalten der Förderpumpe wird das Bohrloch häufig weiterhin Thermalwasser produzieren (Abschn. 8.2). Um diesen unfreiwilligen Arteser zum Erliegen zu bringen, wird in der Regel mit Salz aufkonzentriertes Wasser eingepumpt. Einige Geothermieanlagen besitzen hierfür eigene Vorrichtungen (Abb. 11.9).

Förderpumpen (Tauchpumpe, Gestängepumpe) gehören in Geothermieanlagen zu den mechanisch am höchsten beanspruchten Baugruppe. Ausfälle von Pumpen führen zu längeren ungeplanten Ausfällen der gesamten Anlage. Bei **Tauchpumpen** stellen Pumpe und Motor eine Einheit dar, die direkt im Geothermiefluid in großer Tiefe arbeiten, d. h. meist in einer korrosiven Umgebung, unter hohem Druck und unter erhöhter Temperatur des Thermalwassers, wobei zusätzlich die Abwärme der Pumpe hinzukommt. Des Weiteren muss eine Stromversorgung für den Motor durch ein vor mechanischen Beschädigungen und Wasser geschütztes Kabel durch die Bohr-Verrohrung nach unten zur eigentlichen Pumpstelle geführt werden. **Gestängepumpen** weisen gegenüber Tauchpumpen den Vorteil auf, dass die Pumpe unten in der Bohrung im Bereich der Verrohrung ihre Arbeit verrichtet, der zugehörige Motor jedoch über Tage installiert ist. So kann der Motor über Tage relativ unkritisch gegenüber zu hoher Betriebstemperaturen betrieben werden. Bei Gestängepumpen mit übertage angebrachtem Motor können Wässer mit höheren Temperaturen gefördert werden (Abb. 11.10). Da der Motor und die Pumpe mit einem Gestänge mechanisch miteinander gekoppelt sind, hat diese Lösung allerdings

**Abb. 11.9** Vorrichtung zur Anmischung einer hochsalinaren Flüssigkeit zur Einleitung in die Förderbohrung für die Unterbindung des artesischen Überlaufs

**Abb. 11.10** Beispiel für den Einsatz einer Gestängepumpe

bereits bei einer Tiefe von ca. 300 m ihre Fördergrenze und/oder ihre mechanische Belastbarkeit erreicht. Aus diesem Grund kommen in der Geothermie zur Förderung von Thermalwasser bei nicht artesischen Verhältnissen meist Tauchpumpen zum Einsatz. Ein nicht zu unterschätzender Vorteil einer Gestängepumpe liegt darin, dass bei Motor-Ausfall dieser sofort repariert, ggf. ersetzt werden kann, während bei einer Tauchpumpe die gesamte Pumpe ausgebaut werden muss.

Elektrische **Tauchkreiselpumpen** (Abschn. 4.2, Abb. 4.8) wurden bereits in der Ölindustrie in Tiefen von bis zu 3000 m und Fördermengen bis 280 l/s eingesetzt, allerdings unter kurzen Betriebszeiten. Einige Tauchkreiselpumpen wurden auch bereits bei Temperaturen bis 232°C und bei Anwesenheit von Feststoffen, Schwefelwasserstoff, Kohlendioxid und hochviskosen Flüssigkeiten eingesetzt. Allerdings verringern derartige Extremzustände die Standzeit erheblich (Abschn. 14.3).

Zu den kritischen Komponenten bei Tauchpumpen gehören nicht nur der Antriebsmotor, die Dichtungssektion, die eigentliche Pumpensektion, der Sensor und die Kabel zur Übertragung der elektrischen Leistung. Vielmehr wird die Effizienz des Gesamtsystems auch wesentlich von den übertägigen Steuerungsanlagen beeinflusst. Von ausschlaggebender Bedeutung für einen effizienten und vor allem

**Abb. 11.11** Beispiel für eine Injektionspumpe

zuverlässigen Betrieb der Tauchkreiselpumpen ist die sorgfältige Auswahl aller Komponenten in einem systematischen Ansatz unter Berücksichtigung der geplanten Einsatzbedingungen. So ist beispielsweise bei Vorliegen stark korrosiver Medien eine geeignete Werkstoffwahl an den kritischen Komponenten zu treffen.

Unter gleichen hydraulischen Bedingungen sinkt mit steigender Temperatur die Förderrate. Üblicherweise werden vom Hersteller derzeit maximale Temperaturen von 180°C angegeben, unter denen der Motor noch dauerhaft arbeiten kann.

Bei gegenüber der Planung und Auslegung der Pumpe stark abweichenden Betriebsbedingungen muss mit einem schlechten Wirkungsgrad der Anlage und mit einer Beschleunigung des Verschleißes der Pumpe gerechnet werden, so dass sich dann auch die erreichbare Lebensdauer merklich reduziert. Auch wenn die überwiegende Erfahrung für den Einsatz der Tauchpumpen heute noch auf dem Einsatz im Ölfeld basieren, konnten in den letzten Jahren zunehmend auch geeignete Systeme für Geothermie-Zwecke eingesetzt werden (Schröder & Hesshaus 2009).

Im Gegensatz zu Förderpumpen sind Injektionspumpen (Abb. 11.11) übertage aufgestellt.

# Kapitel 12
# Geophysikalische Untersuchungen

Seismische Vermessungen

Geophysikalische Untersuchungsverfahren erlauben einen indirekten Einblick in den Untergrund. Es wird zwischen Verfahren von der Erdoberfläche aus und Verfahren vom Bohrloch aus unterschieden. Bei den geophysikalischen Bohrlochuntersuchungen wird zwischen Verfahren, die in der ausgebauten oder in der noch nicht ausgebauten Bohrung aussagekräftig sind, differenziert. Die nachstehend vorgestellten geophysikalischen Untersuchungen stellen eine Auswahl für den Themenbereich der tiefen Geothermie dar. Für vertiefte Studien wird auf Spezialliteratur (z. B. Bender 1985, Sheriff & Geldart 2006) verwiesen.

## 12.1 Geophysikalische Vorerkundung, Seismik

In der angewandten Geophysik werden physikalische Messverfahren aus den Bereichen der Schwerkraft, des Magnetismus, der Elektrizität, der Wellenausbreitung oder beispielsweise der Strahlung benutzt, um den Untergrund, d. h. die geologische Situation zu erkunden. Es handelt sich dabei immer um indirekte Erkundungsverfahren, die interpretiert werden müssen. Durch die geophysikalischen Verfahren können Informationen über den Aufbau des Untergrundes, die Schichtenfolge, die Mächtigkeit und Tiefenlage der Zielhorizonte sowie über Störungssysteme gewonnen werden (Bender 1985). In besonderen Fällen ist auch eine Faziesansprache möglich (Böhm et al. 2007, Jodocy & Stober 2009).

Bevor neue Untersuchungen für Tiefbohrungen geplant oder sogar durchgeführt werden, sollten zunächst alle direkten und indirekten Informationen zum Untergrund aus vorangegangenen Explorationsprojekten gesichtet und ausgewertet werden, denn häufig kann dadurch beispielsweise auf eine neue kostenintensive seismische Kampagne verzichtet werden oder sie lässt sich vom Umfang her reduzieren. Durch moderne digitale Aufarbeitung seismischer Daten (Reprocessing) kann unter Umständen auch die Aussagekraft bereits vorliegender seismischer Altdaten verbessert werden.

Besondere Bedeutung bei der Erkundung des tieferen Untergrundes kommt dem reflexionsseismischen Verfahren zu. Andere geophysikalische Verfahren wie z. B. Geomagnetik, Magnetotellurik, Gravimetrie, Geoelektrik oder Kombinationen verschiedener Methoden können ebenfalls zum Einsatz kommen. Allerdings ist ihre Auflösungskraft und damit Informationsschärfe in der Regel wesentlich schwächer, andererseits werden sie wegen der niedrigeren Kosten gerne für eine Übersichtsprognose eingesetzt oder für besondere Fragestellungen, wenn es sich z. B. um die Identifizierung und Beschreibung seismisch erkannter Störkörper handelt.

Die **Gravimetrie** beruht auf der Massenanziehung (Gravitation). Mit hoch empfindlichen Messgeräten, die nach dem Prinzip der Federwaage funktionieren (Gravimeter), werden Veränderungen des Schwerefeldes der Erde aufgrund von Dichteinhomogenitäten im Untergrund aufgenommen. Ziel der Gravimetrie ist es, aus den Schwereanomalien Erkenntnisse über geologische Strukturen abzuleiten (Militzer & Weber 1984). Mit Hilfe der Gravimetrie lassen sich beispielsweise auf Grund der unterschiedlichen Dichte salinare von basaltischen Intrusionen unterscheiden oder es können größere Hohlraumstrukturen im Untergrund lokalisiert werden. Auch lassen sich mit derartigen Messungen beispielsweise Aussagen zur Tiefenlage der Oberfläche des kristallinen Grundgebirges unter einer (leichteren) sedimentären Bedeckung erhalten und vieles mehr.

Bei **geomagnetischen Messungen** werden Anomalien des natürlichen erdmagnetischen Feldes erfasst. Die Messungen können auf der Erdoberfläche oder vom Flugzeug aus erfolgen. Gemessen wird die sogenannte magnetische Suszeptibilität, eine Materialeigenschaft. Die magnetische Suszeptibilität von Gesteinen beeinflusst das natürliche Erdmagnetfeld. Geomagnetischen Anomalien können also dadurch entstehen, wenn das natürliche Erdmagnetfeld eine Magnetisierung induziert. Die Stärke derartiger Anomalien wird von der Stäke und Richtung des äußeren Feldes sowie von der Materialeigenschaft des Anomaliekörpers, von seiner Suszeptibilität, geprägt. Die geomagnetischen Messergebnisse sind wegen der Dipolarität des Erdmagnetfeldes außerdem von der Breitenlage des Untersuchungsgebietes abhängig. Bestimmte Materialien (z. B. Eisenoxide, Eisensulfide) weisen eine dauerhafte, remanente Magnetisierung auf, die vom gegenwärtig wirkenden, äußeren Feld unabhängig ist und die dem Anomaliekörper während einer Erstarrungsphase aufgeprägt wurde. Die Geomagnetik versucht, aus den gemessenen Anomalien Rückschlüsse auf Magnetisierung, Form, Größe und Tiefenlage von „Störkörpern" zu ziehen (Militzer & Weber 1985). Mit Hilfe von geomagnetischen Messungen können u.U. auch Störungszonen bei kristallinem Untergrund erkundet werden.

Die **Magnetotellurik** nutzt zur Tiefensondierung natürliche elektromagnetische Wechselfelder. Die anregenden primären Magnetfelder können einen natürlichen aber auch künstlichen Ursprung haben. Da einerseits das Periodenspektrum der Wechselfelder ist sehr groß und andererseits die Eindringtiefe frequenzabhängig ist, können mit dieser Methode Informationen über geringe bis große Tiefen im Untergrund gewonnen werden. Die Wellen dringen in den Untergrund ein und induzieren in leitfähigen Strukturen Stromsysteme, die wiederum elektromagnetische Felder erzeugen. Aus den Registrierungen der zeitlichen Variationen der elektrischen und magnetischen Felder können Aussagen über die Verteilung der elektrischen Leitfähigkeit innerhalb der Erdkruste bis in den oberen Erdmantel gemacht werden. Die Magnetotellurik-Methode hat sich in den letzten Jahren zwar stark weiterentwickelt, trotzdem gibt es noch verstärkt Forschungsbedarf, z. B. im Hinblick auf das Rauschen bei den Messaufzeichnungen oder eines adäquaten Auswerteverfahrens (Huenges 2010).

Die **Reflexionsseismik** ist für Tiefenbereiche ab 1000 m das wesentliche Erkundungsverfahren. Mit Hilfe der Reflexionsseismik können im Vergleich zu den anderen geophysikalischen Verfahren die besten und genauesten Erkenntnisse über den Aufbau des Untergrundes gewonnen werden. An der Erdoberfläche werden durch Vibratoren – das sind hochfrequent schwingende Bodenplatten -, durch Fallgewichte oder auch durch Sprengungen in Bohrlöchern seismische Wellen erzeugt (Abb. 12.1). Diese Wellen breiten sich im Untergrund aus und werden dort an Diskontinuitäten reflektiert und gebrochen (Abb. 12.2). Ein kleiner Teil des reflektierten Wellenfeldes gelangt zurück zur Erdoberfläche, seine Energie und der zeitliche

**Abb. 12.1** Durchführung einer Reflexionsseismik, der abgebildete Vibrator ist unter dem LKW angebracht (vgl. Titelbild Kap. 12)

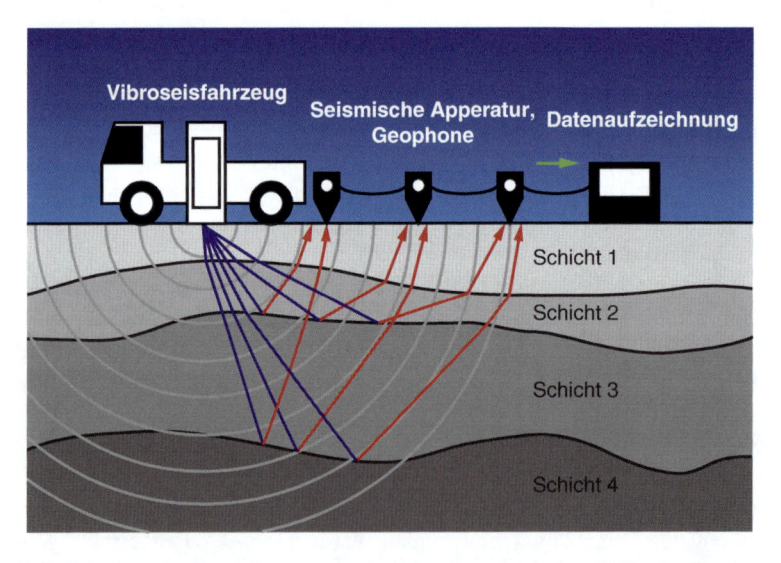

**Abb. 12.2** Schematische Darstellung zur Ausbreitung der seismischen Wellen im Untergrund bei der Reflexionsseismik

Einsatz der Wellenbewegung, das "Echo", wird mit zahlreichen entlang einer Linie im Boden steckende Geophonen registriert (Abb. 12.3). Die Geophone funktionieren dabei wie hochempfindliche Mikrofone, die das reflektierte Signal, die P-Wellen, aus dem Untergrund aufnehmen und messen.

## 12.1 Geophysikalische Vorerkundung, Seismik

**Abb. 12.3** Datenaufnahme bei einer Reflexionsseismik

Zur Vorbereitung einer seismischen Messung gehört auch das Einholen der erforderlichen Genehmigungen. Das Messziel, die Tiefenlage der geplanten Erkundung, muss festgelegt werden. Die Linienführung wird anhand von Karten und Geländebegehungen bestimmt. Sodann werden die Messparameter (Punktabstände, Energie, Apparatur, Aufnehmer-Kanäle, etc.) vorgegeben. In der Vermessungsphase wird das Vermessungsnetz definiert und das Festlegen und Auspflocken der Geophon- und Vibro-Linien beginnt. Die Seismometerabstände legen die kleinste auflösbare Wellenlänge fest. Durch die Ausdehnung einer Anordnung wird die Trennschärfe bestimmt. Die seismische Auflösung nimmt selbstverständlich mit der Tiefe ab. Höhere Frequenzen gehen mit zunehmender Tiefe verloren. Die Auflösung in größeren Tiefen kann daher durch ein Signal mit einer höheren Energie verbessert werden. Nachdem die Messapparatur, die Vibratoren, das Personal und die Trupp-Infrastruktur in das Messgebiet gebracht wurden, kann die eigentliche Messung beginnen. Die Auswertung der Messungen findet teilweise bereits während der Feldarbeiten statt, der Hauptteil jedoch in der Niederlassung mit aufwendiger Software und anhand bereits abgeteufter Bohrungen zur Eichung (Abb. 12.4).

Dadurch, dass die seismische Welle an Schichtgrenzen gebrochen und teilweise reflektiert wird und in andere Wellentypen konvertiert wird, sind Aussagen über den Gesteinsaufbau und Störungen im Untergrund möglich (Abb. 12.3). Aus dem mit den Geophonen aufgezeichneten Wellenfeld wird über ein Processing ein Seismogramm erstellt, auf dem Diskontinuitäten abgebildet sind.

An Schichtgrenzen ändern sich die physikalischen Eigenschaften der Gesteine wie die Dichte und die Geschwindigkeit. Eine geologische Grenzfläche ist nur dann erkennbar, wenn das Produkt aus Dichte ($\rho$) und Geschwindigkeit ($v$)

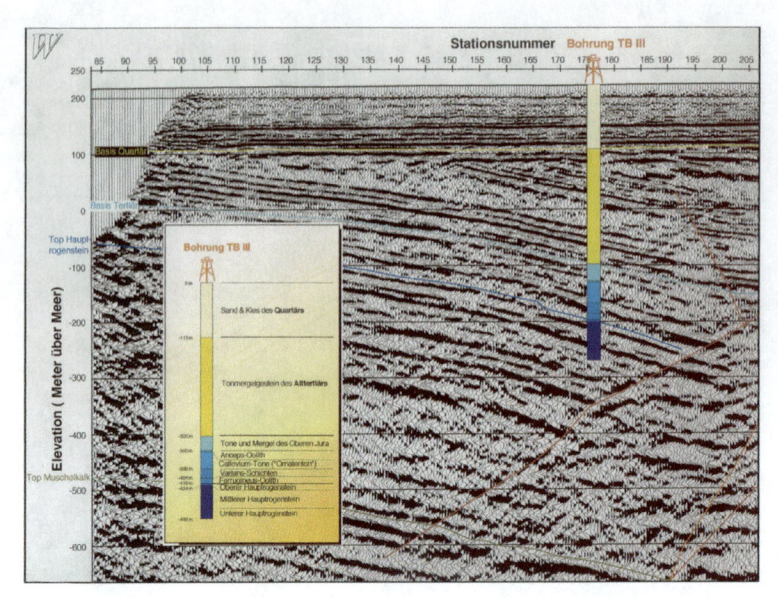

**Abb. 12.4** Beispiel für die Interpretation einer seismischen Sektion mit Eichung der angetroffenen Diskontinuitäten anhand einer Bohrung

der benachbarten Schichten unterschiedlich ist. Dieses Produkt wird **Impedanz** genannt.

Bei der Datenbearbeitung, dem seismischen Prozessing, wird vielen Daten wenig Aufmerksamkeit geschenkt, da es zunächst darum geht, die enormen Datenmengen bei gleichzeitiger Unterdrückung des Messrauschens und Hervorhebung der Primärreflexionen zu reduzieren ohne wesentliche Informationen zu verlieren. Anschließend werden die Einzelseismogramme (Einzelspuren) gestapelt, d. h. durch geschickte Addition ausgewählter Einzelspuren werden die Reflexionen aus dem Untergrund besonders hervorgehoben (Stapelprozess). Ein weiterer wichtiger Schritt im seismischen Prozessing behandelt die Unterscheidung von Nutz- und Störsignalen und die Eliminierung letzterer. Störsignale sind Mehrfachreflexionen, d. h. Wiederholungen von Primärsignalen (Multiple).

Das gebräuchlichste Verfahren des seismischen Prozessings ist die **Common-Midpoint-Technik (CMP)**. Dabei wird die Geophonauslage von verschiedenen Punkten aus angeschossen und die aufgezeichneten Spuren nach gemeinsamen Mittelpunkten zwischen Schusspunkt und Geophon sortiert. Durch eine anschließende Laufzeitkorrektur erscheinen die Einsätze im Seismogramm als direkt über dem Reflektor registriert. Zur qualitativen Verbesserung werden die Spuren des Seismogramms addiert. Das Ergebnis ist letztlich eine Darstellung der Reflektoren in zeitlichem Abstand zur Erdoberfläche. Allerdings werden mit dem CMP-Verfahren geneigte oder gekrümmte Reflektoren verzerrt abgebildet. Die Transformation von

## 12.1 Geophysikalische Vorerkundung, Seismik

der Zeit- in die Tiefenebene wird **Tiefenmigration** genannt. Bei diesem Verfahren werden den einzelnen Schichten Geschwindigkeiten zugeordnet (Untergrundgeschwindigkeitsmodell). Das Ergebnis ist ein vereinfachtes litho-stratigraphisches Tiefenmodell mit Grenzflächen, die durch unterschiedliche Impedanzen hervorgerufen werden (Sheriff & Geldart 2006, Knödel et al. 1997, Shaw et al. 2005, Bender 1985). Zur abschließenden Interpretation und Eichung werden – falls vorhanden – Tiefbohrungen aus dem näheren Umfeld herangezogen.

Aus dem Processing und der Interpretation der Daten einer seismischen Sektion (2D-Seismik) erhält man ein geologisches Untergrundmodell, einen geologischen Schnitt (Abb. 12.4). Falls sich mehrere seismische Sektionen systematisch im Raum schneiden (3D-Seismik), kann ein geologisches Struktur- oder Blockmodell entwickelt werden, welches u.a. auch Grundlage für ein Simulationsmodell sein kann. Durch virtuelle Bohrpfadplanung im 3D-Raum kann zusätzlich auch der Bohrverlauf geplant werden (Kap. 11).

In der Kohlenwasserstoffindustrie bedient man sich hierfür seit Jahrzehnten computergestützter Verfahren, um ein Reservoir zu charakterisieren und optimal zu entwickeln. Durch die Integration der beiden Softwareapplikationen PETREL und ECLIPSE (Schlumberger) versucht man zu einem bestmöglichen Bild des Untergrundes, bzw. des potentiellen Reservoirs zu gelangen. Bei der PETREL-Software erfolgt aus einer einzigen Oberfläche heraus die seismische Interpretation der 2D/3D-Daten, die Erstellung des geologischen Modells inklusive der Strukturen sowie die Vorbereitung des Simulationsmodells. Mit der ECLIPSE-Software kann das dynamische Verhalten des Reservoirs über die Zeit hinsichtlich Druck, Temperatur, Fließverhalten beschrieben werden. Basierend auf diesem Bild des Untergrundes wird letztlich die kostspielige Entscheidung getroffen, an welchem Standort und welchem Pfad folgend die Bohrung abgeteuft und an welchen Stellen das vielversprechendste Ziel angetroffen werden soll.

Die **Refraktionsseismik** beruht im Gegensatz zur Reflexionsseismik auf der Auswertung von gebrochenen Wellen. Bei der Refraktionsseismik wird für die Auswertung und Interpretation die refraktierte Energie (Kopfwelle) genutzt. Die Kopfwelle breitet sich parallel zur Schichtgrenze mit der Geschwindigkeit der darunter liegenden Schicht aus und strahlt dabei ständig Wellenenergie in die obere Schicht zurück (Telford et al. 1990). Die seismische Welle wird dabei wie bei der Reflexionsseismik künstlich durch Sprengung, Vibratoren oder andere Quellen erzeugt. Für die Messung werden Sensoren (Geophone) entlang einer Profillinie ausgelegt und damit die Ausbreitung des Wellenfeldes aufgezeichnet. Die Auswertung erfolgt vereinfacht durch das Erstellen von Laufzeitdiagrammen. Als Ergebnis erhält man ein Modell von Schichten mit verschiedenen Ausbreitungsgeschwindigkeiten der seismischen Welle. Aus den registrierten Laufzeitkurven können Aussagen zur Tiefenlage von Schichtgrenzen abgeleitet werden (Bender 1995, Knödel et al. 1997). Bei der Refraktionsseismik lassen sich Strukturen maximal bis etwa in eine Tiefe von einem Drittel der Auslagenlänge untersuchen. Die Refraktionsseismik bietet die Möglichkeit, den wichtigen seismischen Parameter, die Wellengeschwindigkeit, direkt abzuleiten.

## 12.2 Geophysikalische Bohrlochmessungen und Interpretation

Aufgabe der Bohrlochgeophysik ist es, die Bohrlöcher, ihre nächste Umgebung sowie den umgebenden Untergrund zu untersuchen. Bohrlochmessungen gehören zu den wichtigsten Messverfahren bei Tiefbohrungen. In der Bohrlochgeophysik kommen vornehmlich geoelektrische, magnetische und akustische Verfahren sowie Radar und Radioaktivität verwendende Verfahren zum Einsatz. Mit ihrer Hilfe werden in den Bohrlöchern lithologische, petrophysikalische, lagerstättentechnische Eigenschaften sowie gefügekundliche und bohrtechnische Daten aufgenommen. Zum Teil haben die Bohrlochmessungen das zeit- und kostenintensive Kernen von Bohrstrecken ersetzt bzw. reduziert. Bohrlochmessungen haben auch den entscheidenden Vorteil gegenüber den Untersuchungen im Labor, dass sie unter in-situ Bedingungen in der natürlichen Umgebung durchgeführt werden (Fricke & Schön1999, Bender 1985, DVGW W110 2005).

Die Ermittlung hydraulischer und gebirgs-mechanischer Charakteristika aus geophysikalischen Bohrlochvermessungen erfordert sensitive Instrumente (Bohrlochmessgeräte), die den hohen Druck- und Temperaturbedingungen in Geothermiebohrungen standhalten. Diese Messsonden werden in das Bohrloch eingefahren und zeichnen während sie herabgelassen und/oder heraufgezogen werden Messkurven entlang der Bohrachse auf, sogenannte Logs. Die Messsonden sind über ein Kabel mit einer Registrierstation verbunden und können natürlich auch während spezieller Tests oder Untersuchungen in einer bestimmten Tiefe abgehängt werden, um dort die zeitliche Variation der Messwerte aufzunehmen.

Bei den bohrlochgeophysikalischen Messungen wird zwischen Messungen der physikalischen Größen der Bohrlochumgebung, Messungen zur Bohrlochgeometrie und Messungen der Eigenschaften der Flüssigkeit im Bohrloch (Spülung, Formationswasser) unterschieden. Die physikalischen Größen der Bohrlochumgebung können mit passiven oder aktiven Messungen erfasst werden. Bei der passiven Messung reagiert die Messsonde auf Einwirkungen von außen, wie z. B. auf das elektrische Eigenpotential, das magnetische Feld oder die natürliche Radioaktivität. Die aktive Messung nutzt künstlich erzeugte Signale, wie z. B. elektrische Ströme, nukleare Teilchen oder seismische Wellen, die in die Gesteine eindringen. Gemessen wird quasi die Wechselwirkung mit dem Gestein. Zu den Messungen der Bohrlochgeometrie gehören das Bohrlochkaliber, die Bohrlochneigung und der Bohrlochazimut. Zu den wichtigsten messbaren Eigenschaften der Flüssigkeit im Bohrloch gehören die Temperatur, die Salinität oder elektrische Leitfähigkeit, das Redoxpotential und der pH-Wert.

Das **Bohrlochmesskabel** dient nicht nur der mechanischen Halterung der Sonde, sondern es hat zusätzlich die Aufgabe, die Sonde mit Strom zu versorgen, die Messwerte zur übertägigen Registriereinheit zu übertragen und die Tiefenposition der Sonde und damit des Messwertes zu erfassen. Dabei müssen bei Messungen in Tiefbohrungen entsprechende Korrekturen wegen der Längung des Kabels infolge Eigengewicht und Temperatureinfluss vorgenommen werden. Die übertägige **Registriereinheit** steuert den Messvorgang, stellt die Energieversorgung der Sonde über das Kabel sicher, nimmt die Messwerte auf, speichert sie und fertigt online

## 12.2 Geophysikalische Bohrlochmessungen und Interpretation

eine Kontrollgraphik an. Außerdem werden die Formationsparameter, die Fahrgeschwindigkeit sowie die Zugspannung des Kabels festgehalten. Bei den meisten Sonden handelt es sich um Multisonden (**Mehrkanalsonden**), die simultan mehrere Parameter während einer Sondenfahrt registrieren.

Die nachstehenden bohrlochgeophysikalischen Messverfahren stellen ein Mindestmaß für geothermische Fragestellungen dar (Meinhold 1965, Bender 1985, Fricke & Schön 1999, Stober et al. 2009):

Das **Temperatur-Log** ermittelt die Temperatur in der Bohrlochflüssigkeit. Wegen der Störung der Temperatur durch den Bohrvorgang sollte zur Bestimmung der ungestörten Gebirgstemperatur die Messung möglichst mehrfach oder erst nach längerer Stillstandzeit erfolgen. Änderungen im Temperatur-Gradienten können auf Wasserzu- bzw. -abflüsse hinweisen (Abb. 12.5). Temperatur-Logs können somit auch Hinweise auf Undichtigkeiten der Verrohrung oder der Hinterfüllung liefern. Anhand von Temperaturmessungen während eines Pump- oder Injektionsversuches können zudem Informationen über die thermischen Parameter des Untergrundes ermittelt werden (Stober 1986) und es können gezielt Durchlässigkeiten für einzelne Horizonte ermittelt werden (Abschn. 13.2, Abb. 13.10).

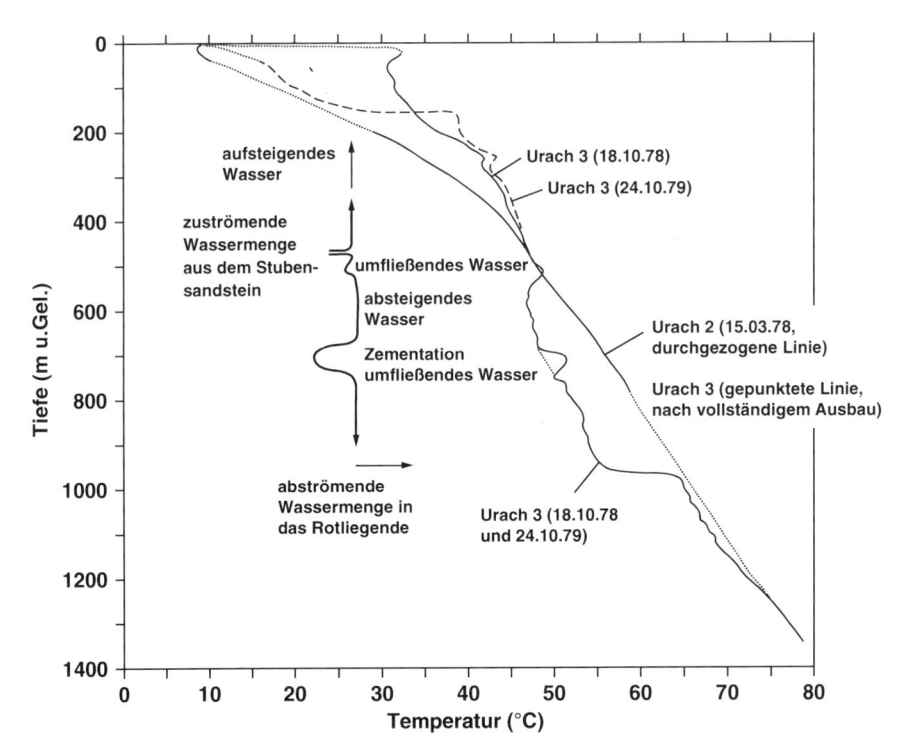

**Abb. 12.5** Beispiel für Temperatur-Logs mit Hinweisen auf Wasserzuflüsse und –abflüsse in der Tiefbohrung Urach 3 (nach Stober 1986)

Das **Leitfähigkeit-Log** (Salinitäts-Log) wird in der Regel zusammen mit dem Temperatur-Log gefahren. Es dient der Einschätzung des Mineralisationsgrads der Flüssigkeit im Bohrloch, der Bestimmung von Zufluss- und Verlustbereichen, aber auch der Indikation von Undichtigkeiten in der Verrohrung. Genau wie beim Temperatur-Log können Zufluss- und Verlustbereiche nur dann erkannt werden, wenn Kontraste existieren, d. h. z. B. wenn das zufließende Fluid anders temperiert oder mineralisiert ist als das Fluid in der Bohrung. Da die Leitfähigkeit temperaturabhängig ist, muss sie über das Temperatur-Log entsprechend korrigiert werden.

Das **Kaliber-Log**, erfasst mit ausfahrbaren Messarmen mechanisch den Querschnitt einer Bohrung, bzw. den Innenrohrdurchmesser. Es zeigt Ausbruchzonen oder Kavernen an und gibt Hinweise zur Beschaffenheit der Bohrlochwand. Es kann auch eingesetzt werden zum Erkennen von Belägen, ggf. auch Korrosion, oder sonstigen Beschädigungen der Verrohrung, wie z. B. eine Deformation (Abb. 12.6).

Das **Gamma-Ray-Log**, misst die natürliche Gammastrahlung von Ausbau der Bohrung und Gebirge. Die Gammastrahlung stammt vom besonders in Tonmineralen häufig vorkommenden Kalium mit dem radioaktiven $^{40}$K-Isotop sowie den Isotopen der Uran- und Thorium-Reihen. Das Gamma-Ray-Log ist eine gute Ergänzung und Hilfestellung zur Erstellung eines geologischen Bohrprofils anhand von Bohrcuttings. Außerdem lassen sich Lage und Existenz beim Ausbau eingeplanter Tonsperren überprüfen.

Das **Dichte-Log** oder **Gamma-Gamma-Log** benutzt eine aktive Gammastrahlungsquelle und misst die dichteabhängige Absorption und Streuung von Gamma-Strahlen zur indirekten Bestimmung der Gesteinsdichte. In Gesteinen wird die

**Abb. 12.6** Kalibersonde bei der Ausfahrt aus einer Tiefbohrung

Dichte durch drei Faktoren bestimmt: die Dichte der Gesteinsmatrix, das Poren- und Kluftvolumen and das spezifische Gewicht des Porenfluids. Die Messung kann auch zum Nachweis von Tonsperren verwendet werden.

Das **Akustik- oder Sonic-Log**, misst die Laufzeit der Kompressionswelle in einer Bohrung. Die Laufzeit in einem Gestein ist von der chemisch-mineralogischen Zusammensetzung, den texturellen und strukturellen Eigenschaften sowie insbesondere vom Hohlraumanteil abhängig. Da mit steigendem Hohlraumanteil die Laufzeit der Welle zunimmt, wird das Verfahren dazu benutzt, ein kontinuierliches Porositätsprofil (Log des Hohlraumanteils) zu erstellen.

Das Verfahren des **Borehole-Immaging-Log** beruht auf einer Messung der elektrischen Leitfähigkeit der Bohrlochwand oder der Sonic-Laufzeit und – Amplitude. Aus diesen Daten wird ein Abbild der Bohrlochwand erstellt. Damit können Klüfte, Störungen, die Textur des Gesteins oder Ausbrüche direkt visualisiert werden. Das Verfahren eignet sich daher auch zur Anfertigung einer 3D-Darstellung der Bohrlochwand unter Berücksichtigung des Einfallwinkels von Klüften.

Darüber hinaus gibt es wichtige Verfahren, die je nach Fragestellung eingesetzt werden können oder müssen, wie z. B. zur Bestimmung von Wasserzutritten in Bohrungen (**Flowmeter-Log**) oder Güte der Verrohrungszementierung (**Cement-Bond-Log**).

Ein wichtiges Verfahren zur Ermittlung der Gebirgsdurchlässigkeit ist das **Fluid-Logging-Verfahren**. Es besteht aus einer Kombination von hydraulischem Test und geophysikalischer Bohrlochmessung. Mit ihm kann ein Durchlässigkeitsprofil in einem unverrohrten Bohrlochabschnitt erstellt werden. Die Einsatzmöglichkeiten des Verfahrens beschränken sich vorzugsweise auf Geringleiter (Abschn. 13.2).

Ein wichtiges Gerät, um Ausrüstungsgegenstände, die ins Bohrloch gefallen sind, wieder zu bergen, ist das sogenannte **Fishing Tool**. Es gibt sehr viele verschieden gestaltete Geräte, mit denen es möglich ist, die verlustig gegangenen Instrumente und sonstigen Tools wieder zu Tage zu bringen (Abb. 12.7).

**Abb. 12.7** Beispiel für ein Fishing Tool, das eingesetzt wurde, um eine infolge Kabelabriss abgestürzte Messsonde zu bergen

Neben der klassischen Technik des Loggings wurde in den letzten Jahren eine Technik entwickelt, bei der direkt während des Bohrvorgangs gemessen wird (Logging While Drilling, LWD) oder der Bohrverlauf aufgezeichnet wird (MWD) (Kap. 11). Derzeit wird bereits eine Vielzahl von Messgeräten angeboten, um auch während des Bohrens genaue Informationen über das Bohrloch bzw. die Bohrparameter zu erhalten. Für die meisten Messverfahren ergibt sich eine Arbeitstemperaturgrenze von 150°C, teilweise auch 175°C. Für reine Richtbohrarbeiten stehen MWDs bis zu 200°C zur Verfügung. Allen Messverfahren ist gemein, dass die reale Messtiefe begrenzt ist. Um entsprechend tief vor dem Meißel Informationen zu sammeln, wird auch ein Seismikverfahren während des Bohrens eingesetzt (Picksak 2008).

# Kapitel 13
# Hydraulische Untersuchungen, Tests

Wasserstrudel im Rhein

Bereits während des Abteufens einer Tiefbohrung werden erste hydraulische Tests in hangenden Schichten außerhalb des geplanten Nutzhorizontes durchgeführt. Weitergehende umfangreiche hydraulische Untersuchungen erfolgen nach Abschluss der Bohrarbeiten. Dazu gehören Langzeittests, Zirkulationsversuche oder Tracertests. Dieser Abschnitt soll einen kurzen Überblick über die gebräuchlichsten hydraulischen Testarten, ihre Durchführung sowie ihre Auswertung vermitteln.

## 13.1 Grundlagen

Hydraulische Tests können sehr verschiedene Aufgaben haben, daher gibt es entsprechend vielfältige Testverfahren (Kruseman & de Ridder 1994, Witt 2009). Es gibt Tests, bei denen Wasser gefördert (Pumpversuche, Fördertests) und bei denen Wasser eingegeben (Injektionstests) wird. Einige Tests kommen mit reinen Druckimpulsen aus. Manche Tests haben eine Dauer von nur wenigen Minuten andere von einigen Tagen. Dabei ist die Testdauer auch eine Funktion der Testart und der Durchlässigkeit des Testhorizontes (Abb. 13.1). Bei manchen Tests wird das gesamte Open-Hole oder der gesamte verfilterte Bohrlochabschnitt getestet, bei anderen sind es bestimmte Gebirgsabschnitte, die mit Hilfe von Packern oder anderen Maßnahmen separat getestet werden (Abb. 9.4 und 13.2). Bei manchen Tests erfolgt eine kontinuierliche Druckaufzeichnung im Bereich des getesteten Bohrlochabschnittes, bei anderen wird der Druck relativ oberflächennah aufgezeichnet, vereinzelt auch nur der Wasserspiegel gemessen. Die hydraulischen Tests unterscheiden sich auch bezüglich Entnahmerate: es gibt Tests mit konstanter Förderrate,

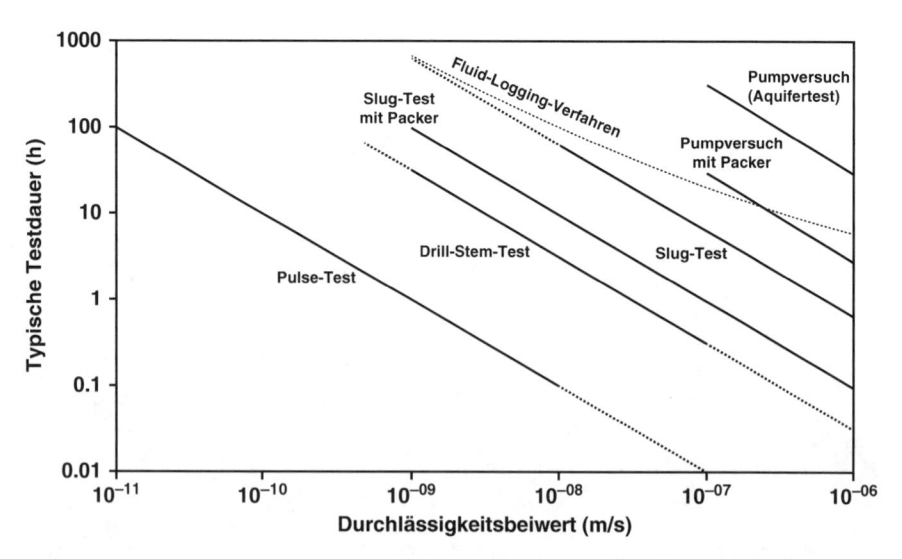

**Abb. 13.1** Schemabild für die Dauer und für den Anwendungsbereich – in Abhängigkeit von der Durchlässigkeit – verschiedener hydraulischer Tests (nach Stober et al. 2009 und Hekel 2011)

## 13.1 Grundlagen

**Abb. 13.2** Schematische Darstellung eines Einfach- und Doppelpackers für hydraulische Tests jeweils in Kombination mit einer Unterwasserpumpe (U-Pumpe)

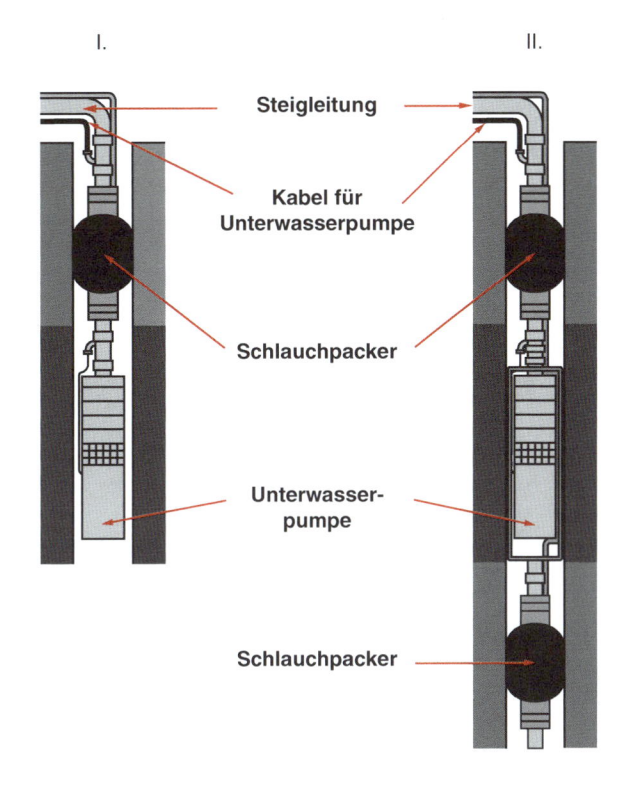

mit stufenförmig ansteigender Rate, aber auch Tests, bei denen der Druck konstant gehalten wird und die Rate somit kontinuierlich abfällt. Manche Tests werden von geophysikalischen Messungen begleitet (Abschn. 12.2) andere nicht. Bei manchen Tests wird parallel zur Druckaufzeichnung (oder Messung des Wasserspiegels) die Auslauftemperatur oben am Bohrlochkopf oder die Temperatur im Bereich der Drucksonde gemessen, d. h. ggf. im Bereich des Testabschnittes.

Zu den primären Aufgaben eines hydraulischen Tests gehört die Gewinnung von Erkenntnissen über die Ergiebigkeit der Bohrung sowie die Entnahme von Wasserproben für hydrochemische Analysen, Gasanalysen oder Isotopenuntersuchungen (Kap. 14). Die Ergiebigkeit einer Bohrung ist nicht nur von den hydraulischen Eigenschaften des Testhorizontes (Durchlässigkeit, Speichervermögen) abhängig, sondern auch von den Eigenschaften der Bohrung (Skin, Eigenkapazität oder Brunnenspeicherung). Bestimmte Testverfahren ermöglichen hierbei die Unterscheidung und Ermittlung der untergrund- und brunnenspezifischen Eigenschaften. Aus speziell konzipierten hydraulischen Tests kann zudem das hydraulische Potential, die Druckhöhe des Testhorizontes im Ruhezustand, bestimmt werden und es lassen sich Informationen über den Aufbau des thermalen Grundwasserleiters (bzw. Geringleiters) und sein Strömungsverhalten ermitteln. So können beispielsweise die Interaktion mit hangenden oder liegenden Schichten (Leckage) ermittelt, aber auch die Wechselwirkung zwischen Klüften und poröser Matrix oder der Einfluss singulärer Klüfte untersucht werden. Je länger ein hydraulischer Test dauert, desto größer ist i.a. die Reichweite in den Testhorizont hinein, so dass u.U. mit derartigen Tests auch Informationen über die Reichweite des Reservoirs und seine Begrenzung (hydraulisch wirksame Ränder) gewonnen werden können (Stober 1986, Kruseman & de Ridder 1994).

Bei allen hydraulischen Tests wird mit einem bekannten Signal in Form einer Wasserentnahme oder –eingabe, in seltenen Fällen auch eines Druckimpulses, auf ein unbekanntes System, den thermalen Grundwasserleiter (bzw. Geringleiter), eingewirkt. Die Reaktion des Systems, der Druckabfall oder –anstieg (bzw. Wasserspiegelabsenkung oder –anstieg) wird während des Versuches kontinuierlich gemessen. Es sind also lediglich die Eingabe- und Ausgabesignale bekannt, die mit Hilfe der allgemein bekannten geologischen und hydrogeologischen Eigenschaften des Testhorizontes gedeutet werden müssen. Um für dieses mathematisch "inverse Problem" die Lösung, z. B. die hydraulischen Parameter, kennenzulernen, ist man auf eine Modellvorstellung angewiesen, die der Realität, d. h. dem tatsächlichen Testhorizont, der Bohrung usw. sehr nahe kommt. Dieses genau definierte theoretische Untergrund-Modell muss auf die Eingabesignale mit denselben charakteristischen Ausgabesignalen wie der tatsächliche Testhorizont antworten (Abb. 13.3).

Da es jedoch sehr viele Modellvorstellungen gibt, ist es häufig wegen der meist spärlichen Kenntnis der Realität schwierig, sich für ein bestimmtes Modell zu entscheiden. Die Anzahl alternativer Lösungen sinkt jedoch bei sorgfältiger Versuchsplanung und Durchführung (Strayle et al. 1994, DVGW Arbeitsblatt W111 1997) mit der Beobachtungsdichte, -genauigkeit und –dauer der Ausgabesignale. Bei sehr kurzen Tests besteht die Gefahr im wesentlich lediglich die Reaktion der Bohrung sowie ihrer unmittelbaren Umgebung zu erfassen (Eigenkapazität und Skin). Die Durchlässigkeit im bohrlochnahen Bereich ist meist durch den Bohrvorgang (Bohrspülung, Auflockerung, Mud, Säuerung u. dgl.), bzw. ggf. durch den Ausbau oder andere technische Maßnahmen, gegenüber dem anstehenden Gebirge verändert (Abb. 13.4). Bei Versuchen im kristallinen Grundgebirge wurde beispielsweise häufig eine erhöhte Durchlässigkeit in Bohrlochnähe festgestellt (Stober 2011).

Durch die Zone veränderter Durchlässigkeit (**Skin**) in Bohrlochnähe im Bereich des Testhorizontes wird bei hydraulischen Tests der Druckverlauf beeinflusst. Ist die Durchlässigkeit niedriger als im Testhorizont entsteht bei Förderung ein zusätzlicher Druckverlust, ist sie jedoch höher, so fällt der Druckabfall niedriger aus. Der zusätzliche Druckänderung infolge des Skin ergibt sich in Meter Absenkung ($\Delta s_{Skin}$) zu:

$$\Delta s_{Skin} = s_F \, Q/(2\pi T) \quad (m) \tag{13.1}$$

In Gl. 13.1 ist $s_F$ der **Skinfaktor**, Q (m³/s) die Entnahmerate und T (m²/s) die Transmissivität. Der Skinfaktor ist dimensionslos und kann positiv oder negativ sein, je nachdem ob die Durchlässigkeit in Bohrlochnähe niedriger oder höher ist als im Testhorizont (van Everdingen 1953, Hawkins 1956, Agarwal et al. 1970). Für

## 13.1 Grundlagen

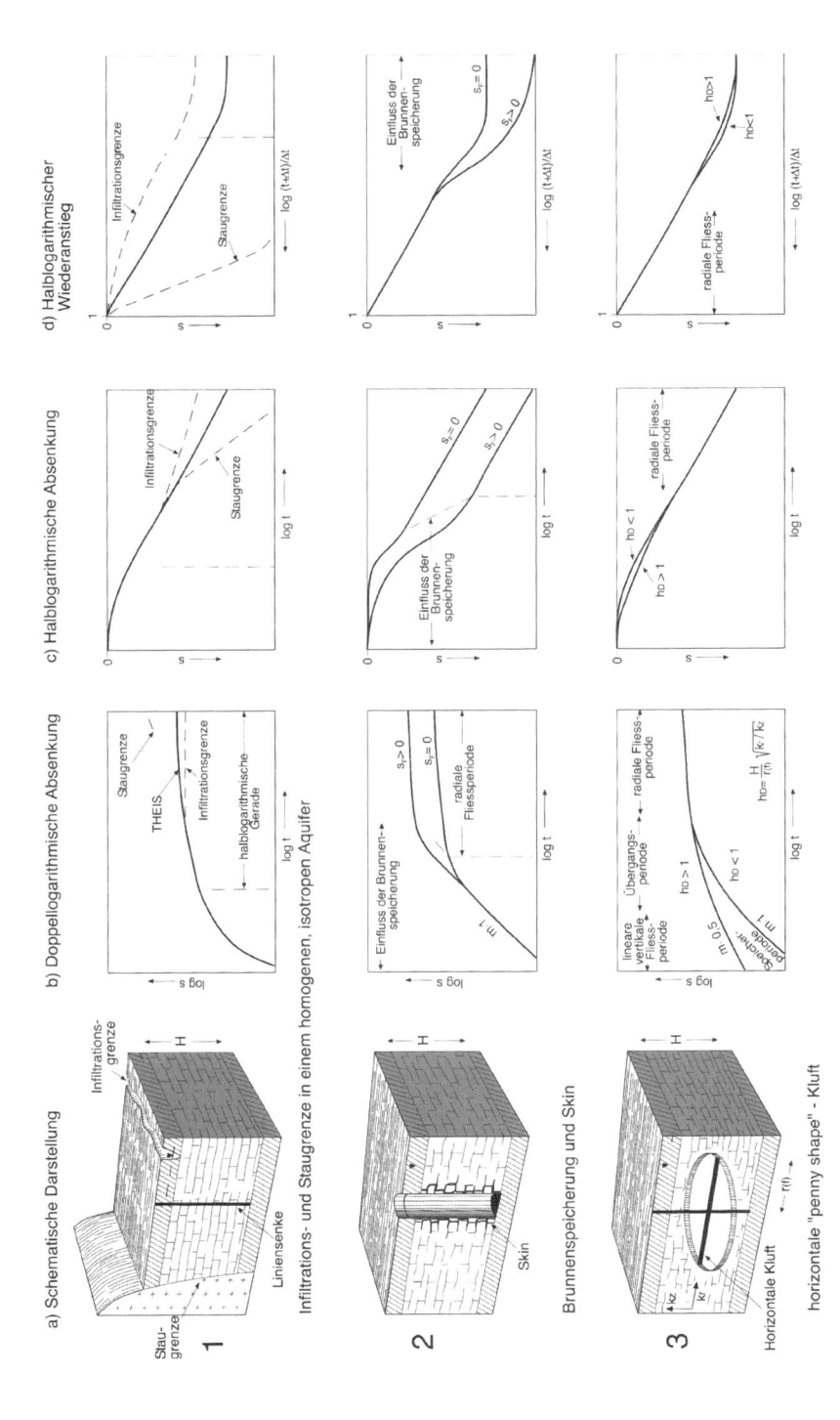

**Abb. 13.3** Brunnen- und untergrundspezifische Einflüsse auf den Druckabbau und Druckaufbau (Absenkung und Wiederanstieg des Wasserspiegels) bei hydraulischen Tests mit konstanter Rate (Stober 1986)

234                                                                 13 Hydraulische Untersuchungen, Tests

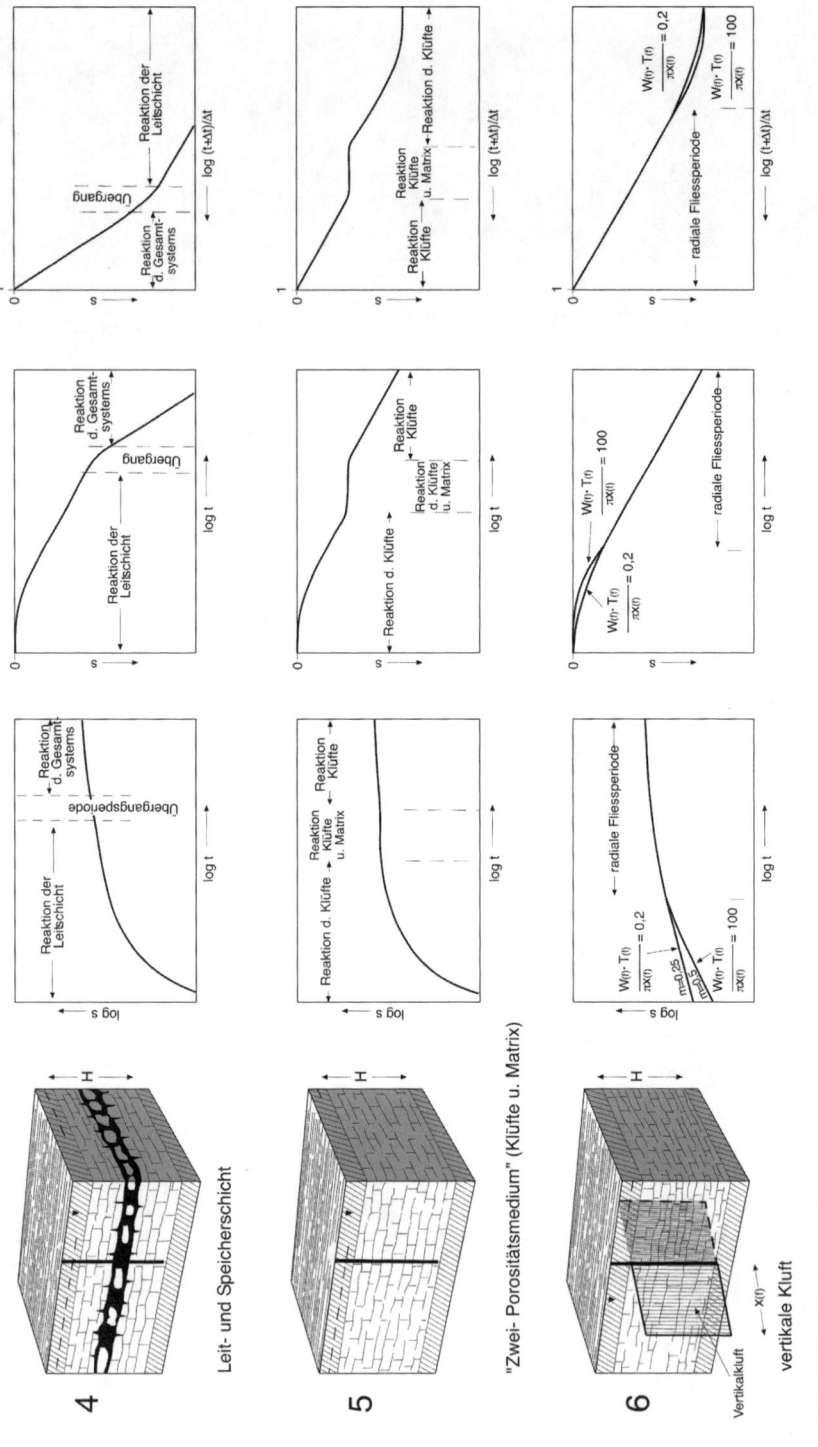

**Abb. 13.3** (Fortsetzung)

13.1 Grundlagen

**Abb. 13.4** Beispiel für eine veränderte Durchlässigkeit im bohrlochnahen Bereich (Skin)

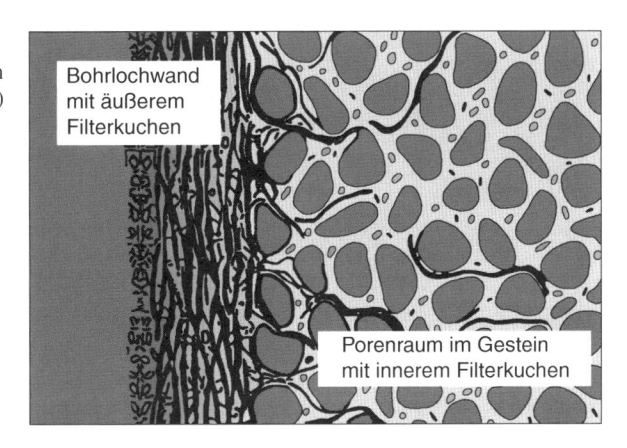

Bohrlochwand mit äußerem Filterkuchen

Porenraum im Gestein mit innerem Filterkuchen

vollständig dichte Bohrlöcher beträgt er $s_F = +\infty$ und für stimulierte, gesäuerte oder "gefracte" Bohrungen nimmt der Skinfaktor negative Werte an. Ein einfaches Verfahren die Größe des Skinfaktors aus Druckabbau- und Druckaufbaudaten zu ermitteln ist in Matthews & Russel (1967) beschrieben.

Zu Beginn eines hydraulischen Tests wird die in der Bohrung vorhandene Flüssigkeit gefördert, bevor ganz allmählich der Zustrom aus dem Testhorizont einsetzt. Der Testhorizont reagiert also verzögert. Dieser "Störeffekt" wird als **Brunnenspeicherung** oder **Eigenkapazität der Bohrung (C)** bezeichnet (Gl. 13.2) und entspricht der Volumenänderung im Bohrloch ($\Delta V$) pro Druckdifferenz ($\Delta p$).

$$C = \Delta V / \Delta p \qquad (m^3 Pa^{-1}) \qquad (13.2)$$

Gleichung 13.2 veranschaulicht, dass die Größe der Eigenkapazität entscheidend vom Bohrloch- bzw. Casingdurchmesser ($r_W$ – Bohrlochradius) abhängt. Die Dauer der Brunnenspeicherung wird zusätzlich von der Transmissivität (T) des Testhorizontes und von der Größe des Skinfaktors geprägt. Je niedriger die Transmissivität und je größer der Skinfaktor und der Bohrlochradius desto länger dauert der Einfluss der Eigenkapazität (Gl. 13.3, Abb. 13.5), d. h. Tests in großkalibrigen Bohrungen aus Geringleitern sind davon am stärksten betroffen.

$$t_B = r_W^2/(2T) \cdot (60 + 3,5\, s_F) \qquad (s) \qquad (13.3)$$

Werden die hydraulischen Tests mit speziellen Testtools unter abgeschlossenen Bedingungen (gespannte Verhältnisse) durchgeführt, so sind der Durchmesser des Testtools und die Kompressibilität der Flüssigkeit maßgebend; die Dauer der Eigenkapazität ist damit wesentlich geringer (Stober 1986).

In Tiefbohrungen fehlt grundsätzlich ein Messstellennetz, an dem die räumliche Druckverteilung, die durch die Förderung oder Injektion (ggf. Druckimpuls) bei einem hydraulischen Test hervorgerufen wird, beobachtet werden kann. Die Auswertung des hydraulischen Tests ist daher allein auf den in der Tiefbohrung gemessenen Druckverlauf (Wasserspiegelgang) beschränkt. Dieser Druckverlauf

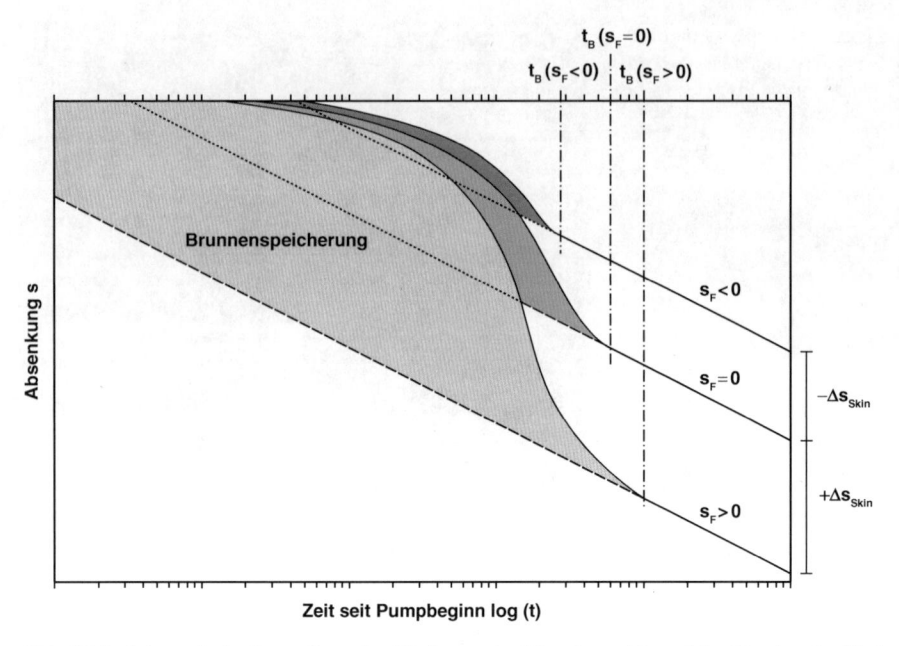

**Abb. 13.5** Schematische Darstellung des Einflusses der Eigenkapazität auf den Druckverlauf bei einem hydraulischen Test in Abhängigkeit von der Größe des Skinfaktors. Eingetragen ist die Dauer der Brunnenspeicherung (Gl. 13.3) und die durch den Skinfaktor verursachte zusätzliche bzw. reduzierte Absenkung (Gl. 13.1)

wird in der ersten Versuchsphase überwiegend von den geometrischen Eigenschaften des Ausbaus der Bohrung, bzw. der Testgarnitur, bestimmt. Um die hydraulischen Eigenschaften des Testhorizontes überhaupt kennenlernen zu können, muss der hydraulische Test eine Mindestdauer aufweisen, die deutlich über der Dauer der Eigenkapazität der Bohrung (bzw. der Testgarnitur) liegt (Gl. 13.3).

Während bei hydraulischen Tests in nicht-thermalen Testhorizonten die Messung des Wasserspiegels den hydraulischen Druck praktisch direkt wiedergibt, ergeben sich bei Thermalwasserbohrungen temperaturbedingte Differenzen. Da die Dichte von Wasser temperaturabhängig ist, besitzen gleichschwere Wassersäulen verschiedener Temperatur eine unterschiedliche Länge. Der an sich geringe Dichteunterschied wirkt sich bei mehreren hundert Meter langen Wassersäulen mit einer Längenänderung aus, die oft mehrere Meter beträgt (Abschn. 8.2). Im Ruhezustand passt sich der Wasserkörper in der Tiefbohrung der jeweiligen Gesteinstemperatur seiner Umgebung an, d. h. er ist oben kühl, unten aber heiß. Wird Wasser aus der Bohrung entnommen, so strömt das warme Wasser von unten nach oben und die gesamte Wassersäule wird entsprechend der Pumprate, der Pumpdauer, der Wärmeleitfähigkeit des Gesteins usw. erwärmt. Aus diesem Grund ist häufig bei derartigen Pumpversuchen zu Beginn statt einer Absenkung ein Wasserspiegelanstieg und nach Abschalten der Pumpe statt eines Anstiegs des Wasserspiegels (Wiederanstieg) ein

Abfall zu beobachten (Abb. 8.3). Bei Injektionsversuchen mit kühlem Oberflächenwasser werden genau die umgekehrten Effekte beobachtet. Um Pumpversuche in thermalen Aquiferen auswerten zu können, ist es unter derartigen Umständen notwendig, jeden gemessenen Absenkungswert, d. h. die Länge der Wassersäule, auf eine zuvor definierte Temperatur umzurechnen. Die Wassersäule im Bohrloch muss also für jeden Messwert (Absenkungs-, Wiederanstiegswert) bezüglich ihrer Dichte temperatur- und druckkorrigiert werden (Stober 1986).

Unproblematischer und wesentlich einfacher ist es daher, wenn während des hydraulischen Tests der Druck im Bereich des Testhorizontes aufgezeichnet wird, da damit die aufwändigen und fehleranfälligen Korrekturen entfallen, bei denen zudem viele Faktoren nur unzureichend berücksichtigt werden können, wie z. B. anomale Temperaturverhältnisse, erhöhte Mineralisation oder Gasgehalte im Fluid.

Da die Wasserführung in Kluftgrundwasserleitern im Gegensatz zu Porengrundwasserleitern häufig auf einzelne Horizonte oder Kluftzonen beschränkt bleibt, ist das Homogenitätskriterium sehr viel seltener erfüllt. In Kluftgrundwasserleitern variiert die Orientierung und Geometrie der Fließkanäle in weiten Grenzen, so dass sie von Natur aus dem Diskontinuum näher stehen als Porengrundwasserleiter. Für quantitative Untersuchungen wurden insbesondere von der Kohlenwasserstoffindustrie sehr viele verschiedene **Modellvorstellungen** entwickelt und Lösungsansätze für hydraulische Tests aufgezeigt (Typkurven, analytische Näherungslösungen, FE- und FD-Spezialsoftware). Diese Modelle lassen sich untergliedern in (Stober 1986, Kruseman & de Ridder 1994):

- Die Klüfte sind statistisch zufällig und gleichmäßig verteilt. Das großräumige Fließsystem kann dann u.U. mit der Modellvorstellung von Theis (1935) beschrieben und ausgewertet werden. In diesem Fall greift auch die Näherungslösung von Cooper & Jacob (1946).
- Der Grundwasserleiter gliedert sich in bevorzugte Leit- und Speicherhorizonte (Abb. 13.3d). Eine Leitschicht ist im Gegensatz zu einer Speicherschicht dadurch gekennzeichnet, dass sich beinahe die gesamte Durchlässigkeit auf diesen Horizont beschränkt, während die Speichereigenschaften in der Leitschicht auf ein Minimum reduziert sind. Die Speicherschicht verhält sich hydraulisch genau umgekehrt (z. B. Berkaloff 1967). Klassisches Beispiel: Verkarsteter Horizont innerhalb eines Karbonat-Gebirges.
- Der Grundwasserleiter besteht aus einem "Zweiporositätsmedium", z. B. den Klüften und der porösen Matrix (Abb. 13.3e). Diese Modellvorstellung geht von der Existenz zweier statistisch zufällig verteilter unterschiedlich durchlässiger, poröser Bereiche in einem Grundwasserleiter aus (z. B. Barenblatt et al. 1960). Klassisches Beispiel: Geklüfteter Sandstein mit poröser Matrix.
- Im Nutzhorizont befindet sich eine endlich dimensionierte Kluft (Abb. 13.3c, f). Bei stark stimulierten oder gefracten Bohrungen erwies sich bei der Auswertung und Simulation von hydraulischen Tests ein negativer Skinfaktor als unzureichend. Daher wurde erstmals von Dyes et al. (1958) der Einfluss einer Vertikalkluft auf den Druckverlauf untersucht (z. B. Russell & Truitt 1964, Gringarten & Ramey 1974, Cinco et al. 1975).

Inwieweit durch derartige Modelle die wirklichen geologischen Verhältnisse wiedergegeben werden können, muss in jedem Fall neu entschieden werden. Grundsätzlich ist es nicht möglich, einer gewissen geologischen Formation vorab ein bestimmtes Modell zuzuordnen, da die Ausbildung der Hohlräume und ihre hydraulische Interaktion starken Wechseln unterworfen ist. Zur Findung eines geeigneten und passenden Modells (Abb. 13.3) hilft daher eigentlich nur der Vergleich zwischen gemessenem und theoretischem Druckverlauf (Wasserspiegel). Abbildung 13.3 gibt dafür einige Beispiele. Für die Modell-Findung (Diagnose) wird zusätzlich gerne die Ableitung des Druckverlaufes (Wasserspiegels) hinzugezogen (Abb. 13.6) sowie andere spezielle Funktionen (z. B. Bourdet et al. 1989).

Zur Diagnose des Aquifermodells können bei Pumpversuchen die Messwerte beispielsweise doppellogarithmisch als Absenkung (Druckabbau) gegen die Zeit (log s ↔ log t) aufgetragen werden oder semilogarithmisch (s ↔ log t). Für den Wiederanstieg nach vorausgegangener Pumpphase eignet sich ein Horner-Plot (s ↔ log (t+t')/t') (Abb. 13.3). Wurden die Messdaten sehr dicht aufgezeichnet, so kann die Ableitung der Absenkung gebildet werden und die entsprechend aufgetragenen Daten (log [(δs/δt) t] ↔ log t) können ebenfalls zur Diagnose des Aquifermodells herangezogen werden (Abb. 13.6).

Radiales Anströmen auf einen Brunnen (Liniensenke) zeichnet sich durch einen geradlinigen Verlauf der Messdaten bei einer Darstellung als "s ↔ log t" aus (**radiale Fließperiode**). **Sphärisches Anströmen** auf einen unvollkommenen Brunnen kann anhand des geradlinigen Verlaufs bei Datenauftrag von "s ↔ $1/\sqrt{t}$" erkannt werden. Bei einem **linearen Kluftanschluss** folgen die Messdaten bei

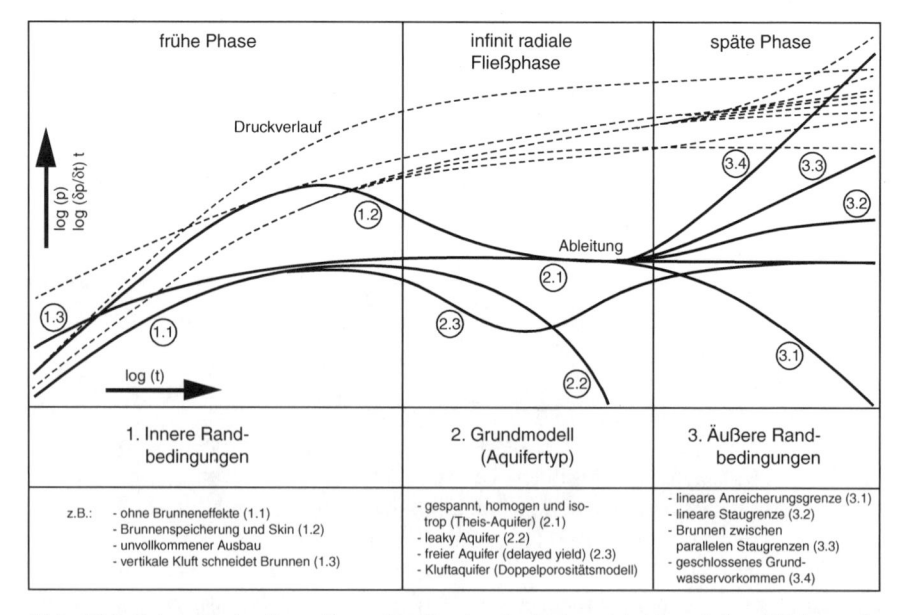

**Abb. 13.6** Schematische Darstellung des Druckverlaufs (gestrichelt) und der Ableitung des Druckes [(δp/δt) t] (durchgezogene Linie) für verschiedene Modellvorstellungen (nach Odenwald et al. 2009 und Hekel 2011)

"s ↔ $\sqrt{t}$" einer Geraden. Setzt in Folge ein Zustrom von der Matrix in die Kluft ein, liegt ein **bilineares Fließen** vor und die Messdaten folgen bei einem Plot als "s ↔ $\sqrt[4]{t}$" einer Geraden.

## 13.2 Testarten, Planung und Durchführung, Auswerteverfahren

Derartige Auswerteverfahren setzen voraus, dass der hydraulische Test lang genug gefahren wurde, um für die Auswertung ein geeignetes Modell ermitteln zu können. In den letzten Jahren hat sich ein Standarddesign für die Durchführung von Pump- bzw. Injektionsversuchen etabliert (Abb. 13.7). Der hydraulische Test wird dabei in einen sogenannten **Brunnentest** mit mindestens drei verschiedenen Produktionsraten und in einen sogenannten **Aquifertest** untergliedert. An beide Tests schließt eine Phase an, in der nicht gepumpt (resp. injiziert) wird (Strayle et al. 1994, DVGW W111 1997). Der Brunnentest dient hauptsächlich der Festlegung der späteren Produktionsrate.

Ein **Injektionstest** stellt im Prinzip einen umgekehrten **Pumpversuch** dar, bei dem statt Wasser entnommen, Wasser in das Gebirge eingebracht wird.

Der Aquifertest wird mit konstanter Rate und wesentlich länger als der Brunnentest durchgeführt. Anhand des Aquifertestes ist es möglich, das Strömungsverhalten im Untergrund zu erkunden, um damit der hydraulischen Auswertung das passende Aquifermodell zugrund zu legen (Abschn. 13.1, Abb. 13.3 und 13.6). Je länger der hydraulische Test dauert, desto größer ist i.d.R. der vom Drucksignal erfasste Raum und die Chance auch die Begrenzung der wasserführenden Schicht, den hydraulisch wirksamen Rand, zu erfassen (Abschn. 13.1). Sind die Tests zu kurz bemessen, so können keine Aussagen über weiter vom Bohrloch entfernte Bereiche – im Extremfall nicht einmal über die Aquiferparameter – getroffen werden, da der Test noch voll im Einflussbereich von Brunnenspeicherung und Skin liegt (Gl. 13.3).

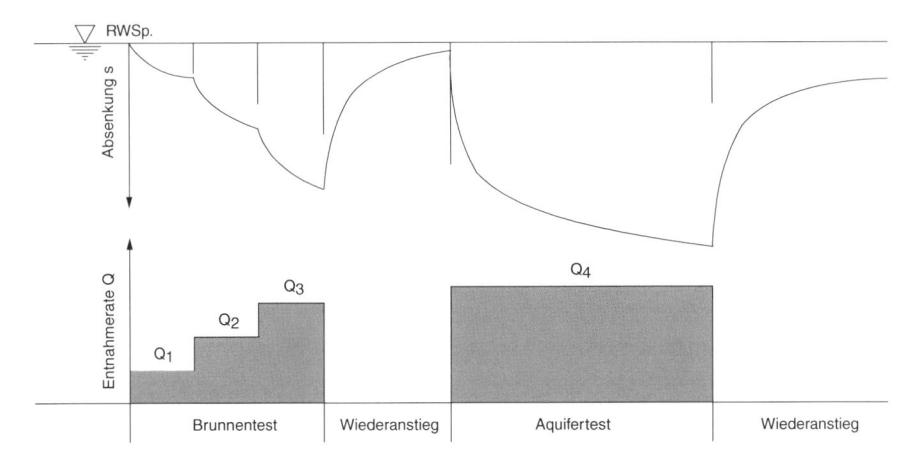

**Abb. 13.7** Hydraulisches Testdesign mit Brunnentest und Aquifertest (nach Strayle et al. 1994)

Für einen homogenen, isotropen, unendlich ausgedehnten Aquifer mit konstanter Mächtigkeit kann während der radialen Fließperiode die Transmissivität und der Speicherkoeffizient des getesteten Horizontes ermittelt werden. Der Wasserspiegelverlauf (Druckverlauf) wird dazu gegen den Logarithmus der Zeit aufgetragen. Anhand der Steigung der semilogarithmischen Geraden lässt sich die Transmissivität nach Gleichung 13.4 bestimmen (Cooper & Jacob 1946):

$$T = 2.303 \cdot Q/4 \cdot \pi \cdot \Delta s \quad (m^2/s) \quad (13.4)$$

Der Speicherkoeffizient kann mit Gl. 13.5, in der auch der Einfluss des Skinfaktors berücksichtigt wird, ermittelt werden (Stober 1986):

$$S = 2,25 \cdot T \cdot t/r^2 \cdot (e^{2sF}) \quad (-) \quad (13.5)$$

Abbildung 13.8 zeigt beispielhaft die Auswertung des Pumpversuches in der 4000 m tiefen Vorbohrung zur Kontinentalen Tiefbohrung (KTB) in der Oberpfalz (Deutschland). Die Bohrung ist bis 3850 m verrohrt, d. h. das Open-Hole besitzt eine Länge von 150 m. In diesem Gebirgsabschnitte wurden Amphibolite und Metagabbros erschlossen. An der Bohrlochsohle beträgt die Temperatur 120°C. Die Förderrate war konstant und betrug nahezu 1 l/s.

Die semilogarthmisch aufgetragenen Messwerte werden in der Anfangsphase des Pumpversuches bis 0,2 Tage von der Eigenkapazität des Bohrlochs bestimmt (Abb. 13.8). Sodann folgen die Messwerte einer semilogarithmischen Geraden. Diese Phase, radiale Fließperiode, ist die Reaktion des kristallinen Grundgebirges auf die Förderung. Die Steigung der Geraden ist proportional zur Transmissivität des

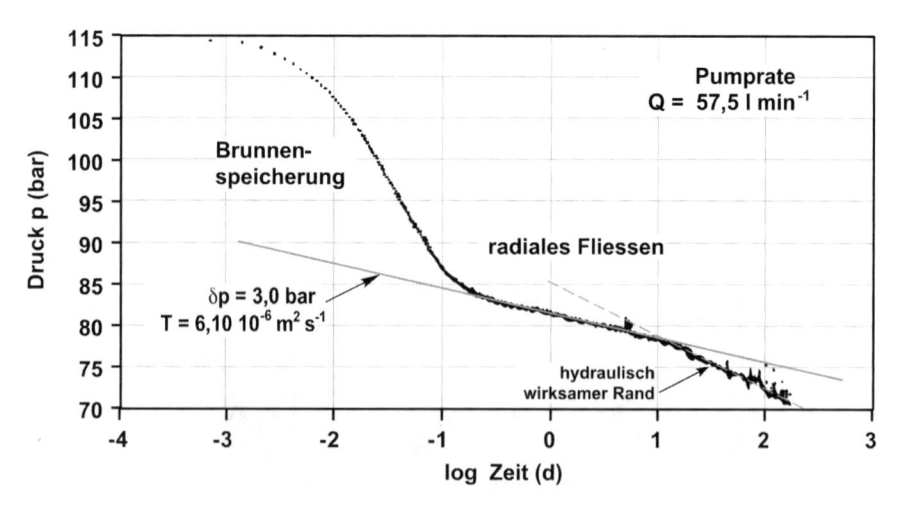

**Abb. 13.8** Auswertung eines Pumpversuches in der 4000 m tiefen KTB-Vorbohrung (nach Stober & Bucher 2005)

## 13.2 Testarten, Planung und Durchführung, Auswerteverfahren

getesteten Gebirgsabschnittes T = $6,10 \cdot 10^{-6}$ m²/s (Gl. 13.4). Die spontane Zunahme der Absenkung nach etwa 12 Tagen wird durch einen hydraulisch wirksamen Rand, ein Störzone, verursacht.

Mit Hilfe von Gl. 13.3, der vorstehend ermittelten Transmissivität, den Daten zum Ausbau der Bohrung und der beobachteten Dauer der Eigenkapazität (Abb. 13.8) berechnet sich der Skinfaktor zu $s_F$ = 1,35. Als Folge des Skins ergibt sich eine zusätzliche Absenkung von 3,5 bar (Gl. 13.1). Mit Gl. 13.5 kann der Speicherkoeffizient zu S = $5 \cdot 10^{-6}$ bestimmt werden. Der hydraulisch wirksame Rand konnte als "Fränkisches Lineament" identifiziert werden (Stober & Bucher 2005).

Vor Inbetriebnahme einer geothermischen Dublette werden länger andauernde Pumpversuche und/oder Injektionsversuche durchgeführt, die von einem hydrochemischen Untersuchungsprogramm begleitet werden. Im Anschluss daran werden Zirkulationsversuche oder Produktionstests durchgeführt, die ebenfalls über einen längeren Zeitraum mit diversen Begleituntersuchungen ausgeführt werden.

Hydrothermale Nutzungen aus Tiefbohrungen erfolgen fast ausschließlich aus Festgesteins-Grundwasserleitern. In diesen tiefen Aquiferen liegen grundsätzlich gespannte Grundwasserverhältnisse vor. Häufig ist der Einfluss von **Erdgezeiten** zu beobachten (Abb. 13.9), ein Hinweis dafür, dass die Klüfte und Hohlräume miteinander weiträumig in Verbindung stehen. Durch den Einfluss der Erdgezeiten verändern sich die Hohlräume im Untergrund. Dadurch fällt und steigt der Wasserstand im Bohrloch; je nach Stellung von Sonne, Mond und Erde zueinander stellt sich die Nipp- oder Springtide ein (Stober 1992).

Hydraulische Tests sind trotz ausgefeiltem Testdesign grundsätzlich dann wenig aussagekräftig, wenn verschiedene geologische Schichten oder Aquifere gemeinsam getestet werden und keine Differenzierung möglich ist. Durch den Einsatz von

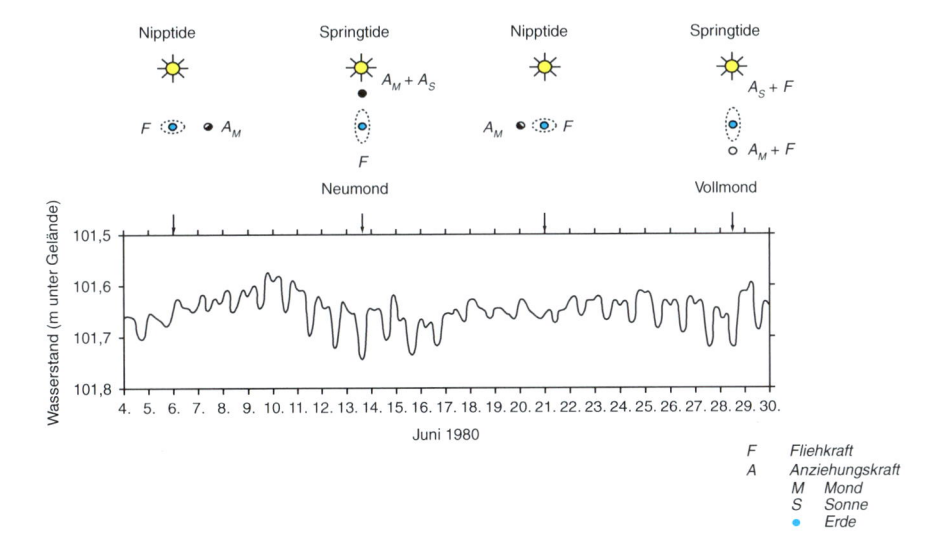

**Abb. 13.9** Wasserspiegelschwankungen verursacht durch Erdgezeiten in der Tiefbohrung Saulgau TB 1 (verkarsteter Oberjura, 650 m Tiefe)

Packern (Abb. 9.4 und 13.2) und durch einen sachgerechten Ausbau ist es möglich, einzelne Horizonte oder Schichten hydraulisch separat zu testen, so dass die in Folge ermittelten Parameter sich ausschließlich auf den Testhorizont beziehen.

Durch den Einsatz von geophysikalischen Bohrlochvermessungen, wie beispielsweise Flowmeter-, Leitfähigkeits- oder Temperatur-Logs, kann bei einem hydraulischen Tests, bei dem verschiedene Formationen mit unterschiedlichen hydraulischen Eigenschaften zusammen getestet wurden, eine Gewichtung für die einzelnen Gebirgsabschnitte vorgenommen werden, so dass bei derartigen Tests beispielsweise Durchlässigkeiten für einzelne Abschnitte ermittelt werden können. Ein Beispiel hierfür ist das sogenannte **Fluid-Logging-Verfahren** (Abb. 13.10), bei dem während eines Aquifertests im Testbereich die Leitfähigkeit des Fluids zu verschiedenen Zeitpunkten gemessen wird (Tsang et al. 1990). Die hydraulische Auswertung des Aquifertestes liefert die Gesamt-Transmissivität des Testbereiches. Aus der relativen zeitlichen Änderung der Leitfähigkeit in den verschiedenen Gebirgsbereichen kann die Zuflussrate anteilsmäßig aufgeteilt und damit entsprechend die jeweiligen Transmissivitäten für die einzelnen Zuflussbereiche ermittelt werden. Voraussetzung für das Verfahren ist ein Fluidaustausch im Testbereich vor Beginn des Pumpversuches.

Die Testgarnitur bei **Packertests** besteht aus einem Testgestänge mit Testventil und ein oder zwei Packern (Einfach- oder Doppelpacker, Abb. 9.4 und 13.2). Der Packer, eine 0,5–1 m lange armierte Gummimanschette, ist mechanisch oder hydraulisch-pneumatisch verformbar, so dass er im eingebauten (verformten) Zustand das zu testende Intervall hydraulisch abdichtet. Das Testintervall im Bohrloch ist meistens 1,5–5 m lang. Während des hydraulischen Tests werden im Testintervall die Temperatur sowie der Druck gemessen und je nach Testgarnitur diese

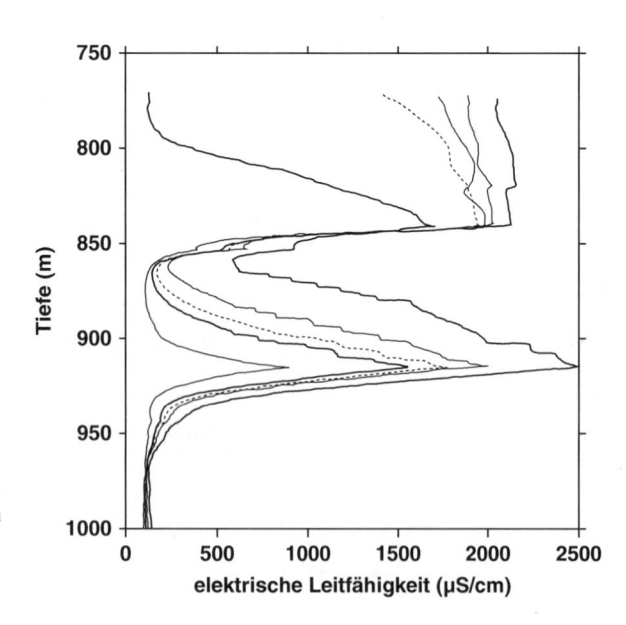

**Abb. 13.10** Beispiel für die Durchführung des Fluid-Logging-Verfahrens in einer 1690 m tiefen Bohrung, Testabschnitt: 770 m–1000 m mittels elektrischer Leitfähigkeit (nach Tsang 1987)

## 13.2 Testarten, Planung und Durchführung, Auswerteverfahren

beiden Parameter zusätzlich ober- und unterhalb der Packer aufgezeichnet, um Umläufigkeiten oder Undichtigkeiten erkennen zu können. Das Testprinzip ist wie bei allen hydraulischen Tests dasselbe. Der im Testintervall gemessene Anfangsdruck dient als Referenzdruck, vergleichbar mit dem Ruhewasserspiegel in offenen Bohrlöchern. Bei Packertests wird dieser Anfangsdruck nach dem Setzen des Packers gemessen. Während einer Ausgleichsperiode (so genannte Compliance-Periode) bauen sich in Tiefbohrungen externe Störungen i. d. R. ab (Ausnahme: Gezeiteneinwirkungen, Abb. 13.9). Im ersten Testschritt wird der Anfangsdruck im Testintervall durch Förderung oder Injektion von Wasser (in dichtem Gestein: Gas) künstlich verändert. Die Förderung (withdrawal) bewirkt eine Druckabsenkung, die Injektion (injection) eine Druckerhöhung. Im zweiten Testschritt wird die Förderung bzw. Injektion beendet und die Erholung des Drucks bis zum Formationsdruck, dem ungestörten Gebirgsdruck, beobachtet. Anfangs- und Formationsdruck sollten gleich sein (Stober et al. 2009).

Auch bei Packertests existiert eine große Anzahl hydraulischer Test-Verfahren. Bei der Auswahl eines geeigneten Verfahrens spielt neben der Zielsetzung vor allem die zu erwartende Gesteinsdurchlässigkeit eine Rolle. Abbildung 13.1 zeigt schematisch die Einsatzmöglichkeiten der verschiedenen Tests in Abhängigkeit von der Gebirgsdurchlässigkeit.

Der **Slug-Test** wird bei geringen bis mittleren Gesteindurchlässigkeiten angewendet. Bei diesem Test wird der Druck im Bohrloch oder Testintervall plötzlich verändert und der anschließende Druckaufbau oder Druckabbau gemessen. Wenn das Testventil im Falle eines Packertests geöffnet wird, überträgt sich die Druckveränderung schlagartig auf das Testintervall. In der anschließenden Fließphase erfolgt ein Druckausgleich, indem je nach Druckgefälle Wasser aus dem Gebirge zufließt (Slug-Withdrawal-Test) oder ins Gebirge abfließt (Slug-Injection-Test). Der Slug-Test kann auch in einer offenen Bohrung durchgeführt werden. Wird der Slug-Test extrem kurz durchgeführt und nur eine Druckveränderung im Testbereich bewirkt, so wird er als **Pulse-Test** bezeichnet. Die schlagartige Wasserspiegelerhöhung oder –erniedrigung kann entweder durch spontane Eingabe oder Entnahme einer großen Wassermenge oder mit Hilfe eines Verdrängungskörpers erfolgen. Bei der Anwendung eines Verdrängungskörpers wird dieser Test häufig auch als **Slug/Bail-Test** bezeichnet.

Ein Slug-Test dient der Ermittlung der Transmissivität, des Speicherkoeffizienten sowie die Brunnenspeicherung und des Skin-Faktors. Die Auswertung eines Slug-Tests erfolgt i.d.R. mit Typkurven (z. B. Cooper et al. 1967, Ramey et al. 1975, Papadopulos et al. 1973, Black 1985, Abb. 13.11); daneben existieren jedoch auch numerische Verfahren. Aus der berechneten Transmissivität lassen sich ggf. die Permeabilität und der Durchlässigkeitsbeiwert bestimmen (Gln. 8.3b und 8.4a–c).

Der **Drill-Stem-Test** (DST) oder auch Gestängetest genannt, gliedert sich in eine erste kurze Fließphase, eine erste Schließphase, eine zweite lange Fließphase und eine zweite lange Schließphase. Durch das Öffnen des Ventils wird ein Unterdruck im Testabschnitt und dadurch ein Zufließen in das Bohrloch erreicht. In der Schließphase (Ventil geschlossen) kommt es zum Druckaufbau möglichst bis

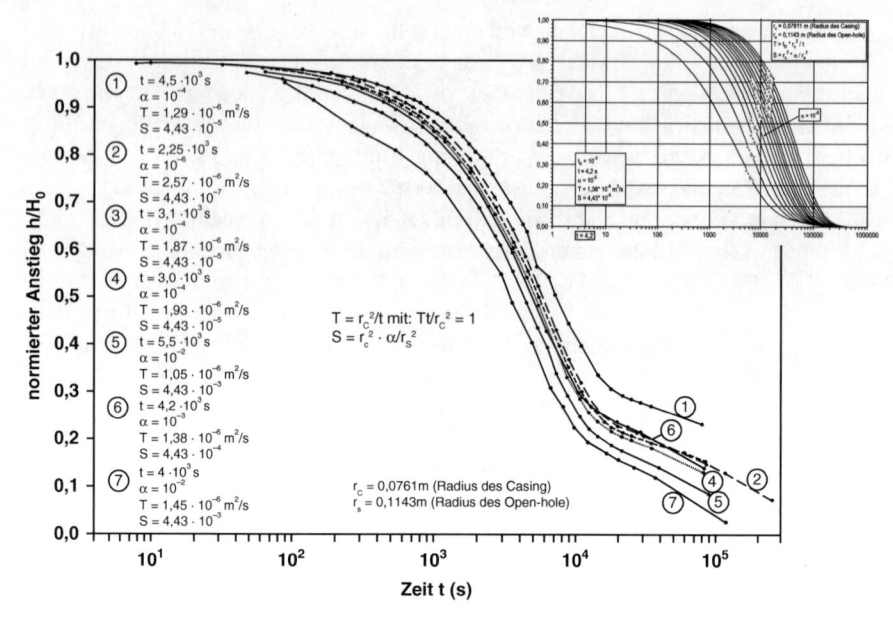

**Abb. 13.11** Beispiele für die Auswertung von Slug-Tests mit Typkurven nach Papadopulos et al. (1973) in der Geothermie-Bohrung Urach 3 (sieben Versuche). Rechts oben sind die Typkurven eingeblendet

zum Formationsdruck. Anschließend wird das Ventil für eine längere Fließphase wieder geöffnet und der Prozess beginnt von neuem (Abb. 13.12). Der Name Drill-Stem-Test leitet sich von der englischen Bezeichnung für Bohrstrang „Drill Stem" ab. Je nach Test-Konfiguration können bestimmte Testabschnitte als Slug-Test (Abb. 13.11) interpretiert und ausgewertet werden oder andere auch als

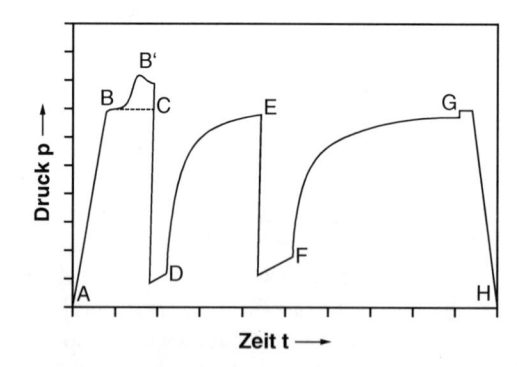

**Abb. 13.12** Schematische Darstellung des Druckverlaufs bei einem Drill-Stem-Test (Gestängetest). A-B: Einbau des Teststrangs, B-C: Setzen des Packers mit ggf. ausdehnungsbedingtem Druckaufbau, C-D: Öffnen des Testventils mit erster Fließphase, D-E: Schließen des Ventils mit erster Schließphase, E-F: Öffnen des Ventils mit zweiter Fließphase, F-G: Schließen des Ventils mit zweiter Schließphase, G-H: Ausbau des Teststranges

13.3 Tracerversuche

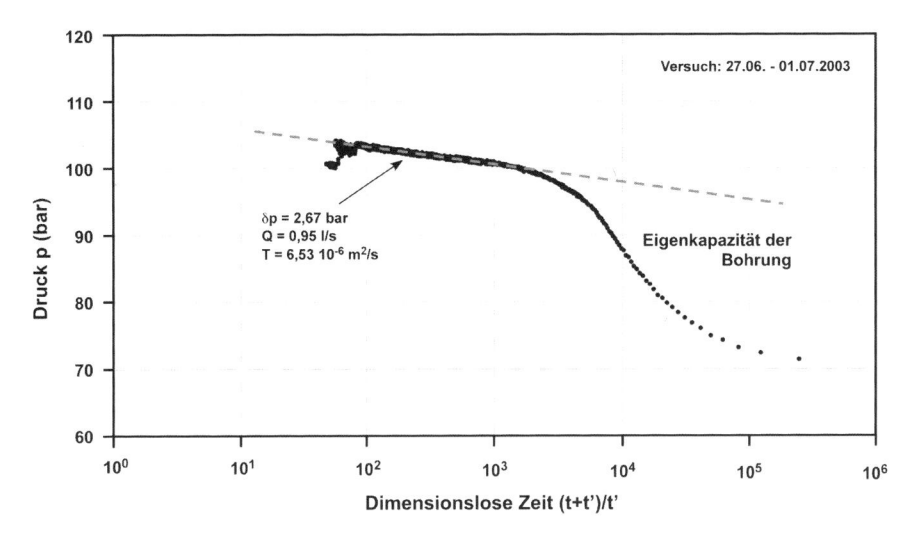

**Abb. 13.13** Beispiel für die Auswertung des Druckaufbaus mittels Horner-Plot, Test in der Bohrung Urach 3

(Figure: Horner-Plot, Druck p (bar) vs. Dimensionslose Zeit (t+t')/t'; Versuch: 27.06. - 01.07.2003; δp = 2,67 bar; Q = 0,95 l/s; T = 6,53 $\cdot$ 10$^{-6}$ m$^2$/s; Eigenkapazität der Bohrung)

Wiederangleich und damit als Horner-Plot behandelt werden (Horner 1951, vgl. Abb. 13.13). Aus DST-Tests können die Transmissivität, ggf. die Brunnenspeicherung und der Skin-Faktor ermittelt werden. Die Transmissivität auf Abb. 13.13 wurde mit Gl. 13.4 berechnet.

## 13.3 Tracerversuche

Bei einem Tracerversuch wird ein Tracer, d. h. ein Markierungsstoff, in den Untergrund eingebracht. An anderen Stellen wird der unterirdisch transportierte Tracer gemessen. Aus der Verweilzeit kann auf die Fließgeschwindigkeit und aus der Streuung der Messwerte in der Zeit auf die Vermischung und Verteilung im Untergrund, d. h. auf die Dispersion, geschlossen werden. Tracerversuche zählen schon seit Jahrzehnten zu den Standarduntersuchungsverfahren in der Hydrogeologie. Sie werden einerseits durchgeführt, um rein qualitative Aussagen über den Untergrund zu erhalten. Andererseits kann die Auswertung von Tracerversuchen auch quantitative hydraulische Ergebnisse liefern, wie z. B. Fließgeschwindigkeiten, Durchlässigkeit, durchflusswirksamer Hohlraumanteil, Dispersion D (m$^2$/s) u.ä. (Sauty 1980, Stober 1980, Schweizer et al. 1985).

Tracerversuche sind daher auch für geothermische Dubletten sehr interessante und wichtige Untersuchungsverfahren. Anhand von Tracerversuchen kann erkannt werden, wie sich das abgekühlte Wasser, das zur Regeneration des Reservoirs wieder über die Injektionsbohrung dem Untergrund zugeführt wird, in Raum und Zeit verteilt. Erreicht der Tracer beispielsweise nach relativ kurzer Zeit mit geringer

Dispersion, d. h. einer schmalen Durchgangskurve, die Förderbohrung, so gilt entsprechendes auch für das thermische Verhalten. Tracerversuche ermöglichen ebenso den Nachweis, dass die Geothermiebohrungen hydraulisch miteinander in Verbindung stehen und sollten daher bereits bei den ersten längeren Zirkulationsversuchen durchgeführt werden.

Als Tracerstoff wird vorzugsweise ein idealer Markierungsstoff verwendet, insbesondere auch wegen des einfacheren mathematischen Handlings bei der Testinterpretation. Ein **idealer Tracer** sollte ungefährlich sein und nicht mit dem Untergrund reagieren (Sorption); er sollte keinem Zerfall oder Abbau unterliegen, in großer Verdünnung nachweisbar sein und dieselben physikalischen Eigenschaften wie Wasser aufweisen (Strayle et al. 1994). In der Praxis ist Uranin (Natriumfluoreszein) neben Naphtalendisulphat auch in der Geothermie einer der am meisten verwendeten Tracer.

Um eine quantitative Auswertung von Tracerversuchen zu ermöglichen, ist sorgfältigste Versuchsplanung und –durchführung notwendig. Der Versuch sollte zum Zweck einer späteren mathematischen Beschreibung durch analytische Lösungen (z. B. Typkurven) oder durch numerische Modellierungen möglichst einfach durchgeführt werden. Zu diesem Zweck sollte die Tracereingabe entweder möglichst rasch (Dirac'scher Stoß) oder aber kontinuierlich über einen längeren Zeitraum erfolgen. Auch sollte der Markierungsstoff direkt in den Testhorizont eingebracht werden. Die Beprobung sollte in so dichten Zeitabständen erfolgen, dass der gesamte Tracerdurchgang verfolgt werden kann. In der Regel genügt es theoretisch, die Beprobung in logarithmisch äquidistanten Zeitabständen vorzunehmen. Detaillierte Hinweise hierzu können beispielsweise dem Lehrbuch von Käss (2004) oder den Arbeiten von Strayle et al. (1994) entnommen werden.

Für verschiedene Versuchskonstellationen gibt es analytische Lösungen des Tracertransportes, d. h. der Differentialgleichung des Massentransportes. Diese analytischen Lösungen wurden umformuliert, so dass daraus dimensionslose Lösungen entstanden, aus denen sich sogenannte Typkurven erstellen lassen (Sauty 1980, Stober 1980, Schweizer et al. 1985). Auf diesen Typkurven für den Tracerdurchgang ist die dimensionslose Tracerkonzentration ($C_D = C/C_{max}$) gegen den Logarithmus der dimensionslosen Zeit ($t_D = u^2 \cdot t/D_L$) für verschiedene Scharparameter aufgetragen. Für die Auswertung werden die Messdaten, die Tracerkonzentrationen (C), ebenfalls normiert mit der maximal gemessenen Konzentration ($C_{max}$) und gegen den Logarithmus der Zeit (t) aufgetragen und mit einem passenden Scharparameter der Typkurve zur Deckung gebracht.

Abbildung 13.14 gibt hierfür ein Beispiel. Der dargestellte Markierungsversuch wurde im thermalen verkarsteten Oberjura-Aquifer bei Saulgau (Oberschwaben, Süddeutschland) in etwa 650 m Tiefe bei 42°C durchgeführt. Als Tracer wurden 2 kg Uranin in die Geothermiebohrung GB3 Saulgau eingebracht. Während des Versuches wurde aus der 430 m entfernten Geothermiebohrung GB1 konstant Q = 29 l/s gefördert, so dass radial-konvergente Strömungsverhältnisse vorlagen. Die ersten Tracerspuren erreichten die Förderbohrung GB1 bereits nach 22 Tagen. Das Tracermaximum lag bei 1,4 µg/l und wurde nach 125 Tagen in GB1 gemessen. Nach 250 Tagen änderte sich der Förderbetrieb, so dass nur der erste Teil

## 13.4 Temperaturauswerteverfahren

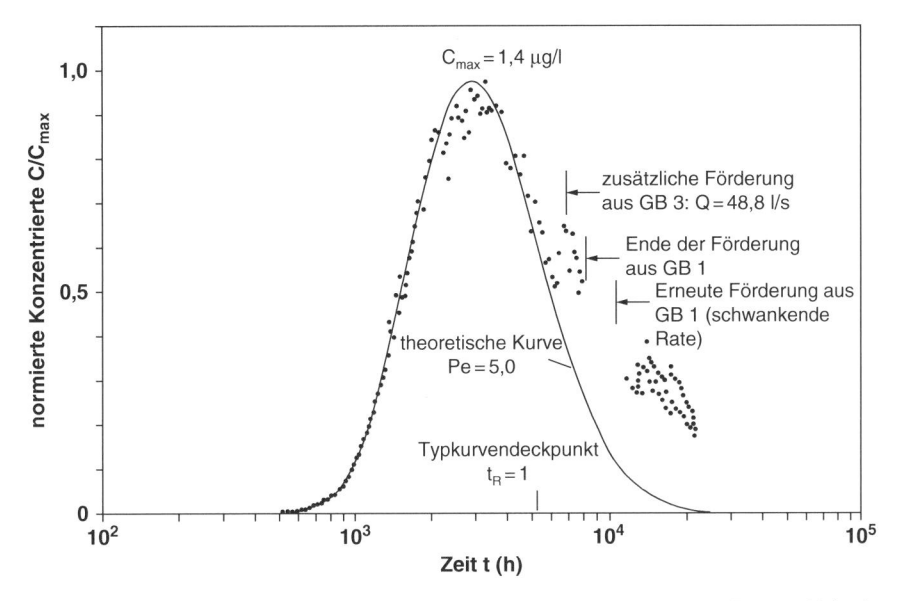

**Abb. 13.14** Beispiel für die Auswertung eines Tracerversuchs mit Typkurven. Dargestellt ist der Versuch zwischen den beiden 430 m voneinander entfernten Geothermiebohrungen Saulgau GB1 und GB3 (nach Stober 1988)

der insgesamt etwa drei jährigen Messreihe mit den vorliegenden Typkurven ausgewertet werden konnte (Abb. 13.14). Die geohydraulische Auswertung erbrachte eine durchflusswirksame Porosität von 2,7 %. Die effektive Fließgeschwindigkeit lag bei u = $10^{-5}$ m/s und die longitudinale Dispersion bei $D_L$ = $10^{-3}$ m²/s. Details zur Auswertung sind in Stober (1988) aufgeführt.

Während eines anschließenden Zirkulationsversuchs zwischen den beiden Geothermiebohrungen wurden als Tracer der sorbierende Farbstoff Eosin und Tritium in die Injektionsbohrung eingegeben. Zwar waren alle eingesetzten Tracer in der Förderbohrung messbar, eine Temperaturerniedrigung infolge der Injektion mit kühlerem Wasser konnte jedoch nicht festgestellt werden.

Daneben gibt es in der Geothermie noch wesentlich komplexere Tracermethoden zur Charakterisierung des geothermischen Reservoirs, wie Multi-Tracer-Tests oder Dual-Scale-Pull-Push-Tests zur Charakterisierung der spezifischen Fluid-Gesteins-Kontaktfläche und ihrer Änderung im hydraulisch gestressten bzw. stimulierten Zustand, die sich zum Teil noch in Entwicklung befinden oder in der Forschung angesiedelt sind (z. B. Ghergut et al. 2007).

## 13.4 Temperaturauswerteverfahren

Zu den einfachsten Temperatur basierten Auswerteverfahren zur Bestimmung von hydraulischen Parametern gehört das Verfahren, das anhand eines Ruhetemperatur-Logs durchgeführt werden kann. Steigen Wässer im Untergrund über große

Strecken dauerhaft auf- oder ab, so hinterlassen sie, je nachdem, ob die Geschwindigkeit groß oder klein ist, eine „thermische Spur". Bei aufsteigenden Wässern, erhöht sich die Temperatur im Bereich der Aufstiegszone, steigen die Wässer ab, so erniedrigt sie sich entsprechend.

Unter der Voraussetzung, dass das im Bohrloch stehende Wasser die Temperatur des umgebenden Aquifers annimmt, kann bei hinreichender Kenntnis weiterer Parameter (Dichte von Wasser ($\rho_w$), Kompressibilität von Wasser ($c_w$), Wärmeleitfähigkeit des Untergrundes ($\lambda$)) die vertikale Fliessgeschwindigkeit $v_z$ des im Aquifer auf- oder absteigenden Grundwassers bestimmt werden (Bredehoeft & Papadopulos 1965, Mansure & Reiter 1979, DVWK 1987). Aufsteigende Wässer sind im vertikalen Temperaturprofil durch einen konvexen Verlauf gekennzeichnet, absteigende Wässer durch einen konkaven Verlauf im Temperaturprofil (Abb. 13.15). Die analytische Lösung der Differenzialgleichung für diese Problemstellung lautet (Gln. 13.6 und 13.7):

$$(T_z - T_0)/(T_H - T_0) = f(\beta, z/H) \tag{13.6}$$

$$f(\beta, z/H) = [\exp(\beta(z - z_0)/H) - 1]/[\exp\beta - 1] \tag{13.7}$$

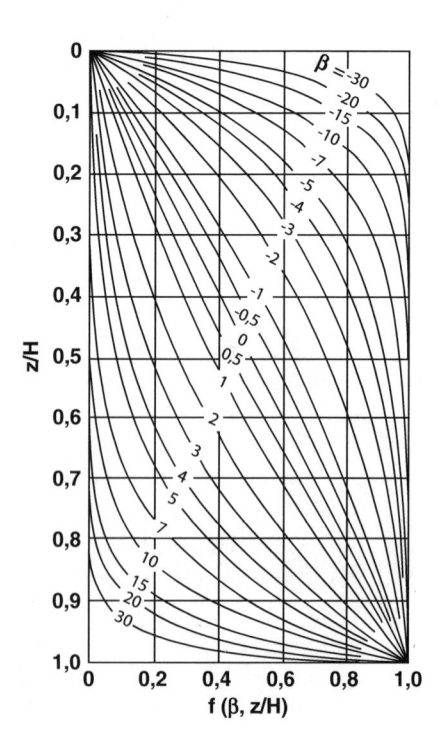

$$\beta = \rho_w c_w / \lambda \cdot v_z H \tag{13.8}$$

**Abb. 13.15** Typkurve zur Ermittlung vertikaler Wasseraufstiege anhand von Temperaturlogs (nach Bredehoeft & Papadopulos 1965), vgl. Gl. 13.8

## 13.4 Temperaturauswerteverfahren

In den Gln. 13.6, 13.7, und 13.8 bedeuten:

$T_z$ – in der Tiefe von $z_0$ bis $z_0+H$ gemessene Temperaturen
$T_0$ – in der Tiefe $z_0$ gemessene Temperatur
$T_H$ – in der Tiefe $z_0+H$ gemessene Temperatur
H – Mächtigkeit der Auf- bzw. Abstiegszone

Aus dem gemessenen Temperaturprofil kann man mit Hilfe von Typkurven der Funktion f ($\beta$, z/H) den Parameter $\beta$ und damit die vertikale Fließgeschwindigkeit aus Gl. 13.8 bestimmen. Dazu müssen die Temperatur-Messdaten der Auf- bzw. Abstiegszone mit den theoretischen Kurven der Abb. 13.15 verglichen und der passende Scharparameter $\beta$ ermittelt werden.

# Kapitel 14
# Hydrochemische Untersuchungen

Thermalwasserquelle Merkwiller, Frankreich

Thermales Tiefenwasser spiegelt die Herkunft, die Zirkulationsdauer und die Wechselwirkungen mit dem Umgebungsgestein wieder. Die meisten Tiefenwässer weisen eine erhöhte Mineralisation und Gasgehalte auf. Um Aussagen zu den Eigenschaften des geförderten Thermalwassers und den möglichen Auswirkungen zu treffen, ist die genaue Kenntnis der Inhaltsstoffe eine grundlegende Voraussetzung für den erfolgreichen Langzeitbetrieb der geothermischen Anlage.

## 14.1 Probennahme und Analytik

Die hydrochemische Analyse umfasst die Vor-Ort-Parameter (z. B. Leitfähigkeit, Temperatur, pH-Wert, Redoxpotential), die Hauptionen und die Spurenstoffe. Gas-physikalische Untersuchungen gehören ebenfalls zur Charakterisierung der Tiefenwässer und sind mitentscheidend für den späteren Anlagenbetrieb. Zusätzliche Isotopenuntersuchungen geben weitergehende Hinweise auf die Genese und Herkunft des Thermalwassers.

Bei der **Probennahme** von geothermalen Fluiden ist gewisse Vorsicht geboten, denn häufig müssen die Proben aus Druckleitungen gewonnen werden. Auch besteht eine generelle Verbrühungsgefahr. Die Flüssigkeiten können zudem toxische Inhaltsstoffe, wie Blei, Arsen, Quecksilber u.a. enthalten, so dass eine direkte und indirekte Inkorporierung vermieden werden muss. In den Wässern können hohe Gas-Anteile gelöst sein, die ebenfalls ein Gefahrenmoment darstellen können. Bei Wässern mit sehr hohen pH-Werten besteht Verätzungsgefahr (Seibt 2007).

Für die Gewinnung repräsentativer Proben des geothermalen Fluids sind spezielle Probenahmetechniken erforderlich, die an die erhöhten Temperaturen, die Gasgehalte, das Kühlen der Probe und den Kontakt mit der Atmosphäre angepasst sein müssen. Einige Inhaltsstoffe im geothermalen Fluid bleiben nach der Abfüllung stabil, andere reagieren und ändern ihre Konzentration. Bei der Probennahme muss dies entsprechend berücksichtigt werden. Für einige Komponenten ist es am besten, diese direkt vor Ort zu untersuchen, da sie sich auf dem Transportweg oder durch Lagerung verändern können. Wie die Probe bei der Entnahme konserviert werden muss, hängt entscheidend von der analytischen Untersuchungsmethode ab. Von daher muss bereits vor der Probennahme bekannt sein, welche Parameter untersucht werden sollen und welche Untersuchungsmethoden dafür zur Verfügung stehen (Arnórsson et al. 2006, Seibt 2007).

Grundsätzlich ist damit zu rechnen, dass das zu beprobende thermale Fluid mit dem Material, zu dem es Kontakt hat, reagiert. Als Beispiel sei hier die Korrosion von Rohrmaterial genannt. Hewitt (1989) und Parker et al. (1990) stellten fest, dass eine Edelstahlverrohrung die Abgabe gewisser Metallionen ins Wasser begünstigt und andere an der Verrohrung sorbiert. Die Edelstahloberfläche korrodierte in kurzer Zeit, beschleunigt insbesondere durch hohe Chloridgehalte im Wasser. Dies sollte bei der Kühlung von geothermalen Wässern für die Probenahme über Edelstahlkühlschleifen beachtet werden, denn vor der übertägigen Probennahme von Wässern >100°C ist in jedem Fall eine Kühlung erforderlich. Bei der Verwendung von Schlauchmaterial ist die Gasdiffusion zu berücksichtigen, d. h. atmosphärischer Sauerstoff kann in die Probe gelangen und Kohlendioxid aus der Probe entweichen.

Die Probenflaschen, -materialien und –geräte müssen spurenanalytisch rein sein. Für den Transport und die Lagerung sind geeignete, dicht verschließende Gefäße notwendig. Da manche Stoffe mit Glas reagieren, sind für die Probennahme Glasflaschen nicht immer zweckdienlich (Seibt 2007).

Die Messung der **vor-Ort Parameter**: Temperatur, Leitfähigkeit, Redoxpotential, pH-Wert und gelöster Sauerstoff kann online in einer Durchflusszelle erfolgen. Die Sauerstoffkonzentration spiegelt die Dichtigkeit der Messanordnung wider. Nicht alle chemischen Analysen können erst im Labor durchgeführt werden, da sich die Gehalte einiger Inhaltsstoffe durch Reaktionen ändern können. Zur Abschätzung der Größenordnung werden mit Schnellbestimmungsmethoden $NH_4^+$, $NO_2^-$, $HS^-$, C–Spezies aber auch Silizium bereits im Gelände untersucht.

Für die Bestimmung der Hauptinhaltsstoffe, der wichtigsten Gase und der meisten Spurenstoffe geothermaler Wasser- oder Gas-Proben reicht eine relativ geringe Anzahl von **Analysegeräten** aus: ICP-AES, ICP-MS, Ionen- (IC) und Gas-Chromatograph sowie ein pH-Meter und ein Massenspektrometer (MS) für die Isotopen-Untersuchung (ICP steht für Induktiv gekoppeltes Plasma und AES für Atomemissionsspektrometer). Der TCC (total carbonate carbon) und Sulfid-Schwefel werden meistens durch Titration bestimmt. Die chemische Analyse von Elementen, die in verschiedenen Oxidationsstufen vorkommen, wie beispielsweise Fe(II) und Fe(III) oder As(III) und As(V) oder Schwefel mit seinen verschiedenen Oxidationszuständen zwischen Sulfid und Sulfat, ist für das Verständnis vieler geochemischer Prozesse von sehr großer Bedeutung. Derartige Untersuchungen sind sehr komplex, denn die Konzentrationen und Redox-Bedingungen können sich bereits beim Aufstieg des Fluids aus der Tiefe, während der Probenahme, während des Transportes bzw. Lagerung der Probe oder während der Untersuchung ändern (Arnórsson et al. 2006).

Proben, bei denen die Haupt-Kationen und die Spurenmetalle mit ICP-AES und ICP-MS bestimmt werden, müssen vor Ort filtriert und angesäuert werden, während bei Proben zur Ermittlung der Haupt-Anionen mit dem IC nur eine Filtration notwendig ist. Proben, für die der pH-Wert und TCC ermittelt werden soll, sollten in gasdichte Gefäße abgefüllt werden (Arnórsson et al. 2006).

Umfangreiche Informationen zur Entnahme und zum Untersuchungsumfang sind zudem in den DVWK Regeln 128 (1992) aufgeführt. Detaillierte Hinweise zur Probennahme und Aufbereitung heißer, hochkonzentrierter oder gasreicher Tiefenwässer sowie zu Vor-Ort Untersuchungen und zur Schwefel-Geochemie geben auch Ball et al. (1976), Thompson et al. (1975), Thompson & Yadav (1979), Nicholson (1993) oder Cunningham et al. (1998).

Werden Tiefenbeprobungen mit Tiefenprobennehmern (Downhole-Sampler) durchgeführt, so liefern diese neben den chemisch-physikalischen Eigenschaften des Wassers auch Ergebnisse zum Gas-Wasser-Verhältnis und zur Gaszusammensetzung im Teufenbereich der Probenahme.

Wesentlich komplexer gestaltet sich die Probennahme bei Fumarolen, Dry-Steam- und Wet-Steam-Wells; zu diesem Thema wird z. B. auf die Arbeit von Arnórsson et al. (2006) verwiesen.

## 14.2 Wichtigste Untersuchungsergebnisse und Interpretationen

Nachstehend sind die wichtigsten Ergebnisse der Untersuchung des Thermalwassers kurz zusammengestellt (Stober et al. 2009).

Der **pH-Wert** (-) ist der negative dekadische Logarithmus der Wasserstoffionen-Konzentration: $pH = -\log H^+$. In neutralen Lösungen ist die Konzentration an $[H^+]$- und $[OH^-]$-Ionen gleich, sie haben bei Zimmertemperatur den pH-Wert 7,0. Bei 108°C liegt der neutrale Punkt bei etwa pH = 6,0 und bei 200°C bei etwa pH = 5,5. Der pH-Wert beeinflusst die Löslichkeit vieler Stoffe und deren Ionenkonzentration im Wasser. Umgekehrt können Stoffe, die sich im Wasser lösen den pH-Wert verändern. Die Kenntnis des pH-Wertes ist auch für die Berechnung, ob ein Wasser bezüglich bestimmter Minerale untersättigt, gesättigt oder übersättigt ist, sehr wichtig. Der pH-Wert nimmt i. d. R. mit zunehmender Temperatur ab.

Das Reduktions-Oxidations(Redox)-Potential, der **$E_H$–Wert** (V), ist ein Maß für die relative Aktivität der oxidierten und reduzierten Stoffe in einem System. Die Löslichkeit verschiedener Elemente hängt neben dem pH-Wert auch von ihren im jeweiligen Fluid oder Gestein gegebenen Oxidationsstufen ab. Bei Vorliegen elektrochemischer Potentiale laufen Reduktions-Oxidations(Redox)-Reaktionen ab, bei denen Elektronen übertragen werden. Oxidation kann allgemein als Abgabe von Elektronen und Reduktion als Aufnahme von Elektronen definiert werden. In einer Flüssigkeit, die verschiedene Oxidationsstufen eines Stoffes enthält, wird das Redoxpotential als elektrisches Potential (Spannung) zwischen einer inerten Metallelektrode und einer Standardbezugselektrode, die in die Lösung eingetaucht sind, gemessen. Mit $E_H$ werden Redoxpotentiale bezeichnet, die auf Wasserstoff gleich Null bezogen sind. Die meisten Redoxreaktionen sind abhängig vom pH-Wert. Der $E_H$-Wert ist temperaturabhängig.

Häufig wird anstelle des Redoxpotentials $E_H$ die Größe $p_\varepsilon$ [-] als Maß für die Konzentration der Redox-wirksamen Spezies verwendet. Der $p_\varepsilon$-Wert ist mit dem $E_H$-Wert über folgende Beziehung (Gl. 14.1) verbunden:

$$p_\varepsilon = \frac{E_H}{2,303 \cdot R \cdot \frac{T}{F}} \tag{14.1}$$

wobei $R$ die universale Gaskonstante, $T$ die absolute Temperatur und $F$ die Faraday-Konstante ist.

Echte und potentielle Elektrolyte dissoziieren in wässriger Lösung. Die dabei entstehenden Ionen machen die Lösung elektrisch leitfähig, wobei die Ionen je nach Dissoziationsgrad und Beweglichkeit unterschiedliche Leitfähigkeiten haben. Die **elektrische Leitfähigkeit (Salinität)**, in S m$^{-1}$ gemessen, setzt sich aus den Leitfähigkeitsbeträgen der einzelnen Kationen und Anionen zusammen. Damit gibt die elektrische Leitfähigkeit einen ersten Hinweis auf die Größe des Gesamtlösungsinhaltes und den Abdampfrückstand und ist ein einfach zu ermittelnder Kontrollparameter. Die elektrische Leitfähigkeit ist eine temperaturabhängige Größe. Die elektrische Leitfähigkeit wird vielfach als geophysikalisches Log in

## 14.2 Wichtigste Untersuchungsergebnisse und Interpretationen

Bohrungen gemessen, um Zutrittsstellen von Wässern einer anderen Mineralisation zu lokalisieren, und wird dort häufig als Salinität-Log bezeichnet (Abschn. 12.2).

Die **Konzentration der gelösten Stoffe**, bzw. Masse pro Volumeneinheit, in einer Flüssigkeit wird in mg/kg bzw. mg/l angegeben. Der Untersuchungsumfang einer Wasserprobe wird wesentlich vom Untersuchungsziel, vom Stand der wissenschaftlichen und praktischen Erkenntnisse über die Bedeutung der einzelnen Parameter und von den analytischen Möglichkeiten bestimmt. Bedeutende **Kationen** sind: Natrium (Na), Kalium (K), Calcium (Ca), Magnesium (Mg), Eisen (Fe), Mangan (Mn) und Ammonium ($NH_4$). Bei den **Anionen** sind es: Chlorid (Cl), Hydrogenkarbonat ($HCO_3$, bzw. $H_2CO_3$, $CO_3$), Sulfat ($SO_4$), Fluorid (F), Bromid (Br), Iodid (I), Nitrit ($NO_2$), Nitrat ($NO_3$), und Phosphat ($PO_4$). Zur Beurteilung der Güte einer hydrochemischen Analyse müssen die Hauptinhaltsstoffe untersucht werden. Gerade für thermodynamische Berechnungen sind häufig die Hauptinhaltsstoffe an Kationen und Anionen allein nicht ausreichend aussagekräftig, so dass auch **Spurenstoffe** wie Aluminium (Al), Arsen (As), Blei (Pb), Barium (Ba), Quecksilber (Hg) oder Strontium (Sr) und bestimmte undissoziierte Stoffe untersucht werden müssen.

Zu den **undissoziierten Stoffen** gehören die Kieselsäure ($SiO_2$) und die Borsäure/Bor (B). Die Kieselsäure kann als geochemisches „Geothermometer" genutzt werden und gibt dadurch gerade bei Thermalwässern wichtige Hinweise zur Temperatur und damit zur Tiefe der „Lagerstätte". Bor kommt in natürlichen, oberflächennahen Wässern recht selten vor. Das Element wird gern als Tracer verwendet, um Auskunft über die Herkunft der Wässer zu erhalten. Eine wichtige Bor-Quelle sind z. B. vulkanische Gase.

Die **Gesamtkonzentration gelöster Bestandteile** (total dissolved solids – TDS) ist die Summe aller gelösten Kationen und Anionen, aller undissoziierten Stoffe. Die Gesamtkonzentration bei gering mineralisierten Wässern wird häufig auch in Masse pro Volumeneinheit angegeben. Bei hochkonzentrierten Wässern erfolgt die Angabe in g/kg. Zur Aufstellung der Ionenbilanz als Qualitätskontrolle und zur stöchiometrischen Behandlung chemischer Prozesse werden die aus der Wasseranalytik erhaltenen Konzentrationen (mg/kg) in Ionenäquivalente (mmol(eq)/kg) umgerechnet.

Die Löslichkeit von **Gasen** im Wasser ist gasspezifisch und hängt von der Wassertemperatur, vom Druck (bei Gasgemischen vom Partialdruck) und vom Gesamtlösungsinhalt (TDS) ab. Die Löslichkeit eines Gases $\lambda$ in l/l [-] lässt sich durch die Henry-Dalton-Gleichung (Gl. 14.2) beschreiben:

$$\lambda = K' \cdot p \qquad (14.2)$$

wobei p der Druck bzw. Partialdruck ist und K' ein temperaturabhängiger Proportionalitätsfaktor. Es gibt verschiedene Wasser-Gas-Gemische, die gelöste und nicht gelöste Komponenten enthalten. In der Natur treten vorzugsweise Gemische mit $CO_2$ auf, aber auch Gemische mit Stickstoff, Methan, Schwefelwasserstoff und anderen Gasen werden beobachtet. Die Wasser-Gas-Gemische besitzen von normalen Grundwässern abweichende physikalische Eigenschaften und wirken sich daher auf die Größe der thermischen Leistung und der hydraulischen Eigenschaften wie $k_f$-Wert, Transmissivität, Speicherkoeffizient, aus (Abschn. 8.2 und 8.6). Die Löslichkeit von Gasen im Wasser wird in Gegenwart von gelösten festen Stoffen verändert.

**Plausibilitätskontrollen** ermöglichen Hinweise auf die Vertrauenswürdigkeit und Zuverlässigkeit hydrochemischer Analysendaten. Dazu wird in erster Linie die Ionenbilanz herangezogen. Theoretisch sollten die Kationen- und Anionensumme (mmol(eq)/l bzw. mmol(eq)/kg) etwa gleichgroß sein. Außerdem kann der in der Analyse gegebene Gesamtlösungsinhalt anhand der elektrischen Leitfähigkeit qualitativ überprüft werden. Der pH-Wert kann aus dem Kalk-Kohlensäure-Gleichgewicht abgeschätzt werden. Daneben gibt es eine Reihe von Stoffen, die bestimmte Größenordnungen anderer Stoffe ausschließen (z. B. Hölting 1989).

Zur **Gruppierung, Klassifizierung und Charakterisierung** hydrochemischer Analysen unter Berücksichtigung ausgewählter Merkmale bedient man sich in der Hydrochemie meist **graphischer Darstellungsformen** wie Piper-, Schoeller-, oder Strahlen-Diagrammen. Um eine „objektive" Klassifizierung unter Einbeziehung aller in Frage kommenden Merkmale durchführen zu können, bedarf es spezieller statistischer Verfahren. Zu diesen **multivariaten statistischen Verfahren** gehören die Faktorenanalyse, die Diskriminanzanalyse und die Clusteranalyse.

Im **Piper-Diagramm** werden ein Anionen- (üblicherweise: $Cl^-$, $HCO_3^-$, $SO_4^{2-}$) und ein Kationen-Dreieck (üblicherweise: $Mg^{2+}$, $Ca^{2+}$, $Na^++K^+$) mit einem Vierecksdiagramm (üblicherweise: $Na^++K^+$, $HCO_3^-$, $Mg^{2+}+Ca^{2+}$, $SO_4^{2-}+Cl^-$) kombiniert, so dass jede Analyse durch je einen Punkt in den drei Einzel-Diagrammen repräsentiert ist. Piper-Diagramme sind Verhältnisdarstellungen (Äq%) bestimmter Ionen-(Gruppen). Die unterschiedlichen Gesamtkonzentrationen der Wässer sowie die Nebenbestandteile können nicht dargestellt werden bzw. sie werden vernachlässigt. Mit Hilfe des Piper-Diagrammes ist es möglich, Analysenergebnisse einem bestimmten Wassertyp zuzuordnen (Abb. 14.1). Piper-Diagramme sind besonders für die Darstellung einer großen Datenmenge geeignet.

Bei **Schoeller-Diagrammen** ist durch den semilogarithmischen Maßstab zusätzlich die Möglichkeit der Darstellung der Konzentrationen bestimmter Ionen-(Gruppen) gegeben. Aufgetragen werden die Konzentrationen (mmol(eq.)/l oder mmol(eq)/kg) von Ionen-(Gruppen) in einer bestimmten Reihenfolge: $Mg^{2+}$, $Ca^{2+}$, $Mg^{2+}+Ca^{2+}$, $Na^++K^+$, $Cl^-$, $HCO_3^-$, $SO_4^{2-}$. Damit ist es möglich, wie bei einem Piper-Diagramm die Wässer bestimmten Wassertypen zuzuordnen (Abb. 14.2). Im Gegensatz zum Piper-Diagramm lassen sich jedoch im Schoeller-Diagramm hoch konzentrierte von gering mineralisierten Wässern unterscheiden und verwandte Wässer (Verdünnung) einander zuordnen. Die Darstellungsform erlaubt jedoch nur die Visualisierung einer kleinen Datenmenge.

Eine weitere Gruppierung der Wässer kann durch die Berechnung von **Ionenverhältnissen** (üblicherweise auf mmol-Basis) erfolgen. Das Verfahren ist besonders geeignet für die Untersuchung von Verdünnungs- und Mischungseffekten unabhängig von der Gesamtkonzentration und ist auch bei unvollständigen Analysen anwendbar. Die üblichsten Ionenverhältnisse sind:

14.2 Wichtigste Untersuchungsergebnisse und Interpretationen

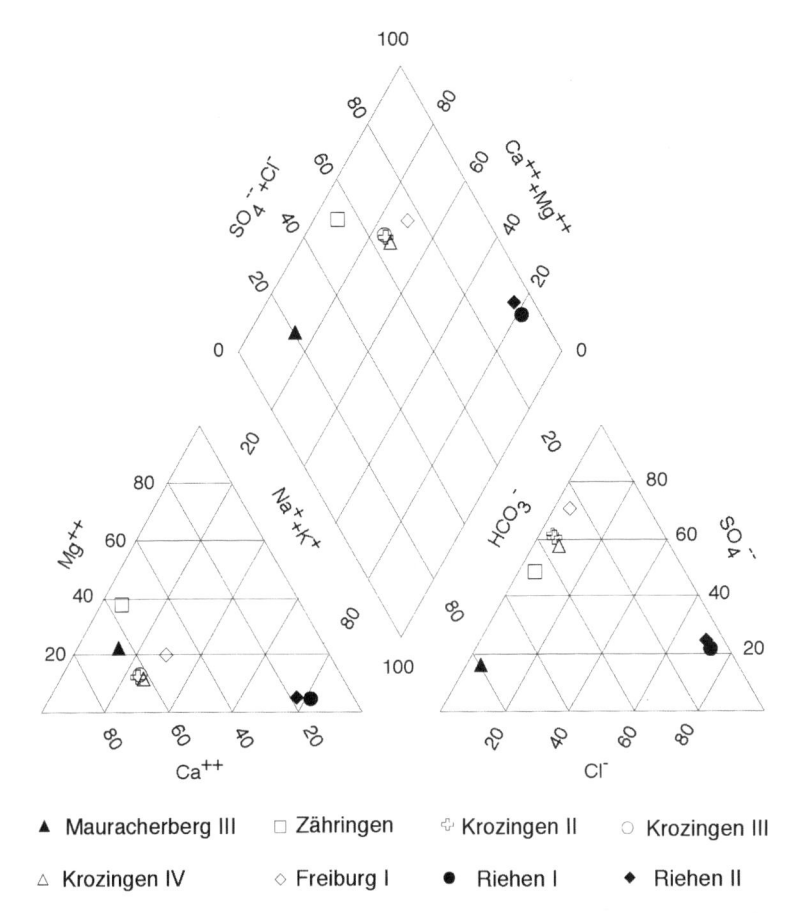

**Abb. 14.1** Beispiel für die Darstellung hydrochemischer Analysen in einem Piper-Diagramm. Dargestellt sind Analysendaten von verschiedenen Wässern aus dem Muschelkalk des Oberrheingrabens (nach He et al. 1999)

- das Alkali-Verhältnis (Na/K)
- das Erdalkali-Verhältnis (Ca/Mg)
- das Erdalkali-Alkali-Verhältnis zwischen ([Ca+Mg]/[Na+K])
- das Hydrogenkarbonat-Salinar-Verhältnis ($HCO_3$/[Cl+$SO_4$])
- das Salinar-Verhältnis (Cl/$SO_4$)
- das Chlorid-Natrium-Verhältnis (Cl/Na)

In der Hydrochemie gibt es einige einfache Untersuchungsmethoden und Auswerteverfahren, um Hinweise auf die **Herkunft** und **Genese** der Tiefenwässer zu erhalten, wie z. B. die Benutzung von Geothermometern oder die Untersuchung des Cl/Br-Verhältnisses, die beide nachstehend beschrieben werden. Grundlegende und weitergehende Informationen können beispielsweise dem Lehrbuch von Drever

**Abb. 14.2** Beispiel für die Darstellung hydrochemischer Analysen in einem Schoeller-Diagramm. Dargestellt sind Analysendaten von Mineralwässern (blau) und Thermalwässern (rot) aus dem kristallinen Grundgebirge des Schwarzwaldes (nach Stober & Bucher 1999)

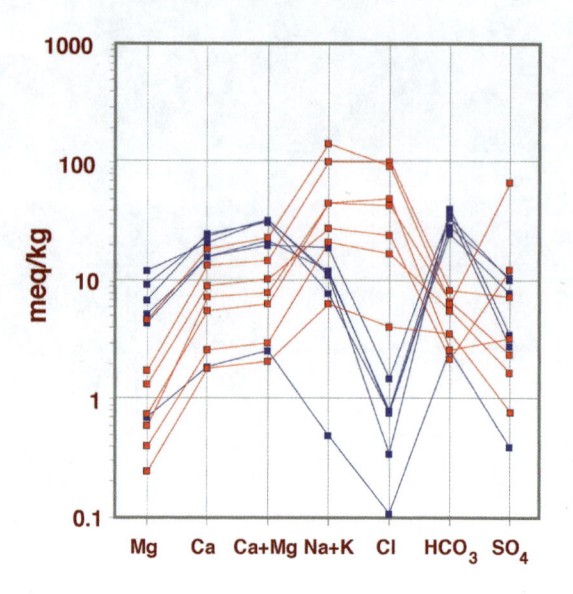

(1997) entnommen werden. Auch die Bestimmung und Interpretation von Isotopen können einen entscheidenden Beitrag leisten. In diesem Zusammenhang wird beispielsweise auf Pearson et al. (1991) verwiesen.

Mit Hilfe sogenannter **Geothermometer** lassen sich aus den hydrochemischen Analysendaten Rückschlüsse auf die Temperatur der „Lagerstätte" (Geotemperatur), der das Wasser entstammt, ziehen. Die Berechnung von Geotemperaturen kann nur unter gewissen Voraussetzungen erfolgen. Beispielsweise muss ein temperaturabhängiges, thermisches Gleichgewicht zwischen Wasser und Kontaktgestein vorliegen. Eine Mischung mit oberflächennahem Wasser darf nicht erfolgen (geschlossenes System). Weitere Voraussetzungen sind z. B. in Fournier et al. (1974) aufgeführt.

Das klassische Geothermometer ist das **$SiO_2$-Geothermometer**. Kieselsäure gelangt in natürliche Wässer hauptsächlich durch die Verwitterung von Silikatgesteinen und in geringem Umfang auch durch Lösung von $SiO_2$. Von den verschiedenen $SiO_2$-Modifikationen ist amorphes $SiO_2$ am löslichsten, die kristallinen Formen (Chalzedon, Quarz) sind hingegen weniger löslich (Fournier 1981). Die Lösung und Ausfällung von $SiO_2$ vollzieht sich bei normalen Temperaturen extrem langsam. Die Reaktionsgeschwindigkeit erhöht sich jedoch mit steigenden Temperaturen (Krauskopf 1956, DVWK 1987). Die Löslichkeit von $SiO_2$ wird im pH-Bereich zwischen 1 und 9 wenig durch den pH-Wert beeinflusst, nimmt jedoch bei pH-Werten über pH = 9 markant zu (Fournier 1981). Da das Angebot von $SiO_2$ im Wasser im Bereich von $CO_2$-Austritten stärker von der Verwitterung als von der temperaturabhängigen Ausfällung $SiO_2$-haltiger fester Phasen bestimmt wird, kann dieses Verfahren nur für Wässer ohne nennenswerte $CO_2$-Gehalte angewandt werden (Stober 1995).

## 14.2 Wichtigste Untersuchungsergebnisse und Interpretationen

Die eindeutige Abhängigkeit der $SiO_2$-Löslichkeit von der Temperatur kann zur Berechnung von „Lagerstättentemperaturen" benutzt werden. Nimmt man an, dass das Tiefenwasser genügend lange im Untergrund verweilte, so dass sich ein Lösungsgleichgewicht zwischen dem Wasser und den Kontaktmineralen einstellte, so lässt sich die Untergrundtemperatur T (°C) mit den nachstehenden Gleichungen (Gln. 14.3a-c) berechnen (Fournier 1977, 1981). Allerdings muss dazu die $SiO_2$-Modifikation bekannt sein, die als Primär- oder Sekundärmineral die $SiO_2$-Konzentration im Wasser bestimmt. Grundsätzlich ist jedoch zu erwarten, dass bei hohen Temperaturen der $SiO_2$-Gehalt im Wasser eher durch Quarz als maßgebliche $SiO_2$-Modifikation bestimmt wird; bei etwas niedrigeren Temperaturen ist dies eher Chalzedon.

$$\text{Amorphes } SiO_2: \quad T = 731/(4{,}52 - \lg SiO_2) - 273{,}15 \qquad (14.3a)$$

$$\text{Chalzedon:} \quad T = 1032/(4{,}69 - \lg SiO_2) - 273{,}15 \qquad (14.3b)$$

$$\text{Quarz:} \quad T = 1309/(5{,}19 - \lg SiO_2) - 273{,}15 \qquad (14.3c)$$

Daneben gibt es noch zahlreiche weitere $SiO_2$-Geothermometer wie beispielsweise von Fournier & Potter (1982), Arnórsson (1983), Verma & Santoyo (1997), Verma (2000) oder Walther & Helgeson (1977), wobei sich die Quarz-Geothermometer von Fournier (1977), Walther & Helgeson (1977) und Verma (2000) grundsätzlich bewährt haben. Das neuere Quarz-Geothermometer nach Verma (2000) lautet:

$$\text{Quarz:} \quad T = 1175{,}7/(4{,}88 - \lg SiO_2) - 273{,}15 \qquad (14.4)$$

Neben den $SiO_2$-Gehalten eignen sich auch Kationenverhältnisse als Temperaturindikatoren, da bei erhöhten Temperaturen die Verteilung speziell der Alkali-Ionen im wesentlichen temperaturabhängig ist. Die **Kationen-Geothermometer** wie das Na-K-, das Na-Li-, das Na-K-Ca- oder Mg-Li-Geothermometer basieren auf der Temperaturabhängigkeit von Ionenaustauschreaktionen. So basiert beispielsweise das Mg-Li-Geothermometer auf einer Zunahme des Lithium-Gehaltes und auf einer Abnahme des Magnesium-Gehaltes mit ansteigender Temperatur (Nordstrom et al. 1985). Nach Fournier (1981) stellen sich bei den Na-K- oder Na-K-Ca-Geothermometern erst bei höheren Temperaturen (>150°C) bestimmte Ionenaustauschgleichgewichte ein, weshalb von einer Anwendung bei Temperaturen <100°C abgeraten wird. Das Mg-Li-Geothermometer soll bereits ab Temperaturen von 40°C einsetzbar sein (Nordstrom et al. 1985).

Nachstehend (Gl. 14.5: Santoyo & Díaz-González 2010, Gln. 14.6 und 14.7: Drever 2005) sind beispielhaft einige Geothermometer zusammengestellt, wobei Natrium, Kalium, Magnesium und Lithium in ppm angegeben werden.

$$\text{Na-K:} \quad T = 876{,}3/(0{,}8775 + \lg Na/K) - 273{,}15 \qquad (14.5)$$

$$\text{Mg-Li:} \quad T = 220/(5{,}47 + \lg \sqrt{(Mg/Li)}) - 273{,}15 \qquad (14.6)$$

$$\text{Na-Li:} \quad T = 1590/(0,776 + \lg \text{Na/Li}) - 273,15 \quad (14.7)$$

Der Einsatzbereich der Mg-Li- und Na-Li-Geothermometer liegt nach Drever (2005) bei 0 – 350°C.

Aus dem Verhältnis zwischen dem Chlorid- und Bromid-Gehalt (**Cl/Br-Verhältnis**) im Wasser können Hinweise auf die Herkunft der Chloridgehalte gewonnen werden. Das Cl/Br-Verhältnis für Meerwasser liegt bei Cl/Br = 288 (mg-Basis). Wird Meerwasser mit reinem Wasser verdünnt, so bleibt das Cl/Br-Verhältnis unverändert und die Mischwässer liegen auf der sogenannten Meerwasserverdünnungslinie (Abb. 14.3).

Laugungsversuche an Graniten (Triberger Granit) und Gneisen (Grube Clara, Steinbruch Pauli Schänzle) aus dem Mittleren Schwarzwald haben gezeigt, dass die Cl/Br-Verhältnisse der Laugungswässer wesentlich geringer sind als im Meerwasser (Stober & Bucher 1999). Das bei den Laugungsversuchen aus den Gesteinen entfernte Chlor und Brom stammt i. W. aus Flüssigkeitseinschlüssen und aus Mineralen wie Biotit oder Amphibol. Die Untersuchungen von He et al. (1999) und Stober & Bucher (1999) haben gezeigt, dass die Auflösung von Haliten (Mittleren Muschelkalk, Schweizerhalle, Südschwarzwald und oligozäne Salzablagerungen im Oberrheingraben) demgegenüber wesentlich höhere Cl/Br-Verhältnisse liefert

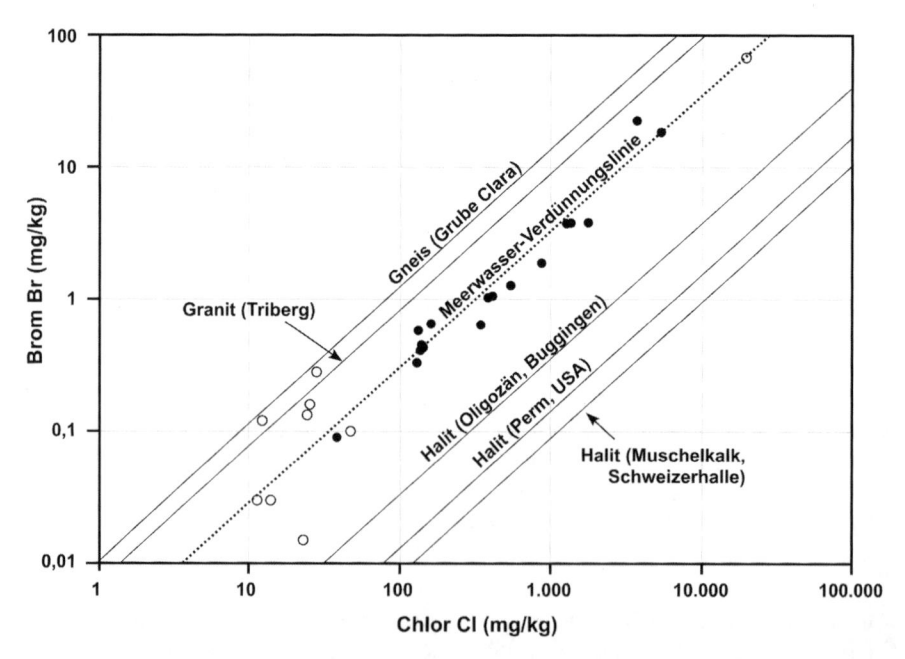

**Abb. 14.3** Beispiel für ein Cl/Br-Diagramm: Als Linie eingetragen sind die Meerwasserverdünnungslinie (gestrichelt) sowie Ergebnisse von Laugungsversuchen an kristallinen Gesteinen (Granit, Gneis) und Haliten (durchgezogene Linien). Die Punkte stammen von Wässern aus dem kristallinen Grundgebirge des Schwarzwaldes: Mineralwässer offene Kreise, Thermalwässer ausgefüllte Kreise (nach Stober & Bucher 1999)

## 14.2 Wichtigste Untersuchungsergebnisse und Interpretationen

als diejenigen des Meerwassers. Die Werte der Halit-Laugungen lagen bei einigen 1000en. Die entsprechenden Verdünnungslinien sind in einem Log-Log-Plot auf Abb. 14.3 eingetragen. Liegen Tiefenwässer im Bereich der Meerwasserverdünnungslinie, so könnte es sich demnach primär um verdünntes oder aufkonzentriertes fossiles Meerwasser handeln. Deutlich erhöhte Cl/Br-Verhältnisse können auf eine salinare Komponente aus Haliten hinweisen. In kristallinen Grundgebirgs-Wässern mit einem sehr niedrigen Cl/Br-Verhältnis könnte die salinare Komponente aus Flüssigkeitseinschlüssen und/oder der Verwitterung Cl-haltiger Mineralen im Gestein stammen.

Daneben kann das Cl/Br-Verhältnis im Wasser von vielen anderen Faktoren bestimmt werden, wie z. B. Verdunstung, Eisbildung, $H_2O$-Aufbrauch bei Verwitterungsreaktionen.

Programme der WATEQ-, PHREEQE- oder SOLMINEQ-Familie gestatten die Berechnung der **Speziesverteilung** natürlicher, komplex zusammengesetzter Wässer sowie der Sättigungsindizes gegenüber bestimmten Mineralen durch sukzessive Approximation. Auswirkungen von Druck- und Temperaturänderungen auf den Sättigungszustand der Lösung, hervorgerufen durch die Entnahme der Wasserprobe aus ihrem natürlichen Milieu, können mit Hilfe hydrogeochemischer Modellprogramme korrigiert werden. Programme aus der PHREEQE- und SOLMINEQ-Familie bieten außerdem umfangreiche Möglichkeiten für weitere Modellierungen. Für die Berechnung sind vollständige hydrochemische Analysen einschließlich gewisser, seltener bestimmter Bestandteile notwendig. Die mit den Modellprogrammen ausgeführten Rechenoperationen sind sehr empfindlich gegenüber Ungenauigkeiten der pH- und Temperatur-Werte (z. B. Parkhurst & Appelo 1999).

Mit Hilfe des Computerprogramms PHREEQC lässt sich beispielsweise der chemische Ist-Zustand eines Thermalwassers mit dem theoretischen Gleichgewichtszustand verglichen. Auf diese Weise kann untersucht werden, inwieweit die Konzentration einzelner Inhaltsstoffe in den Wässern durch die Löslichkeit von Primär- und Sekundärmineralen kontrolliert wird. Der Zustand einer chemischen Reaktion wird durch den Logarithmus des Verhältnisses von Reaktionsquotient (Ionenaktivitätsprodukt IAP) und Gleichgewichtskonstanten (K) beschrieben und als **Sättigungsindex** SI (-) bezeichnet (Gl. 14.8). Der Sättigungsindex kennzeichnet, ob zwischen einem Mineral und der umgebenden Lösung ein thermodynamisches Gleichgewicht herrscht. Negative Werte bedeuten eine Untersättigung des Wassers in Bezug auf das entsprechende Mineral, was impliziert, dass die feste Phase gelöst werden kann. Positive Werte beschreiben eine Übersättigung mit potentiellem Ausfallen der entsprechenden festen Phase. Wird der Wert „0" erreicht, so ist das Wasser gesättigt.

$$SI = \log (IAP/K) \tag{14.8}$$

Mit Hilfe der chemischen Thermodynamik kann zudem die Mischung von Wässern beschrieben und untersucht werden. Es kann die Lösung und Ausfällung von Mineralen sowie die Gas-Wasser-Interaktion betrachtet werden. Die chemische Thermodynamik erlaubt jedoch keine Angabe zu den zeitlichen Abläufen und ob die Abläufe überhaupt auftreten.

## 14.3 Ausfällungen, Korrosion

Die Erschließung eines geothermischen Wärmereservoirs stellt, thermodynamisch betrachtet, eine Störung des Gleichgewichtes des Thermalwassers mit dem umgebenden Gestein bei den in der Lagerstätte herrschenden Temperaturen und Drucken dar. Gelangt das Thermalwasser an die Erdoberfläche, wird ein neues Gleichgewicht angestrebt. Es kann zu Ausfällungen und Lösungen, zu Korrosion, kommen.

Das **Thermalwassersystem** umfasst die obertägigen, thermalwasserberührten Anlagenbereiche einschließlich der Förderpumpe und Injektionsleitung. Bei der Auslegung des Thermalwassersystems werden an erster Stelle die physikalischen Parameter wie Druck, Temperatur und Förderrate berücksichtigt. Sie definieren die Nennweiten, Druckstufen und Werkstoffe hinsichtlich der Temperaturbeständigkeit sowie der ggf. erforderlichen Wärmeausdehnung. Der Thermalwasserkreislauf muss so betrieben werden, dass das Gesamtsystem einen bestimmten Mindestdruck nicht unterschreitet, der verhindert, dass gelöste Gase nicht ausgasen. Ansonsten wird die Bildung von Ablagerungen begünstigt und es kann ein Zwei-Phasen-Strom in der Anlage entstehen. In speziellen Fällen können Inhibitoren eingesetzt werden, um den ansonsten ggf. sehr hohen erforderlichen Betriebsdruck abzusenken. Bei der Auslegung der Wärmetauscher müssen Vor- und Rücklauftemperatur, Druckdifferenz zwischen Primär- und Sekundärkreislauf, Temperatur und Druck des Arbeitsmediums, Gasgehalt und Thermalwasserzusammensetzung sowie die Wärmekapazität und Viskosität der Medien im Primär- und Sekundärkreislauf berücksichtigt werden (Blank et al. 2010).

Auf der Injektionsseite sind Wasserdampfbildungen zu vermeiden. Günstig ist der Einbau einer Injektionsleitung in das Bohrloch, die deutlich unter den dynamischen Wasserspiegel reicht. Filteranlagen an der Förder- und Injektionsbohrung verhindern das Eindringen von Partikeln in die Anlage und eine damit ggf. verbundene Abrasion oder Ablagerung von Sedimenten, insbesondere bei den Wärmetauschern, den Pumpen aber auch im Bereich der Injektionsbohrung (Enerchange 2009, Blank et al. 2010).

Als korrosive Inhaltsstoffe gelten u.a.: Sauerstoff, Schwefelwasserstoff, Chlorid, Hydrogensulfid, Kohlendioxid, Sulfate. Neben Problemen infolge Korrosion können vor allem Ausfällungen den reibungslosen Betrieb einer geothermischen Anlage beeinträchtigen. Das Thema Korrosion und Ausfällungen betrifft nicht nur den übertägigen Bereich einer geothermischen Anlage, sondern ist genauso wichtig untertage (Abb. 14.4). So können beispielsweise Ausfällungen im Injektionsbereich zu ungewollten Druckanstiegen im System führen mit vielerlei unliebsamen Folgen. Für Ausfällungen sind vor allem die Erdalkali- und Hydrogenkarbonatgehalte zu beachten. Eine wichtige Rolle spielen aber auch Spurenstoffe wie beispielsweise Silizium, Barium, Radionuklide der natürlichen Zerfallsreihe und das natürliche Kaliumisotop $^{40}$K. Letztere können zu kritischen Radioaktivitätswerten in den Ausfällungen führen (Degering & Köhler 2011, Enerchange 2009, Abschnitt 10.2).

Korrosionsschutz und Vermeidung von Ausfällungen sind nicht nur ein wichtiges Thema in der tiefen Geothermie, sondern sie betreffen auch die oberflächennahe

## 14.3 Ausfällungen, Korrosion

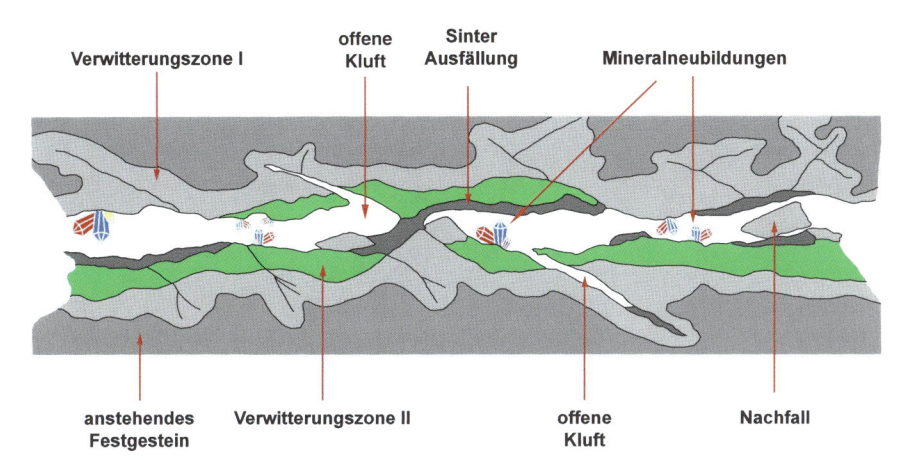

**Abb. 14.4** Schemabild für die Wasser-Gesteins-Wechselwirkung in einer offenen, Wasser erfüllten Kluft mit Ausfällungen (Sinter), Mineralneubildungen und Lösungen bzw. Verwitterungszonen

Geothermie, insbesondere den Bau von Grundwasserbrunnen (Abschn. 7.2). Korrosionsschutz ist daneben ein wichtiges Thema in der Wärmepumpentechnik.

Im oberflächennahen Grundwasser stammen die gelösten **Gase** meist aus der Atmosphäre bzw. der Bodenzone. Tiefenwässer können aufsteigende Tiefengase, wie Kohlendioxid, Methan oder Helium, aber auch Schwefelwasserstoff enthalten. Stickstoff und Methan kann z. B. aus der Zersetzung von organischem Material herrühren, bzw. aus Erdöl- oder Erdgaslagerstätten in das System diffundieren. Dies gilt auch für höhere Kohlenwasserstoffe. $CO_2$ kann jedoch auch bei metamorphen Prozessen in der tieferen Erdkruste entstehen. Die Genese von $CH_4$ wird u.a. mit dem Vorkommen von Graphit in Verbindung gebracht.

Tritt eine Flüssigkeit mit atmosphärischer Luft in Kontakt, so stellt sich ein **Gleichgewicht** entsprechend den Partialdrücken der Luftbestandteile im Gasraum und den gelösten Gasen ein (Abschn. 14.2). Wässer, die unter hohem Druck mit einem Gas, z. B. mit $CO_2$, gesättigt sind, geben dieses Gas so lange ab, bis Gleichgewicht zur Atmosphäre besteht. Dies gilt besonders für Gase wie $H_2S$ und $H_2$ bzw. $CO_2$, deren Partialdrücke in der Atmosphäre nahe Null bzw. sehr niedrig sind. Der Ermittlung von Gasen und Gasgehalten in der Flüssigkeit der Lagerstätte kommt höchste Priorität zu. Wichtig ist die Angabe des Bezugs der Maßeinheiten und der Messbedingungen.

Als Folge einer Verminderung des freien gelösten $CO_2$, beispielsweise durch Kontakt mit der atmosphärischen Luft, oder durch Reduktion des Fluid-Druckes, z. B. bei Thermalwasserförderung aus großer Tiefe, kann es zur Übersättigung von Karbonaten kommen (Gl. 14.9), so dass in erheblichen Mengen Aragonit und/oder Calcit ($CaCO_3$) **ausgefällt** werden (Abb. 14.5). Zur Vermeidung eines Kontaktes mit der atmosphärischen Luft wird daher das Thermalwasser bei Geothermiebohrungen in einem geschlossenen System gefördert. Zusätzlich wird das

**Abb. 14.5a** Beispiel für Ausfällungen im Innenrohr einer Geothermiebohrung, oben: Aragonit mit Calcit, unten: Calcit an der Rohrwandung

**Abb. 14.5b** Beispiel für Ausfällungen im Umfeld eines 70°C warmen Thermalwasseraustritts aus dem Oberen Muschelkalk (Quelle Helios bei Merkwiller, Oberrheingraben, Frankreich)

## 14.3 Ausfällungen, Korrosion

geschlossene System mit Drücken in der Größenordnung von ca. 10–20 bar beaufschlagt. Unter Umständen kann zusätzlich der Einsatz von Inhibitoren erforderlich sein. Die Bestimmung der Höhe der erforderlichen Drücke kann theoretisch mit thermodynamischen Programmen und praktisch mit Laborversuchen erfolgen. Beide Verfahren setzen eine genaue Kenntnis der hydrochemischen Zusammensetzung des Thermalwassers voraus.

$$Ca^{2+} + 2HCO_3^- = CaCO_3 + CO_2 + H_2O \quad (14.9)$$

In den bei geothermischen Anlagen über Tage geschlossenen Zirkulations-Systemen sind die **Sättigungszustände** bezüglich vieler Minerale natürlich auch von den physikalischen Eigenschaften abhängig, denen die Tiefenwässer unterliegen. Sie werden von den jeweils herrschenden Druck- und Temperaturbedingungen bestimmt. Bereits bei der Förderung von Tiefenwässern nehmen der Druck stark und geringfügig auch die Temperatur ab. Bei der Passage durch das oft verwinkelte Leitungssystem an der Erdoberfläche bilden sich immer wieder Druckschatten. Durch den Temperaturentzug beim Durchströmen des Wärmetausches an der Erdoberfläche erfolgt die wesentliche Temperaturabnahme des Tiefenwassers. Bei Reduktion der Temperatur im relevanten Temperaturbereich von 200°C bis auf 50°C nehmen beispielsweise die Sättigungszustände von Anhydrit, Gips und Calcit ab, d. h. rein auf der Basis der Temperaturabnahme wären keine Ausfällungen dieser Minerale zu erwarten. Da sich jedoch auch der Druck auf das Fluid reduziert, und dieser Effekt z. B. bei Calcit dominiert, sind Calcitausfällungen zu erwarten. Völlig anders verhält sich Quarz. Im Niedertemperaturbereich nimmt der Sättigungszustand bezüglich Quarz mit sinkender Temperatur zu. Ausfällungen sind jedoch bei der Nutzung von Niederenthalpie-Lagerstätten aus kinetischen Gründen weniger zu erwarten. Probleme treten erst bei der Nutzung höher temperierter Wässer auf.

Ändert sich die Temperatur, so verschiebt sich auch der pH-Wert. Der neutrale Punkt sinkt mit zunehmender Temperatur von pH = 7 auf Werte von pH = 5,5 bei Temperaturen um 200°C ab (Abschn. 14.2).

Der pH-Wert beeinflusst den Sättigungszustand bezüglich verschiedener Minerale. Beispielsweise ist der Sättigungsindex in Bezug auf Calcit stark pH-Wert abhängig. Mit zunehmendem pH-Wert steigt dieser an. Der Sättigungsindex bezüglich Quarz ist dagegen relativ unempfindlich bei Änderungen des pH-Wertes im Bereich unter pH = 8. In Bezug auf Gips nimmt der Sättigungsindex bei Änderungen des pH-Werts erst im Bereich unter pH = 3,5 stark ab.

Ausgeschiedene Mineralphasen, sogenannte Scales, können z.T. toxische und cancerogene Elemente (As, Cd, Pb, Hg, Ti) enthalten. Ebenso können Radionuklide eingebunden sein (z. B. Pb-210, Ra-224). Deshalb ist Vorsicht beim Umgang mit Bauteilen geboten, auf denen sich Scales gebildet haben (Abschn. 10.2).

Viele thermale Tiefenwässer enthalten $CO_2$ oder $H_2S$. Sollen derartige Wässer in Kohlenstoff-Stahlleitungen transportiert werden, so sollte vorab unbedingt der pH-Wert der wässrigen Phase eingehend untersucht werden, um die **Korrosion**sbeständigkeit zu prüfen. Soweit die Korrosionsbeständigkeit von C-Stählen nicht mehr ausreichend ist, sind Chrom-Nickel-Stähle oder Nickelbasiswerkstoffe zu verwenden (Neubert 2008).

Eine gleichmäßige Korrosion von Eisen, d. h. von unlegierten und niedrig legierten C-Stählen, erfolgt im Regelfall durch die Auflösung von Eisen, durch die anodische Metallauflösung (Oxidation) und die kathodische Teilreaktion (Reduktionsreaktion). Zunächst findet die Primäroxidation (Gl. 14.10) statt, bei der Fe(II)-Kationen gebildet werden (anodische Auflösung des Metalls, Gl. 14.10).

$$Fe \leftrightarrow Fe^{2+} + 2e^- \qquad (14.10)$$

Bei Anwesenheit von Sauerstoff im Wasser, wird dieser reduziert und es bilden sich Hydroxidionen (kathodische Reduktion von Sauerstoff, Gl. 14.11), woraus sich Eisenhydroxid bildet (Gl. 14.12).

$$O_2 + 2H_2O + 4e^- \leftrightarrow 4OH^- \qquad (14.11)$$

$$2Fe^{2+} + 4OH^- \leftrightarrow 2Fe(OH)_2 \qquad (14.12)$$

Bei der Sekundäroxidation mit Sauerstoff kann anschließend Fe(II) zu Fe(III) (FeO(OH)) oxidieren.

Bei der Säure- oder Wasserstoffkorrosion, bei der die Protonen (Wasserstoffionen) der Säure dem Metall Elektronen entziehen (Gl. 14.10), reagieren bei Abwesenheit von Sauerstoff die Wasserstoffionen als Oxidationsmittel zu Wasserstoffgas (Gl. 14.13). Die Kinetik dieser Reaktion ist meist langsam (DIN EN 14868 2005).

$$Fe + 2H^+ \leftrightarrow Fe^{2+} + H_2 \qquad (14.13)$$

Es wird somit nicht nur Metall aufgelöst, was zu einem Verlust der Wanddicke führt, sondern es wird auch Wasserstoff gebildet (Gl. 14.13), der in den Werkstoff eindiffundieren und damit zu einer Versprödung führen kann (Lochfraß). Die Korrosionsgeschwindigkeit wird vom pH-Wert der Flüssigkeit bestimmt und ist bei niedrigen pH-Werten (pH < 4) stark erhöht. Steigende $CO_2$- und $H_2S$-Gehalte sowie Salzgehalte erniedrigen den pH-Wert, wodurch die Korrosionsgeschwindigkeit deutlich ansteigt. Für Förderrohrtouren aus C-Stählen ist der Einfluss von Schwefelwasserstoff von entscheidender Bedeutung, da bei einer Korrosionsreaktion Eisensulfid ($FeS_2$) gebildet wird unter gleichzeitiger Freisetzung von Wasserstoff. Durch die Bildung von Eisensulfid wird somit der pH-Wert im Korrosionsbereich deutlich abgesenkt. Die Korrosion in einem gebildeten Loch oder Riss (Verbindungsstellen) ist selbstbeschleunigend. Lochfraß kann grundsätzlich durch die Auswahl beständiger Werkstoffe, durch eine Anhebung des pH-Wertes, Absenkung der Wassertemperatur, Erhöhung der Strömungsgeschwindigkeit, Inhibitoren im Medium oder durch kathodischen Schutz minimiert werden (Neubert 2008).

Grundsätzlich können sich in Geothermieanlagen verschiedene Mineralphasen (**Scales**) bilden. Dazu gehören Karbonate ($CaCO_3$), Sulfate ($CaSO_4$, $BaSO_4$,

## 14.3 Ausfällungen, Korrosion

SrSO$_4$), Sulfide (FeS, PbS, CuS, ...) oder Quarz (SiO$_2$) in amorpher oder kristalliner Form. Generell gilt, dass eine Bewertung des Scale-Bildungspotentials eines Thermalwassers aufgrund der gelösten Ionen, nur eingeschränkt möglich ist. Zum einen sind bestimmte Reaktionen kinetisch gehemmt und laufen nur sehr langsam ab, zum anderen kann es im Thermalwasserstrom zu lokalen Übersättigungen kommen, so dass sich dort Phasen abscheiden, die in der Gesamtlösung untersättigt vorliegen. Ebenso wichtig ist der Einfluss von Werkstoffen und deren Oberflächen auf die Scalebildung (Ellis II 1985, Enerchange 2009). Entsprechendes gilt für die Korrosionsproblematik. Durch thermodynamische Berechnungen sind diese komplexen Vorgänge nicht vorhersagbar, dennoch sollte darauf nicht verzichtet werden, da zumindest Trends ableitbar sind. Auch lässt sich der Grad der Sättigung insbesondere von kritischen Verbindungen wie Baryt (BaSO$_4$) oder Cölestin (SrSO$_4$) prüfen. Ebenso kann im Vorfeld der Anlagendruck berechnet werden, der nicht unterschritten werden darf, um die im Thermalwasser enthaltenen Gase in Lösung zu halten. Auch lässt sich vorab in Laborexperimenten die Beständigkeit bestimmter Werkstoffe testen. Ebenso lassen sich bereits bei der Bauausführung von Leitungssystemen Korrosions- oder Scale-Bildung vermindern oder vermeiden durch die Verwendung von 45°-Rohrbögen oder die Vermeidung hoher Fließgeschwindigkeiten und damit von Turbulenzen im Thermalwasser. Wichtige Aspekte sind somit die Materialauswahl der im Thermalwasserkreislauf eingesetzten Anlagenteile, die Druckhaltung und die Filtration der Fluide sowie die Regenerierung und die Optimierung der Betriebsführung.

Verschiedene Prozesse können bei Unkenntnis und Fehlbedienung zu Feststoffneubildungen in Thermalwasserkreisläufen führen. Art und Größe hängen von der Petrologie des am Standort genutzten Aquifers und den Betriebsdaten der jeweiligen Anlage ab. Zu den möglichen Ursachen zählen häufig Entgasung, betriebsbedingte Änderungen des Sättigungszustandes verschiedener Mineralphasen, mikrobielle Bildungen oder elektrochemische Prozesse. Grundsätzlich kann auch die ggf. im Thermalwasser enthaltene mikrobielle Lebensgemeinschaft einen Einfluss auf den Thermalwasserkreislauf ausüben, da die mikrobielle Aktivität u.a. zu Feststoffbildungen führen kann. Im Thermalwasser enthaltene organische Bestandteile können die Nahrung bzw. Abbauprodukte mikrobieller Prozesse darstellen.

Untersuchungen zur Zusammensetzung der Thermalwässer und ihrer sekundären Produkte sind daher unverzichtbar und bereits im Vorfeld notwendig, auch um Strategien zur Vermeidung von Ausfällungen zu entwickeln. Der Betrieb der geothermischen Anlage sollte daher auch auf der Basis der geologisch-geochemischen Grunddaten durch ein Monitoring begleitet werden, um auftretende Störungen zeitnah erkennen und geeignete Abwehrmaßnahmen durchführen zu können.

Mikrobiologische Prozesse und die damit einhergehende biogeochemische Veränderung im Aquifer bzw. in den technischen Anlageteilen können bei der Nutzung von Erdwärme von großer Bedeutung sein. Als Motor für die mikrobielle Aktivität werden derzeit in Tiefenwässern oder Speichergesteinen vorhandene organische Substanz, Zufuhr exogener organischer Substanz über Sickerwasser oder Bohrspülung, mineralische Bestandteile oder gelöste Gase (H$_2$, CH$_4$, CO$_2$, N$_2$)

angesehen. Vetter et al. (2010) zeigten, dass mikrobiell hervorgerufene Störungen häufig mit signifikanten Änderungen im Sulfatgehalt, der $H_2S$-Bildung, der DOC-Konzentration und der Konzentration an niedermolekularen organischen Säuren im Wasser einhergingen. Biofilme werden gerne in Bereichen mit niedrigen Fließgeschwindigkeiten gebildet, d. h. gerne im Filterbereich. Untersuchungen in den Formationswässern des norddeutschen Beckens zeigten, dass in den mikrobiellen Lebensgemeinschaften neben den thermophilen sulfatreduzierenden und fermentierenden Bakterien auch methanogene Archaea eine bedeutende Rolle spielen (Ehinger et al. 2009). Als Temperaturobergrenze für mikrobiologische Prozesse wird derzeit der Wert von 121°C betrachtet.

# Literatur

Lichtlot

Aadony BS (1999) Modern well design. Balkema, Rotterdam, 240 p
Acuña J, Palm B (2009) Local conduction heat transfer in U-pipe borehole heat exchangers. Excerpt from the Proceedings of the COMSOL conference, Milan, 6 p
Agarwal RG, Al-Hussainy R, Ramey HJ Jr (1970) An investigation of wellbore storage and skin effect in unsteady liquid flow: I. Analytical treatment. SPE J 10(3):279–290
Ahrens TJ (1995) Global earth physics – a handbook of physical constants. American Geophysical Union, Washington, DC
Amann R, Glöckner F-O, Neef A (1997) Modern methods in subsurface microbiology: in situ identification of microorganisms with nucleic acid probes. FEMS Microbiol Rev 20(3/4): 191–200
Antics M, Papachristou M, Ungemach P (2005) Sustainable heat mining, a reservoir engineering approach. Proceedings, 13th workshop on geothermal reservoir engineering. Stanford University, SGP-TR-176, Stanford, CA, 14 p
Antics M, Sanner B (2007) Status of geothermal energy use and resources in Europe. Proceedings European Geothermal Congress. Unterhaching, Germany, pp 1–8
Armstead HCH (1983) Geothermal energy. E. & F. N. Spon, London, 404 p
Armstead HCH, Tester JW (1987) Heat mining. E. & F. N. Spon, London
Arning E, Kölling M, Panteleit B, Reichlin J, Schulz HD (2006) Einfluss oberflächennaher Erdwärmegewinnung auf geochemische Prozesse im Grundwasser. Grundwasser Bd 11, H1, S27–39
Arnórsson S (1983) Chemical equilibria in Iceland geothermal systems. Implications for chemical geothermometry investigations. Geothermics 24:603–629
Arnórsson S, Bjarnason JÖ, Giroud N, Gunnarsson I, Stefánsson A (2006) Sampling and analysis of geothermal fluids. Geofluids 6:203–216
Baisch S, Vörös R, Weidler R, Wyborn D (2009) Investigations of fault mechanisms during geothermal reservoir stimulation experiments in the Cooper Basin, Australia. Bull Seism Soc Am 99:148–158
Baisch S, Weidler R, Vörös R, Wyborn D, de Graaf L (2006) Induced seismicity during the stimulation of a geothermal HFR reservoir in the Cooper Basin, Australia. Bull Seism Soc Am 96:2242–2256
Ball JW, Jenne EA, Burchard JM (1976) Sampling and preservation techniques for waters in geyers and hot springs, with a section on gas collection by A.H. Truesdell. Workshop on sampling geothermal effluents, 1st, Proceedings, Environmental Protection Agency 600/9-76-011, pp 218–234
Barenblatt GE, Zeltov JP, Kochina JN (1960) Basic concepts in the theory of homogeneous liquids in fissured rocks. J Appl Math Mech (USSR) 24(5):1286–1303
Baria R, Jung R, Tischner T, Nicholls J, Michelet S, Sanjuan B, Soma N, Asanuma H, Dyer B, Garnish J (2006) Creation of an HDR/EGS reservoir at 5000 m depth at the European HDR project. Proceedings, 31st workshop on geothermal reservoir engineering, Stanford, CA
Baria R, Michelet S, Baumgärtner J, Dyer B, Gerard A, Nicholls J, Hettkamp T, Teza D, Soma N, Asanuma H (2004) Microseismic monitoring of the world largest potential HDR reservoir. Proceedings of the 29th workshop on geothermal reservoir engineering, Stanford University, Stanford, CA
Baria RA, Green SP (1989) Microseismics: a key to understanding reservoir growth. In: Baria R (ed) Hot dry rock geothermal energy, Proceedings. Camborne School of Mines International Hot Dry Rock Conference, Camborne School of Mines Redruth, Robertson Scientific Publications, London, pp 363–377
Basetti S, Rohner E, Signorelli S, Matthey B (2006) Dokumentation von Schadensfällen bei Erdwärmesonden. Schlussbericht Energie Schweiz, Zürich, 65 S
Batchelor AS (1977) Brief summary of some geothermal related studies in the United Kingdom. 2nd NATO/CCMS Geothermal Conference, Los Alamos, NM, 22 24 Jun, Section 1.21, pp 27–29

Baumann K (2008) Zustandsanalyse von Brunnen, Grundwassermessstellen und Erdwärmesonden mittels innovativer Bohrlochmessverfahren. Brandenburg Geowiss Beitr 15($^1/_2$):1–18

Bear J (1979) Hydraulics of groundwater. McGraw Hill Book Company, New York, NY

Bencic A (2005) Hydraulic fracturing of the Rotliegend Sst. in N-Germany – Technology, Company History and Strategic Importance. SPE Technology Transfer Workshop, Suco, Zeit Bay Field

Bender F (1985) Angewandte Geowissenschaften. Band II: Methoden der Angewandten Geophysik und mathematische Verfahren in den Geowissenschaften. Enke Verlag, Stuttgart

Berkaloff E (1967) Interprétation des pompages d'essai. Cas de nappes captives avec une strate conductrice d'eau privilégiée. Bull B.R.G.M. (deuxième série), section III: 1, Paris, pp 33–53

Bertani R (2005) World Geothermal Power Generation in the period 2001–2005. Geothermics (Amsterdam, The Netherlands: Elsevier), 34(6 Dec):651–690

Bertani R (2007) World Geothermal Generation in 2007. GHC Bulletin, Klamath Falls, OR, 19 p

Bertani R (2010) Geothermal power generation in the world – 2005–2010 update report. Proceedings of the World Geothermal Congress, Bali

Bertleff B (1986) Das Strömungssystem der Grundwässer im Malm-Karst des West-Teils des süddeutschen Molassebeckens. Abhandlungen des Geologischen Landesamtes Baden-Württemberg, Heft 12, 271 S, Freiburg

Bertleff B, Joachim H, Koziorowski G, Leiber J, Ohmert W, Prestel R, Stober I, Strayle G, Villinger E, Werner J (1988) Ergebnisse der Hydrogeothermiebohrungen in Baden-Württemberg. Jh Geol Landesamt Baden-Württemberg, Heft 30, S 27–116, Freiburg i.Br

BINE (2009) Geothermische Stromerzeugung im Verbund mit Wärmenetz. BINE Informationsdienst für die Praxis, 4 S, Bonn

BINE Informationsdienst (2003) Basis Energie 15. FIZ Karlsruhe GmbH, 6 S, http://www.bine.info/hauptnavigation/publikationen

Bjelm L (2006) Under balanced drilling and possible well bore damage in low temperature geothermal environments. Proceedings, 31st workshop on geothermal reservoir engineering, Stanford University, Stanford, CA, 6 p

Black JH (1985) The interpretation of slug tests in fissured rocks. Quart J Eng Geol Hydrogeol 18(2):161–171

Blank R, Braunmiller G, Brentle J, Brumme R, Burbaum U, Domke M, Ebert E, Eder F, Franz H, Heidinger M, Hirschberg G, Höllen A, Homuth S, Huenges E, Kleitz A, Knapek E, Kölbel T, Maasewerd P, Mathews T, Menzel H, Michael J, Müller-Wagner C, Orywall P, Pechnig R, Pötter R, Quick H, Reble A, Reiersloh D, Reif T, Rieschel B, Rose F, Sass I, Schindler U, Scholz C, Schröder H, Schulte C, Schulze B-M, Schwabe J, Seifen U, Sperber A, Stober I, Wedewardt M, Weimann T (2010) Tiefe Geothermie. Verband Beratender Ingenieure VBI-Leitfaden, Bd 21, 109 S, Berlin

BMU (2006) Newsletter –Geothermische Stromerzeugung-, Hrsg. Institut für Energetik und Umwelt GmbH Leipzig, 8 S

BMU (2009) Energie in Deutschland, Trends und Hintergründe zur Energieversorgung in Deutschland. Bundesministerium für Umwelt, Naturschutz und Reaktorsicherheit, 55 S, Berlin

Böhm F, Schwarz F, Kraus O (2007) 2D-seismische Untersuchungen für das Geothermieprojekt Unterföhring bei München, Interpretation einer Riffstruktur im Malm als bevorzugtes Erschließungsziel für Thermalwasser. Geotherm. Energie 55/2007:14–15, Berlin (Bundesverb. Geothermie)

Bommer JJ, Oates S, Cepeda JM, Lindholm C, Bird J, Torres R, Marroquin G, Rivas J (2006) Control of hazard due to seismicity induced by a hot fractured rock geothermal project. Eng Geol 83(4):287–306

Bondor PL, Rouffignac De E (1995) Land subsidence and well failure in the Belridge diatomite oil field, Kern county, California. Part II. Applications. IAHS Publ. no. 234, IAHS Press, Wallingford, Oxfordshire/UK, pp 69–78

Bourdet D, Ayoub JA, Pirard YM (1989) Use of pressure derivative in well-test interpretation. Soc Petrol Eng SPE 4: 293–302

Bourgoyne AT, Millheim KK, Chenevert ME, Young FS (1986) Applied drilling engineering. SPE Textbook Series, Society of Petroleum Engineers vol 2. Richardson, TX, 502 p

Bredehoeft JD, Papadopulos IS (1965) Rates of vertical groundwater movement estimated from the earth's thermal profile. Water Resour Res 1:325–328

Brown DW (2009) Hot dry rock geothermal energy: important lessons from Fenton Hill. Proceedings, 34th workshop on geothermal reservoir engineering, Stanford University, Stanford, CA, 4 p

Bucher K, Stober I (2000) The composition of groundwater in the continental crystalline crust. In: Stober I, Bucher K (eds) Hydrogeology in crystalline rocks. Kluwer Academic Publishers, Dordrecht, pp 141–176

Bucher K, Stober I (2010) Fluids in the upper continental crust. Geofluids 10:241–253. doi:10.1111/j.1468-8123.2010.00279.x

Câmara G, Souza RCM, Freitas UM, Garrido J, Ii FM (1996) SPRING: integrating remote sensing and GIS by object-oriented data modelling. Image Processing Division (DPI), National Institute for Space Research (INPE). Comput. Graphics 20(3):395–403, Brasil

Carslaw HS, Jaeger JC (1959) Conduction of heat in solids, 2nd edn. Oxford at the Clarendon Press, Oxford, 342 p

Cholet H (2000) Well production. Practical handbook. Institut Français Du Petrole Publications, Editions TECHNIP, Paris, 540 p

Cinco LH, Ramey HJ, Miller FG (1975) Unsteady-state pressure distribution created by a well with an inclined fracture. Soc Petrol Engineers of AIME SPE 5591:18., Dallas/Texas

Clauser C (ed) (2003) Numerical simulation of reactive flow in hot aquifers using SHEMAT and Processing SHEMAT. Springer Verlag, Heidelberg, Berlin, 332 S

Clauser C (2006) Geothermal energy. In: Heinloth K (Hrsg) Landolt-Börnstein, Physikalische Tabellen, Group VIII: Advanced Materials and Technologies. Bd 3. Energy Technologies, Subvol. C. Renewable Energies. Springer, Heidelberg/Berlin

Cook NGW (1976) Seismicity associated with mining. Eng Geol 10:99–122

Cooper HH Jr, Bredehoeft JD, Papadopulos IS (1967) Response of a finite-diameter well to an instantaneous charge of water. Water Resour Res 3(1):263–269

Cooper HH, Jacob CE (1946) A generalized graphical method for evaluating formation constants and summarizing well-field history. Trans Am Geoph Union 27:526–534

Cunningham KM, Nordstrom DK, Ball JW, Schoonen MAA, Xu Y, DeMonge JM (1998) Water-chemistry and on-site sulfur-speciation data for selected springs in yellowstone national park, Wyoming, 1994–1995. U.S. Department of the Interior, U.S. Geological Survey, Open-File Report 98, Boulder, CO, 40 p

Dash ZV, Murphy HD, Cremer GM (eds) (1981) Hot dry rock geothermal reservoir testing: 1978 to 1980. Los Alamos National Laboratory Report LA-9080-SR

Degering D, Köhler M (2009) Abschlußbericht zum Verbundvorhaben: Langfristige Betriebssicherheit geothermischer Anlagen – Teilprojekt: Mobilisierung und Ablagerungsprozesse natürlicher Radionuklide, Förderkennzeichen BMU 0329937C, VKTA, Dresden

Degering D, Köhler M (2011) Radioaktivität in der tiefen Geothermie – Ursachen und Konsequenzen. Tagungsband Sächsischer Geothermietag, 18.-19. Mai 2011, S 59–64, Freiberg

Dehner U (2005) Nutzung geothermischer Energie aus dem oberflächennahen Untergrund (1 – 2 Meter Tiefe). Bericht im Auftrag des Landesamtes für Geologie und Bergbau Rheinland-Pfalz, 47 S, Wiesbaden

Diersch H-J (1994) FEFOLW, Finite element subsurface flow & transport simulation system, Reference Manual. WASY GmbH, Berlin

DIN 4049: Hydrologie, Teil 3: Begriffe zur quantitativen Hydrologie, Oktober 1994, 78 S, Berlin

DIN 4150: Erschütterungen im Bauwesen, Teil 3: Einwirkungen auf bauliche Anlagen, Februar 1999, Berlin

DIN EN 14868: Korrosionsschutz metallischer Werkstoffe – Leitfaden für die Ermittlung der Korrosionswahrscheinlichkeit geschlossener Wasser-Zirkulationssysteme; Deutsche Fassung EN 14868:2005. DIN Normen, Februar 2005, 24 S, Berlin

Dingh HT, Kuever J, Mussmann M, Hassel AW, Stratmann M, Widdel F (2004) Iron corrosion by novel anaerobic microorganisms. Nature 427:829–832

Drever JI (1997) The geochemistry of natural waters, 3rd edn. Prentice Hall, Upper Saddle River, NJ, 436 p

Drever JI (2005) Water, weathering, and soil. Elsevier, Oxford, UK, 626 p

Duchane D, Brown D (2002) Hot Dry Rock (HDR) geothermal energy research and development at Fenton Hill, New Mexico. GHC Bulletin 13–19

Duffield RB, Nunz GJ, Smith MC, Wilson MG (1981) Hot dry rock, geothermal energy development program. Annual Report FY80, Los Alamos National Laboratory Report, LA-8855-HDR, 211 pp

DVGW Regelwerk Technische Regel Arbeitsblatt W 110 (2005) Geophysikalische Untersuchungen in Bohrungen, Brunnen und Grundwassermessstellen – Zusammenstellung von Methoden und Anwendungen. Juni 2005, 50 S, Bonn

DVGW Regelwerk Technische Regel Arbeitsblatt W 111 (1997) Planung, Durchführung und Auswertung von Pumpversuchen bei der Wassererschliessung. März 1997, 37 S, Bonn

DVWK (1987) Erkundung tiefer Grundwasserzirkulationssysteme. DVWK-Schriften 81, 223 S, Paul Paray Verlag, Hamburg, Berlin

DVWK Regeln 128 (1992) Entnahme und Untersuchungsumfang von Grundwasserproben. DVWK Regeln zur Wasserwirtschaft, 36 S, Hamburg & Berlin (Paul Parey)

Dyes AB, Kemp CE, Caudle BH (1958) Effect of fractures on sweep-out pattern. Trans AIME 213:245–249

Ehinger S, Seifert J, Kassahun A, Schmalz L, Hoth N, Schlömann M (2009) Predominance of Methanolobus spp. and Methanoculleus spp. in the archaeal communities of saline gas field formation fluids. Geomicrobiol J 26:326–338

Eisbacher GH (1996) Einführung in die Tektonik. Enke Verlag, Stuttgart

Ellis II PF (1985) Companion study to short course on geothermal corrosion and mitigation in low temperature geothermal heating systems. The Geo-Heat Center Oregon Institute of Technology, DCN 85-212-040-01, Klamath Falls, OR/USA, 34 p

Enerchange (2009) Entwicklung von Niedrig-Enthalpie-Geothermieprojekten in Deutschland. 5. Internationale Geothermiekonferenz, 46 S, Freiburg

Ernst PL (1977) A hydraulic fracturing technique for dry hot rock experiments in a single borehole. Soc Petrol Eng AIME, SPE 6897:7 p, Dallas/Texas

Eskilson P (1987) Thermal analysis of heat extraction boreholes. Department of Mathematical Physics, Lund Institute of Technology, Lund, Sweden

Eugster WJ (1998) Langzeitverhalten der Erdwärmesondenanlage in Elgg/ZH. Schlussbericht PSEL-Projekt 102, Polydynamics, Zürich, 38 S

Eugster WJ, Hopkirk R, Rybach L (1999) Ist untiefe Geothermie erneuerbar? Schlussbericht, Forschungsprogramm Geothermie im Auftrag des Bundesamtes für Energie, Bern

Everdingen AF van (1953) The skin effect and its influence on the productive capacity of a well. Petrol Trans AIME 198:171–176

Fielding EJ, Blom RG, Goldstein RM (1998) Rapid subsidence over oil fields measured by SAR interferometry. Geophys Res Lett 25(17):3215–3218

Filgris MN (2001) Römische Baderuine Badenweiler. Historische Wurzeln des Kurortes neu präsentiert. Denkmalsplege in Baden-Württemberg, H 4, S 166–175

Forrer S, Mégel T, Rohner E, Wagner R (2008) Mehr Sicherheit bei der Planung von Erdwärmesonden. bbr Fachmagazin für Brunnen- und Leitungsbau, 05, S 42–47

Fournier RO (1977) Chemical geothermometers and mixing models for geothermal systems. Geothermics 5:41–50

Fournier RO (1981) Application of water geochemistry to geothermal exploration and reservoir engineering. In: Rybach L, Muffler LJP (Hrsg) Geothermal systems: principles and case histories. Wiley & Sons, New York, NY, pp 109–143

Fournier RO, Potter RW II (1982) An equation correlating the solubility of quartz in water from 25°C to 900°C at pressures up to 10,000 bar. Geochim Cosmochim Acta 46:1969–1973

Fournier RO, White DE, Truesdell AH (1974) Geochemical indicators of subsurface temperature – Part 1, Basic Assumptions. J Res US Geol Survey 2(3):259–262

Fricke S, Schön J (1999) Praktische Bohrlochgeophysik. Enke Verlag, Stuttgart, 256 S

Fridleifsson IB, Bertani R, Huenges E, Lund JW, Ragnarsson A, Rybach L (2008) The possible role and contribution of geothermal energy to the mitigation of climate change. In: Hohmeyer O, Trittin T (eds) IPCC scoping meeting on renewable energy sources, Proceedings, Luebeck, Germany, pp 59–80

Fritschen R, Rüter H (2010) Induzierte Seismizität – Ein Problem der Tiefen Geothermie? Geothermische Energie, Heft 66, S 6–13, Berlin

Gebhardt D, Kruse H (2001) $CO_2$-Erdwärmesonde für Wärmepumpe. In: Mc Guiness MJ Geothermal heat pipes just how long can they be? Mathematics Department, Victoria University of Wellington, New Zealand, Rept., pp 94–134

Gehlin S (2002) Thermal response test, method development and evaluation. Doctoral Theses, University of Technology, Luleå, Sweden, 191 p

Gehlin S, Nordell B (1997) Thermal response test – a mobile equipment for determining thermal resistance of boreholes. Proceedings, 7th international conference on thermal energy storage Megastock '97, vol 1, Sapporo, pp 103–108

Genter A, Keith E, Cuenot N, Fritsch D, Sanjuan B (2010) Contribution to the exploration of deep crystalline fractured reservoir of Soultz of the knowledge of enhanced geothermal systems (EGS). C R Geosci 342:502–516

Gérard A, Genter A, Kohl T, Lutz P, Rose P, Rummel F (2006) The deep EGS (Enhanced Geothermal System) project at Soultz-sous-Forêts (Alsace, France). Geothermics 35: 473–483

Ghergut I, Sauter M, Behrens H, Rose P, Licha T, Lodemann M, Fischer S (2007) Tracer-assisted evaluation of hydraulic stimulation experiments for geothermal reservoir candidates in deep crystalline and sedimentary formations. In: EGC Proceedings European Geothermal Congress, May 30–June 1, 2007, Unterhaching, CD-ROM, 9(1), pp 1–12

Giardini D (2009) Geothermal quake risks must be faced. Nature 462:848–849

Giroud N (2008) A Chemical Study of Arsenic, Boron and Gases in High-Temperature Geothermal Fluids in Iceland. Dissertation at the Faculty of Science, University of Iceland, 110 p

Graf H (2010) Anbindung und Verteilung von Erdwärmesonden. bbr Fachmagazin für Brunnen- und Leitungsbau, Sonderheft Oberflächennahe Geothermie S 42–49, Würzburg

Grasso JR (1992) Mechanics of seismic Instabilities induced by the Recovery of Hydrocarbons. Pure Appl Geophys 139:507–534

Greber E, Leu W, Wyss R (1995) Erdgasindikationen in der Schweiz. Schweizer Ingenieur und Architekt, Nr. 24, S 567–572

Gringarten AC, Ramey HJ (1974) Unsteady-state pressure distributions created by a well with a single horizontal fracture, partial penetration, or restricted entry. Soc Petrol Eng J, vol 14, 413–426

Grotzinger J, Jordan TH, Press F, Siever R (2008) Press/Siever Allgemeine Geologie. Springer Spektrum Akademischere Verlag, 5. Auflage, Berlin, Heidelberg, 735 S

Gustafsson AM (2006) Thermal response test – Numerical simulations and analysis. Licentiate Thesis, University of Technology, 2006:14, Luleå, Sweden

Hawkins MF (1956) A note on the skin effect. Trans AIME 207:356–357

He K, Stober I, Bucher K (1999) Chemical evolution of thermal waters from limestone aquifers of the Southern Upper Rhine Valley. Appl Geochem 14:223–235

Hellström G (1998) Thermal performance of borehole heat exchangers. The second Stockton International Geothermal Conference, NJ

Hellström G, Sanner B (2000) EED earth energy designer. Computer program for Borehole Heat Exchangers, Lund University, Sweden

Hellwig Ch (2011) Wärme aus Abwasser: Ein Markt in Bewegung. gwf Wasser Abwasser, Jg 152, H 5, S 446–449

Hekel U (2011) Hydraulische Tests.- In: Bucher K, Gautsch A, Geyer T, Hekel U, Mazurek M, Stober I (eds): Hydrogeologie der Festgesteine, Fortbildungsveranstaltung der FH-DGG, Freiburg

Hewitt AD (1989) Leaching of metal pollutants from four well casings used for ground-water monitoring. USA Cold Regions Research and Engineering Laboratory, Special Report 89-32

Hölting B (1989) Hydrogeologie. Enke-Verlag, Stuttgart, 396 S

Hönig Ch (2009) Geothermiesonden, mit Pauschalwerten oft fehldimensioniert. Energietechnik TGA Fachplaner, 4, S 30–33, Stuttgart

Horner DR (1951) Pressure build-up in wells. Proceedings, 3rd World Petroleum Congress, Section II, E.J. Bulletin, pp 503–521, Leiden/Netherlands

Huber A (2008) Programm EWS, Berechnung von Erdwärmesonden. Huber Energietechnik AG, Zürich

Huber A, Pahud D (1999) Untiefe Geothermie: Woher kommt die Energie? Schlussbericht Forschungsprogramm Geothermie im Auftrag des Bundesamtes für Energie, Bern

Huelke R (2008) Trägerschonende Spülungssysteme. Geothermische Technologien, VDI Band 2026, Potsdam

Huenges E (ed) (2010) Geothermal energy systems: exploration, development, and utilization. Wiley-VCH Verlag GmbH & Co. KGaA, Berlin, 486 p

Hurtig E, Großwig S, Kasch M (1997) Faseroptische Temperaturmessungen: neue Möglichkeiten zur Erfassung und Überwachung des Temperaturfeldes an Erdwärmesonden. Geothermische Energie, 5 Nr. 18, S 31–34

Husen S, Bachmann C, Giardini D (2007) Locally triggered seismicity in the central Swiss Alps following the large rainfall event of August 2005. Geophys J Int 171(3):1126–1134

Ibrahim OM (1996) Design considerations for Ammonia-water Rankine Cycle. Energy 21: 835–841

IEA (2009) Geothermal energy 12th annual report 2008. International Energy Agency, Wairakei, New Zealand, www.iea-gia.org, 19 p

Ingebritsen SE, Manning CE (1999) Geological implications of a permeability-depth curve for the continental crust. Geology 27:1107–1110

Ingerle K (1988) Beitrag zur Berechnung der Abkühlung des Grundwasserkörpers durch Wärmepumpen. Österreichische Wasserwirtschaft, Jg 40, H 11/12

Jodocy M, Stober I (2008) Aufbau eines geothermischen Informationssytems für Deutschland – Landesteil Baden-Württemberg. Erdöl-Erdgas-Kohle, 124 Jg, H 10, 10 Abb, S 386–393, Urban-Verlag, Hamburg/Wien

Jodocy M, Stober I (2009) Geologisch-geothermische Tiefenprofile für den südwestlichen Teil des Süddeutschen Molassebeckens. Z. dt. Ges. Geowiss., 160/4, S 359–366, Stuttgart

Johnson AI (ed) (1991) Land Subsidence. IAHS Publication, no. 200, IAHS Press, Wallingford, Oxfordshire/UK, 680 p

Kalina AL (1984) Combined-cycle system with novel bottoming cycle. J Eng Gas Turbines and Power 106:737–742

Kaltschmitt M, Nill M, Schröder G (2003) Geothermische Stromerzeugung in Deutschland – Eine vergleichende Analyse. Tagungsband 1. Fachkongress geothermischer Strom, pp 30–45, Neustadt-Glewe, Mecklenburg-Vorpommern

Kappelmeyer O, Haenel R (1974) Geothermics with special reference to application. E. Schweizerbart Science Publishers, Stuttgart, 238 p

Kappelmeyer O, Rummel F (1980) Investigations on an artificially created frac in a shallow and low permeable environment. Proceedings, 2nd international seminar on the results of EC geothermal energy research, Strasbourg, pp 1048–1053

Käss W (2004) Geohydrologische Markierungstechnik. Lehrbuch der Hydrogeologie, Bd 9, 2. überarbeitete Auflage, 557 S, Gebr. Borntraeger, Berlin, Stuttgart

Kather A, Rohloff K, Filleböck A (2008) Energy efficiency of geothermal power generation. VGB Power Tech 5:98–105

Kipp KL Jr (1997) Guide to the revised heat and solute transport simulator HST3D – Version 2. U.S. Geological Survey: Water-Resources Investigations, Report 97-4157, 149 p

Knödel K, Krummel H, Lange G (1997) Handbuch zur Erkundung von Deponien und Altlasten. Band 3: Geophysik, Springer Verlag, Berlin

Kobus H, Mehlhorn H (1980) Näherungsberechnung für den kontinuierlichen Betrieb von Thermalanlagen. GWF 121, H 6

Kohl T, Hopkirk RJ (1995) "FRACTure" a simulation code for forced fluid flow and transport in fractured porous rock. Geothermics 24:345–359

Köhler S (2005) Analyse und Prozessvergleich binärer Kraftwerke. Dissertation an der TU Berlin, 184 S, Berlin

Kölbel T, Orywal P, Münch W, Sclagermann P, Benz J (2010) Energie aus dem Untergrund: Das Geothermiekraftwerk Bruchsal. Z. Geol. Wiss., 38, 1, S 41–48, Berlin

Königsdorff R, Veser S (2008) GEO-HAND$^{light}$, Computerprogramm zur Berechnung der Auslegung von Erdwärmesonden für Heiz- und Kühlzwecke. Hochschule Biberach, University of Applied Sciences, Institute of Building & Energy Systems, Germany (http://www.hochschule-bc.de)

Kraft T, Mai MP, Wiener S, Deichmann N, Ripperger J, Kästli P, Bachmann C, Fäh D, Wössner J, Guardini D (2009) Enhanced geothermal systems: mitigating risk in urban areas. EOS, Transactions, American Geophysical Union, vol 90, no 32(11), pp 273–274

Krauskopf KB (1956) Dissolution and precipitation of silica at low temperatures. Geochim Cosmochim Acta 10:1–26

Kruseman GP, de Ridder NA (1994) Analysis and evaluation of pumping test data. Publication 47, International Institute for Land Reclamation and Improvement ILRI, 2nd edn. Wageningen, Netherlands, 377 p

Kühn M (1997) Geochemische Folgereaktionen bei der hydrogeothermalen Energiegewinnung. Berichte, Fachbereich Geowissenschaften, Universität Bremen, Nr. 92, 129 S

Kümmel J, Taubitz J (1999) Niedertemperatur-Abwärmeverstromung mittels ORC-Technologie (Organic-Rankine-Cycle-Technologie). VDI Berichte Nr. 1495, pp 327–340

Ladner F, Schanz U, Häring MO (2008) Deep-Heat-Mining-Project Basel – Erste Erkenntnisse bei der Entwicklung eines Enhanced Geothermal System (EGS). Bull Angew Geol 13/1:41–54

Landolt-Börnstein (1992) Numerical data and funktional relationships in science and technology, Vol. 1 Physical Properties of Rocks. Springer-Verlag, Berlin-Heidelberg-New York

Langenbruch C, Shapiro SA (2010) Decay rate of fluid-induced seismicity after termination of reservoir stimulations. Geophysics 75(6):MA53-MA62

Lund JW (2000) Weltweiter Stand der geothermischen Energienutzung. Geothermische Energie, 28/29, 8. Jahrgang/Heft 1/2

Lund JW (2007) Characteristics, Development and utilization of geothermal resources. Geo-Heat Centre Quarterly Bulletin (Klamath Falls, Oregon: Oregon Institute of Technology) 28(2):1–9

Majer E, Baria R, Stark M (2008) Protocol for induced seismicity associated with enhanced geothermal systems. Report produced in Task D Annex I (9 April 2008), International Energy Agency-Geothermal Implementing Agreement (incorporating comments by Bromley C, Cumming W, Jelacic A, Rybach L), http://www.iea-gia.org/publications.asp

Majer EL, Baria R, Stark M, Oates S, Bommer J, Smith B, Asanuma H (2007) Induced seismicity associated with enhanced geothermal systems. Geothermics 36:185–222

Mansure AJ, Reiter M (1979) A vertical groundwater movement correction for heat flow. J Geophys Res 84(7):3490–3496

Matthews CS, Russel DG (1967) Pressure buildup and flow tests in wells. AIME Monograph 1 – H.L. Doherty Series SPE of AIME, New York, 167 p

McGarr A (1991) On a possible connection between 3 major earthquakes in California and oil production. Bull Seism Soc Am 81:948–970

Meinhold R (1965) Geophysikalische Messverfahren in Bohrungen. Akadem. Verl. Ges. Geest & Portig, 237 S

Militzer H, Weber F (1984) Angewandte Geophysik. Band 1: Gravimetrie und Magnetik. Akademie Verlag, Berlin

Militzer H, Weber F (1985) Angewandte Geophysik. Band 2: Geoelektrik – Geothermik – Radiometrie – Aerogeophysik. Akademie Verlag, Berlin

MIT (2007) The Future of Geothermal Energy, Impact of Enhanced Geothermal Systems (EGS) on the United States in the 21st Century. Massachusetts Institute of Technology USA (http://geothermal.inel.gov)

Moegle E (2009) Erd- und gebäudeseitige Rahmenbedingungen eines 1974 in Schönaich (Kreis Böblingen) errichteten Erdwärmesondenfeldes mit fünf Koaxialsonden – ein Beitrag zur Geschichte der oberflächennahen Geothermie in Europa. Jber. Mitt. Oberrhein. Geol. Ver., N.F. 91, S 1–5, Stuttgart

Mogensen P (1983) Fluid to duct wall heat transfer in duct system heat storages. Proc. Int. Conf Subs Heat Storage, pp 652–657

Moritz S (1990) Ofu beep. Wyo-Laramie, 21, Freiburg

Mottaghy D, Pechnig R (2009). Numerische 3-D Modelle zur Temperaturvorhersage und Reservoirsimulationen. BBR – Fachmagazin für Brunnen- und Leitungsbau, 60-10, S 44–51

Narayanan KRS (2004) "What is a Heat Pipe?" The Chemical Engineers' Resource Page. http://www.cheresources.com/htpipes.shtml

Neubert V (2008) Beanspruchung der Förderrohrtour durch korrosive Gase. VDI-Berichte Nr. 2026, S 123–132, Düsseldorf

Nicholson C, Wesson RL (1990) Earthquake Hazard associated with deep well injection – a report to the U.S. Environmental Protection Agency. U.S. Geological Survey Bulletin 1951, 74 p

Nicholson K (1993) Geothermal fluids, chemistry and exploration techniques. Springer-Verlag, Berlin, 263 p

Nordstrom DK, Andrews JN, Carlsson L, Fontes J-C, Fritz P, Moser H, Olsson T (1985) Hydrogeological and hydrogeochemical investigations in boreholes – Final report of the phase I geochemical investigations of the Stripa groundwaters. Technical Report STRIPA Project 85-06, Stockholm

Ochsner K (2005) Wärmepumpen in der Heizungstechnik. Praxishandbuch für Installateure und Planer, 3. neubearbeite Auflage, 211. S, C.F. Müller Verlag, Heidelberg

Ochsner K (2008) Carbon dioxide heat pipe in conjunction with a ground source heat pump (GSHP). Appl Thermal Eng 28(16):2077–2082

Odenwald B, Hekel U, Thormann H (2009) Grundwasserströmung – Grundwasserhaltung. In: Witt KJ (Hrsg) Grundbau-Taschenbuch, Teil 2: Geotechnische Verfahren, 7. überarbeitete u. aktualisierte Auflage, 950 S, Ernst & Sohn, Berlin

Omori F (1894) On the aftershocks of earthquakes. J Colloid Sci 7:111–200

Owens SR (1975) Corrosion in disposal wells. Water and Sewage Works, reference no. 1975, 10–12

Pahud D (1998) PILESIM: simulation tool of heat exchanger pile system. Laboratory of Energy Systems, Swiss Federal Institute of Technology, Lausanne

Pannike S, Kölling M, Panteleit B, Reichling J, Scheps V, Schulz HD (2006) Auswirkungen hydrogeologischer Kenngrößen auf die Kälte- und Wärmefahnen von Erdwärmesondenanlagen in Lockersedimenten. Grundwasser, Bd 11, H 1, S 6–18

Papadopulos SS, Bredehoeft JD, Cooper HH Jr (1973) On the analysis of slug test' data. Water Resour Res 9(4):1087–1089

Park YM, Sonntag RE (1990) A preliminary study of the Kalina power cycle in connection with a combined cycle system. Int J Energy Res 14:153–162

Parker LV, Hewitt AD, Jenkins TF (1990) Influence of casing materials on trace-level chemicals in well water. Ground Water Monitoring Rev 10(2):146–156

Parkhurst DL, Appelo CAJ (1999) User's guide to PHREEQC (version 2) – a computer program for speciation, batchreaction, one dimensional transport, and inverse geochemical calculations. U.S. Geological Survey, Water-Resources Investigations Report 99-4259, Denver/Colorado, 312 p

Pearson C (1981) The relationship between microseismicity and high pore pressures during hydraulic stimulation experiments in low permeability granitic rocks. J Geophys Res 86(B9):7855–7864

Pearson FJ Jr, Balderer W, Loosli HH, Lehmann BE, Matter A, Peters TJ, Schmassmann H, Gautschi A (1991) Applied isotope hydrogeology – a case study in Northern Switzerland. Technical Report 88-01, Nagra, 439 p, Baden/Switzerland

Perrefort T, Quante S (2010) Sicherer Einbau von Erdwärmesonden in artesisch gespannten Aquiferen. bbr, Fachmagazin für Brunnen- und Leitungsbau, Sonderheft Oberflächennahe Geothermie S 58–63, Würzburg

Picksak A (2008) Neue Entwicklungen im Bereich der Messtechnik während des Bohrens, Stand der Technik – Ausblick auf neue Technologien. VDI-Berichte Nr.: 2026, S 65–92, Düsseldorf

Pine RJ, Batchelor AS (1984) Downward migration of shearing in jointed rock during hydraulic injections. Int J Rock Mech Min Sci Geomech Abstr 21(5):249–263

PK Tiefe Geothermie (2008) Nutzungen der Geothermischen Energie aus dem tiefen Untergrund (Tiefe Geothermie) –Arbeitshilfe für Geologische Dienste-, Internetseite der Staatlich Geologischen Dienste, 36 S

Pollack HN, Hurter SJ, Johnson JR (1993) Heat flow from the earth's interior: analysis of the global data set. Rev Geophys 31(3):267–280. doi:10.1029/93RG01249

Poppei J, Mayer G, Schwarz R (2006) Groundwater Energy Designer (GED), Computergestütztes Auslegungstool zur Wärme- und Kältenutzung von Grundwasser. Schlußbericht von Colenco Power Engineering AG im Auftrag des Bundesamts für Energie Schweiz, 70 S, Baden/Schweiz

Popov YA, Pribnow D, Sass J, Williams C, Burkhardt H (1999) Characterisation of rock thermal conductivity by high-resolution optical scanning. Geothermics 28:253–276

Portier S, André L, Vuataz F-D (2007) Review on chemical stimulation techniques in oil industry and applications to geothermal systems. Engine, work package 4, 32 p, CREGE, Neuchatel, Switzerland

Pruess K (1987) TOUGH2, Transport of Unsaturated Groundwater and Heat, User's Guide, Version 2.0 (1999). Lawrence Berkeley Laboratory Report LBL-43134

Ramey HJ (1962): Wellbore Heat Transmission.-Journal of Petroleum Technology, pp 427–435

Ramey HJ Jr, Agarwal RG, Martin I (1975) Analysis of slug test' or DST flow period data. J Can Petrol Tech 3(37):47

Rauch W (2009) EGON – User Manual. Arbeitsbereich Umwelttechnik, Universität Innsbruck

Rauch W, Steger U (2004) Das thermische Nutzungspotential von oberflächennahen Aquiferen aus wasserwirtschaftlicher Sicht. Gwf-Wasser/Abwasser, 145, Nr. 5

Reich M (2011) Grundlagen der Richtbohrtechnik. Erdöl Erdgas Kohle, 127 Jg, H 1, S 35–40, Hamburg

Reuß M, Busso AJ, Müller J-P (2001) Thermal response test – Experimente und Auswertungen. Proceedings, Workshop Geothermische Response Tests, Lausanne 2001, Eugster & Laloui (ed), GtV, pp 21–29

Riegger M (2011) Realmaßstabsexperimente zur Qualitätsuntersuchung von Erdwärmesonden, Vortrag zur Fachmesse Geotherm 2011 in Offenburg, http://www.messe-offenburg.de/upload/media/media/63/35_Riegger_Vortrag%5B1943%5D.pdf

Rojas J (1984) Le réservoir géothermique du Dogger en région parisienne. Exploitation, gestion, hydrogéologie. Géologie en l'Ingénieur, 1, pp 57–85

Rohloff K, Kalter A (2011) Geothermische Stromerzeugung, Kraftwerkstechnologien und Technologien zur gekoppelten Erzeugung von Strom und Wärme. Bundesministerium für Umwelt, Naturschutz und Reaktorsicherheit (BMU), 51 S, Berlin

Ruck W, Adinolfi M, Weber W (1990) Chemical and environmental aspects of heat storage in the subsurface. Z Angew Geowiss 9:119–129

Russell DG, Truitt NE (1964) Transient pressure behavior in vertically fractured reservoirs. J Petrol Technol 1159–1170

Rutledge JT, Phillips WS, Mayerhofer MJ (2004) Faulting induced by forced fluid injection and fluid flow forced by faulting. Bull Seism Soc Am 94:1817–1830

Rybach L (1976) Radioactive heat production in rocks and its relation to other petrophysical parameters. Pageoph 114:309–317

Rybach L (2004) EGS – State of the Art. Tagungsband der 15. Fachtagung der Schweizerischen Vereinigung für Geothermie, Basel

Sanner B (1996) Die "Erdgekoppelte" wird 50 – 50 Jahre Erdgekoppelte in den USA, 15 Jahre Erdwärmesonden in Mitteleuropa. Geothermische Energie, 13/96, S 1–5, Geeste

Sanner B (2006) 60 Jahre erdgekoppelte Wärmepumpe. Umweltpanorama, 12/2006, S 8–11, Berlin

Sanner B, Chant VG (1992) Seasonal Cold Storage in the Ground using Heat Pumps. Newsletter IEA Heat Pump Center 10/1, S 4–7, Sittard

Sanner B, Hellström G (1996) "Earth Energy Designer", eine Software zur Berechnung von Erdwärmesondenanlagen. Tagungsband 4. Geotherm. Fachtagung in Konstanz (1996), S 326–333

Sanner B, Reuss M, Mands E (2000) Thermal response test – Experiences in Germany. Proceedings Terrastock 2000, 8th international conference on thermal energy storage, vol I. Stuttgart, Germany, pp 177–182

Santoyo E, Díaz-González L (2010) Improved proposal of the Na/K-Geothermometer to estimate deep equilibrium temperatures and their uncertainties in geothermal systems. Proceedings World Geothermal Congress, Bali, Indonesia, 7 p

Sauty JP (1980) An analysis of hydrodispersive transfer in aquifers. Water Resour Res 16(1): 145–158

Sauty JP, Gringarten AC, Landel PA, Menjoz A (1980) Lifetime optimization of low enthalpy geothermal doublets. In: Strub AS, Ungemach P (eds) Advances in European geothermal research. D. Reidel Publ. Co., Dordrecht, The Netherlands, pp 706–719

Schädel K, Dietrich H-G (1979) Results of the fracture experiments at the geothermal research borehole Urach 3. In: Haenel R (ed) The Urach Geothermal Projekt (Swabian Alb, Germany), Schweizerbart'sche Verlagsbuchhandlung, Stuttgart, pp 323–344

Schädel K, Stober I (1984a) Die Wärmeanomalie Urach aus geologischer Sicht. Jh. geol. Landesamt Baden-Württemberg H 26, S 19–25, 2 Abb, Freiburg i.Br

Schädel K, Stober I (1984b) Gibt es thermische Stabilitätsgrenzen der Erdkruste? Jh. geol. Landesamt Baden-Württemberg H 26, S 7–18, 3 Abb, 1 Tab, Freiburg i.Br

Schädel K, Stober I (1984c) Auswertung der Auffüllversuche in der Forschungsbohrung Urach 3. Jh. geol. Landesamt Baden-Württemberg, H 26, S 27–34, Freiburg i.Br

Schippers A, Reichling J (2006) Laboruntersuchungen zum Einfluss von Temperaturveränderungen auf die Mikrobiologie des Untergrundes. Grundwasser, Bd 11, H 1, S 40–45

Schmidt T, Mangold D, Müller-Steinhagen H (2003) Central solar heating plants with seasonal storage in Germany. Solar Energy 76(1–3):165–174

Schmidt T, Müller-Steinhagen H (2005) Erdsonden- und Aquifer-Wärmespeicher in Deutschland. OTTI Profiforum Oberflächennahe Geothermie, Regenstauf

Schön J (2004) Physical properties of rocks. Elsevier, 600 pp

Schröder H, Hesshaus A (2009) Langfristige Betriebssicherheit geothermischer Anlagen. Abschlussbericht, Bundesanstalt für Geowissenschaften und Rohstoffe S 134, Hannover

Schuck A, Vormbaum M, Gratzl S, Stober I (2012) Seismische Modellierung zur Detektierbarkeit von Störungen im Kristallin. Erdöl, Erdas, Kohle, 128, im Druck

Schulz R (2005) Ansätze zur Quantifizierung des Fündigkeitsrisikos von Geothermiebohrungen. Vortrag Geothermieforum in Graz

Schweizer R, Stober I, Strayle G (1985) Auswertungsmöglichkeiten und Ergebnisse von Tracerversuchen im Grundwasser. Abh. geol. Landesamt Baden-Württemberg, H 11, S 93–139, Freiburg i.Br

Segall P (1989) Earthquakes triggered by fluid extraction. Geology 17:942–946

Seibt A (2007) Langfristige Betriebsicherheit geothermischer Anlagen, Erarbeitung von Empfehlungen zur Bestimmung betriebsrelevanter Inhaltsstoffe in Thermalwässern an Geothermieanlagen und Förderbohrungen. F/E-Vorhaben, Bundesanstalt für Geowissenschaften und Rohstoffe, Vertr.-Nr.: 204-4500033099, 32 S. Neubrandenburg

Shapiro SA, Dinske C (2009) Fluid-induced seismicity: pressure diffusion and hydraulic fracturing. Geophys Prospect 57:301–310

Shapiro SA, Dinske C, Kummerow J (2007) Probability of a given-magnitude earthquake induced by a fluid injection. Geophys Res Lett 34:L22314. doi:10.1029/2007/GL031615

Shaw JH, Connors C, Suppe J (2005) Seismic interpretation of contractional fault-related folds. The American Association of Petroleum Geologists, Tulsa, OK, ISBN: 0-89181-060-9

Sheriff RE, Geldart LP (2006) Exploration seismology, 2nd edn. Cambridge University Press, Cambridge/UK, 592 p

Signorelli S (2004) Geoscientific investigations for the use of shallow low-enthalpy systems. Dissertation of the Swiss Federal Institute of Technology Zurich, ETH No. 15519, Zurich, 157 p

Smith MC, Aamodt RL, Potter RM, Brown DW (1975) Man-made geothermal reservoirs. Proc UN Geothermal Symp 3:1,781–1,787

Smolczyk H-G (1968) Chemical reactions of strong chloride solutions with concrete. Proceedings of the 5th International Congress on the Chemistry of Cement, Tokyo 3:274–280

Soeder DJ (2010) The Marcellus Shale: resources and reservations. EOS, Transactions, American Geophysical Union, vol 91, no 32, pp 277–278

Stadler T, Hopkirk RJ, Hess K (1995) Auswirkung von Klima, Bodentyp, Standorthöhe auf die Dimensionierung von Erdwärmesonden in der Schweiz. Schlussbericht ET-FOER(93)033, BEW, Bern

Stauffer F (1983) Thermische Ausbreitung im Grundwasserleiter. Schweizer Ingenieur und Architekt 23(1983): 633–638

Stober I (1980) Bestimmung von Aquiferparametern aus Markierungsversuchen in Porengrundwasserleitern mit analytischen Lösungen. Diplomarbeit an der Albert-Ludwigs-Univers. Freiburg, 109 S, Anhang, Freiburg i.Br

Stober I (1986) Strömungsverhalten in Festgesteinsaquiferen mit Hilfe von Pump- und Injektionsversuchen (The Flow Behaviour of Groundwater in Hard-Rock Aquifers – Results of Pumping and Injection Tests). Geologisches Jahrbuch, Reihe C, 42, 204 p

Stober I (1988) Geohydraulische Ergebnisse. In: Bertleff B, Joachim H, Koziorowski G, Leiber J, Ohmert W, Prestel R, Stober I, Strayle G, Villinger E, Werner J (Hrsg) Ergebnisse der Hydrogeothermiebohrungen in Baden-Württemberg. Jh. geol. Landesamt Baden-Württemberg, H 30, S 27–116, Freiburg i.Br

Stober I (1992) Die Gezeiten der Erde in ihren Auswirkungen auf das Grundwasser. DGM, 36, H 5/6, 4 Abb, S 142–147, Koblenz

Stober I (1995) Die Wasserführung des kristallinen Grundgebirges. Ferdinand Enke Verlag, 81 Abb, 16 Tab, 191 S, Stuttgart

Stober I (2011) Depth- and pressure-dependent permeability in the upper continental crust: data from the Urach 3 geothermal borehole, southwest Germany. Hydrogeol J 19:685–699. doi:10.1007/s10040-011-0704-7

Stober I, Bucher K (1999) Origin of salinity of deep groundwater in Crystalline rocks. Terra Nova 11(4):181–185

Stober I, Bucher K (2005) The upper continental crust, an aquifer and its fluid: hydraulic and chemical data from 4 km depth in fractured crystalline basement rocks at the KTB test site. Geofluids 5:8–19

Stober I, Bucher K (2007) Hydraulic properties of the crystalline basement. Hydrogeol J 15: 213–224

Stober I, Fritzer T, Obst K, Schulz R (2009) Nutungsmöglichkeiten der Tiefen Geothermie in Deutschland. Bundesministerium für Umwelt, Naturschutz und Reaktorsicherheit, 73 S, Berlin

Strayle G, Stober I, Schloz W (1994) Ergiebigkeitsuntersuchungen in Festgesteinsaquiferen. Informationen 6, Geologisches Landesamt Baden-Württemberg, 114 S, 65 Abb, 11 Tab, Freiburg i.Br

StrlSchV (2001) Verordnung für die Umsetzung von EURATOM-Richtlinien zum Strahlenschutz vom 20. Juli 2001. Bundesgesetzblatt 2001, Teil I, Nr. 38 vom 26.07.2001, S 1714ff

Sun H, Feistel R, Koch M, Markoe A (2008) New equations for density, entropy, heat capacity, and potential temperature of a saline thermal fluid. Deep-Sea Res 55:1304–1310

TAB (2003) Möglichkeiten geothermischer Stromerzeugung in Deutschland. TAB-Arbeitsbericht Nr. 84, Deutscher Bundestag, Ausschuss für Bildung, Forschung und Technikfolgenabschätzung, 126 S, Berlin

Telford WM, Geldart LP, Sheriff RE (1990) Applied geophysics, 2nd edn. Cambridge University Press, Cambridge/UK

Teodoriu C, Falcone G (2009) Comparing completion design in hydrocarbon and geothermal wells: the need to evaluate the integrity of casing connections subject to thermal stress. Geothermics 38:238–246

Theis CV (1935) The relation between the lowering of the Piezonetric surface and the rate and duration of discharge of a well using groundwater storage. Trans AGU:519–524

Tholen M, Walker-Hertkorn S (2008) Arbeitshilfen Geothermie, Grundlagen für oberflächennahe Geothermie. wvgw Wirtschafts- und Verlagsgesellschaft Gas und Wasser mbH, 206 S, Bonn

Thompson JM, Presser TS, Barnes RB, Bird DB (1975) Chemical analysis of the water of Yellowstone National Park, Wyoming from 1965 to 1973. U.S. Geological Survey Open-File Report 75-25, 59 p

Thompson JM, Yadav S (1979) Chemical analysis of waters from Geysers, Hot Springs, and Pools in Yellowstone National Park, Wyoming, from 1974 to 1978. U.S. Geological Survey Open-File Report 79-704, 49 p

Tischner T, Pfender M, Teza D (2006) Hot Dry Rock Projekt Soultz: Erste Phase der Erstellung einer wissenschaftlichen Pilotanlage. Abschlußbericht zum Vorhaben 0327097, Bundesanstalt für Geowissenschaften und Rohstoffe (BGR), 85 S, Hannover

Tischner T, Schindler M, Jung R, Nami P (2007) HDR Project Soultz: Hydraulic and seismic observations during stimulation of the 3 deep wells by massiv water injections. Proceedings, 32nd workshop on geothermal engineering, Stanford University, Stanford, CA, 7 p

Trefry MG, Muffels C (2007) FEFLOW: a finite-element ground water flow and transport modeling tool. Ground Water 45(5):525–528. doi:10.1111/j.1745-6584.2007.00358.x

Tsang C-F (1987) A borehole fluid conductivity logging method for the determination of fracture inflow parameters. Report of the Earth Science Division, Lawrence Berkley Laboratory, University of California, Stanford, CA, 53 p

Tsang C-F, Hufschmied P, Hale FV (1990) Determination of fracture inflow parameters with a Borehole fluid conductivity logging method. Water Resour Res 26(4):561–578

Ungemach P (1997) Chemical treatment of low temperature geofluids. Paper presented at the International Course on District Heating Schemes, Proceedings, pp 10-1 to 10-14, Cesme, Turkey

UVM (2005) Leitfaden zur Nutzung von Erdwärme mit Erdwärmesonden. MUV (Ministerium für Umwelt und Verkehr Baden-Württemberg), 26 S, Stuttgart

Vasiliev LL (2005) Heat pipes in modern heat exchangers. Appl Thermal Eng 25:1–19

VBI-Leitfaden (2008) Oberflächennahe Geothermie. Verband beratender Ingenieure, 59 S, Berlin

VDI 4640 (2001) Thermische Nutzung des Untergrundes, Beuth Verlag, Berlin

Verma MP (2000) Revised quartz solubility temperature dependence equation along the water-vapor saturation curve. Proceedings World Geothermal Congress, Kyushu-Tohoku, Japan, pp 1927–1932

Verma SP, Santoyo E (1997) Improved equations for Na/K, Na/Li, and $SiO_2$ geothermometers by outlier detection and rejection. J Volcanol Geoth Res 79:9–23

Vetter A, Vieth A, Mangelsdorf K, Lerm K, Alawi M, Wolfgramm M, Seibt A, Würdemann H (2010) Biogeochemical characterisation of geothermally used groundwater in Germany. World Geothermal Congress 2010, Bali, Indonesien

Wagner R, Clauser C (2005) Evaluating thermal response tests using parameter estimation for thermal conductivity and thermal capacity. J Geophys Eng 2:349–356

Wagner W, Kretschmar H-J (2008) International steam tables, properties of water and steam, 2nd edn. Springer-Verlag, Berlin, Heidelberg

Walther JV, Helgeson HC (1977) Calculation of the thermodynamic properties of aqueous silica and the solubility of quartz and its polymorphs at high pressures and temperatures. Am J Sci 277:1315–1351

Weast RC, Selby SM (eds) (1967) CRC handbook of chemistry and physics, 48th edn. CRC Press, Cleveland, OH

WEG-Leitfaden (2006) Gestaltung des Bohrplatzes. Wirtschaftsverband Erdöl- und Erdgasgewinnung e.V., 6 S, Hannover

Wieber G, Landschreiber K, Pohl S, Streb C (2011) Geflutete Grubenbaue als Wärmespeicher. bbr, 62. Jg., 05, S 34–40, Geldern

Witt K-J (2009) Grundbau-Taschenbuch, Teil 2, Geotechnische Verfahren. 7. überarbeitete u. aktualisierte Aufl., Ernst & Sohn

WM (2008) Wärme ist unter uns, Geothermie in Baden-Württemberg. Wirtschaftsministerium Baden-Württemberg, Ausarbeitung: Stober, I., Lorinser, B., 131 S, Stuttgart, 2. Aufl

Wolff G (2004) Technischer Heilquellenschutz in Stuttgart. Schriftenreihe des Amts für Umweltschutz. 4/2004, 98 S, Stuttgart

Wyss R (2001) Der Gasausbruch aus einer Erdsondenbohrung in Wilen (OW). Bull Angew Geol 6(1):25–40

Zahoransky RA (2002) Energietechnik. vieweg, 444 S, Braunschweig/Wiesbaden

Zapp FJ, Rosinski Ch (2007) Auswirkung unterschiedlicher Parameter auf die Wärmeübertragungsfähigkeit von Erdwärmesonden. Der Geothermiekongress, Bochum

# Sachverzeichnis

**A**
Ablenkbohrung, 47, 202–203
Absenkungstrichter, 136
Abstandshalter, 71
Abwassernutzung, 37
Adiabatisch, isotherm, 14
Akzeptanz, 180
Analysegerät, 253
Anion, 255
Ankerrohrtour, 201
Aquifertest, 239
Aquifer-Wärmespeicher, 128
Archimedisches Prinzip, 14
Arteser, 90, 94
Ausfällung, 57, 144, 155, 262–268
Auslauftemperatur, 143

**B**
Balneologische Nutzung, 48
Berechnungsprogramme, 80
Bergwerk, 51
Betonkerntemperierung, 66
Bewilligungsfeld, 142
Blowout-Preventer, 203, 209
Bodentemperatur, 33, 38
Bohranlage, 202
Bohrdatenschreiber, 92
Bohrdurchmesser, 71
Bohrkern, 174
Bohrklein, 88
Bohrkopf, 211
Bohrlochdurchmesser, 79
Bohrloch-Effekt, 81
Bohrlochgeophysik, 224
Bohrlochrandausbrüche, 174
Bohrlochsonde, 108
Bohrmeißel, 91, 204
Bohrparameter, 91
Bohrplatz, 47, 208

Bohrrisiken, 92–93, 152
Bohrschreiber, 91
Bohrspülung, 209
Bohrstrang, 89, 203–204
Bohrtechnik, 199–215
Bohrverfahren, 85–95
Bohrverlauf, 207
Bohrwerkzeug, 87
Borehole-Immage-Log, 227
Brunnenalterung, 121
Brunnenanlage, 117–125
Brunnenspeicherung, 231, 235
Brunnentest, 242

**C**
Carnot-Wirkungsgrad, 51
Cement-Bond-Log, 227
Centralizer, 202
Chemische Stimulation, 169
Claim, 142
$CO_2$-Sonde, 113
Common-Midpoint-Technik (CMP), 222
COP-Wert, 76

**D**
Dampfmaschine, 23
Darcy-Gesetz, 136
Dichte, 10, 133
Dichte-Log, 226
Dichtewaage, 98
Dirac'scher Stoß, 246
Direktspülverfahren, 86–91
Direktverdampfung, 112
Dispersion, 245
Doppelpacker, 242
Doppel-U-Rohr-Sonde, 66
Drehkopf, 203
Drehschlagbohren, 87
Drehtisch, 202

Drill-Stem-Test, 243
Druckbeaufschlagung, 146
Druckprüfung, 71
(Druck)säuern, 146
Dry-Steam, 55
Dual-Scale-Pull-Push-Test, 247
Durchflussprüfung, 71
Durchflusswirksamer Hohlraumanteil, 137
Durchlässigkeit, 232
Durchlässigkeitsbeiwert, 133, 137
Dynamische Viskosität, 133

**E**
Effizienz, 70, 149
EGS, see Enhanced-Geothermal-System (EGS)
$E_H$-Wert, 254
Eigenkapazität, 232, 235
Einfach-U-Rohr-Sonde, 66
Elektrische Leitfähigkeit, 254
Elektro-Kompressions-Wärmepumpe, 74
Elongation, 174
Energetische Geostrukturen, 38
Energie, 26
Energiegewinnung, 23
Energiepfahl, 39
Energieverbrauch, 30
Enhanced-Geothermal-System (EGS), 48, 163–176, 179
Enthalpie, 48, 128
Entzugsleistung, 79
Epizentrum, 181
Erdbebenskalen, 183–184
Erdgezeiten, 241
Erdkern, 2
Erdkollektor, 37–38
Erdkruste, 2
Erdmantel, 2
Erdsonden-Wärmespeicher, 107
Erdwärme, 2, 29
Erdwärmesonde, 39, 65–115
Erdwärmesondenbohrung, 25
Erdwärmesondenfeld, 103
Erdwärmesondenpacker, 93
Ergiebigkeit, 119, 231
Erneuerbaren Energien, 2, 28
Ertüchtigungsmaßnahmen, 47, 146–147
Expansion, 201

**F**
Faseroptische Temperaturmessung, 109
Fernwärmenetz, 22, 24, 151
Filterstrecke, 120
flächenaktive Wandheizung, 75

Flaschenzugblock, 203
Flash-Steam, 55
Flash-Systeme, 31
Fließgeschwindigkeit, 89, 245
Flowmeter-Log, 227
Fluid-Logging-Verfahren, 227, 242
Förderpumpe, 46, 213
Fördertest, 230
Fracen, 47
Frac-Säuern, 47
Frost-Tau-Wechsel, 102
Fündigkeit, 147–153
Fündigkeitsrisiko, 148, 150
Fußbodenheizanlage, 66

**G**
Gamma-Gamma-Log, 226
Gamma-Gamma-Sonde, 111
Gamma-Ray-Log, 226
Gamma-Ray-Sonde, 92
Gamma-Sonde, 110, 112
Gase, 256, 263
Gas-Kompressions-Wärmepumpe, 74
Gasvorkommen, 95
Gefrierbereich, 102
Geomagnetik, 128
Geomagnetische Messung, 219
Geophon, 170, 221
Geophysikalische Bohrlochmessverfahren, 108
Geophysikalische Untersuchungsverfahren, 218
Geotechnische Risiken, 151
Geothermal-Radial-Drilling, 87
Geothermie, 2, 29
Geothermische Dublette, 127–162
Geothermische Energie, 29
Geothermometer, 258
Geringleiter, 232
Gesamtenergiekonzept, 104
Gesamtkonzentration, 255
Gespanntes Grundwasser, 94
Gestängepumpe, 46, 213–214
Gravimetrie, 128, 218
Grundwasserbrunnen, 118–121
Grundwassermodelle, 124
Grundwasserschutz, 96
Grundwasserstockwerk, 90
Gutenberg-Richter-Relation, 183

Sachverzeichnis

**H**
Hakenlast, 202
Haspel, 68–69
Heat Pipe, 112
Hinterfüllmaterial, 79
Hinterfüllung, 71, 97, 102, 107
Hinterfüllung/Verpressung, 96–99
Hochenthalpie-Felder, 54, 56
Hochenthalpie-Lagerstätte, 31, 63
Hohlraumanteil, 137
Hohlraumgehalt, 11
Hot-Dry-Rock (HDR), 48
Hot Spot, 5
Hydraulic fracturing, 186
Hydraulischer Abgleich, 77
Hydraulische Leitfähigkeit, 133
Hydraulische Stimulation, 172
Hydraulischer Test, 136, 230
Hydraulischer Abgleich, 73
Hydrochemie, 142
Hydrochemische Analyse, 252
Hydrochemische Untersuchung, 251
Hydrothermale Dublette, 44, 46
Hydrothermale Nutzung, 127, 190
Hydrothermale Systeme, 42
Hypokaustensystem, 21
Hypozentrum, 153

**I**
Idealer Tracer, 246
Imlochhammer, 91
Imlochhammerbohrung, 71
Imlochhammerbohrverfahren, 86, 91
Impedanz, 222
Induzierte Erdbeben, 181–183
Inhibitor, 154, 195
Injektionspumpe, 215
Injektionsrate, 173
Injektionstest, 230, 239
Injektivität, 171
Inklinometer, 110
Intensität, 184
Ionenverhältnis, 256

**J**
Jahresarbeitszahl, 76
Jahresbetriebsstunden, 79

**K**
Kabelloser Minidatenlogger, 108
Kaliber-Log, 226
Kältemittel, 75
Karstaquifer, 151
Kaskadenprinzip, 151

Kationen, 255
Kavernen, 51
Kick-off Point, 204
Kinematische Viskosität, 133
Klimatische Verhältnisse, 79
Klimatisierung, 104
Kluftaquifer, 150
Kluftgrundwasserleiter, 237
Klüftigkeit, 11
Koaxialrohr-Sonde, 67
Kolloidalmischer, 98
Kompressibilität, 10, 133
Konduktiv, 10
Kontraktion, 201
Kontraktorverfahren, 71, 98
Konvektionsstrom, 4
Konvektiv, 10, 79
Körbe, 38
Korrosion, 58, 121, 262–268
Kraft-Wärme-Kopplung, 53
Kraftwerk, 52
Kristallines Grundgebirge, 49, 164
Kronenblock, 203
Kühltürm, 53
Kühlung, 105–106

**L**
Langzeittest, 230
Latentwärmespeicher, 29
Lebensdauer, 40
Leitfähigkeits-Log, 226
Liner, 201
Lösung, 154
Lösungsgleichgewichte, 105
Luftkühlung, 44
Luftkühlungsanlage, 196

**M**
Magnetfeld, 4
Magnetotellurik, 219
Magnitude, 153, 173, 182, 184, 187
Mantel Plume, 7
Massive hydraulische Stimulation, 147
Measurement While Drilling (MWD), 207, 211
Mercalli-Skala, 184
Mikrobeben, 183
Mikrobielle Aktivität, 267
Mikroorganismen, 105
Mikroseismizität, 169
Mindestabstand, 120
Mittelozeanischer Rücken, 5, 9
Monitoring, 145

Mudlogging, 211
Multi-Tracer-Test, 247
MWD, *see* Measurement While Drilling (MWD)

**N**
Nachbeben, 187
Nasskühlturm, 54
Niederenthalpie-Lagerstätte, 63
Niederenthalpiesystem, 33
Niedrige Enthalpie, 42
NORM, 194
Numerische Modelle, 140

**O**
Oberflächennahe Geothermie, 36
Open Hole, 201
Optischer Thermoscanner, 14
Organic Rankine Cycle (ORC), 42

**P**
Packer, 175–176
Packertests, 243
Permeabilität, 10, 133
Petrothermales System, 49
Phasenwechsel, 112–115
Phasenwechselsonde, 114
PH-Wert, 254
Piper-Diagramm, 256
Plattentektonik, 5
Plausibilitätskontrolle, 256
Porengrundwasserleiter, 237
Porosität, 10–11, 137
Potentiale, 61–64
Probennahme, 252–253
Produktivität, 171
Produktivitätsindex, 129, 137
Projektierung, 159–162
Proppings, 170
Pulse-Test, 243
Pumpversuch, 120, 230, 239

**R**
Radiale Fließperiode, 238
Radiatorenheizanlage, 66
Radioaktiv, 9
Radionuklid, 195, 262
Recharge, 45
Reflexionsseismik, 219
Refraktionsseismik, 223
Reibungsverlust, 208
Reinjektionspumpe, 46
Richtbohren, 204

Richter-Skala, 183
Risiken, 101–103, 147
Rollenmeißel, 204
Rotary Antrieb, 203
Rotary-Bohrverfahren, 202

**S**
Salinität, 254
Salinitäts-Log, 226
Sättigungsindex, 261
Sättigungszustand, 265
Säuern, 47
Scale, 195, 266
Schadensfälle, 101
Scherfestigkeit, 167
Schocken, 47, 146
Schoeller-Diagramm, 256
Schrägbohrung, 147
Schwerstangen, 205
Schwingbeschleunigung, 181
Schwinggeschwindigkeit, 153, 181, 184
Seilschlagverfahren, 87
Seismik, 129, 218–223
Seismische Ereignisse, 185
Seismische Vermessung, 128
Seismizität, 153, 164, 172, 179, 182
Sekundärkreislauf, 52
Setzungserscheinung, 193
Sidetracks, 47, 147
Sinterablagerung, 195
Skin, 82, 232, 235
Skinfaktor, 232, 240
Slug/Bail-Test, 243
Slug-Test, 243
Solarenergie, 37
Solarthermie, 68, 103
Sondenfuß, 68
Sondenlänge, 68
Sondenmaterial, 80
Sondentyp, 80
Sonic-Log, 227
Sonneneinstrahlung, 8
Sorption, 246
Speicherkoeffizient, 138, 240
Speichervermögen, 231
Spezifische Entzugsleistung, 78
Spezifischer Speicherkoeffizient, 138
Spezifische Wärme, 11
Spezifische Wärmekapazität, 11
Spülbohrverfahren, 86
Spülung, 88
Spülungszusätze, 90
Spurenstoffe, 255

Sachverzeichnis

Standrohr, 89, 201
Stimulation, 146, 165, 167
Störungssystem, 191
Störungszone, 174
Störzone, 147
Stress, 167
Suspension, 99
Synergieeffekt, 106

**T**

Tauchpumpe, 47, 144, 213
TDS, 255
Temperatur, 79
Temperaturanomalie, 23
Temperaturauswerteverfahren, 247–249
Temperaturgradient, 12, 131
Temperaturlog, 108, 225
Temperatursonde, 109
Testarten, 239–245
Thermalquelle, 5
Thermal Response Test, 81
Thermalwasser, 18
Thermischer Ausdehnungskoeffizient, 13
Thermische Leistung, 148
Thermischer Bohrlochwiderstand, 82
Thermischer Parameter, 10–14, 77–85
Thermische Reichweite, 81, 138–142
Thermischer Trichter, 67
Tiefe Erdwärmesonde, 49–50
Tiefe Geothermie, 36
Tiefenmigration, 223
Tiefenwasser, 252
Top-Drive, 202
Tracertest, 230
Tracerversuch, 245–247
Transmissivität, 135, 240
Trennhorizont, 96
Trockenbohrverfahren, 86
Trockendampf-, 31
Tunnelwässer, 36
Turbine, 44
Typkurven, 237, 247

**U**

Umwelt, 195
Undissoziierte Stoffe, 255
Unterwasserpumpe, 119
Uranin, 246

**V**

Verdampfer, 74
Verdichter, 74
Verflüssiger, 74
Verlaufsmessung, 110
Vermessung, 107–112
Verockerung, 121
Verpressrohr, 99
Verpressschlauch, 71
Verrohrung, 201
Versinterung, 121
Verunreinigung, 40
Viskosität, 10
Vorlauftemperatur, 66
Vulkan, 8

**W**

Wärmeanomalie, 12
Wärmebedarf, 78
Wärmeentzug, 73
Wärmeinhalt, 9, 145
Wärmekapazität, 10–11, 78, 131, 148
Wärmeleitfähigkeit, 10–11, 78, 82, 131
Wärmeproduktion, 9–10, 13
Wärmepumpe, 26, 42, 66, 73–77
Wärmespeicher, 29
Wärmespeicherung, 29, 105
Wärmespeicherzahl, 11
Wärmestromdichte, 8–9, 12, 131
Wärmeträgerflüssigkeit, 69–70, 80
Wärmeträgermedium, 38
Wärmetransport, 10
Wärmetransportgleichung, 13
Wärmeverlust, 9
Wasser-Feststoff-Wert, 99
Wasser-Gesteins-Wechselwirkung, 263
Wasserprobe, 231
Wasserqualität, 121–122
Wirkungsgrad, 29, 51
Wirtschaftlichkeit, 42, 147–153

**Z**

Zementation, 201–202
Zentrierhilfe, 72
Zerfall, 9
Zirkulation, 190
Zirkulationsversuch, 230
Zweibrunnensystem, 41, 118
Zweiporositätsmedium, 237

Printed by Printforce, the Netherlands